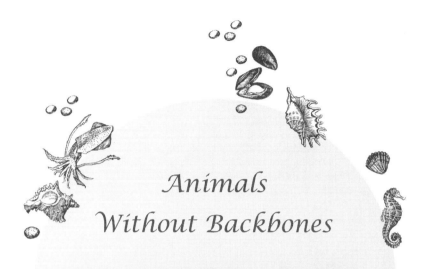

Animals
Without Backbones

无脊椎动物
百 科

［美］拉尔夫·布克斯鲍姆（Ralph Buchsbaum）
［美］米尔德丽德·布克斯鲍姆（Mildred Buchsbaum）
［美］约翰·皮尔斯（John Pearse）
［美］维姬·皮尔斯（Vicki Pearse） 著

陈丽芳 译

中信出版集团｜北京

图书在版编目（CIP）数据

无脊椎动物百科/（美）拉尔夫·布克斯鲍姆等著；
陈丽芳译. --北京：中信出版社，2021.1
　书名原文：Animals Without Backbones
　ISBN 978-7-5217-2446-2

　I.①无…　II.①拉…　②陈…　III.①无脊椎动物门
－普及读物　IV.①Q959.1-49

中国版本图书馆CIP数据核字（2020）第223160号

无脊椎动物百科

著　　者：[美]拉尔夫·布克斯鲍姆等
译　　者：陈丽芳
出版发行：中信出版集团股份有限公司
　　　　　（北京市朝阳区惠新东街甲4号富盛大厦2座　邮编　100029）
承 印 者：河北鹏润印刷有限公司

开　　本：787mm×1092mm　1/16　　　印　　张：34　　　　字　　数：346千字
版　　次：2021年1月第1版　　　　　　印　　次：2021年1月第1次印刷
京权图字：01-2019-8095
书　　号：ISBN 978-7-5217-2446-2
定　　价：99.00元

我们对无脊椎动物

保持着始终如一的研究兴趣和热情。

谨以此书献给所有热爱无脊椎动物的同学和老师,

你们的热忱让我们对无脊椎动物的研究更加执着。

目录

前言

本书英文版（第三版）的出版宗旨和前面两版一样：以简单通俗的语言向读者介绍各类无脊椎动物。

过去50多年，本书一直拥有广泛的读者群，我们也有幸得到众多读者的反馈，他们对生物学知识的了解程度不同，阅读需求也不同。根据这些经验，本书保留了第一版的特色和主要内容。作为高中和大学预修教材、大专院校的无脊椎动物导读教材，本书也适合所有希望对无脊椎动物的主要类别有深入了解的读者[①]。

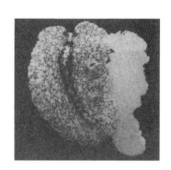

相较前两版，这一版的总体篇幅和难度基本上保持不变，更新了部分内容。我们也对一些章节进行了大幅度的修改，主要是选取了一些新文献中出现的信息和材料，尽量选用能反映生物学原理和科学调查方法的观察实例和科学实验。本书希望能兼顾多个领域，包括自然历史、动物行为学、生理学和进化之间的关系，以及关于生物学的其他议题。在动物形态学方面，则尽量避免使用晦涩的专业词汇。

书中出现的多幅插图和照片是文字内容的有力补充。为了全面反映新增的信息和内容，我们对整套图例都进行了修正。排版方面，在旧版中照片只出现在特定的地方，而在新版中我们将它们分散开来，穿插在正文中，以期更

[①] 欲知更加全面的信息和分类，请参阅《现存的无脊椎动物》（Blackwell/Boxwood，1987）。

全面地展示信息。

　　本书保留了伊丽莎白·布克斯鲍姆·纽霍尔为第一版所画的大部分图例，而另一些图例则因为信息更新的需要，由《现存的无脊椎动物》（*Living Invertebrates*）一书的作者米尔德丽德·沃尔特里普提供。此外，沃尔特里普为本书增添了很多与原来两版书中风格一致的图例，所用的插图标志也一样。读者普遍喜欢本书的一个原因是图文结合，文字说明详细。草履虫的复杂示意图是由凯瑟琳·奥布里恩绘制的，水母的历史演变图示是由乔纳森·迪梅斯完成的。本书共有大约250张新增图片。

　　欢迎各位读者对本书提出修改意见和建议，与我们交流你们的看法。

拉尔夫·布克斯鲍姆

米尔德丽德·布克斯鲍姆

约翰·皮尔斯

维姬·皮尔斯

分别于

加利福尼亚太平洋丛林市

加利福尼亚圣克鲁兹

第1章 生物的分类

树和奶牛的区别无人不晓。一棵树站在原地，一动不动，它不具有感知一个人是否在附近的能力，我们用手抚摸树干，它也没法感受。而奶牛四处走动，如果有人靠近它，它会马上注意到人的存在。动物和植物明显的行为区别与它们摄取营养物的方式相关。

植物通过摄取空气、土壤或者水中的简单成分来生产自身所需的食物。通过一种绿色色素——叶绿素，树叶获得阳光中的能量，将二氧化碳和水合成糖分，这就是光合作用（借助光的作用合成营养物质）。树利用从糖中释放的能量，将简单的物质合成构成所有生命基础的复杂有机物。

动物站在阳光下，无法进行光合作用，无法吸收太阳光的能量，也无法将其转化为诸如糖之类的化合物。奶牛要获得能量，就必须吃草。为了不断获得可提供能量的食物，奶牛必须四处走动，对周围的其他动物做出反应，同时适应环境的变化。奶牛在牧场上吃草，受到的来自其他动物的威胁不多，除非是人类可能带来的威胁。而像兔子或者老鼠一类的小型动物，则必须时刻保持警惕，免得一不小心就成了狗或者土狼等体格较大动物的盘中餐。

并不是所有动物都能自由移动。比如，珊瑚牢牢附着在海底，依靠洋流将一些小生物带到自己触手够得着的地方，属于典型的"守株待兔"式摄食。早期的自然主义者没有发现珊瑚和其他很多固着动物的这种摄食活动，所以将它们归为植物。而固着动物的确与植物很像。这些动物

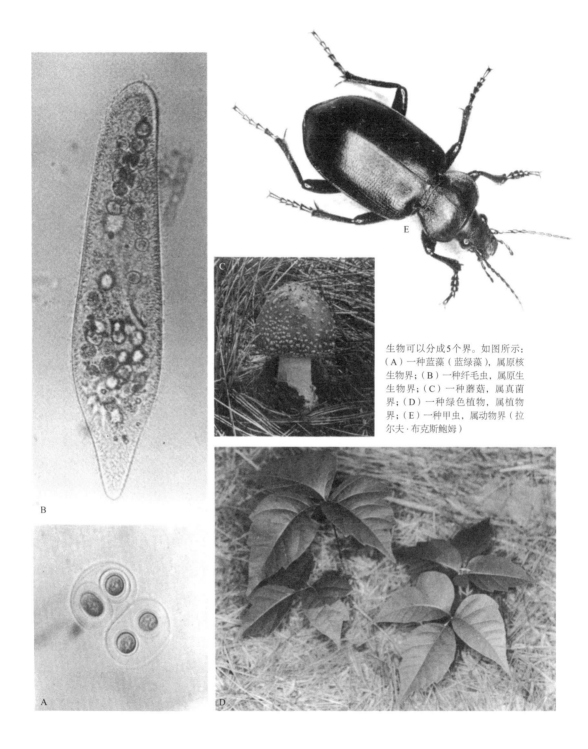

生物可以分成5个界。如图所示：（A）一种蓝藻（蓝绿藻），属原核生物界；（B）一种纤毛虫，属原生生物界；（C）一种蘑菇，属真菌界；（D）一种绿色植物，属植物界；（E）一种甲虫，属动物界（拉尔夫·布克斯鲍姆）

无法逃离捕食者，而是在组织中长出坚硬甚至多刺的骨骼或释放恶臭乃至有毒的物质来驱逐捕食者。而植物则靠坚硬的树皮、多刺的茎或者自带毒素的组织防御外敌。

　　还有很多其他办法可以获得能量。一些固着生物既不能进行光合作用，也不会直接以其他生物的躯体为食，而是直接吸收富含能量的有机物。比如，蘑菇生长在腐烂的有机物上或者附近，腐烂的有机物就是其营养源。蘑菇和其他真菌摄取营养的模式与动植物有着巨大的差别。

　　植物和其他自身可提供简单的无机化学成分来获得营养的生物，被称为自养生物（因为它们能自行完成营养供给）或生产者（因为它们能自己生产食物）。而动物和真菌则被称为异养生物（因为它们依靠其他生物来获得营养）或者消费者（因为它们必须摄取食物才能获得能量）。动物和真菌因获取食物的模式不同而有所区分：动物是典型的摄食者，而真菌是吸收者。

　　随着我们研究的生物种类的不断增多，生物行为和获得营养方式的区别变得越来越微妙。最终，我们发现了具备植物、真菌和动物特征的微生物。这些微生物大多数是单细胞结构，没有细胞膜或者细胞壁。有些单细胞生物能像植物一样进行光合作用，但它们又能像典型的动物一样四处移动，具备相应的反应灵敏度和快捷性。有些微生物的摄食习惯与动物类似，能积极摄食其他更小的单细胞生物，还能进行光合作用。为了在艰难的条件下存活，绝大多数单细胞生物都能像真菌一样吸收高能量的有机物。

　　因此，用于区分常见的多细胞生物体、多细胞植物和动物的营养和行为特征，对区分单细胞生物而言用处不大。相反，我们要从内部的细胞组织结构来区分单细胞生物。许多单细胞生物的构造与由多个细胞构成的多细胞生物类似。每个单细胞生物都含有细胞器这种独特的小型结构，有一种细胞器包含了细胞的绝大多数遗传物质（基因），它们就是细胞核。无论是多细胞生物还是单细胞生物，只要它们包含一个或者多个细胞核和其他细胞器，就被统称为真核生物（意为具有真正的细胞核）。而包括细菌和蓝藻（蓝细菌）在内的许多单细胞生物包含很少的细胞器，有些甚至没有，遗传物质分散在细胞中，它们被统称为原核生物（出现在真核生物之前）。

　　生物可以分为5个界，具体如表1-1所示。该分类标准主要以细胞结构为基础，对于多细胞生物的分类，则按照营养摄取模式的差异来区分。第一界是原核生物界，包括所有的原核生物。原核生物主要是细菌，既有自养细菌和异养细菌，还有能够进行光合作用的蓝藻。蓝藻是重要的生产者，尤其是在静水中。第二界是原生生物界，包括真核生物，比如原生动物。原生动物可以是单细胞生物，也可以是简单的细胞集落。剩下的三界生物都是多细胞真核生物，主要按照获得营养方式的差异来区分，分别是植物界、真菌界和动物界。植物界生物主要通过光合作用实现自养，真菌界生物靠吸收营养来实现异养，动物界生物主要通过摄食其他生物获得营养来实现异养。

表 1-1　生物 5 界分类

界	细胞结构	营养模式	实例
原核生物界（单细胞）	原核生物：单细胞体或者简单集落	自养和异养（吸收者）	细菌，蓝藻
原生生物界（最早）	真核生物：单细胞体或者简单集落	自养和异养（吸收者和摄食者）	鞭毛虫、变形虫、纤毛虫
植物界（植物）	真核生物：多细胞生物	自养	树、草、蔷薇树丛
真菌界（海绵状）	真核生物：多细胞生物	异养（吸收者）	蘑菇、霉菌、酵母菌
动物界（动物）	真核生物：多细胞生物	异养（摄食者）	蚯蚓、龙虾和人类

在地球历史的早期，有关生命起源的最可信理论认为，大约在40亿年前，有机化合物形成，并在浅水区域聚集。在太阳光照的能量和火山活动的作用下，这些有机物发生了化学反应并形成更加复杂的化合物。一些有机物利用周围聚集的有机物作为能源和生命的构造单元，最终演化成具备自我繁殖能力的生物。

与此类似，我们所知道的病毒也是一种复杂的有机化合物（核酸），它们在生物体的细胞内产生，并利用细胞内部的有机化合物作为能量来源和基本物质进行繁殖。有时候，病毒的行为会在宿主身上引发疾病，人类会患上天花、疱疹、鳃腺炎、脊髓灰质炎和艾滋病等疾病，这都是病毒在作怪。病毒离开细胞前，病毒核酸外包裹着一层蛋白质外壳，使其能分辨并接触更多的宿主细胞。但病毒无法在细胞外繁殖，因此，病毒普遍被视作核残余物或者更复杂的细胞碎片。然而，病毒也有可能是原始海洋首批自体繁殖粒子的"遗孤"，是一种介于生物和非生物之间的物质形式。所以，人们有时也会将病毒归为独立的病毒界。

我们可以想象一下，如果最早的自体繁殖的物质与依靠有机物复制的病毒类似，那么细胞膜等结构的进一步发展和复杂的新陈代谢方式就会催生出体型更大、结构更加复杂的原核生物，其中一些可能会部分或者全部从无机物中获取能量。现在的一些细菌只生活在缺氧的环境中，就像原始地球表面的环境一样，通过合成氢和二氧化碳获得能量来形成甲烷，或者利用类似于叶绿素的色素，在无氧条件下获得阳光的能量。蓝藻化石表明它们至少有30亿年的历史。蓝藻利用阳光将二氧化碳和水合成糖，并释放氧气这个"副产品"。氧气的存在为细菌的产生铺平了道路，细菌通过含氮、硫和铁的无机化合物与氧结合获得能量。这也为依靠氧和有机物生存的更加复杂的生命形式的进化创造了条件。

从原核生物进化到体型更大的真核生物，是历时相对短暂的飞跃，虽然我们无从知晓这是如何发生的，也不知道这样的飞跃发生了多少次，但我们已经发现了20亿年前类真核生物细胞的化石。通过形成复杂的细胞集落，多种原核生物可能进化成多种多细胞生物，包括植物、真菌和动物。最古老的多细胞生物化石有7亿年的历史。

我们在仔细研究和比较了动物后发现，很多动物的后背中间都有脊椎，躯干和头部里也有骨骼。含有内骨骼（包括脊柱）的动物被称为脊椎动物，包括所有的鱼类、青蛙、蟾蜍、蝾螈、海龟、蜥蜴、蛇、鳄鱼、鸟类，以及哺乳动物，比如大象、狮子、狗、鲸、蝙蝠和老鼠等。对于这些我们还算熟悉的动物，人类在心目中常会过分夸大它们的重要性，因为这些动物中的绝大多数个头都不小，在身体构造和生活习性方面与我们有诸多相似之处，而且它们像人类一样愿意主动曝光自己的存在。这些动物与人类同属一界，有着类似的形体结构，多种脊椎动物的器官和身体结构，包括人类本身，在形式和功能上比较类似。实际上，脊椎动物的身体结构只是整个动物界30多种结构中的一种。在整个动物界中，脊椎动物的群体数量仅占总数的3%。

剩下的97%都是无脊椎动物。吃过鱼和龙虾的人应该都知道脊椎动物和无脊椎动物的区别。鱼的身体表面柔软，但是内部却有鱼骨和鱼刺。而龙虾则恰恰相反，其体外包裹着一层坚硬的外壳，内里柔软的部分却十分美味。牡蛎也是这样，内"柔"外"刚"。龙虾和牡蛎不过是万千不具备内骨骼动物中的两种，像这样体内没有脊椎的动物都被称为无脊椎动物。

最早对脊椎动物和无脊椎动物加以区分的人是亚里士多德，不过他当时使用的词是无血动物（无脊椎动物）和有血动物（有脊椎动物）。可惜的是，亚里士多德的分类与动物的实际分类关联不大，因为很多无脊椎动物是具有红色血液的，还有很多无脊椎动物的血液是其他颜色，而他没有意识到这一点。亚里士多德所处的时代，科学知识匮乏，而他竟能在有限的时间里通过个人观察得出上述结论，也着实让人佩服。由于人们对他的著述的崇拜和他在学术界的权威地位，很多人对他的观点深信不疑并停下了探索的脚步，以至于亚里士多德的错误分类持续了 2 000 多年。直到 18 世纪，随着欧洲科学探索活动的再次兴起，人们才开始质疑权威，并着手研究各种自然现象。19 世纪初，两名法国生物学家让－巴蒂斯特·拉马克和乔治·居维叶，根据基本的形体结构对脊椎动物和无脊椎动物进行了更加精准的界定，拉马克还出版了《无脊椎动物自然史》。随着科学探究的不断深入，人们逐渐了解了更加多样的动物形体结构。直到今日，众所周知，脊椎动物只是动物中的一种，它们的形体结构也只是万千动物形体结构中的一个。

人们对脊椎动物和无脊椎动物的区别普遍比较模糊，像水母这类无脊椎动物很少被人看到，而像蛤、蚯蚓、龙虾和跳蚤等无脊椎动物则更为人熟知。然而，还有很多其他种类的无脊椎动物，因为它们太小，不借助显微镜人们根本无法观察到它们。有些无脊椎动物栖息在遥不可及的地方，或者是水生，或者是陆生，无法用肉眼看见，我们在本书中也会对它们进行介绍。

生物的分类

虽然绝大多数脊椎动物都因为有脊椎而可以方便地被归类为脊椎动物，但这只是它们的共性之一。一旦确定了某种动物是脊椎动物，动物学家无须深入查证就可以预测出，这类动物具备横纹肌、平滑肌，拥有心脏和包含闭合血管的循环系统，前面有口、后面有肛门，有包含肝脏的消化道；这类动物有眼睛和遵循特定模式的神经系统，肾脏是排泄器官，发育模式从卵开始，等等。

从另一个角度讲，单凭没有脊椎这个特征就判定某种动物为无脊椎动物，只能说明这种动物缺少脊椎动物的一些关键特征，但我们却无从对它的其他特征进行推测。无脊椎动物种类繁多，结构各不相同。

生物学家通过不断努力，获得了有关脊椎动物和无脊椎动物的更多科学发现，从而使我们具备了更强的预测能力。这种精准概括和预测动物（包括对那些尚未展开全面研究的动物）的能力，取决于对大量科学知识组织和梳理的能力；而其他有关动物结构、生理学、生物化学和行为的事实几乎完全派不上用场，这些知识只有在分类系统中彼此关联起来，才能帮助我们有效地概括不同类别动物的特征。基于表面相似性的生物分类体系是毫无价值的，甚至还会误导我们。比如，如果将所有的蓝色动物归为一类，我们就会发现除了颜色一样外，它们几乎没有其他共同点。因此，生物学家使用的分类系统的最基本规则是，分类体系要尽可能地反映生物之间的关系（以表1-2为例）。我们要借助各种动物的相似点来评判它们之间的关系。这种分类体系是一个层级系统。在最高层级有若干大类，各类之间有着根本的相似点。这几大类各自又能进行细分，在层级式分类体系中，越向下，每一个分类成员的亲缘关系就越紧密，拥有的共同点也越多。

但生物最高层级的分类——界，却不是根据各类生物彼此之间的关系来划分的。如上所述，界主要是根据细胞组织的方式和生物获得能量的方式进行分类的。很多有机物都是独立产生的，各界中的生物也没有唯一的祖先。

表1-2　生物分类体系，以冈比亚按蚊和智人为例。前者是一种分布广泛的会传播疟疾的蚊子，后者是一种在地球上分布广泛的哺乳动物，蚊子可吸食智人的血

界	动物界	动物界
门	节肢动物门	脊索动物门
纲	六足纲	哺乳纲
目	双翅目	灵长目
科	蚊科	人科
属	按蚊属	人属
种	冈比亚蚊	智人

动物界中最高层级的分类为门。具备区别于其他动物的同一结构的一类动物被归为一门。虽然同属一门的动物的栖息地不同，大小、身形、运动和摄食方式也不相同，但独特的结构表明它们同属一门，由共同的祖先进化而来。虽然一些动物分类仍存在争议，但现存的34个动物门分类是动物学家广泛认同的。以结构存在根本区别这个标准进行分类的系统不够明确，有些人倾向于将结构类似的动物归为一门，而另一些人则倾向于对结构相同的动物进行分类。这个问题在纲、目、科、属、种等级别的分类中也存在。当然，我们不能据此断定，动物分类可随性而为。分类系统本身不是发明创造，只能说这些问题的存在反映了动物进化的复杂性。

同属一门的动物为了适应特定的生活方式，其基本结构会发生显著变化，我们可以依据这些变化进一步将它们分成不同的纲。以我们的日常生活经验做一个简单的类比：如果我们将所有由汽油发动机驱动的交通工具归为一个"门"，那么按照各种交通模式可以将这些工具分为汽车、飞机和汽船等。同理，我们熟悉的软体动物包含了生活习性各异的多

个纲：蜗牛和鼻涕虫属于腹足纲，它们在坚固的表面上爬行；蛤属于双壳纲，它们主要在柔软的沉积物内打洞；鱿鱼属于头足纲，它们主要在水里游泳。

各个纲又包含了不同的目，按照上述类比，汽车可被进一步分为客车、卡车和跑车。不同目的动物之间差别很大，肉眼可轻松识别。比如，在昆虫纲中，我们熟悉的白蚁、甲虫、苍蝇、蝴蝶、飞蛾、跳蚤等就分属不同的目。

各个目又包含多个科，各科动物之间的解剖学差异虽然不如各目之间那么大，但也充分体现了生物构造的多样性，反映了各种动物为适应不同的栖息地而进化出的不同特征或摄食方式。昆虫纲下的鞘翅目可以分成约80个科，包括潜水甲虫、步行虫、叶甲虫、蛀木虫、蜣螂和瓢虫等。

各个科又包含多个属。用来区分各个属的解剖学标准通常比较微妙，大多数人都不会特别注意，但也需要加以区分。比如，蚊子属于蚊科（双翅目），30多个属的蚊子看起来都很相像，行为方式也类似，大多都吸食人血。但是，人被不同蚊子吸血后的结果可能大不相同。疟疾是由按蚊属传播的，因此我们有必要把按蚊属和其他属的蚊子区分开来。

科的下一级为种，这一级可用精准的定义来界定，也是科学家通常所称的物种。从概念上看，物种是指互相能够交配并繁殖后代的某个动物种群。实际上，我们不可能对一个种群内的所有动物进行一一测试，验证它们是否真能交配，但只要它们足够相似，就能认定它们属于同一种动物。如果某些动物个体与其他动物在某些特征上存在显著不同，生物学家就会认定它们属于不同的物种。虽然不同物种的解剖学差异有时候很小，但就算是蚊子身上的刚毛数量差异，也能帮助人们辨别其所属物种。如果我们研究的是博物馆的标本，就很难确定它们的行为、生理和生物化学方面的根本差异。不过，这些差异却是在预防异种交配时我们需要格外关注的因素。

在某些情况下，同胞的近亲物种很难通过清晰可辨的解剖结构差异来区分，而必须依据生理或者生化特征来区分。常用的方法是用电泳技术来比较不同的蛋白质：将不同个体的组织碾碎成颗粒，置于电场中，组织的蛋白质颗粒因为构成的不同在电场中的移动速度也不同。于是，利用电泳技术就可以分辨不同的蛋白质，进而确定不同的物种。在大多数情况下，一旦通过电泳技术识别出不同的物种，再通过进一步检验发现解剖学上的结构差异，就可以识别电场。随着电泳研究的深入开展，人们确定了更多的物种，但这些物种却没有体现出解剖学意义上的结构差异。

很多物种都包含生活在不同地方的多个群体，比如生活在不同池塘的蜗牛或者不同山区的蜘蛛。这些不同群体的成员很少会跨群体交配，所以这些群体之间的差异一直存在且易于辨别，包括颜色、图案或者大小。这些不同的群体常常被称为亚种，随着时间的流逝，地域分隔较远的亚种会逐渐进化成不同的物种。

按照惯例，生物的拉丁学名都用斜体表示，一般包含两个部分：第一部分是属名，首字母大写；第二部分是种名，不需要大写。智人的拉丁学名是"*Homo sapiens*"（在人属动物中，现存物种只有一个，就是智人。根据化石记录，其他若干个人属物种均已灭绝）。数百万种动物都是以这种方式命名的，毫无疑问未来会有更多的物种等待人们去发现和描述。识别、描述和命名新的物种需要专业的训练和技能，以及耐心和判断力。虽然一群训练有素、尽职尽责的生物学家，即生物分类学家，将不断给新的物种命名，但很多物种也会灭绝，甚至在人们还来不及去留意、收集并描述这些动物时，它们就已毫无征兆地消亡了。考虑到如今人类的行为已经对环境产生了巨大的影响，这种情况发生的可能性就更大了。

按蚊

库蚊

按蚊和库蚊是不同属的蚊子，我们可以根据它们吸血姿势的差异来辨别。区分这两个属的蚊子，不仅是为了满足人类的好奇心，更关乎被吸食者的身体健康。只有按蚊属的蚊子会传播疟疾，它们在吸食人血的同时将孢子虫注入人体。库蚊不会向人传播疟疾，但会传播可引发脑炎的病毒（只有雌性库蚊会吸食人血，雄性库蚊则吸食花蜜）

动物的学名有时还包含首个充分描述和命名该物种的科学家的姓名，以及首次发布该动物学名的年份。比如，常见的食用贻贝（*Mytilus edulis* Linnaeus，1758）就是用瑞典自然科学家林奈的英文姓氏（Linnaeus）命名的。林奈首创了用两个名称描述生物的体系：在林奈生活的年代（1707—1778），科学写作的语言是拉丁文，所以林奈用拉丁文给动物和植物命名。后来人们普遍接受了这种命名方法，现在科学家在给新发现的物种命名时都会起一个拉丁名，对它的描述则会使用现代语言。当以人名或者地名来命名某个物种时，该名称就会被翻译成拉丁文。比如

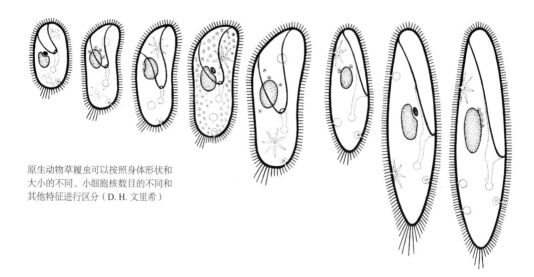

原生动物草履虫可以按照身体形状和
大小的不同、小细胞核数目的不同和
其他特征进行区分（D. H. 文里希）

加州贻贝的学名就被译成 "*Mytilus californianus* Conrad，
1837"，即"加州贻贝，康拉德，1837"。

　　动物学名的命名受到《国际动物命名法规》的一系列
规定的约束。按照这些规定，物种应由首个发布其拉丁名
称的人命名，包括对该物种的充分描述，这样就一目了然
了。并且，不能因为最先赋予的名称看似不合适而随意更
改学名，哪怕是拉丁文翻译有误或者拼写不正确，只要名
称发布出来，就要沿用。当然，只有少数物种名称例外。
比如，如果存在描述不完整、有歧义的情况，以至于人们
觉得这类描述完全不适合该动物，或者通过针对不同物种
的深入研究发现，这些物种都有各自鲜明的特征，就应该
将其归为另一个属。

　　当出现上述情况造成命名困难时，不管这种动物的名
字是否长期沿用，哪怕已为人熟知，也应该考虑变更属名
或者种名，甚至两者都要更换，并按照《国际动物命名法
规》的规定对动物名称进行变更。如果对于名称变更存有
争议，或者出现《国际动物命名法规》规定需要延期使用
的动议，则应由国际动物命名法委员会酌情决定最终的名

称，该委员会的成员都是国际知名的生物分类学家。

当动物学家在科学论文中提到动物时，通常不会使用其俗名，因为俗名会因时间和地点而不同，也没有一套规则来规范它。在某地被称为小龙虾的动物，到了另一个地方可能是另外一个属或科的动物。而学名是国际通用、全球认可的，每个学名只代表一个特定的物种。有时候，有些动物非常奇特，人眼一下子就能识别出来。但更常见的情况是，亲缘物种数量之众和彼此的差异之小，只有知道这些物种的特定特征的专家才能辨识。如果动物的名称本身就不对，就算知道其全名也没有多大的意义。因此，为了不犯这样的"科学"谬误，我们常用动物的属名、科名甚至是目名来指代那些尚未确定的动物。

有些动物不太常见，也没有俗名，所以能描述它们的就只有学名了。碰到这种情况时，动物的属名无须大写，无须用斜体表示，也没有对应的拉丁文翻译，只用普通名词表示就可以了。比如，草履虫（paramecium）是原生动物草履虫属这一物种的俗名。有时候，当既定的某个属进一步细分为多个新属时，原属内的所有动物将保留最早的属名作为它们的俗名。比如，水螅原本属于水螅属，虽然这个属现在被细分成多个属，但依然保留了水螅这个称谓作为这类动物的俗名。

本书主要介绍了动物界中的各种动物。动物界的拉丁名称意为呼吸或者灵魂，希腊文为"Metazoa"，意为后生动物。在详细介绍动物之前，我们会先简单介绍原生生物界的几个成员，包括几种变形虫、纤毛虫和鞭毛虫。虽然这类生物并不属于动物界，但它们在摄食和行为方式上与动物相似。本书将用两章的篇幅介绍这类原生生物的现代后裔，多细胞动物就是从原生生物进化而来的。

第2章　生命活动

　　为了生存和健康，所有生物都必须开展特定的生命活动，这些生命活动会利用能量，它们因此有时会被比作内燃机。但是，这个比喻也不太恰当，因为生命不仅是自我供给、自我修复、独立存续的机器，其形式、要求和活动在整个生命周期中也会发生巨大的变化。此外，这台机器必须不停地运转。引擎停转后还可以修理，生命停转后却不是这样，一旦个别功能受损，就会引发整个机体的失效解体。我们可以往机器上涂抹润滑油，也可以把它置于架上，或者用布等东西盖起来，等到使用时再拿出来。但生命需要不断地运行，有时候速度会快一些，有时候会慢一些，但从头到尾都要保持运行的状态。

　　生命活动的连续性乍一看似乎有悖于我们平日里观察到的动物的样子。比如，我们知道小龙虾可能会在一个干涸的池塘里冬眠，当春雨滋润池塘、池水充盈的时候，小龙虾就会恢复它们的活动。我们所见的只是小龙虾可见活动的暂停，而能量释放却在持续，速度虽缓慢，但可以量化。此时，生命的机器处于闲置状态，而释放的能量则来自冬眠之前小龙虾储存了数月的食物。还有一些动物能够进入长达数年而非一个冬季的休眠期，其间这些动物看似没有进行储存食物的活动，能量的释放也无法衡量，但一旦休眠期结束，生命活动就会立刻恢复。

　　正如本书第1章所述，获得能量的方式是区分不同界生物的重要依据。本章讨论的大多数生命过程都适用于五大界的所有生物，但摄食是动物不可或缺的一项生命活动，与动物类似的原生生物亦如此，只是方式不同。

　　绝大多数动物都有其特定的运动方式，这使得它们具备出去觅食或摆脱捕食者追击的能力。动物在移动方式上存在巨大的差异，这些差异与动物的大小、结构及其移动时所处的媒介有关。固着动物是不能移动的，但它们可以牢固地附着在基部，并且常具有可移动的身体部位，能将食物推进体内。固着动物包括海绵、牡蛎、藤壶等。此外，还有一些固

你可以通过观察两块玻璃之间的胶合板洞内的白蚁了解它们的活动情况，如图所示。白蚁是一种群居动物，在木白蚁属中，是由幼蚁负责完成整个种群的工作的。幼蚁来回奔走，吃下木屑，寄生在它们体内的原生动物会帮助消化这些木屑。图中这个洞内可见许多粪便颗粒，这就是白蚁排泄的证据。当然，我们还可以从中观察到生殖的证据，工蚁正在照看几个细长的白卵。在这个群落中，工蚁受到了保护，不会被风干或者遭受机械创伤，在自然筑巢的环境下亦如此。玻璃放置的方式让白蚁有比较宽裕的空间，可保持空气流通，方便它们呼吸。图下部刻度以毫米为单位（R. 布克斯鲍姆）

着动物，比如蛤或者织网的蜘蛛，会在吃食的时候停留在某个地方不动，但当它们遇到危险或者为占据更有利的觅食地点时，就可以移动。

捕获和消化食物也是动物开展的重要生命活动。动物摄食方式的差异与其结构及食物的多元化都有关系。可撕裂生肉的口部结构是无法咀嚼木头的，吸食汁液和血液的口部结构自然也不同。运动和摄食要求各类动物在身体构造上有一些相通之处，它们需要有捕食和消化的工具：能获得外部环境信息的感觉器官，具备执行特定活动的生理机能，凭借获得的外界信息协调运动和摄食的机制。一言以蔽之，使用这些工具的最终目的是获得食物，同时避免自身被天敌吃掉。

消化是将摄入的食物通过化学变化转化成身体可用的能量形式的过程。有了消化，生命活动才能获得能量，生长才能发生，身体老化或受损的部分才能得以更换。食物中包含水分、碳水化合物、脂肪、蛋白质、无机盐和其他物质。水、盐等物质不需要消化，可直接被动物吸收。其他物质因为颗粒过大，不能直接进入细胞膜，它们的结构也太过复杂，所以无法直接用于生长或者其他生命活动，必须先分解再吸收。消化就是将摄入的食物分解为更小单元的过程，为了促进分解过程的发生，几乎所有动物都有特殊的内腔来进行消化的化学反应。

分泌是指生产并释放特殊化学物质的过程。这些分泌物可以在分泌的地方使用，也可以流动到身体其他地方使用，或者释放到体外。消化液和黏液是常见的动物分泌物。像蜂蜡、丝绸、海绵丝和哺乳动物的毛发等材料本身也是分泌物。在所有进入基础生命活动化学反应的分泌物中，最重要的是酶。它是一种复合蛋白，仅由生物体分泌，有加速化学反应的功能。通过控制产生和分泌酶的时间、地点和数量，生物体能够调节全身发生的多种化学反应活动。

酶的存在为生命的多种化学反应的发生创造了条件。这些化学反应在非生物体上发生的速度很慢，根本无法满足不断变化的生物体的需要。酶的一大显著特征是它具有特定的功能，大多数酶都能够加速某种特定的化学反应。比如，有些消化酶主要针对碳水化合物，有些消化酶针对脂肪，还有一些消化酶针对蛋白质。在分解这类物质的过程中，每种酶都有其特定的步骤，比如通过破坏蛋白质中某些氨基酸之间的肽键来分解蛋白质。

激素和神经递质也是重要的分泌物。激素遍布身体的不同部分，可调节身体的行为；神经递质由神经分泌，可激活或者抑制其他神经或者肌肉的活动。

　　排泄是指将难以消化的食物或积累的其他固体废物排出体外的过程。大多数食草动物都不具备完全消化所食用植物的木质组织所需的酶，它们必须把相当多的难消化物质，以固体废物或粪便的形式排出体外。而肉食动物往往会排出少量的粪便。但即使是食用花蜜等液体的动物，比如蝴蝶，也会从消化器官中排出小块的固体废物。

　　吸收是指把消化的物质渗入活的细胞或者体液的创造性化学反应过程。当摄入的植物或者动物被分解为结构更简单、更小的单位时，它们就成了适合构成生物体的碳水化合物、脂肪、蛋白质的营养物或者化学成分。将几十种建筑材料（如石头、木头、钢材等）组合和加工，可以制造出无数有用的东西。同理，几十种食物单元可以组合成无穷多种生物，而且每一种都有其独特的构造。

　　呼吸是释放原本通过绿色植物的光合作用储存在食物内的能量的破坏性化学反应的过程。木头的燃烧是一种氧化反应：空气中的氧与构成木头的有机物发生反应，释放光和热。大多数有机物都是以类似的方式燃烧糖或者其他食物成分的，食物被氧化或者与空气中的氧气发生反应，并释放能量。只不过这种化学反应过程受到控制，更加缓慢，发生的温度也更低。只有部分能量以热量的形式释放出来，剩余的稳定高能物质只在需要为生物的新陈代谢过程提供能量的时候才会释放能量。燃烧和有氧呼吸这两种氧化反应都需要氧的参与，而且都会产生需要及时排出体外的二氧化碳和水。

　　氧气与二氧化碳的**呼吸交换**是另一种重要的生命运动。吸入的气体在血液或者体液中溶解，携带氧的血液或者体液进入生物体表面并渗入呼吸细胞，而二氧化碳则从相反的路径排出。在脊椎动物中，这种气体交换是在肺部发生的。很多无脊椎动物有专门的身体结构，可为动物与周围的空气或者水提供发生呼吸交换的界面。还有一些动物的呼吸是在体表完成的。

　　呼吸过程产生的包含在食物中或者通过其他渠道获得的多余的水，必须从生物体内排出。动物一般会利用这种多余的水溶解其他非气态物质，比如特定的盐，以及氧化蛋白质所产生的有毒含氮废物等。因此，水分调节和排出多余的非气态物质这类生命活动，往往由同一种身体结构完成：人类有肾脏，其他动物则有不同的器官可实现类似功能。

　　生殖是指生育下一代，具体包含两种类型：无性生殖和有性生殖。这两种生殖方式的过程截然不同，但在动物孕育后代的过程中也不是非此即彼、互相排斥的。无性生殖是指单个生物体通过出芽、分裂或断落等模式完成的生殖活动。所有复制产生的生物体（除了基因突变以外）都与其亲本完全一样。而有性生殖则涉及基因重组，把双亲各一半的基因重新组合，产生新的独立个体，后代不仅与双亲不同，与其同胞或该物种的其他成员也不同。

当真核细胞经历细胞分裂数量增加时，它们所含的遗传物质先被复制，然后通过有丝分裂这种无性生殖过程平均分配，最终两个新细胞都具有与原始细胞相同的遗传物质。当单细胞生物复制时或当多细胞生物通过添加新细胞生长时，都涉及有丝分裂。在有性生殖的基因重组中，性细胞经历减数分裂这种特殊的分裂过程，其中每次分裂过程只保留亲本细胞的一半遗传物质，由此产生的卵子或精子分别携带父母的不同基因组合。当来自双亲的卵子和精子结合在一起时，它们开启了与父母截然不同的新个体的生命活动。

从一个最简单的与动物相似的原生生物开始，我们将在接下来的章节中看到各种各样的无脊椎动物开展生命活动的复杂机制。各不相同的结构和生活方式彰显了生物的多样性，当把它们与自身的功能以及动物从简单到复杂生命形式的进化联系起来分析时，生物的多元化就显得更加重要了。

第3章 原生动物

从池塘底部取一滴水，透过显微镜观察里面富含的有机物，我们就进入了一个平日从未见过的微观世界。这里面涵盖五大界的生物，但大部分都是单细胞生物、原核生物和原生生物，它们构成了与宏观世界一样复杂但相互关联的群落。有些生物本身是绿色的，它们能够在水里借着阳光自行生产食物，为其他物种提供主要的营养和能量来源。有些生物吸收腐烂的生物释放在水里的能量，成为重要的回收媒介。有些是摄食者，或者偷偷收集悬浮在水中的细菌、绿色细胞和有机颗粒，或者在水里快速游荡，追捕和自己差不多大小的猎物。第3章和第4章将主要介绍这些摄食者，它们是类似动物的原生生物，我们称之为原生动物，因为它们可能是最早的动物。虽然这个名字的指向性很强，但我们并不确定现存的原生动物是不是从5亿多年前催生了多细胞动物的原生动物进化而来的。但是，原生动物告诉了我们古代动物可能的样子，而且它们也是现存生物的重要成员。

第一个发现微生物世界的人是荷兰博物学家安东尼·列文虎克，他发明了早期的显微镜。1675年，他描述了在雨滴中发现的众多细菌，该发现衍生出一个全新的学科，它至今仍是生物学的一个重要分支。有关这个分支的大量科学文献都发表在与原生动物学相关的专业期刊上。

大变形虫伸展开来体长可达5毫米。这种虫及其相关物种具有一个罕见的特征，即含有多个细胞核（小颗粒中的大白点）和许多伸缩泡。这可能与其体型大有关，虽然它是单细胞动物，但与这种大变形虫相比，旁边的多细胞轮形动物（见本书第14章）都显得非常小。在暗场照明条件下拍摄的照片显示，细胞膜和细胞质在黑色背景上呈现为白色。显微照片（P. S. 泰斯）

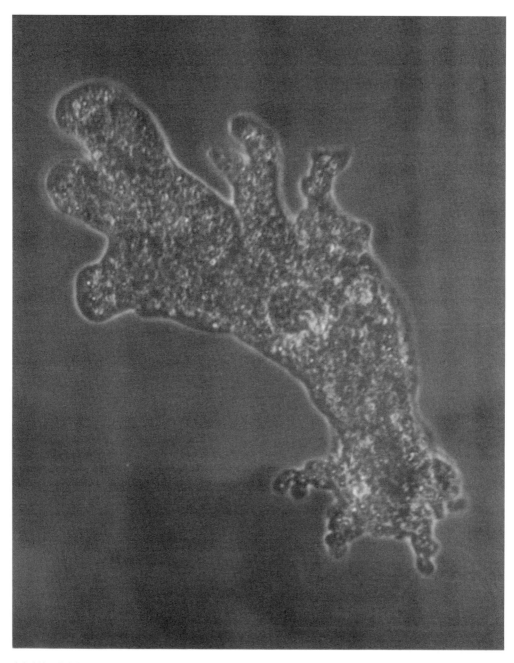

淡水池塘里的大变形虫（Amoeba proteus）。显微照片（R. 布克斯鲍姆）

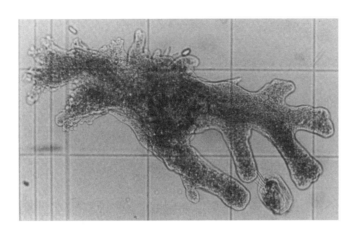

正在积极移动的大变形虫正向它的猎物——一种较小的原生动物——伸出长长的伪足。在明场照明下拍摄的照片显示，细胞膜和细胞质在浅色背景下显得较为暗淡。这种变形虫的大小可以通过测量它在玻璃片上移动的格数来估算。每个大方格的边长为250微米。显微照片（R. 布克斯鲍姆）

　　大多数原生动物都由单个细胞组成，其组织方式与多细胞动物中的单个细胞非常相似。然而，原生动物的行为与动物一样，生命活动也相似。一些原生动物的内部组织比多细胞动物的单个细胞更复杂，这些原生动物的构造非常精妙，能进行移动、摄食、自我保护、排泄、协调等活动，也能进行有性生殖。而且，所有这些活动都在一个细胞内完成。接下来，我们将讨论原生动物的实例。我们先从一些简单的原生动物着手，它们可能更让人惊讶，因为它们似乎不具备长久稳定而独特的结构，也不具备像其他生物那样天然精巧的身体部位，但却能自如地活动。

一种简单的原生动物：变形虫

　　淡水池塘中典型的变形虫很小，通常只在显微镜下可见，大型变形虫直径可达半毫米，肉眼可见白色斑点。每种变形虫都有一小块透明的凝胶状物质，里面含有许多颗粒和液滴。变形虫表面包裹着一层精致的细胞膜，物质可通过细胞膜进出变形虫表面。该膜具有选择性渗透的特征，允许某些物质进出细胞，使细胞能够长时间保持与其环境构成不同的化学组成，从而让变形虫在某种程度上不随环

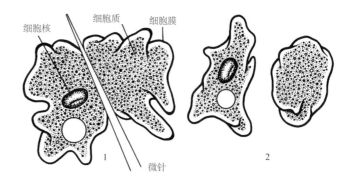

细胞核　细胞质　细胞膜

微针

1

2

1. 非常精细的玻璃针可以将一条变形虫切成两半。
2. 一半包含细胞核，另一半没有细胞核。

境的变化而变化。

　　水能自由地进出细胞膜，但细胞内部的蛋白质、碳水化合物、脂肪和盐则没有办法渗出细胞膜，外部的盐和物质也无法渗入细胞膜。如果我们小心地把变形虫切成两半，那么每一部分都会向上卷起，并立即产生完整的细胞膜，以防内部物质的流失。

　　几乎与所有真核细胞一样，变形虫的内部可分化为细胞核和细胞质。细胞核没有固定位置，但通常远离细胞膜。变形虫是研究细胞核的功能的绝佳样本，因为它们可以被一分为二，一部分有细胞核，一部分没有细胞核。具有细胞核的那部分表现得和正常的变形虫一样，它通过摄食，很快就能长到完整变形虫的大小，然后再次分裂。而没有细胞核的那部分变形虫会以跟平常差不多的方式移动一段时间，它能摄食，但无法消化食物，也无法生长、分裂，最终会死亡。从上述实验可以得出这样的结论：细胞核与新物质的合成、生长以及新细胞的生成有关。

　　变形虫的细胞可分化为相对硬挺的果冻状外质和液态的内质。细胞质包含各种颗粒、脂肪滴、处于不同消化阶段的食物和水滴，它们都没有固定的位置，而是在变形虫体内不断地移动。

　　运动是原生动物最显著的特征之一。变形虫所表现出来的运动模式，自然而然地被称为变形运动。这种运动存在于多种细胞中，包括我们身体内的细胞。变形虫的运动模式似乎与动物肌肉的运动模式完全不同，但两者涉及的化学反应基本相同，而且参与变形虫和肌肉运动的收缩蛋白质也相同。

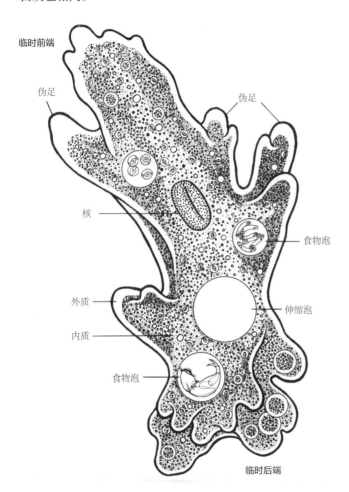

临时前端

伪足

伪足

核

食物泡

外质

伸缩泡

内质

食物泡

临时后端

左图显示了变形虫的主要特征。在显微镜下观察这种相对透明的生物体，将焦平面调整至细胞质内，可见嵌入细胞质的细胞核和其他细胞器。如图所示，光学切片中出现了许多空泡

　　变形虫没有明显的头部或尾部，表面上的每一点都相同，触碰任一点，都可能形成伪足（假足）。这种伪足在一段时间内逐渐增大，内部物质通过通道进入其中，但在它附近迟早会形成新的突起，然后细胞质流入其中并形

成新的伪足。按照这种方式，变形虫以不规则的方式运动——细胞质先进入新的伪足，再进入另一个伪足。变形虫通常会在远离原来伪足的地方长出新的伪足，从而改变整体的形态。而且，原来伪足中的物质会重新流回到细胞中。变形虫的运动非常缓慢，这种原生动物会先朝一个方向前进，再朝另一个方向前进。

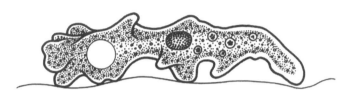

变形虫侧面。调整显微镜，从侧面观察变形虫，如图所示，只有伪足尖才能与物体接触，绝大部分身体在水中都是自由移动的。伪足的运动就像多条腿交替运动一样，但是这种运动不会长久，最终每条伪足都要回到细胞质中（O. 德林格尔）

近百年来，人们一直在研究变形虫的运动，但这个问题依然是个未解之谜。科学观察显示，变形虫的运动涉及细胞质从相对硬挺的凝胶质转变为流体溶胶质，再回到凝胶质。当一定量的外质从凝胶质转变为液体溶胶质时，就会形成伪足。外质的其他部分收缩，用与动物肌肉相同的收缩蛋白，将一部分溶胶内质推入新的伪足。当更多的外质从凝胶质转变为溶胶质并向前流动的时候，更多的内质就形成了内层。随着伪足继续向外移动，旁边的细胞质则从溶胶质变回凝胶质，伪足也变为一根管。之后，伪足内的物质流回变形虫体内，管端发生的任何变化都会导致液态的细胞质凝固，从而引起移动方向的

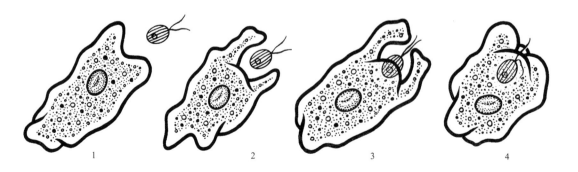

1   2   3   4

改变，甚至会改变整只变形虫的移动方向。

伪足不仅参与变形虫的运动，还参与食物的捕获和摄取。虽然它们对食物没有特别的喜好，但它们能分辨出细菌、原生生物和微小的动物。变形虫抛出伪足裹在猎物的边缘和顶部，这样一来，食物被压在下面，直到最后被完全包裹，渗进变形虫中。变形虫的行为会随着它遇到的食物种类而有所不同。当变形虫捕食活的生物，比如其他活体原生动物或微小的多细胞动物时，它会伸出自己的伪足，先不轻举妄动，也不去接触或刺激猎物，等时机成熟后，它才会释放化学物质将对方包围或者完全吞噬。当变形虫要捕获静止的对象，比如一个静止的细菌或者藻类细胞时，伪足就会靠近食物并用一层细胞膜全方位地包裹住它。

食物被伪足包裹后，进入变形虫的细胞质里。它们位于食物泡中，当变形虫释放的消化酶穿过周围的膜，进入细胞质内的食物泡时，消化的过程就开始了。

猎物进入新形成的液泡后，我们有时候会看到它像如梦初醒一般，努力挣扎着逃跑，但为时已晚，猎物的生命活动很快就会停止。当向水中加入酸碱指示剂（接触酸碱会变色）时，在变形虫的进食过程中，酸碱指示剂也会渗入食物泡。实验表明，食物泡中的水先会变成酸性，然后

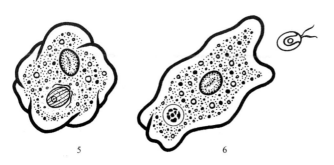

5 6

一只变形虫捕获、摄食另一个原生动物的步骤：
1. 变形虫向猎物靠近；
2. 变形虫伸出伪足；
3. 变形虫向四周抛出伪足，在猎物上部铺上一层薄薄的细胞质；
4. 变形虫在猎物下方铺上一层细胞质，猎物几乎完全被包围；
5. 猎物进入变形虫的食物泡里；
6. 变形虫继续尾随其他猎物
（A. A. 舍费尔）

变成碱性。只有在水变成碱性之后，猎物才开始被显著溶解，这表明消化酶起到了碱性介质的作用，与我们小肠内的消化酶的功用一样。

食物分解后，溶解的物质进入细胞质并被吸收，成为变形虫的能量来源和合成新的细胞器所需的原材料。无法消化的部分则仍在食物泡中，它们逐渐转移到变形虫的临时后端，当变形虫离开时被排泄出去。

像变形虫这类微小生物的气体交换，不需要借助特殊的呼吸装置。它们的呼吸装置与人们印象中的呼吸装置不同，其边缘不会因吸入或者呼出气体而起伏。周围水域中的氧气通过扩散进入细胞，扩散指物质渗入液体或者气体并不断转移，直至该液体或者气体的浓度达到均衡。由于变形虫体内的氧气总是被用来氧化食物、释放能量，它体内的氧气浓度总是比体外的氧气浓度低。因此，氧气会不断地从浓度高的体外通过细胞膜向浓度低的体内渗入。

当氧气被用来氧化糖和脂肪时，就会产生水和二氧化碳。若变形虫体内的二氧化碳浓度比体外更高，就会向体外扩散。这种呼吸方式（氧气向体内扩散，二氧化碳向体外扩散）仅适用微生物和一些原生动物，呼吸接触的表面与其体积或质量成正比的动物也可以使用这种呼吸方式。随着生物个体不断变大，气体扩散的接触面积必须成比例增加，因此随着生物体格的增大，就必须有呼吸道表面积大幅增加的特殊器官参与才行，比如鳃或肺。

蛋白质的氧化不仅会产生二氧化碳和水，还会产生有毒的含氮物质，后者必须被迅速排出体外。变形虫之类的水生生物的主要含氮产物是氨，它极易溶于水，可通过细胞膜扩散到周围的水中，无需特殊的排泄机制。

在移动的变形虫尾部附近有一个大型球状液泡，被称为伸缩泡，它会定期收缩，向外部排放物质。伸缩泡由一个或多个微小液滴构成并逐渐膨胀至最大尺寸，然后收缩，通过一个临时的孔将体内物质喷射到体外。伸缩泡好比一艘漏水的船上的水泵，一直在吸水。变形虫不仅在氧化食物的过程中会产生水分，在吞噬食物颗粒的时候，水分也会通过细胞膜的渗透扩散，不断进入变形虫体内。由于细胞膜能够避免盐分和其他物质向外渗出，变形虫体内的盐分或者其他物质的浓度都高于体外。因此，在水分不断进入致使变形虫不断膨胀的情况下，必须把水分排出体外，否则变形虫就会不断膨胀直到爆裂。实验人员在水中加入盐或者糖后，可以缩小变形虫体内和体外液体浓度的差异。伸缩泡膨胀和收缩的频率越来越小，最终消失。相反，对于一些生活在盐水中的变形虫，它们体外的盐和其他物质的浓度较高，体内往往没有伸缩泡，而一旦把它们置于淡水环境中，这些变形虫就会自

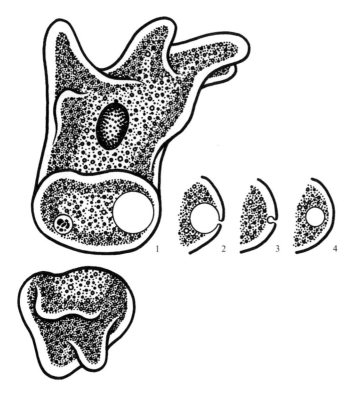

假设对变形虫的液泡进行横切，并将两部分分开，变形虫内部的物质没有外溢，伸缩泡如图所示。
1.伸缩泡最大时的样子；
2.将内部物质喷射到体外；
3.几乎完全清空；
4.伸缩泡再次形成，变大。
小孔是一种临时的结构，每次伸缩泡释放物质时都会形成新的小孔

行长出伸缩泡来调节体内的水分含量。因此，伸缩泡的主要功能是调节变形虫体内的水分含量。吸水的行为需要消耗能量，而如果变形虫摄入了毒素，阻碍了细胞内产生能量的氧化反应，伸缩泡会停止吸水，变形虫就会不断膨胀直至最终爆裂。

借助微量移液器，我们可以提取伸缩泡里的一些液体进行分析。伸缩泡里的液体几乎不包含任何含氮废物，因此这些伸缩泡几乎不具备任何排泄的功能。所以，新形成的伸缩泡里的盐分浓度与细胞质的盐分浓度相同，远比变形虫周围水域里的盐分浓度高。在伸缩泡向外喷射物质前，细胞质会积极吸回伸缩泡里的盐分，这样整个变形

变形虫细胞的分裂：
1.一个大型变形虫摄取了大量食物；
2.变形虫膨胀成球形，细胞核进入有丝分裂的第一阶段；
3.细胞核和细胞质都已分裂；
4.变形虫分裂成两只小的变形虫，每只小变形虫都有细胞核，其中的细胞质为原来变形虫细胞质的一半
（道森、喀斯乐和西尔伯斯坦）

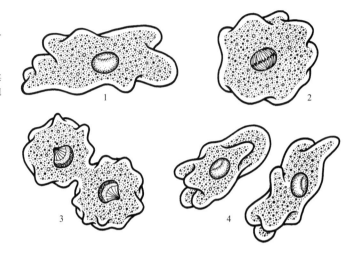

虫就不会流失大量的盐分。很多淡水动物的肾脏，包括鱼，其功能主要是在排出多余水分的同时保留盐分和其他分子。

变形虫通过体积的增大实现生长，通过无性生殖实现总数的增加。在无性生殖中，每个变形虫细胞一分为二。摄食一段时间后变形虫的体型变大成球形，细胞核经过有丝分裂一分为二（见第2章），细胞质收缩后也一分为二。整个过程不到半个小时。细胞分成两半，每一部分的细胞行为都和原来的变形虫一样。如果条件有利，一个细胞可以迅速复制出成千上万个结构相同的变形虫。在变形虫的生长过程中，研究人员并未发现有性生殖的基因重组过程。然而，个体细胞的变异可能会导致变形虫种类的增加。多种变形虫生存下来，后产生的变形虫细胞可能会取代原始的形式。我们可以据此推断现代变形虫与古代变形虫应该是不一样的。

只有当水里存在大量食物源时，变形虫才能正常地活动。如果水干涸或者食物源变得比较匮乏，变形虫就会卷

成球形，在身体周围分泌一层坚硬且不透水的保护层，即包囊。变形虫在包囊内的呼吸速度几乎降为0，以保证消耗的能量最少。包囊内的变形虫在土壤里可以存活数年，也可以被风吹走。它们会在适宜的环境中停下，从包囊里出来，恢复正常的活动。

虽然变形虫没有器官，与人类不可比，但其行为却给人留下了这样的印象：它们对周围的环境非常敏感。变形虫能对外界发生的变化做出回应，及时调整自己的行为。它们能区分食物和非食物颗粒。相较于静态的食物，它们会更加谨慎地靠近移动着的猎物。这也许是因为移动的生物会在水里激起涟漪，而变形虫能够感受到。虽然变形虫没有眼，但它们会躲避亮光，也会远离有害的化学物质。当用玻璃针戳它们时，它们会退缩，然后调转方向离开。剧烈的震动会使变形虫卷成球形，并在一段时间内保持不动。

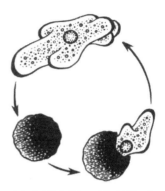

在包囊中的变形虫可以在不利的环境条件下生存。当环境条件好转时，变形虫就会从包囊中出来，继续活动

变形虫的行为表明它们可能是"有意识"的，但我们仍可借助生理化学模型对它们的活动进行模拟。将酒精注入水里的一滴丁香油中，酒精将破坏油滴表面的薄膜，使其伸出伪足，它的移动方式与变形虫类似。把一滴氯仿滴入水中，接下来发生的情况也可以模拟变形虫的捕食活动。将不同物质的颗粒滴入氯仿中，像沙子、木头和玻璃等物质会出现被拒绝的状况，就算强行渗入水滴，也会遭到排斥。而虫胶或石蜡等物质却能很快被氯仿吸纳。如果我们给氯仿中加入裹有虫胶的玻璃，氯仿就会先将其吞噬，然后溶解虫胶，再排出玻璃。我们借助其他机械模型也可以模拟变形虫的生长和繁殖过程。虽然这些模型只能展示活体变形虫生长发育和繁殖过程的表象，但我们也从中得出了一个结论：只要加强对变形虫生命过程中的纯粹物理和化学现象的了解，理解变形虫的生命活动就会变得

更容易。

变形虫的生理化学模型毕竟不等于活体变形虫，所以我们需要多个模型来展示变形虫的部分生命活动。即便如此，我们也只是揭开了发现这种"简单"的原生动物的复杂生命活动的序幕。模型和生物体之间还存在一个重要的区别，那就是变形虫的行为模式具有极强的适应性。正是依靠这种适应性，变形虫才能在现实环境中生存下来。

在介绍变形虫时，我们强调了它们简单和变化的结构。它们的细胞质中的组织和结构非常完善，这些细胞器在细胞里可以随机移动。此外，几乎所有的细胞器都能在与变形虫身体分离的情况下，独立发挥作用。我们接下来将介绍另一种原生动物，其生命组织方式与变形虫完全不同。这类原生动物代表了与很多小型多细胞动物类似的复杂生命形式。

复杂的原生动物：草履虫

世界各地的淡水池塘里都有草履虫。就像变形虫一样，草履虫也是一种微生物，其内部为流体，外层则十分紧致。我们能一眼看出变形虫和草履虫的区别：变形虫的外部是一层柔软的外膜，而草履虫的外壳相对坚硬且有弹性，是一层表膜。表膜可确保草履虫保持一种稳定的形态，看上去像一只拖鞋。草履虫具有明显的前端和后端，前端呈圆形，后端呈尖状，整体呈流线型。与神出鬼没、移动缓慢的变形虫相比，草履虫的游动速度非常快，这是它们比较典型的特征。

在表膜下，清晰可见的外质内有一些小小的椭圆形物质，即刺丝泡。这些刺丝泡可以到达草履虫表面，并被排出体外。在整个排出的过程中，它们变成细长的丝。目前我们尚不清楚刺丝泡的功能是什么，但可以认定它们具有保护作用，因为草履虫在接触有害化学物质或被捕食者攻击的时候，就会释放刺丝泡。但即便草履虫释放出大量的刺丝泡，也没有证据证明这种行为会对捕食者产生震慑作用。刺丝泡主要存在于草履虫和其他以细菌为食的原生动物中。有人认为在草履虫进食的时候，刺丝泡有固定草履虫的作用。

草履虫的快速运动要归功于身体的辅助结构，这种结构的原理与赛艇桨类似。细胞向外延伸形成数以千计的短毛结构，名为纤毛。它们从坚硬的表膜上的小孔伸出。纤毛的划动方式与手臂在自由泳中的移动方式相同：一根纤毛以强劲有力的方式一次次地击打另一

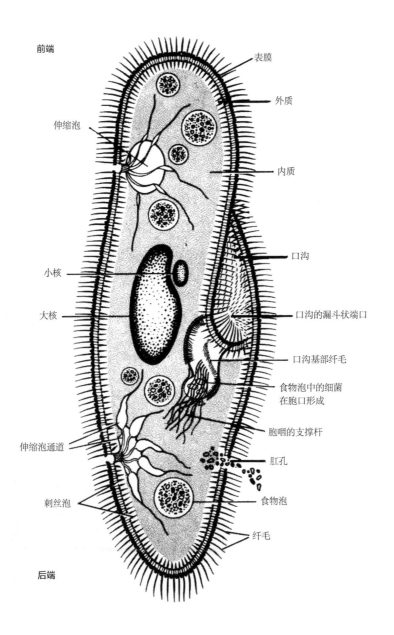

前端

表膜

外质

伸缩泡

内质

口沟

小核

大核

口沟的漏斗状端口

口沟基部纤毛

食物泡中的细菌在胞口形成

胞咽的支撑杆

伸缩泡通道

肛孔

刺丝泡

食物泡

纤毛

后端

根纤毛，所有纤毛有节奏的划动共同推动草履虫在水中前行。各排纤毛的划动步调不完全一致，看上去就像有波浪经过草履虫的体表。此外，各排纤毛也可呈对角排列，纤毛倾斜而不是径直向后，使草履虫绕其长轴旋转并沿螺旋路径游动。通过逆转纤毛划动的方向，草履虫能够向前或向后移动。稍微改变纤毛的划动方向，就能帮助草履虫朝任意方向移动。

与变形虫不同，草履虫通过固定和专门的捕食结构摄食。草履虫的一侧下凹形成口沟。口沟通向胞口，胞口并不是真正意义上的开口，而是细胞表面的一部分，更易吸收食物而已。从胞口开始，食物通过由胞咽支持的细胞质

两只草履虫的表膜被染了色，以显示纤毛对应的位置。下面的表膜显示了口沟周围的纤毛排列模式（P.S. 泰斯）

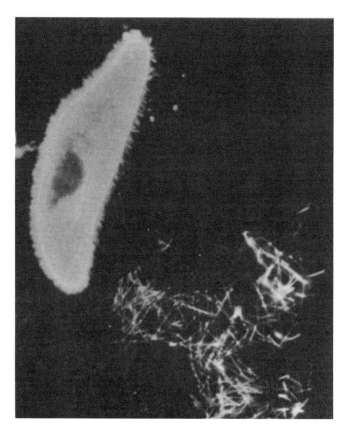

受到刺激的草履虫会排出刺丝泡，在它所在的水中滴入一滴墨水后，草履虫最终死亡（P.S. 泰斯）

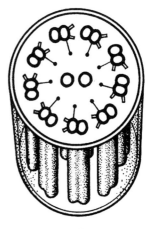

单排纤毛并非同时划动，而是一根根地划动，如此它们才能在水波中移动。它们的划动速度非常快，通常在显微镜下只能看到草履虫的边缘在快速摆动，需要借助特殊照明和摄影设备对这种行为进行分析（J. 盖莱）

区域，最后形成食物泡。当草履虫靠近一些腐烂物质时，其口沟处的纤毛的划动将细菌和其他微生物引入口沟的漏斗状端口，在那里特殊的纤毛束将食物颗粒旋转成球，然后将成型的"食物球"吞入胞口，从而形成食物泡。草履虫发现适宜食用的碎屑后，会积极地进食，于是食物泡很快就会充盈起来。借助半流体细胞质的循环，这些食物泡会按照大体确定的路线穿过细胞内部，之后草履虫会采用与变形虫差不多的方式消化和吸收食物泡里的物质。

食物泡里少量未被消化的残渣会经由肛孔被排出体外。

和变形虫一样，草履虫也是通过身体表面的扩散作用进行呼吸和排泄。这种机制涉及的化学反应与所有原生动物、多细胞动物和真菌的化学反应类似：吸入氧气用于氧化食物并产生能量，同时排放出二氧化碳和含氮废物（主要是原生动物中的氨）。氧化期间产生的水和渗入细胞的水汇集在一起，须排出体外。

与变形虫一样，草履虫体内的水通过伸缩泡排出。草履虫体内有两个伸缩泡，一个靠近前端，另一个靠近后端。伸缩泡是一种固定且一直存在的结构，每个伸缩泡都被通道包围，这些通道辐射至细胞质中。短时间内这些通道都被充满了液体，然后它们将其内部物质排放到伸缩泡中，伸缩泡膨胀并通过排泄孔将液体排出体外。

从纤毛中间切开的横截面展示了"9＋2"微管模式，微管负责纤毛的运动。由外圈的9对微管和围绕中心的两个单独微管构成的模式如图所示。原生动物、植物和动物的几乎所有纤毛运动都遵循这种模式

　　草履虫体内有两个伸缩泡，可以在 15 到 20 分钟内排出与自身体积相当的水量，而变形虫则需要 4 到 30 个小时才能排出与自身体积等量的水。一个人排出相当于自身体积的尿量需要大约 3 个星期，但是人还可以通过肺和汗腺排出水分。

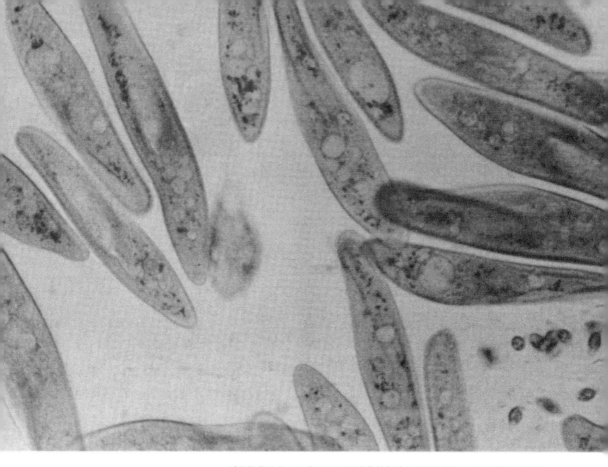

浮游的草履虫，通过1/30 000秒定格拍摄的显微相机拍摄，展示出草履虫运动到不同位置时的状态。左边有两条口部表面得以完整呈现的草履虫。口沟位于身体上部的中心位置，在其下端是通向胞口的漏斗状部分。这些草履虫的食物泡处在消化的不同阶段。你还可以看到几条草履虫在进食过程中伸缩泡的通道（R.布克斯鲍姆）

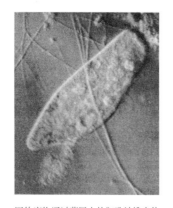

固体废物通过草履虫的肛孔被排出体外，肛孔位于口后方的固定位置上（P. S. 泰斯）

　　草履虫在游泳和捕食时纤毛的高度配合表明，草履虫具备某种类似于动物神经控制的协调机制。然而，目前我们尚未发现可以明确证明这类协调机制存在的证据。长期以来，人们一直认为连接纤毛基部的原纤维系统是一个协调系统，但尚未得到最终证实；对于其他几种有几束纤毛的原生动物来说，若将原纤维切割，则纤毛仍然以协调的方式移动。通常认为细胞表面的电子或者机械运动是促使达成协调的原因。

　　与变形虫类似，草履虫最里面的颗粒状细胞质比表层的流动性更强，且内质中含有脂肪滴、食物泡等颗粒和细胞器，以及细长的大核。大核的功能涉及指导细胞的活动，尤其是蛋白质的合成。草履虫进食并生长一段时间后将经历无性生殖，即通过分裂进行繁殖，这与变形虫的生殖方式类似。虽然变形虫或大多数真核细胞的细胞核仅包含一组完整的成对遗传物质（染色体），但草履虫的大核包含数百组完整的成对遗传物质。因此，当细胞分裂和复制时，草履虫的大核只需要被大致分成两半即可，而无须像有些细胞核那样通过有丝分裂来繁殖。在有利的环境条件下，草履虫每天可分裂几次，数量迅速增加。

草履虫和其他纤毛虫的大核是原生动物中唯一具有再生能力的大核。如果将草履虫切成几个部分，只要各个部分都包含一部分大核，就都可以再生成一只完整的草履虫。

多数草履虫除了大核外，还有一个或者几个小核（微核）。在草履虫的日常活动中，小核似乎没有特定的功能。每当草履虫进行有丝分裂时，小核都会分裂。通过实验去除草履虫的小核后发现，草履虫的活动、生长和分裂几乎没有受到影响。甚至，一些草履虫根本没有小核。小核的功能在于有性重组。当将两种不同类型的草履虫放在一起时，它们将互相识别并暂时成对融合。大核在两个虫体中解体，每个小核经历减数分裂后产生的小核只拥有原始遗传物质的一半（见第2章）。每只草履虫体内都会有一个小核会迁移到另一只草履虫体内。然后，同一个虫体内的两个小核融合成一个小核，此时它含有正常数量的遗传物质，只不过这是两个虫体共同贡献的遗传物质的新组合。最终，两个草履虫分开，而新形成的核将产生大核和小核。

草履虫和其他纤毛虫的有性重组过程，被称为接合。草履虫是雌雄同体，只有两种性别，却有多种交配型。草履虫会与其他交配型的成员接合，但不与跟自己交配型相

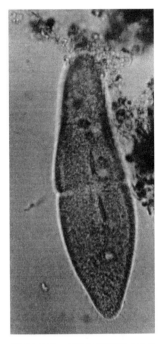

草履虫分裂。大核变成两条又大又黑的细条，中间由细细的一束相连。小核已经完全分裂了。细胞质也已经被挤成两半（R. 布克斯鲍姆）

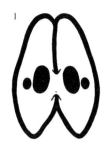

1

两只草履虫通过口沟接合在一起

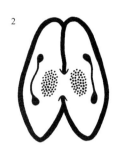

2

每只草履虫体内，大核开始分散开，小核开始分裂

3

每只草履虫体内都有一个小核迁移至对方的体内

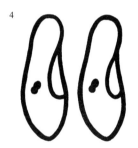

4

每只草履虫体内的两个小核融合成一个新核，两只草履虫分开

5

在每只草履虫体内，新的小核分裂数次，最终产生大核和小核

6

每只草履虫一分为二，共产生4只小草履虫

同的成员接合。尽管一些原生动物表现出更典型的有性生殖行为，包括精子和卵子分化成功，但草履虫的接合具有大多数生物有性重组的基本特征，表现为遗传物质从某一个个体转移到另一个个体，产生了新的遗传可能性。

草履虫的行为正好符合人们对那些没有专门的感觉结构指导其运动的生物的想象。草履虫除了会安静地进食细菌，还会不停地四处游动，一头撞上前面的障碍物。在碰撞之后，草履虫会扭转纤毛的划动方向，后退并朝新的方向前进。草履虫在变化方向后，若与前面的障碍物发生另一次碰撞，则会重复如上的活动。草履虫最终会找到一条通畅的路径并继续前进。草履虫后退、转向和朝新的方向游动，这一系列活动被称为回避反应。物理障碍、环境过

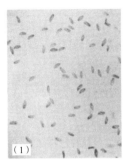
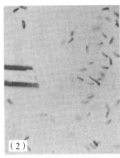
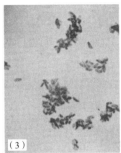
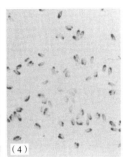

热或过冷、刺激性化学物质、不适合的食物，以及遇到潜在的敌人等情况，都有可能引起草履虫的回避反应。可以说，回避反应占了草履虫日常生活的一大部分。

　　草履虫在不断探索的过程中，可能会游入富含细菌的区域。每当草履虫游入环境不够理想的区域时，它就会产生回避反应，以保证自己停留在比较理想的区域里。这种找到最佳生存状态的做法是一种试错行为，几乎所有的原生动物、绝大多数动物和人都有这种能力。

交配反应和接合生殖。从左到右：（1）一种交配型草履虫在游动；（2）用移液管引入另一种交配型草履虫；（3）混合后的5分钟内，草履虫粘在一起形成大团块，这些团块随后变小，并在大约6小时后仅剩下少量的接合对；（4）在混合后的23小时内，仅存在接合对和少数未觅得配偶的单个个体。接合对通常会保持接合状态达36个小时，但只在某些条件下才会发生接合生殖：个体成熟，达到某种营养状态，并在一天中的某个时间结合。在图中所示的培养物中，交配反应发生在大约上午10点到下午3点。这里显示的这些草履虫中，已知有几个不同的交配型组；在不同的组中，不同交配型的草履虫之间未发生接合（R. 维希特曼）

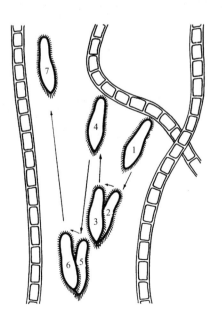

回避反应

1. 草履虫遇到障碍；
2. 草履虫后退；
3. 草履虫改变了游动方向；
4. 草履虫再次遇到障碍；
5、6. 草履虫转向后重新出发；
7. 草履虫找到了一条通畅之路
（H. S. 詹宁斯）

与化学梯度相关的试错行为。在一滴水的中心滴入少量化学物质，它们会缓慢向外扩散。同心圆表示从中心向外化学物质的浓度逐渐降低，虚线表示液滴中的草履虫的路径。当草履虫游动时，无论何时进入比当前所处环境条件更不利的区域，它都会产生回避反应，以确保最终进入对自己最有利的环境，并待在那里不动。右图所示的环境情况是处在中等浓度的化学液体中（H. S. 詹宁斯）

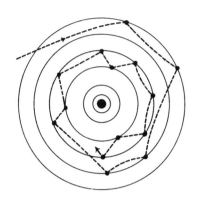

实际上，草履虫即使未进入不利区域，也会发生回避反应。口沟里的纤毛通过划动不断将锥形水流引入口沟，因此，草履虫在进入新区域之前，会通过口沟对前面的一部分水进行采样。如果前方水中存在刺激性化学物质，或者水温较高或较低，草履虫就会提前获取信息，并产生回避反应。

与温度有关的行为模式。箱内温度保持不变，草履虫均匀分布。如果箱子一端的温度下降至12摄氏度，而另一端的温度上升至36摄氏度，草履虫就会避开这些极端温度条件，在温度适中的区域里游动（M.门德尔松）

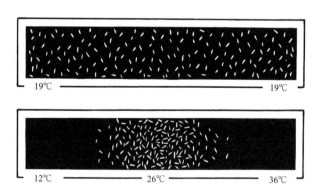

科学家经过多次尝试，试图证明草履虫和其他原生动物的学习行为。虽然这些尝试在很大程度上是不成功的，但有证据表明，纤毛虫的行为可以通过调节来改变，这就是一种学习行为。当一些纤毛虫被暴露在反复闪烁的光线下时，它们通常没有反应，但如果纤毛虫同时还遭受电击，它们就会产生回避反应。之后，纤毛虫开始习惯性地对闪

光产生回避反应。从根本上说，草履虫和其他原生动物依赖于一系列连续的试错行为来帮助自己适应环境，它们也靠反复的回避反应来远离麻烦。

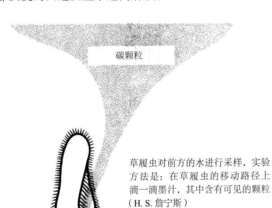

碳颗粒

草履虫对前方的水进行采样，实验方法是：在草履虫的移动路径上滴一滴墨汁，其中含有可见的颗粒（H. S. 詹宁斯）

第4章 单细胞动物

原生动物多以四海为家，几乎在全球每个大洲和大洋中都能发现它们的身影。与具有区域性习性的绝大多数动物形成强烈对比的是，原生动物能够随着洋流和河流漂流，即使在被包囊包裹的情况下，也能随风飘荡、随波逐流，或者附着在鸟儿的脚上辗转于不同的池塘，全然不像动物受到地域或者水域的限制。包囊现象让诸多原生动物可以在它们无法生存的地方存活下来，使它们能够抵御夏季的炎热和干旱，并在雨后破囊而出。很多原生动物都喜欢寄居在动植物体内，包括人类，因为那里的环境湿润、营养丰富。有些原生动物不会给人类造成太大伤害，而有些原生动物却是非常危险的寄生虫。

科学家已经对3万多种原生动物进行了观察和描述。几乎所有的动植物体内都寄生着原生动物。通常来说，特定的原生动物只会感染特定的宿主。我们期待在未来能发现并描述更多的原生动物。

原生动物是指原生生物界中普遍展现了运动和摄食等类似动物具有的特征的生物。所有原生动物都有吸收摄食的能力，一些原生动物只能靠吸收摄食生存，还有一些原生动物本身含有叶绿素，能够进行光合作用。我们通常不对原生动物进行更高层级的分类。但是，根据它们的运动方式，我们可以将其分为4类：鞭毛虫纲、变形虫纲、孢子虫纲和纤毛虫纲。

鞭毛虫纲

鞭毛虫纲指具有一根或者多根长鞭毛的原生动物，它靠鞭毛（丝状原生质）运动。鞭毛在结构上和纤毛（由细胞膜覆盖，呈典型的"9 + 2"微管排布方式）一样，只不过前者更长，两者的运动模式也不同。大多数鞭毛虫纲都有相对固定的外形，往往呈椭圆形，具有固定的前端，鞭毛可以直立。与草履虫和绝大多数纤毛虫纲相比，鞭毛虫纲动物往往个头更小，移动慢且运动形式不规律。鞭毛虫纲只有一个细胞核，所有能够进行光合作用的

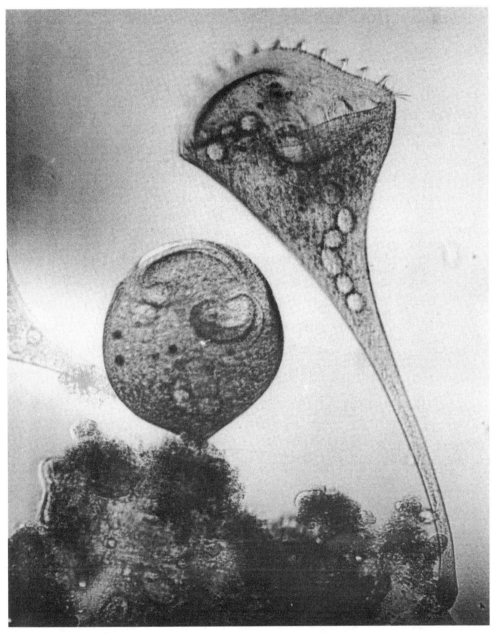

原生动物是一种具有类似动物的运动模式和异养等特征的原生生物。原生动物以及其他一些原生生物都是单细胞生物，这限制了它们身体的大小。但是，当大型的天蓝喇叭虫（Stentor coeruleus）充分伸展身体的时候，大概有2毫米长，可被肉眼看到，比很多多细胞动物的个头都大，甚至比一些原生动物捕食的多细胞动物还要大（R. 布克斯鲍姆）

原生动物都属于鞭毛虫纲。

眼虫属是淡水中最常见的绿色鞭毛虫，它们数量颇多，常在池塘表面产生绿色浮层。该属包含许多物种，所有具有弹性薄膜、能够以眼虫特有的蠕动方式（眼虫式运动）收缩和伸长身体的物种都属于这一类。其前端有一个烧瓶状凹陷，被称为鞭毛囊或储蓄泡，从胞口处伸出一根鞭毛。通过鞭毛的划动，虫体慢慢向前游动，形成一条螺旋形运动路径。大的伸缩泡不断地把内部的物质送进鞭毛囊中。

鞭毛囊旁边是橙红色的眼点，它充当光感受体的色素屏障。眼虫的光感受体不仅可以检测光的强度，还可以检测光的方向。把眼虫放在一个盘子里，它们会远离黑暗或强光区域，而在光线适中的区域聚集。光对眼虫而言很重要，因为它们主要依靠光合作用来获得营养。只要把眼虫暴露在光线下，它们就会通过光合作用维持自身的运转，在细胞质中储存碳水化合物。如果将眼虫置于营养液中，它们也可以在黑暗中生活。在这种条件下，它们的叶绿素

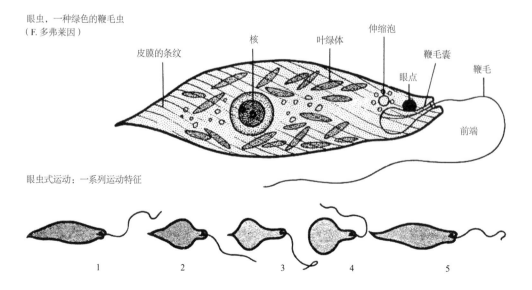

眼虫，一种绿色的鞭毛虫
（F. 多弗莱因）

皮膜的条纹　　核　　叶绿体　　伸缩泡　　鞭毛囊　　眼点　　鞭毛　　前端

眼虫式运动：一系列运动特征

1　　2　　3　　4　　5

将变质，虫体变成无色，通过表膜吸收营养液中的营养物质。若眼虫被置于黑暗环境中的时间不长，其携带叶绿素的叶绿体就不会被破坏，并在眼虫被置于有光的环境后再次变绿。如果叶绿体被破坏（眼虫长时间被置于黑暗环境中，或经过抗生素或紫外线辐射处理），眼虫将永久变成无色，只能靠外部营养源维系生命。一些存在亲缘关系的鞭毛虫，虽然从未有过叶绿体，但也可能是从具有光合作用能力的鞭毛虫祖先进化而来的。

团藻在淡水中可见，为直径为1~2毫米的绿色球体。团藻是由数千个嵌入凝胶球表面的鞭毛细胞组成的，每个鞭毛细胞有两根鞭毛、一个红色眼点、两个伸缩泡和一个杯状叶绿体。藻体在鞭毛的作用下四处游动，不过很明显，藻体的其中一端始终向前，由此我们可以区分前端和后端。只有后端的细胞才能繁殖，前端的细胞则不会繁殖，但位于前端的眼点较大，主要用于引导群体的行进路线。虽然某些团藻的细胞通过胶质由胞质束连接，但没有证据表明细胞之间是协调作用的。每个细胞都可能对光和机械接触等刺激做出独立的反应，团藻的运动是各个细胞活动的综合结果。由于细胞之间显然缺乏协调性，并且差异较小，所以团藻通常被视为细胞集落，而不是多细胞生物。但我

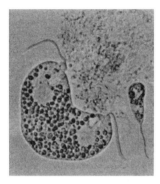

眼虫的分裂。眼虫的鞭毛和前端已经分裂。分裂是纵向的，这与其他鞭毛虫类似。右边是另一个小鞭毛虫（R. 布克斯鲍姆）

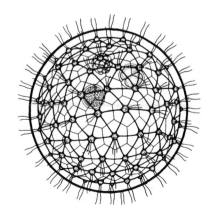

剖面图

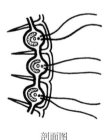

团藻能进行光合作用，除了能自主游泳外，可能算不上一种原生动物。这团物质包含三个不断变大的群体。右边展示了几个独立的细胞，每个细胞都包含两根鞭毛、一个眼点和一个杯状叶绿体。几个有亲缘关系但缺少叶绿体的鞭毛虫可通过吸收液体中的营养物质存活

们仍在团藻中看到了多细胞生物的雏形。虽然动物体内包含众多细胞，从数百个到数十亿个不等，但它是以单个个体的形式存在的。

无性生殖中，集落后部的一个细胞逐渐增大，失去鞭毛，通过几次有丝分裂，产生包含多个细胞的小球体。大的藻体形成时，内部为空，新的集落不断在其中生成。当原先的集落破裂时，这些新的集落就得以解放。

团藻展示了比较成熟的有性生殖方式。在性别进化的早期阶段，性别分化不明显，融合的两个细胞或者配子较为相像。在有亲缘关系的绿色鞭毛虫中，这样的现象很常见。然而在团藻中，已经形成了分化的雄性配子（精子）和雌性配子（卵子）。在形成卵子时，团藻逐渐增大，呈球形，里面装着养料，尤其是脂肪物质。这种养料部分来自邻近的细胞，有助于为团藻幼体提供良好的发育条件。通过不断分化，同一个或者另一个集落的细胞产生多个带有鞭毛的小精子。这些精子与卵子融合后的细胞被称为受精卵，其表面可分泌出坚硬带刺的厚壁，使受精卵在干燥或者寒冷等不利的环境条件下能够保护自己。厚壁内的受精卵会进行减数分裂（如第2章所述，减数分裂是有性生殖的显著特征，但减数分裂在团藻生活史中的发生时间与其他动物都不相同）。一个由减数分裂产生的细胞将形成一个集落。当环境的温度和湿度条件好转时，厚壁破裂，团藻幼体释出，它们与无性生殖产生的集落已无区别。

甲藻生活在海洋表层水域，尤其是温暖的海洋表面，淡水中也有甲藻存在。它们以单细胞或细胞集落的形式出现。典型的甲藻——膝沟藻属被包裹在纤维素质板中，长有两根鞭毛，一根位于藻体周围的凹槽中，另一根位于藻体后部。许多能进行光合作用的甲藻因含有除叶绿素以外的色素而呈黄棕色，虫黄藻就属于这一类，它们是一种生活在其他原生动物体内以及珊瑚礁和许多其他无脊椎动物

膝沟藻属有时在沿海水域中繁殖，数量众多，会将海水变为红色，绵延数英里。这些赤潮会导致鱼类和其他动物死亡，海滩上数以百万计的甲藻的腐烂尸体可能会产生恶臭。在一些地方（比如佛罗里达州），赤潮是由另一种有毒的裸甲腰鞭虫引起的。无毒的甲藻可能会导致赤潮，耗尽水中的氧气，使鱼类死亡（C. A.科福伊德）

细胞内的甲藻。虫黄藻给宿主提供养分，并把宿主代谢的副产物（二氧化碳及氮和磷的化合物）作为养料。若宿主体内没有虫黄藻，这些代谢废物就将被排出体外。可见这种寄生关系是互利的。

　　许多能进行光合作用的甲藻（尤其是膝沟藻属和裸甲腰鞭虫）在水域中大量繁殖，可引发赤潮，并释放会杀死鱼类和其他动物的毒素。有些以甲藻为食的动物不会死亡，但毒素会在其体内组织中积累。蛤、牡蛎和贻贝等双壳类动物经常含有毒素，即使少量食用，也有可能致死。在夏季，卫生部门对这些双壳类动物进行检疫是很有必要的。雪卡毒素中毒就是因食用含有底栖甲藻毒素的热带鱼而引发的。有毒的甲藻生活在海藻表面，食用海藻的食草鱼和捕食食草鱼的食肉鱼体内会由此积累毒素。

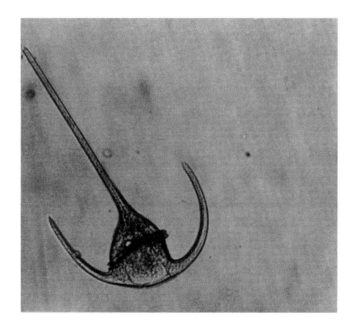

能够进行光合作用的角藻属有明显的突起，这在很多悬浮于有阳光照射海面的生物中很常见。小型生物表面的突起降低了它们下沉的速度，也可以震慑某些想摄食它们的动物（R. 布克斯鲍姆）

发光甲藻——夜光虫

其他甲藻是无色的，以微小的生物为食。夜光虫是一种大型甲藻，呈球状，直径约为1毫米，只有一根鞭毛和一个用于捕捉猎物的坚固的移动触手。和许多生物（见第15章）一样，夜光虫可以发光。发光甲藻在受到机械刺激时会发光，当夜间有小船或游泳者经过水面，或者海浪冲向岸边时，可以看到微小的闪光。大量的夜光虫聚集在一起会创造出好似水下烟花的壮观景象。通过观察发现，发光现象可以防止夜光虫被小型甲壳动物吃掉，具体参阅第17章有关桡足类动物的描述。

大多数鞭毛虫都是异养生物，与动物类似，且更加多元。其中的领鞭毛虫通常借助海藻附着在基底上生活。对这类动物而言，细胞可以单独存在或聚集成集落。每个细胞都包含一个由许多精致的胞质突起组成的领状结构，中心处有一根鞭毛，鞭毛的滑动可将水流引入细胞。领鞭毛虫的领和虫体的侧面与细菌及其他食物颗粒接触，将它们吸进食物泡中。因为领鞭毛虫具有一种与海绵的摄食细胞类似的细胞，所以领鞭毛虫颇具研究价值。人们通常认为海绵这种多细胞动物是从领鞭毛虫进化而来的。

领

领鞭毛虫能单独、成对甚至以小集落的形式存在（G. 拉佩芝）

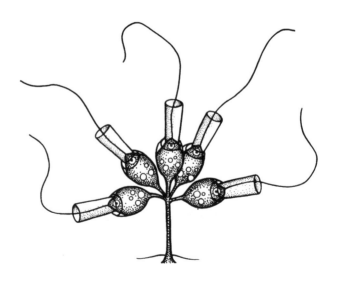

与动物相似的鞭毛虫中最臭名昭著的当属引发了南美洲锥虫病和非洲昏睡病的锥虫（锥虫引起的昏睡病与病毒性脑炎引起的昏睡病不同）。锥虫和它们的近亲寄居在昆虫、某些植物和许多非洲的脊椎动物体内，它们不会给宿主带来太大的不便。数千万年以来，它们一直在一些植物或者脊椎动物的体内生存，宿主也通过进化获得了抵御或容忍这种寄生虫的能力。但是，人类和家畜被锥虫感染后，轻则失去行为能力，重则致命。

导致非洲昏睡病的锥虫通过吸血的采采蝇来传播。实际上，非洲所有野生动物的血液中都有锥虫。例如，当采采蝇吸食羚羊的血液或感染了锥虫的人类血液时，含有这些锥虫的血液将进入采采蝇的肠道。锥虫经由肠道入侵昆虫的唾液腺，繁殖并经历形态的变化，直到脊椎动物被感染。如果携带了锥虫的采采蝇叮咬人，锥虫将经由采采蝇的唾液进入人的血液。之后，它们在人体血液中迅速繁殖并在血细胞中蠕动，通过鞭毛的起伏行进。

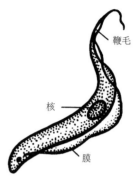

锥虫。鞭毛的大部分都附有膜，但领鞭毛虫的身体前端能自由延伸

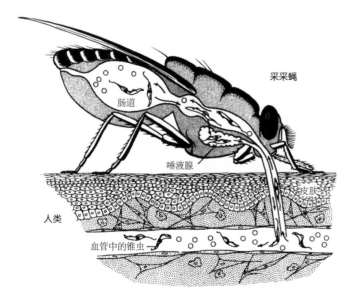

在锥虫的生活史中需要有两个宿主，才能引发非洲昏睡病，即一只采采蝇和一只哺乳动物。图中展示了一只受感染的采采蝇吸食一个受感染的人后，锥虫生命进程的主要阶段：经由采采蝇的唾液腺进入人类血液的锥虫，寄生在血液中和进入采采蝇的吸吮型口器的锥虫，以及生活在采采蝇肠道中的锥虫。锥虫对采采蝇没有明显的不良影响（基于多个文献来源）

导致非洲昏睡病的锥虫在血液涂片上可见，它长约25微米，周围是红细胞。锥虫最初可能生活在昆虫的肠道中，当这些宿主进化出吸血的习性后，锥虫开始进入脊椎动物的血液。若锥虫不小心进入脊椎动物的血液中，并逐渐适应了这种新环境，它将依靠宿主完成它的部分生命周期。布氏冈比亚锥虫（染色标本）

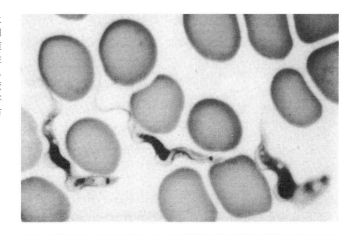

大鼠血液中正在分裂的锥虫。鞭毛已经分裂，但仍然只有一个核。这种由跳蚤传播的路氏锥虫对大鼠无害。起初，寄生虫会迅速繁殖，但大鼠的免疫系统逐渐获得了抑制锥虫生长的能力，最终将其摧毁（染色标本）

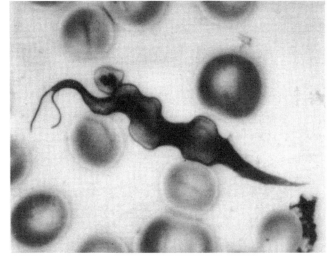

人在被感染了锥虫的采采蝇叮咬几周甚至几个月内都不会发烧，但体内的锥虫数量会逐渐增加。一旦开始发烧，受害者就会变得虚弱，甚至贫血，这可能与数百万锥虫释放的有毒物质有关。最后，寄生虫侵入人的大脑和脊髓周围的液体，受害者逐渐变得精神萎靡，最后失去意识，昏昏欲睡直至死 $\frac{1}{2}$ 。但也可能出现另一种极端情况，即感染者没有任何症状。

自20世纪中叶以来，针对采采蝇的药物和治疗方案大

大减小了昏睡病的影响。但在疾病发生的地区，人们仍要
采取措施预防感染，比如使用蚊帐，穿长袖长裤遮盖躯干
至手臂和脚踝的位置。

非洲昏睡病的患者。早期欧洲探险者
常认为非洲本地人十分懒惰，这无疑
应归咎于锥虫病。奴隶贩子很快就懂
得了要挑选颈部无腺体肿胀的非洲奴
隶，因为颈部腺体肿胀是锥虫感染的
典型症状（美国陆军医学博物馆）

　　毛滴虫是脊椎动物消化道中一种常见的鞭毛虫。毛滴
虫呈梨形，前端伸出几根鞭毛，其中一根鞭毛向后延伸并
通过波动膜与生物体连接。毛滴虫的杆状微管束能自动弯
曲，并向后端突出，将毛滴虫的体表固定在生物体上。口
腔毛滴虫栖息在人的口腔中，还有几种毛滴虫生活在人的
肠道中。阴道毛滴虫寄居在女性的阴道和男性的尿道中，
通过性交传播。

　　一些毛滴虫及其近亲鞭毛虫具有多根鞭毛，并呈现复杂
的排列模式，有时鞭毛还有多个核（从两个到上千个不等）。
贾第虫是一种双滴虫，这种虫因为有两套鞭毛和两个核而得
名。有些鞭毛虫生活在脊椎动物的肠道中，包括人类。

阴道毛滴虫会引起女性阴道的瘙痒感染。
受感染的男性可能没有任何症状，但如
果怀疑体内有这种鞭毛虫，夫妇双方都
应接受检查，积极进行治疗以防止复发。
有有效的药物可以治疗，但大多数用于
控制寄生原虫（与人类一样是真核生物）
的药物比有效对抗细菌（原核生物）的抗
生素更容易引起副作用（W. N. 鲍威尔）

活体　　　　　包囊

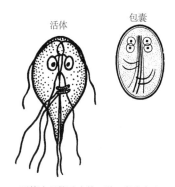

贾第虫是鞭毛虫的一种，寄生在人
体肠道中（科福伊德和斯威齐）

　　贾第虫分布于世界各地，是一种非常常见的寄生虫。
但多数时候我们都察觉不到它们的存在，主要是因为在许
多病例中，即使患者感染了贾第虫，也没有任何症状。在
另一些病例中，患者会出现腹泻、痉挛、恶心和其他消化
系统症状。鞭毛虫会干扰食物的消化和吸收，它们在宿主

披发虫伸出一个伪足（1），并吞掉了一个木头碎屑（2）。尽管披发虫的进食方式很简单，但它们是结构最复杂的原生动物（O. 斯威齐）

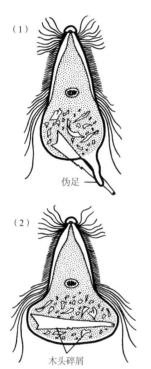

（1）

伪足

（2）

木头碎屑

肠道中繁殖并以抗性包囊的形式随粪便排出。一个人会因摄入贾第虫包囊（或活的鞭毛虫，极少见）而感染，含虫包囊常见于被人类粪便污染的食物或水中。感染往往是经由尚未接受如厕训练的儿童传播给家人的。在美国西部，甚至在一些偏远的山间溪流中也存在鞭毛虫，它们既可以由人类和狗传播，也可以由野生哺乳动物传播，它们都是这种寄生虫的宿主。我们建议，即使在看似卫生的地区，徒步旅行者和露营者也需随身携带饮用水，溪流中的水需要煮沸后才能喝。

披发虫是一种寄生在食木白蚁肠道内的大型鞭毛虫。它们只有一个核，但在前端的表面覆盖有成千上万根鞭毛。披发虫的后端像变形虫，可以伸出伪足吞噬白蚁吃下的木屑。和大多数动物一样，白蚁缺少消化木材纤维素的主要成分所需的酶。如果将白蚁体内的鞭毛虫除掉，白蚁吃下的木屑就无法消化，白蚁很快会饿死。吃木屑的昆虫完全依赖于它体内的鞭毛虫来消化木屑并将其转化为可溶性碳水化合物，其中一部分被宿主吸收。作为回报，白蚁为鞭毛虫提供潮湿的寄生环境和稳定的食物供应。所以，这两种生物的关系是互利的。

扁纤毛虫也是一种寄生原虫，具有两个到多个细胞核，

扁纤毛虫的分裂过程：
1. 具有多个核的大型个体。2、3、4为无性分裂过程。分裂可以是纵向的（如在鞭毛虫中），也可以是横向的（如在大多数纤毛虫中）。箭头显示扁纤毛虫的游向

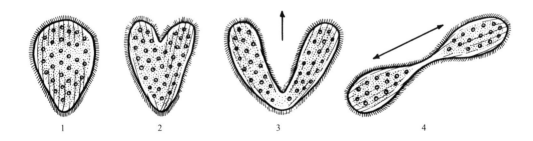

1　　　　2　　　　3　　　　4

体表分布有密集的纤毛。但与几乎其他所有纤毛虫不同，它们只有一种类型的核（没有大核和小核之分），它们通过有性生殖（而不是通过接合生殖）产生两种大小的配子。因此，尽管扁纤毛虫有纤毛，但通常将其归为鞭毛虫或者自成一类。扁纤毛虫生活在青蛙的直肠中，对宿主没有不良影响。它们通过体表吸收溶解的营养物质。

变形虫纲

变形虫纲借助伪足移动和摄食。像上一章描述的常见变形虫一样，它们通常在淡水、海水或潮湿的土壤中自由活动。除了变形虫之外，还有许多变形虫纲生活在动物体内，尤其是消化道中，大多数都对宿主无害。生活在肠道中的变形虫纲以细菌和食物碎片为食，不会给宿主造成任何损失；还有一些是寄生性的，以宿主为食并对其造成伤害。

寄居在人体内的变形虫，大约有6种是无害的，或者说不会对人体造成严重的不良影响。齿龈内变形虫在绝大多数人（大约75%甚至更多）的口腔中可见，它们以细菌和散落的细胞为食。这种变形虫不会形成包囊，在人类接吻或分享食物时会口口传播。

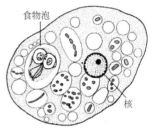

结肠内变形虫寄居在人体内，靠摄食肠道内的颗粒为生，对人体无害。相反，这种变形虫对其宿主非常有用，它主要吞噬寄生性的贾第虫。更小的食物泡内包含着细菌（F.多尔芬）

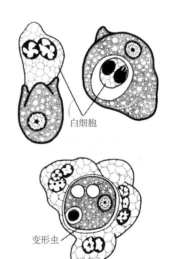

上图：口腔内变形虫在吞噬白细胞
下图：情况扭转。三个白细胞合力吞噬了变形虫（H.蒙尔德）

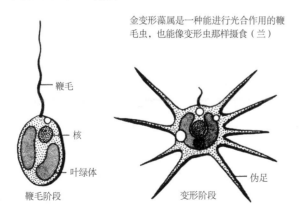

金变形藻属是一种能进行光合作用的鞭毛虫，也能像变形虫那样摄食（兰）

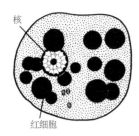

核

红细胞

痢疾内变形虫偶尔也在温带地区传播，当管道破损，污水进入供水系统时，就有可能发生痢疾内变形虫感染。在热带国家，痢疾内变形虫是一种持续的威胁，严重消耗了受害者的能量。前往亚洲部分地区和该疾病常见的其他地区的旅行者，应避免食用未煮熟的蔬菜或饮用未煮沸的水（F. 多弗莱因）

砂壳虫属的不透明壳由沙粒或其他颗粒组成的有机材料构成。只能看见壳下面伸出的伪足

变形虫分泌出一个半球形的有机壳，伪足从底部的开口伸出

但痢疾内变形虫经常引起多种疾病。全世界约10%的人体内有痢疾内变形虫，美国有4%的人体内有这种原生动物。由于许多人在携带这种变形虫的时候，没有感到其对身体有明显的不良影响，因此痢疾内变形虫的携带者在人群中的比例通常比我们意识到的更高。痢疾内变形虫寄居在大肠中，以活细胞和组织为食，会导致脓肿和溃疡出血。它们有时也会进入肝脏和其他器官。活的痢疾内变形虫在宿主体外无法生存，含虫包囊与粪便一起排出，通过污染食物或饮用水实现人与人间的传播。这种疾病在人们卫生习惯不佳或缺乏安全的污水处理方式的社区最为常见。目前有若干种药物可有效杀死痢疾内变形虫。

一种更危险但相对罕见的变形虫生活在温泉中，可能会感染洗浴者，造成致命的后果。这种变形虫的存在，致使英国关闭了著名的巴斯浴场。此外，在土壤中生活的棘变形虫属、纳氏虫属，一旦侵入中枢神经系统就会引发致命的脑炎。

一些淡水变形虫会分泌出一种壳体或坚硬的表皮，它们一直携带这层壳体，在受到干扰的时候则会缩回壳内。砂壳虫属通过收集沙粒的黏性分泌物使其表皮变得更坚硬。该属以具有坚硬的表皮为显著特征。虽然我们是根据结构上的差异对这些物种进行分类的，但也可以根据行为上的差异对它们进行分类。淡水池里常见的表壳虫属在其身体周围裹了一层坚硬的有机表皮。当一个变形虫分裂为两个时，它会先构建第二层坚硬的表皮，供其中一个后代使用，另一个后代则继续沿用原来的表皮。

有孔虫（主要是海洋有孔虫）属于变形虫纲，其表皮有多种，有的是简单的有机体表，有的带有硬颗粒，还有的是多腔钙质（碳酸钙）壳。海洋有孔虫的幼虫类似于变

形虫，可以分泌出一个壳。随着生长的继续，它会不断增加腔室，有时甚至会形成100多个连通的腔室。在许多常见的物种中，它们的腔室以螺旋形模式生长，类似于微型蜗牛的壳。

 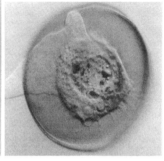

表壳虫属是一种常见的淡水变形虫。它的棕色半球形外壳的下表面有一个圆孔，伪足就是通过该圆孔伸出来的。这两幅图聚焦于壳下的不同层。左：可见4个可收缩的空泡和两个核，伪足收回到壳中。右：可见大型伪足伸出（P. S. 泰斯）

有孔虫的身体占据了所有腔室，并伸出长而精致的伪足，其中的细胞质颗粒不断地朝向或远离尖端流动。伪足连接成网状，借此捕获和消化各种食物（藻类细胞、其他原生动物、微小的动物和有机颗粒）。伪足也可帮助构建表壳的新腔室和辅助运动。有些有孔虫会浮在水面上，大多数有孔虫都生活在泥泞的海底，主动收集食物，或者静静地附着在某些物体的表面上，等待食物的到来。一些有分枝的植物状有孔虫总是通过根状伪足固着在泥中，这些伪足会吸收溶解的有机物，向上延伸的伪足会从水中捕获悬浮的食物颗粒。其他有孔虫还会用伪足挖洞或者从沉积物中筛选出食物。许多浅水有孔虫由虫黄藻或其他在细胞质中存在的光合细胞滋养。

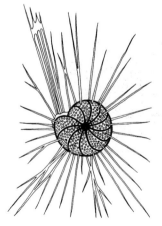

有孔虫的细长伪足延伸并穿过贝壳壁的毛孔，从主开口伸出

你会惊讶地发现，英格兰多佛白崖上有巨量的有孔虫，美国密西西比州和佐治亚州的大型白垩层的厚度竟然超过300米。白垩层的存在表明这些区域曾被海洋覆盖，这些信息对地质学家而言非常有用。根据太平洋底部目前

在显微镜下高倍放大的有孔虫外壳。许多外壳的表面布满毛孔，活的虫体通过毛孔向外延伸其细长的伪足。右上方的外壳没有毛孔，它之前的寄居者通过一端的开口伸出所有伪足。即便不算有孔虫自己构建的外壳，有些有孔虫也因其大尺寸而特别显眼，其横截面直径可能达2或3厘米。在世界各地的多处温暖的海滩上，你只要伸出一只手将沙子筛出，就能发现大的有孔虫外壳。某些有孔虫的化石长度接近15厘米，不过大多数有孔虫只是肉眼可见的大小（R. 布克斯鲍姆）

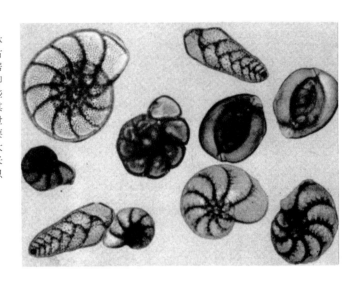

抱球虫属是一种常见的浮游生物。长在外壳上的短刺向外延伸，它们减缓了抱球虫下沉的速度。大部分伪足呈现出缩回的状态（R. 布克斯鲍姆）

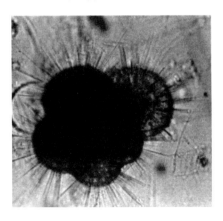

石灰石采石场出产巨大的精石块，可用于建造建筑物。这也证明了古代海洋中有大量的抱球虫属繁衍生息，它们的历史颇为悠久。摄于印第安纳州（R. 布克斯鲍姆）

的积累速度推断，贝壳每 100 年可积累约 60 厘米。现在的大部分贝壳都是由有孔虫和浮在地表水中的相关属动物的遗骸积累而成。这些有孔虫死亡后，它们的表壳会缓慢而稳定地如雨滴般沉入海底，在那里形成一种叫作有孔虫软泥的灰色沉积物。大约 30% 的海底（103 600 000 平方千米）覆盖着有孔虫软泥。一些沉积物形成了白垩，其他则形成了坚硬的石灰岩，比如著名的印第安纳州建筑石材。以化石形式保存在岩石中的灭绝的有孔虫，对石油开采有重要的价值。仔细检查不同层面的岩屑，对其包含的有孔虫进行分析，并与现存物种对照，就可以揭示相关岩石的历史和结构。

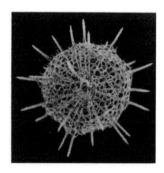

放射虫骨骼可能是最复杂的二氧化硅结构，如图所示。不过，其结构也可能更加简单，只有几根大刺（M. 高英）

放射虫骨骼有时会大量沉积，特别是在某些深海区域，它们可能占沉积物的 20% 或更多，被称为放射虫软泥。这些软泥在太平洋和印度洋的覆盖面积为 7 700 000 平方千米。放射虫骨骼也是硅藻岩的组成部分，硅藻岩主要用于研磨金属抛光粉（R. 布克斯鲍姆）

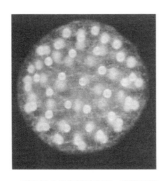

一群放射虫嵌在凝胶质中，收集于加州蒙特利湾50米深的河水中。这个群体直径约为2毫米，但在温暖的海域中，放射虫群体的直径可达厘米级别（R. 布克斯鲍姆）

放射虫是一种形状不规则的原生动物，可以分泌出结构精巧、主要成分为二氧化硅的骨骼。它们长有细长的伪足，每个伪足由中央微管支撑，通过骨骼中的孔向外延伸。细胞质被膜囊分成包含细胞核的内部区域和充满食物泡的外部区域，食物泡内含有伪足捕获的微小生物。外部区域通常含有可进行光合作用的虫黄藻，只要暴露在光线下，虫黄藻就能为放射虫补充营养。外部区域还包含许多泡，使细胞质具有泡沫外观，虫体也能够调节浮力，在水中向上移动。放射虫在温暖的海洋中的数量特别多，其可能产生凝胶状球形集落或20厘米长的香肠状集落。

太阳虫是唯一可与海洋放射虫相提并论的淡水变形虫纲。一些太阳虫具有类似于放射虫的有孔硅质骨骼，但是其他太阳虫仅具有凝胶状体表或稀疏的二氧化硅骨骼。淡水太阳虫一般具有伸缩泡。大多数太阳虫都漂浮在水中，但有些会附着在一个柄上。太阳虫伸出的伪足甚至比放射虫的伪足更硬，除了细胞质中的颗粒在流动之外，太阳虫

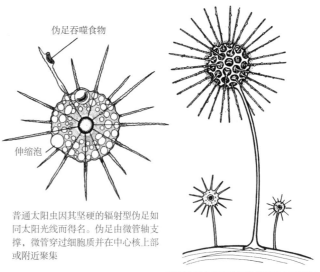

伪足吞噬食物

伸缩泡

普通太阳虫因其坚硬的辐射型伪足如同太阳光线而得名。伪足由微管轴支撑，微管穿过细胞质并在中心核上部或附近聚集

有柄太阳虫具有硅质格状骨骼（J. 莱迪）

几乎不太移动。当太阳虫吞没一个大型生物时,几只伪足将合力将猎物吸入细胞质,在细胞质内,食物泡将包裹住被摄食的猎物。

孢子虫纲

孢子虫纲没有代表性的运动模式,但它们能方便地组合在一起,因为它们都是具有复杂生活史的寄生虫,都能形成孢子或子孢子,并通过孢子在不同的宿主之间进行传播。在孢子虫的典型生活史中,细胞核会分裂多次,但细胞质并不会随之分裂。当细胞质最终分裂时,会产生许多细胞,每个细胞均含有一个细胞核和少量细胞质。这种多次裂变极大地增强了寄生虫的生殖能力,那些幸运地到达宿主的孢子虫必须弥补所有生殖不成功的亲属的缺憾及其对物种繁衍造成的损失。

这几类孢子虫之间可能没有紧密的亲缘关系,是从不同的原生种群独立繁衍而来的。其中最与众不同的是线孢子虫,它们可感染各种无脊椎动物和冷血脊椎动物,引起家养蜜蜂、蚕、鲑鱼、大比目鱼和其他鱼类的流行病。线孢子虫含有孢子或多个处于不同阶段的分化细胞,这可能使它们不再被归为原生动物。簇虫可感染许多无脊椎动物的消化道或体腔,特别是环节动物门。球虫寄生在无脊椎

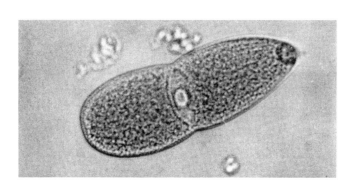

簇虫(孢子虫纲)寄居在许多无脊椎动物的肠道、体腔和血液中。这只簇虫位于囊舌虫(见第22章)的消化腺中,由右侧可见的端口附着在宿主细胞上。摄于百慕大(R. 布克斯鲍姆)

动物和脊椎动物的消化道中，有时还会寄生在脊椎动物的肝脏和血液中。只有少数球虫可寄生在人体内，引起腹泻，但它们很少导致严重的疾病，免疫力受损的个体除外。若女性在怀孕期间染上弓形体，有可能会导致未出生的孩子死亡或者失明。许多家畜患有由球虫引起的疾病，所以有时候，人类感染球虫疾病的源头是家畜或宠物，尤其是猫。

血孢子虫与球虫类似，但需要两类宿主（节肢动物和脊椎动物）。研究最多的血孢子虫当属疟原虫，它们可在数亿人和其他温血脊椎动物中引发疟疾。影响人类的几种血孢子虫都是由蚊子传播的，发生在蚊子和脊椎动物体内的生命阶段涉及多次裂变，在进入生活史的下一阶段之前这些阶段可能会发生多次。

间日疟原虫的生活史。卵子和精子结合，在蚊子的胃中形成受精卵。受精卵在胃壁上形成卵囊，卵囊经过减数分裂和多次裂变形成多个细长的子孢子，这些子孢子侵入蚊子的组织。到达唾液腺的子孢子经由蚊子的唾液刺穿皮肤进入人类宿主的血液。子孢子离开人体血液并进入组织细胞，比如肝脏，在那里它们生长并经历多次裂变，释放大量的裂殖子。有些子孢子可能会进入新的肝细胞并重复这个过程。其他子孢子则侵入血液和红细胞，并长成攻击红细胞血红蛋白的变形虫形式。变形虫形式经历多次裂变，随着红细胞破裂，释放的裂殖子进入新的红细胞并重复该过程。最终，一些寄生虫开始了有性生殖，产生雌性和雄性配子母细胞，在蚊子的胃中产生卵子或精子，并从受感染的人类宿主身上吸取血液

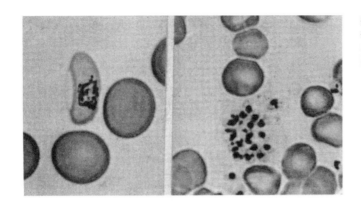

疟原虫。左图：红细胞中的雌性恶性
疟原虫；右图：破裂的红细胞释放出
间日疟原虫的裂殖子。染色标本（美
国陆军医学博物馆）

　　人类的疟疾是由雌性按蚊的叮咬引发的，它们将疟原
虫的细长子孢子带入人类的血液中。子孢子很快进入肝细
胞，在这个阶段很难发现子孢子已经存在于人类血液中，
并且也没有任何症状。当红细胞释放出大量的裂殖子和有
毒物质后，人类才会出现寒战和发烧（高达41.5摄氏度）
等症状。具有镰状细胞病的个体对疟疾具备抗性。在间日
疟原虫感染中，寄生虫会攻击约1%的红细胞。多次裂变的
周期约为48小时，因此每隔48小时左右就会出现寒战和发
烧症状。寄生虫可能持续存在多年，比如在肝细胞中。它
们时不时地出现，导致疟疾反复发作。由恶性疟原虫引起
的更严重的疾病，一旦发作就会攻击10%的红细胞，从而
引起更严重的寒战和发烧。红细胞聚集可能会导致大脑血
管阻塞，致人昏迷或死亡。每年有超过100万人因恶性疟原
虫引起的疾病死亡。

　　　第二次世界大战后，世界许多地方实施了严格的蚊虫
　　控制计划。改造沼泽、在疟原虫的繁殖地喷洒杀虫剂（通
　　常是滴滴涕），这些举措大大减少了疟疾的发病率。人类
　　还研发了多种治疗疟疾的有效药物。然而随着时间的推
　　移，出现了抗药性蚊子和抗药性疟原虫株。由于这个生物
　　学难题，再加上技术、社会和政治方面的障碍，各地大规

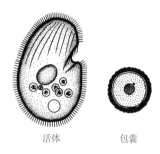

活体　　　包囊

在草履虫旁边的是肾形虫属，肾形虫属可以说是淡水和土壤里最常见的全毛目动物（基德尔和克拉夫）

模地放弃控制计划，以致许多地区疟疾再度肆虐，尤其是由恶性疟原虫引起的危险病症。我们暂时还无法彻底消灭疟疾，目前人类对这种生物的斗争，主要是采取各种措施减少蚊子的数量，开发能克服寄生虫抗药性的新药物等。前往疟疾暴发地区的游客应该使用预防药物，并在日落后住进能够防范寄生虫的建筑物内。基因工程的新技术发展和疫苗的研发也取得了一些进展。

纤毛虫纲

纤毛虫是最显眼的一种原生动物。透过显微镜，在一滴含有少量底部沉积物的海水或者淡水里，你会发现各种纤毛虫，其运动速度之快，让人无法轻易解释其运动方式。均匀间隔的几排纤毛（比如草履虫的纤毛）会覆盖住纤毛

栉毛虫是一种带有纤毛的肾形虫属，纤毛长在两个带状区域内（C. 罗梅）

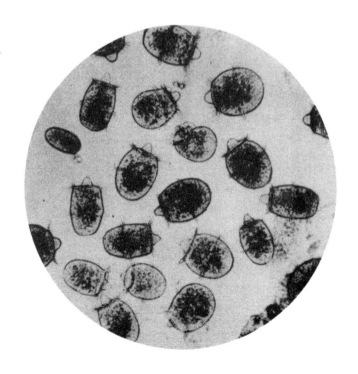

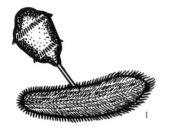

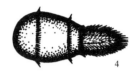

一只栉毛虫吃掉一只草履虫的过程（G. N. 卡尔金斯）

虫的整个身体或某个部分，也可能聚集在一起充当小桨或腿。有的纤毛虫仅在其生活史的部分时间里有纤毛，它们之所以被归为纤毛虫，主要是因为拥有与纤毛相似的结构和两种类型的核，其进行的接合生殖也是一个典型特征。给纤毛虫分类的依据是纤毛的差异，此外还有进食和其他习性的差异。

　　在两种主要的纤毛虫中，全毛目是最多元的，草履虫就属于这一类。草履虫的纤毛很短，长度比较平均，均匀分布在其体表或某些特定的区域。许多全毛目都带有刺丝

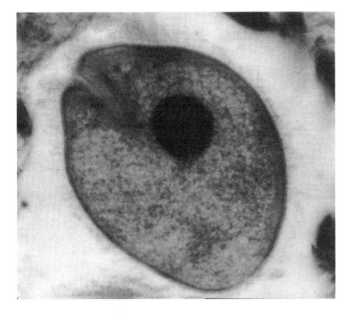

寄生性的结肠小袋纤毛虫是生活在人体内的最大的原生动物（体长60微米），也是唯一一种寄生在人体内的纤毛虫。人类感染这种寄生虫会腹痛和腹泻，排出黏液和血液（美国陆军医学博物馆）

钟虫之所以如此命名，是因为它们通过口部周围的纤毛作用能产生小旋涡。钟虫有一个香肠形的大核和一个小核（诺兰和芬利）

泡。栉毛虫就是一种长有两条纤毛带的全毛目动物，它们为了生存而煞费苦心，几乎只吃草履虫。从栉毛虫身体前端的中心伸出一个带有杆状结构和有毒刺丝泡的吻部。纤毛虫以最快的速度游动，猛烈地撞击接触到的东西，比如植物、其他栉毛虫，甚至是水族馆的玻璃墙。只是，对抗这些障碍物，栉毛虫根本没有胜算。但当它幸运地击中草履虫时，吻部就会穿透并吞噬整个猎物。一只小小的栉毛虫可以伸展身体，将体型是自身5倍大的草履虫吞噬。饱餐后的栉毛虫必须重建它的吻部，此时它的运动速度大大减慢，给了草履虫逃生的机会。结肠小袋纤毛虫是唯一一种

钟虫是一种缘毛目纤毛虫，它们只在口部周围一圈有纤毛。这类生物包含在全毛目动物中。它们的钟形身体通过柄附着在池塘底部的残骸上。图中一只钟形虫正在分裂，可以看到几根螺旋状且部分收缩的柄（R.布克斯鲍姆）

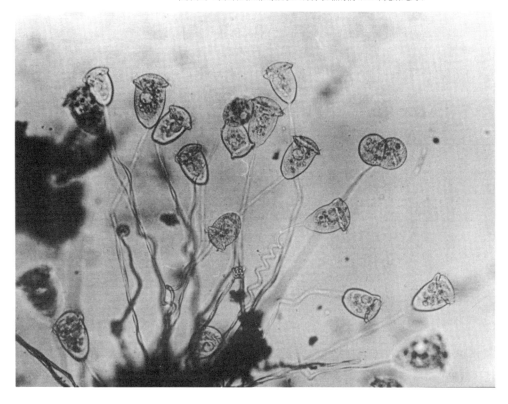

有独特触手束的吸管虫（R. 布克斯鲍姆）

寄生在人体内的纤毛虫。

　　钟虫的表面层还包含可收缩纤维，可将钟形边缘折叠在纤毛的圆环上。钟虫通过纵向分裂进行无性生殖。其中一个后代保留了原来的柄，而另一个则在其下端形成纤毛束并游走，之后生出一个柄附着在身上。当环境条件变得不利时，许多钟虫可能会形成类似的纤毛束，从柄上脱落，然后游走，重新附着在其他地方。与其他纤毛虫一样，钟虫的生殖方式属于接合生殖，但它是单方面的。两个接合的钟虫是由不均等的分裂产生的，并且大小不同，一只较

锤吸管虫可吞食几倍于自身大小的纤毛虫，它通常要用15分钟享用这顿美餐，之后它的身体将变为原来的几倍大（A. E. 诺布尔）

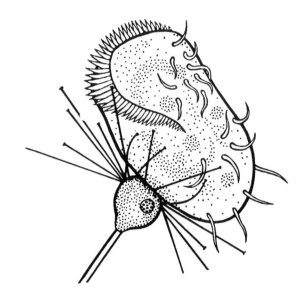

小的钟虫附着在一个较大的有柄的虫上，接合结束时，较小的虫就会被吸收。

而对于另一种全毛目动物——吸管虫来说，两个接合的个体互相弯曲靠近彼此，其中一个将另一个从其柄中拉出，并重新吸收它。但对大多数的吸管虫来说，接合的个体都会平静地分开。因为接合体具有两种类型的核，所以吸管虫被视为纤毛虫，但其他吸管虫在其生活史的大部分时间内都没有纤毛。它们固着在一个地方，直接或通过柄附着在基质上，通过触手捕获猎物（主要是其他纤毛虫）。当猎物碰巧与其触手接触时，就会被触手固定并拉住。伸长的触手尖端有可穿透猎物表面的结构，吸管虫就是通过触手吸收猎物的细胞质的。吸管虫通过分裂或释放短暂存在的纤毛开展无性生殖。纤毛游离并很快附着，吸管虫在失去纤毛后迅速长出触手。

旋毛目的口附近的螺旋区域内有很长的纤毛束，这些长长的纤毛束形成了三角形的小膜。小膜主要用于引入水流，以便将食物送到口边，当然这个部位在运动中也可

喇叭虫的小膜呈三角形，由很多纤毛组成（F. 多弗莱因）

以发挥作用。我们接下来要谈谈在淡水中常见的两种旋毛目。

　　异毛目除了具有螺旋式小膜环，还有许多与全毛目类似的短纤毛。最常见的异毛目是喇叭虫，这是一种可以在植物或类似物体周围游动的簇状纤毛虫。当异毛目充分延展时，其小膜环快速振动，看起来就像一个快速旋转的轮子（见本章开头的图），由此产生的水流将小的食物冲向口部。喇叭虫具有一种独特的大核（好像一串珠子）以及多达 80 个小核。在其体表下方是纵向收缩纤维，当纤维收缩时，喇叭虫的身体会缩短。异毛目的身体横截面通常看起来呈圆形。

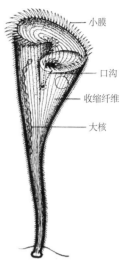

小膜
口沟
收缩纤维
大核

喇叭虫是异毛目的一种，在原生动物中体型较大，有的可达 2 毫米长。研究人员将饥饿的喇叭虫放入眼虫悬浮液，鞭毛的收缩率约为每分钟 100 次

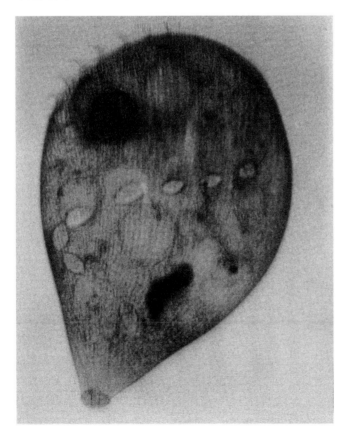

喇叭虫可以自由地游动，如左图所示，但大多数仍然附着在一些固体上。天蓝喇叭虫是蓝色的，在它的口周围的边缘可以看到由许多纤毛组成的小膜。同样可见的是收缩纤维，它能改变原生动物的形状。而大核看起来像一串珠子。以 1/30 000 秒的快门速度拍摄（R. 布克斯鲍姆）

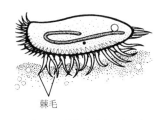

棘毛

一只腹毛目正在快速游动，当它在平面上爬行时，更容易观察到虫体，尤其是它的纤毛部分

我们在异毛目身上观察到纤毛的分化现象，但在腹毛目身上情况则变得不一样了。在后者身上可见纤毛变得扁平，几乎全长在下体表，上体表偶尔可见一些短纤毛。在下体表，一些纤毛愈合成卷毛状的棘毛，不再像普通的纤毛那样有节奏地跳动。当腹毛目在植被上爬行时，棘毛就像腿一样。腹毛目在淡水和海水中都很常见。

纤毛虫的分类一直在变化。近年来的一次权威分类将原来的两个纤毛虫群变为三个。动片亚纲对应于原始的全毛目，包括吸管虫目；寡膜亚纲对应于更特殊的全毛目，

腹毛目在从巴哈马比米尼海岸采集的植物上快速地游动（R.布克斯鲍姆）

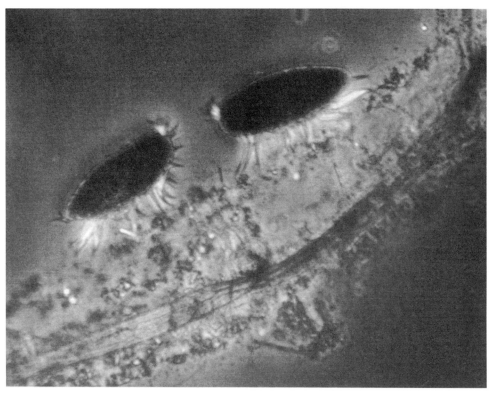

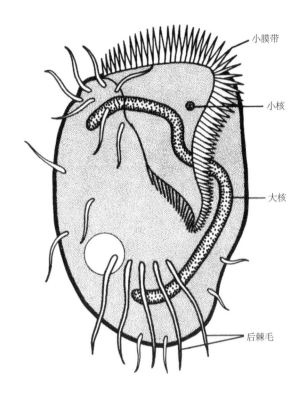

游仆虫是一种腹毛目，它的几乎所有
纤毛都集中在口附近的小膜带和下体
表的一些棘毛上（C. V. 泰勒）

小膜带

小核

大核

后棘毛

包括缘毛目；多膜亚纲对应于旋毛目。我在这里仍保留了
全毛目和旋毛目的分类法，虽然不是正式名称，但简单有
用。这可能会继续沿用一段时间，以保证纤毛虫分类的连
续性。

在本章我们看到，在单个小的细胞质中，分化的局限
性并没有阻止原生动物的多元性进化和大量繁衍。从中我
们看到了具有许多细胞或细胞核的生命形态，有些细胞进
行了分化，生物体也在不断变大。这些证据显示了一种新
的组织形式的形成：多细胞结构。是否具有多个细胞，是
本书前四章所述生物与后面章节所述生物的主要区别。

第5章　海　绵

　　海绵，更确切地说是海绵的骨骼，常被古希腊人用来洗澡，擦桌子或地板，填充头盔和腿部盔甲（盔甲如果失去保护作用，海绵还可以为伤口止血）。罗马人用海绵制成画笔，将海绵绑在木棍的一端做成拖把，偶尔还用海绵代替饮水用的杯子。20世纪上半叶，海绵的用途更加广泛，海绵捕捞业每年的收成超过100万千克。如今的家用海绵都是人工合成的，但是某些种类的天然海绵凭借其绝佳的质量，依然用于汽车或者墙面的专业擦洗，广受皮革工人、陶工、银匠和平版印刷商的喜欢。

　　商业海绵只在温暖的浅海中生长，但世界各地温暖和寒冷的海洋中生长着各种各样的海绵，从潮间带到深海都有大量海绵，还有一些海绵在淡水中繁殖。大多数海绵的骨骼坚硬、凹凸不平或很脆，有些则太小而没法使用。不过，一些海绵在其他方面对人类有用处。很多海绵能产生对捕食者或微生物有毒的物质，人们正在研究它们，试图研发出治疗癌症和其他疾病的新药。海绵不会死，无法逃跑，也不能变成贝壳一类的固着动物，其多刺的骨骼、可产生有毒物或者极差的口味都是对捕食者的重要防御措施。即便如此，各种海洋蜗牛、海星、鱼类和其他动物依然不可避免地以活海绵为食。

　　活海绵可不像卫生间里我们熟悉的那种样子，它更像一块黏糊糊的生肝脏。它跟植物一样生长在基质上，如果不仔细观察，它就像植物一样毫无反应。长期以来，人们对海绵的描述不同，有人说它是动物，有人说它是植物，有人说它既是动物也是植物，甚至还有人认为它是由许多躲在海绵空隙中的动物分泌的非生命物质构成的。直到大约19世纪中叶，人们终于确信海绵是动物。事实上，海绵的组织方式与能够快速移动并对周围环境做出快速响应的动物的组织方式不同，因此人们总觉得很难理解海绵的摄食方式。

　　通过在海绵附近的水中添加含有有色颗粒的悬浮液，我们可以发现海绵进食的奥秘，它们的很多活动都出人意料。海绵顶部的一个或多个大孔会稳定地将水喷出。仔细检查后我们发现，水是通过遍布整个体表的微孔进入的。海绵就像一个动态过滤器，当水不断穿过它的身体时，它将过滤出水中的微生物。由于海绵拥有数百万个毛孔，因此这一门动物

希腊雅典街道上的海绵供应商（M.布克斯鲍姆）

海绵的形状种类繁多，在洋流或底流中的形状也各不相同。下图中是来自加勒比海和地中海浅水宁静水域的海绵干骨骼。矩形海绵是人工合成的（R.布克斯鲍姆）

美国的海绵捕捞中心位于佛罗里达州的塔彭斯普林斯，在那里人们用海绵船捕捞海绵。戴头盔的潜水员捕获海绵后，经过初步清洁并将其挂在索具上任其死亡和腐烂，上岸后再对海绵骨骼进行深入的清洁和处理。海绵的产量现在大大减少了，坦帕湾的海绵数量因水质污染和渔网捕捞底层鱼类造成的损坏而显著降低（R. 布克斯鲍姆）

在浅水中捕捞海绵通常使用钩吊法。后来，过度的商业捕捞导致海绵群体的数量大大降低。在以前，通常是一个人划船，另一个人通过一个玻璃底的桶（可以避免海面的水反射）观察水面下是否有海绵的踪迹，之后用长杆末端的双叉钩吊起海绵

天然海绵比人造海绵能吸收更多的水，也更耐磨。数百万只海绵曾被捕获，用作民用和工业用途。但是，由于佛罗里达州和加勒比海域的过度捕捞，再加上人造海绵经济的勃兴，致使天然商用海绵的产量大大减少。像左图中这样大小和种类的海绵现在售价可能高达30美元甚至更高（R. 布克斯鲍姆）

从古巴巴塔巴诺湾海底钩吊起的活海绵（R. 布克斯鲍姆）

经加工处理的海绵将流入市场。海绵被洗涤、分类并捆在一起。在使用海绵前，必须先彻底清洁，去除细胞碎片，用木槌把生活在内腔中的各种无脊椎动物的壳或骨骼捣碎，然后用剪刀把海绵修剪成规则的形状。摄于佛罗里达州塔彭斯普林斯（R. 布克斯鲍姆）

海绵的可压缩性使其便于运输。将一大捆海绵装入打包机，压缩紧凑然后打包。在打开包装后，海绵的高弹性使其可以恢复至原始干燥时的体积。摄于古巴巴塔巴诺湾（R. 布克斯鲍姆）

把海绵切开，它看起来就像一块生肝脏。而且，海绵丝的支撑框架与活细胞融为一体。切口有几个出水沟，每个出水沟都通向一个出水口（R. 布克斯鲍姆）

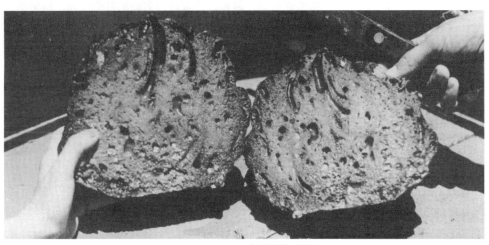

也被称为多孔动物，意思是有很多孔的动物。

迄今为止，我们谈及的大多数生物都是微观生物。像海绵这样的较大动物，不仅质量大，身体也被分为若干个微观单位或者细胞。这种结果几乎总是伴随着动物体积的增大，主要是因为氧气和其他代谢物质的扩散过程缓慢，以至于大型固着动物的身体内部没法很快地吸收氧气或者处理代谢废物来支持生物体的生存。而细胞的构造将大型的生物体分割成很多小的部分或细胞，而且彼此之间有所间隔，大大增加了体表面积，这样的身体的表面积比无孔身体的表面积大很多倍。这有助于物质的内外扩散。当然，由于物质可以通过水流进出身体的每个细胞，因此扩散所需要的距离也大大缩小。从左边的示意图中可知，单个海绵与同质量的固着生物相比，前者与外界接触的表面积更大。

对于未分成许多细胞的生物体来说，它们只能依靠细胞质、细胞核和其他细胞器实现不同的功能。因此，原生动物不仅在大小上受到限制，在功能方面也受到限制。与这种非细胞组织结构不同，海绵可以说是在细胞组织层面上构建的。没有一个细胞需要承担所有的生命活动，但不同的细胞可能有不同的分工和功能。各种细胞不像原生动物的细胞那样粗糙，并表现出明确的社会倾向。特定的细胞负责进食，把食物传递给专门负责保护、支持或生殖的细胞。细胞之间的这种分工使动物可以采取各种不同的生活方式，这是简单生物所不具备的。

动物如何进化成由许多细胞组成的生物，这个问题一直没有明确的答案。一种观点认为，随着生物体变大，细胞核数量增加，彼此之间会形成细胞膜。另一种观点认为，多细胞状态是由单个原生动物样细胞在分裂后未完全分离或分散造成的。在诸如领鞭毛虫或团藻等生物群体中可见这种情况。

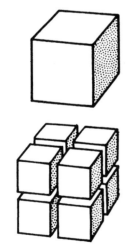

将某物体切割开，会大大增加其暴露在环境中的表面积

图中的三种海绵生长在一起，附着在港口码头的木桩上，刚刚从水中被捞出。最大的是一种简单的钙质海绵——白枝海绵。三个大的和两个小的花瓶状双沟型海绵从左侧突出，它们都具有钙质骨针，内部结构也更加复杂。在顶部，海绵的附着柄周围是软海绵，具有硅质骨针。摄于英国普利茅斯（D. P. 威尔逊）

简单的海绵结构（白枝海绵）

像白枝海绵这类简单的海绵呈花瓶状，其顶部有大型出水口，两侧有微小的流入孔。白枝海绵受到外面扁平的表层细胞保护，这些细胞像马赛克一样贴合在一起，形成一个扁平细胞层。

海绵的大型内腔衬有一种特殊的细胞，被称为领细胞，该细胞的游离端因被细长的呈指状突起的精致"衣领"包围而得名。该游离端还带有一根长鞭毛，其基部穿过领。

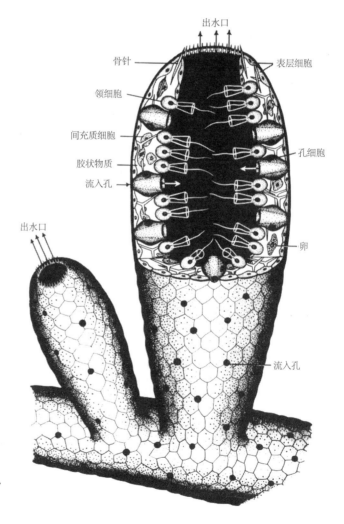

简单海绵的示意图。切掉上半部分，以显示其内部结构

领细胞的鞭毛划动形成穿过海绵的水流。水通过微孔进入海绵，经由中央腔向上流动，再从顶部的大孔流出。当水流通过时，领细胞以与某些鞭毛虫相同的方式捕获和摄取食物。鞭毛从基部到尖端的螺旋扰动使得水流从其尖端流出，携带着颗粒朝细胞的基部流去。水在领的细长突起之间流动，起到筛子的作用。颗粒粘在领的外表面，并从那里向下转移到基部的细胞质中，最后在细胞质中被吞噬。领细胞消化完食物泡中的食物后，将其传递给其他负责消化的细胞。

领细胞的外观和行为几乎与前文中描述的领鞭毛虫一样。出于这个原因，人们认为海绵是从产生现代领鞭毛虫的古代原生动物进化来的。

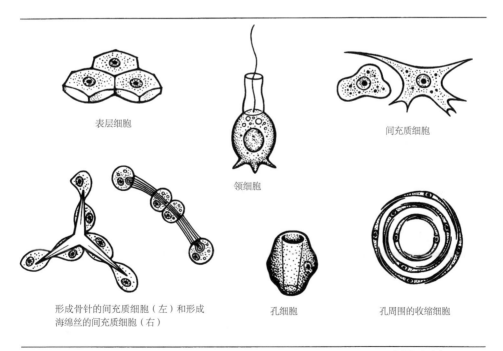

表层细胞

领细胞

间充质细胞

形成骨针的间充质细胞（左）和形成
海绵丝的间充质细胞（右）

孔细胞

孔周围的收缩细胞

海绵细胞种类

在表层细胞的外上皮和领细胞的内上皮之间有一种非生命的胶状物质，其中含有以不规则方式移动的间充质细胞。它们在收到领细胞已部分消化的食物颗粒后，继续完成消化的过程，并将消化的食物从一个地方运送到另一个地方储备起来。它们还将废料运送到海绵表面，借助水流将其排出体外。某些间充质细胞是非特化的，可以发育成海绵中任何特化的细胞类型。

一些间充质细胞的主要功能是分泌骨骼，与胶状物质一起支撑并保护柔软的细胞团，使海绵生长到较大的尺寸。骨骼可能包含硬质骨针，也可能包含坚韧的纤维，或者两者兼有。

海绵的骨针形态各异，一只海绵也可以具有多种形状的骨针。由于某些海绵的形状是不变的，因此骨针的形状可以作为识别海绵种类的重要依据。

白枝海绵属于钙质海绵纲，由含有碳酸钙骨针的白垩或钙质海绵组成。玻璃海绵大多是深水海绵，有精致的玻璃样骨骼。六放海绵纲就是玻璃海绵，这些海绵都具有硅质的六辐骨针，其中大多数还具有硅质骨针组成的网格结构。玻璃海绵与其他海绵不同，它不具有离散的细胞（每个都被完整的膜包围），而是由包含许多细胞核的连续细胞质网格组成。寻常海绵纲是目前数量最多的一类海绵，硅质海绵就属于这一类，有些具有硅质骨针，有些还具有海绵丝。温带海水中的大部分海绵和所有淡水海绵都是硅质海绵。角质海绵也属于硅质海绵，它们没有骨针，但骨骼完全由海绵丝组成。海绵丝是一种胶原蛋白，与大多数动物的角和结缔组织相关。商业海绵都是角质海绵。像珊瑚海绵（硬海绵）这类海绵体内具有硅质骨针和由有机纤维构成的骨骼，与致密的碳酸钙基质骨骼重叠。你可以在深水或潜水洞穴及其他黑暗的地方找到珊瑚海绵。

孔细胞是另一种类型的间充质细胞，状如短的厚壁管。在简单的海绵中，孔细胞的外端位于覆盖体表的上皮细胞之间的开口处，内端位于领细胞之间的开口处，由此形成孔，水通过这些孔被吸入海绵。孔细胞是可收缩的，孔的大小可以改变，甚至完全封闭。

在一些海绵中，存在特殊的细长型收缩（肌肉）细胞。如果这类细胞变短（变厚），就会引发运动，使相邻的身体结构更紧密地结合在一起。它们生长在开口的周围，当水中存在刺激性物质时，肌肉细胞就会收缩并使开口变窄。海绵没有可识别的感觉细胞负责接收来自环境的刺激，也没有神经细胞将它传递到海绵的其他部分。机械刺激（比如触摸或切割）通常仅在海绵体内产生局部响应，在被刺激的地方附近引起周围的毛孔闭合或收

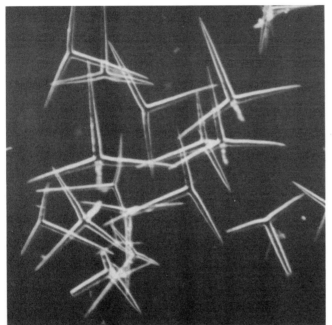

钙质海绵的三辐碳酸钙质骨针（R. 布
克斯鲍姆）

海绵丝构成了角质海绵的弹性交错骨
骼，左下图：干海绵骨骼的显微照片；
右下图：水被海绵丝吸收，进入海绵丝
之间的空隙（R. 布克斯鲍姆）

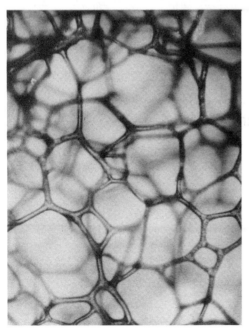

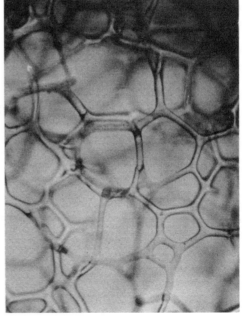

缩。通过水流直接刺激孔、肌肉细胞或领细胞，可以使整个海绵的毛孔闭合，水流停止。因此，当单个细胞直接受到刺激时，大多数海绵都会有所反应，但据我们观察，这种反应是局部、不协调和缓慢的。在少数情况下，已有科学观察表明局部机械或电刺激会促使协调行为逐渐扩展到整个海绵上，只不过与神经细胞传播刺激的速度相比，这种协调行为的扩展速度没有那么快。

除了持续的食物供应之外，水流还为所有海绵细胞提供充足的氧气并带走二氧化碳和含氮废物。因此，即使是非常大的海绵，也没有任何特殊机制来帮助其呼吸或排泄，不过是水沟系统更大、更精细而已。

从小而简单的海绵到大而复杂的海绵的演变，主要表现为表面积增大，这种增大与体积成正比。如果像白枝海绵这样的简单海绵的身体无限地扩大而不发生形变，其表面可能会无法承受领细胞数量的增长，无法满足机体构造细胞的巨大食量需求，也无法使存在于内腔的水流动起来。一些海绵通过简单地折叠体壁解决了这个问题，这样做可以增加领细胞的生长空间。在大多数海绵中，比如沐浴海绵，体壁的折叠进一步增加了表面积，产生了错综复杂的体内水沟系统，无数的鞭毛室均衬有领细胞。

出于多种原因，海绵构造的复杂性随其大小而增加。当环境中的食物或氧气供应不足时，固着动物无法移动或者离开。流出海绵的水已被过滤掉大部分食物和氧气，并且含有由新陈代谢产生的有毒废物。如果这种水流没有办法被喷射到较远的地方，它们就会一次又一次地将有毒废物带回海绵体内。对于结构复杂的大型海绵，与其体积对应的负责代谢的细胞数量较多，从出水口处排出的废水量成为一个值得关注的问题。海绵结构特别是大型海绵的结构，一直朝着增加通过海绵的水流速度，尽可能把已经排出体外的废水与进水流完全分开的方向演化。这就像，小型孤立的人类社区几乎没有废物处理的问题，而大型密集的城市社区则需要越来越复杂的系统来处理污水和有毒废物。

海绵通常在特定的季节进行有性生殖。间充质细胞中的某些细胞或其他细胞率先分裂，然后利用储备的食物将这类细胞增大，使之成为雌性配子或卵子。其他细胞则分裂并形成雄性配子或精子。在一些海绵个体中，可能同时出现两种配子，这就是雌雄同体现象。在其他海绵中，雌雄配子由不同的个体产生，卵子和精子都可以流入大海，之后通过体外受精完成生殖。但大多数海绵个体只会释放精子，精子随水流进入另一个海绵个体，在其体内受精并发育。

在海绵和几乎其他所有多细胞动物中，受精卵会先分裂成两个细胞，这两个细胞又迅速分裂成4个细胞。细胞的持续分裂产生了实心或者空心的细胞球，被称为囊胚。在这

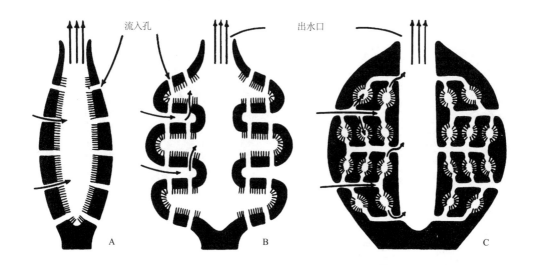

海绵结构的类型。A：简单海绵；B：体壁折叠的复杂海绵；C：有复杂的水沟系统和鞭毛室的复杂海绵，比如沐浴海绵（根据多种文献整理）

个生命比较脆弱的阶段，很少有孵化出来的幼虫能够在冷酷的世界中存活。但在一些简单海绵中，囊胚——一个具有厚厚的细胞层的简单空心球——会变成长有鞭毛的幼虫，脱离亲本并四处游动。幼虫在成年之前并不与成虫长得相似，而是会发生结构上的巨大变化（变态）。毛虫（幼虫）蜕变成蝴蝶（成虫），就是一个大家熟悉的例子。海绵幼虫在游动一小段时间后停下来，附着在一处，经过变态成为年幼的海绵。借助幼虫，固着海绵能够散播出去，将后代送到远离家乡的地方，这样海绵幼虫就不需要与其亲本为生存而相互斗争了。

海绵通过出芽和长出分枝生长，这有点儿像植物。白枝海绵会长出水平分枝，延伸到岩石上，产生大量的花瓶状立柱，这些立柱可能会再次长出分枝。一些海绵结为不规则的壳，在岩石、植被、码头的木桩，甚至是螃蟹的背上无限增长。这些海绵的每个出水口，甚至每个个体的立柱，有时会被当作一个海绵个体。当海绵的一部分脱离主体并自行生长时，人们也认定这是一个新的个体。当然，海绵的继续生长和这些新个体的无性生殖本质上几乎没有

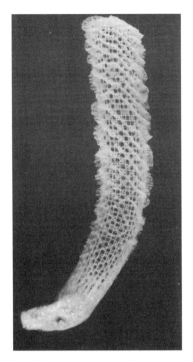

图中的硅质海绵呈鲜红色，多用于再生实验。它们生活在浅水中，可以长到20厘米高，常见于美国东海岸，可能是由船只引入西海岸的（美国国家历史博物馆）

来自太平洋深处的玻璃海绵，属于偕老同穴属，通常被称为维纳斯的花篮。海绵的骨骼（清洁和干燥后）由单独的硅质骨针和交错的网格框架组成。基部的长骨针将海绵固定在软的基底上（R.布克斯鲍姆）

来自地中海的角质海绵（象耳海绵），在杯状内壁上有许多不规则的出水口。它很容易变成扁平的碎片，质地细腻，深受陶艺师的喜爱。干骨骼。摄于非洲北部（R.布克斯鲍姆）

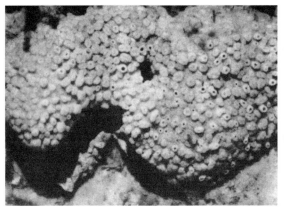 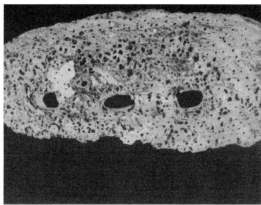

图中的穿贝海绵的壳为明黄色，有出水口，每个口上都有少量不规则的物质。穿贝海绵在口内生长的部分不可见，它们会在钙质基质，比如壳（右图）、珊瑚或石灰岩中钻孔。穿贝海绵在海洋钙质结构的再循环中发挥着重要作用（R. 布克斯鲍姆）

淡水海绵在未受污染的溪流、湖泊和池塘中生长。它们有时会形成绵延数平方米的海绵垫，但更常见的情况是在树枝和石头上形成小的结壳块或指状分枝。在阴凉处，它们呈黄色、灰色或棕色。在强烈的阳光下，它们通常会被藻类细胞染成绿色，藻类细胞可以在海绵细胞之间和内部进行光合作用。这里显示的淡水海绵包含一个单薄的角质骨骼和许多针状硅质骨针（美国自然历史博物馆）

海绵产卵。我们可以观察到精子从大型管海绵的出水口中被排出，水柱高达3米，至少持续10分钟，就像从烟囱中冒出的烟一样。摄于西印度群岛牙买加（H. 瑞斯维格）

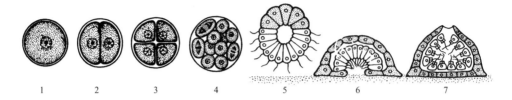

1 　　　2 　　　3 　　　　4 　　　　5 　　　　6 　　　　7

海绵早期的发展和简单的变态。1.
受精卵。2.双细胞阶段。3.四细胞阶
段。4.细胞继续分裂，产生细胞球。
5.幼虫附着在鞭毛的末端。6.鞭毛细
胞向内反转。7.衬有领细胞的海绵
幼虫，在游离端有一个出水口（P.
E.费尔）

海绵幼体

区别，这说明海绵个体之间的差别不大。

许多海绵，特别是淡水海绵，会产生无性生殖的单位——芽球。芽球往往由充满了食物的间充质细胞组成，其厚实的外壳上通常布满骨针。芽球在干燥和冷冻后仍能存活，与海绵一起挨过冬季或干旱的困难时光。在有利的条件下，海绵细胞会穿透芽球外层上的薄膜，成小簇聚集，长成新的海绵。芽球也可能会发育成四处游动的海绵幼体。

所有动物，尤其是身体构造不太复杂的动物，都有一定修复失去或受伤的部位的能力，这一过程叫作再生。一些海绵具有令人佩服的再生能力。经过特定的处理，海绵细胞表现出一种只在非常荒谬的动画片里才能看到的行为：一条狗在绞肉机中被磨成肉馅并做成香肠，但每一根香肠依然保留了狗的特征和行为。用丝制筛布按压某些海绵时，海绵细胞会彼此分离，单独或以小簇穿过筛布。在海水中，这些分离的细胞将以不规则的方式在底部蠕动。当它们彼此碰触时，会粘在一起。经过一段时间，大部分细胞会结成小簇。最后，这些聚集的细胞将继续成长为新的海绵。

海绵的结构是独一无二的。多细胞动物中几乎没有像海绵这样只有出水口而没有口的生物。其他多细胞动物不会通过领细胞摄食，细胞之间的协调能力也不会如此低下。因此，人们认为海绵是从原生动物进化来的，与进化为其

结壳海绵（软海绵属）有时又被称为面包屑海绵，因为它们破碎时会掉下像面包屑一样的东西。它长在岩石壁下方或者吸附在坚硬的表面上，这样在退潮时才能避免受到阳光的直射。海绵有许多不规则的出水口，每个出水口的顶部都有一个圆锥形突起。其柔软的部分由交错的针状硅质骨针支撑。摄于法国布列塔尼（R. 布克斯鲍姆）

生长在寄居蟹壳上的海绵叫皮海绵，因其橙色和光滑的圆形外观又被称为海橙。它们生长在寄居蟹的壳上，在壳溶解后，寄居蟹就只剩下海绵这一道屏障了。这种海绵具有硅质骨针和海绵丝，散发的味道令大多数食肉动物生厌。摄于法国地中海沿岸巴纽尔斯（R. 布克斯鲍姆）

淡水海绵的芽球（R. 埃文斯）

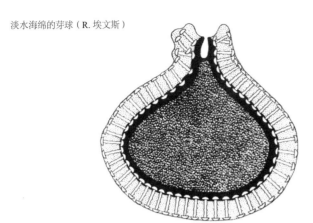

从芽球顶部钻出的海绵细胞（A. 维泽斯基）

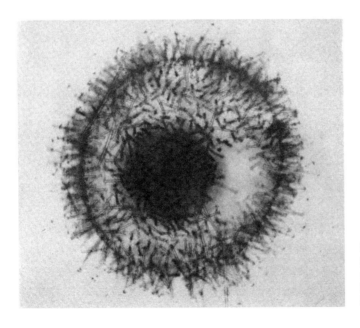

芽球具有锚状硅质骨针，有助于保护其内部细胞。芽球挨过冬天后，当春天来临时，细胞钻出并长成新的海绵。来自威斯康星湖的淡水海绵（J. R. 奈德赫费尔和F. A. 鲍奇）

他多细胞动物的原生动物不同。海绵动物有时被归为一个单独的动物亚门，种类丰富，分布广泛。我们对海绵的结构很感兴趣，因为海绵在细胞水平上具有组织性，细胞已分化，但协调能力低下。在动物进化的大趋势中，海绵不过是一个"非主流问题"。

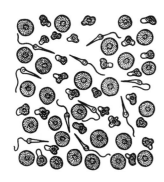

用丝制筛布按压活海绵以分离细胞

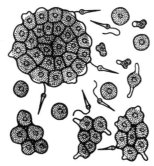

细胞聚集成小簇，之后发展成小海绵（H. V. 威尔逊）

第6章 两胚层动物

水螅长着一圈细长的触手，看起来像一段一厘米长的绳子，一端被拆成了几股，另一端通过其圆盘状基部附着在岩石或水生植物上。由于水螅体型小、半透明，并具有在受到干扰时收缩成小疙瘩的习惯，因此容易被人忽略。然而，这种动物种类繁多，广泛分布在世界各地的池塘、湖泊和溪流中，是同门中少数入侵淡水的物种。水螅的海洋亲戚——水母、海葵和珊瑚——都是刺胞动物门中较广为人知的成员，该门动物规模庞大、物种繁多。

水螅的身体上有一个大型的中央腔，通过一个位于上端的开口与外界相连，周围有一圈触手。虽然中央腔巨大，也有出水口，似乎与海绵相似，但水螅的身体结构却与海绵完全不同。所以，千万不要把水螅和海绵混为一谈。水螅身体中间的巨大体腔负责消化，开口就是它的口。本书所说的无脊椎动物，从刺胞动物开始，其体内都有消化腔，通过口与外界相连。

虽然在进化过程中出现了许多不同类型的动物结构，但动物的细胞大致可分为5种：上皮细胞，间充质细胞或结缔细胞，肌肉细胞，神经细胞，生殖细胞。海绵中包含了除神经细胞之外的所有类型的细胞，而刺胞动物则具有全部5种细胞，包括神经细胞。

组织是由多个细胞构成，合作执行一个功能的细胞结构。结缔组织由大量的间充质细胞或其他类型的结缔细胞组成，肌肉组织由肌肉细胞组成，神经组织由神经细胞组

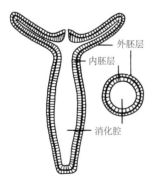

水螅由两层细胞构成。左图：水螅的纵切面；右图：水螅的横切面。两层细胞之间是冻胶状的中胶层

外胚层
内胚层
消化腔

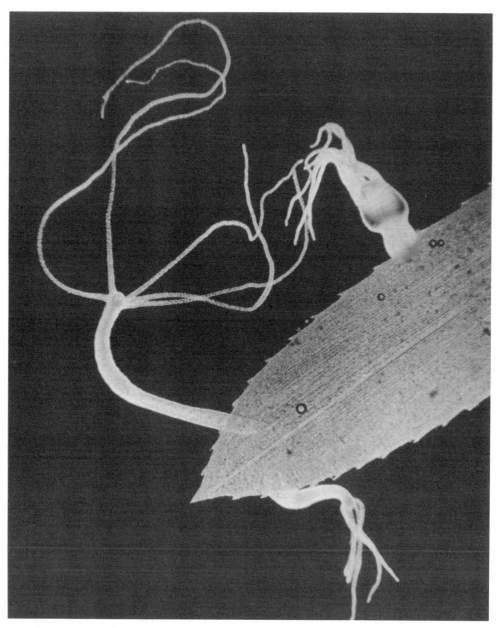

在水生植物表面伸缩的水螅。海滨水螅（P. S. 泰斯）

水螅的横切面显示它有两层细胞（外胚层和内胚层），这两层细胞之间是薄薄的胶状中胶层，围成一个消化腔（染色样本的显微镜照片，A. C. 隆纳特）

成。海绵虽以细胞为组织结构，但它们已具备组织的雏形。比如，海绵扁平的表层细胞紧密地贴合在一起，形成了上皮。

像人类这样更复杂的动物要比水螅拥有更多不同种类的细胞，但人类细胞都是这些基本细胞的变体。上皮组织覆盖人的体表，口腔周围，消化道、心脏和血管的表面，并在不同的地方折叠成腺体。肝脏和甲状腺细胞都属于上皮细胞，血液和骨细胞属于间充质或结缔细胞。

细胞相互协调形成组织，这是生物进化取得的明显进步。这样一来，就可以由某些细胞更好地发挥功能，而不是由单个细胞完成所有功能。分散的肌肉细胞单独响应外部条件，是不会带动整体的运动的，而一群肌肉细胞一起收缩则可以施加很大的力，迅速改变动物的形状或推动其在水中运动。因为刺胞动物的细胞协作能力比海绵更强，所以可以说，刺胞动物的身体已经达到了形成组织的水平。

水螅由两层细胞组成。外层细胞又称为外胚层（字面意思是皮肤外），是一种保护性上皮，与海绵类似。但水螅的外胚层还包含其他几种细胞。内皮或内胚层衬在内腔里，主要是消化性上皮。水螅的两层细胞与大多数动物的上皮细胞不同，区别在于前者凸起的基底中含有较长的收缩肌纤维。外胚层的肌纤维呈纵向延伸，当这些收缩肌纤维全面均匀收缩时，水螅的身体就会缩短。当一侧收缩更多时，水螅的身体朝最大收缩的方向上弯曲。内胚层中的肌纤维呈环状排布，当肌纤维收缩时，水螅的身体变得更细更长。水螅没有单独的肌肉组织，肌纤维仅在上皮细胞的基底中存在，同时发挥其他功能。由于水螅的细胞无法严格地被归类为上皮细胞或肌肉细胞，这些具有双重功能的细胞被命名为上皮肌肉细胞。

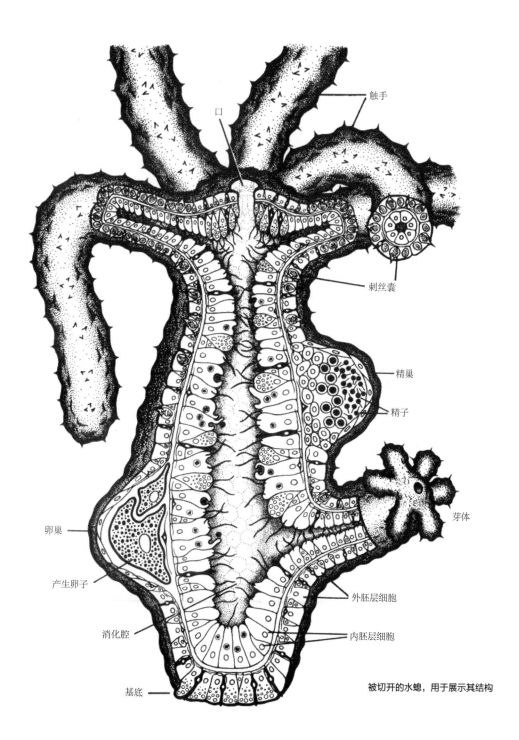

触手

口

刺丝囊

精巢

精子

芽体

卵巢

产生卵子

外胚层细胞

消化腔

内胚层细胞

基底

被切开的水螅，用于展示其结构

两层细胞之间是一层薄薄的胶状物质，即外胚层和内胚层共同产生的中胶层。在两层上皮细胞的基底中，尤其是在外胚层中，有一种小型间充质细胞，叫作间质细胞。水螅的间质细胞与海绵的间充质细胞一样，是特化程度最低的细胞，也是唯一能发育成其他种类细胞的细胞，我们将结合水螅的活动来描述这类细胞。

摄食时，水螅不会追逐它们的猎物，而是依然附着在基质上，触手几乎静止不动地漂浮在水中。水螅和其他刺胞动物的外形呈辐射对称，触手从口的周围分散开，这种外形特征使其能从任何一个方向捕获猎物，也能抗击从四面八方而来的进攻者。当小型甲壳动物或者蠕虫触碰其中一个触手时，水螅就会从刺丝囊中射出有毒且有麻醉作用的刺丝，击中猎物。刺丝囊是水螅用于武装自己的身体，特别是触手的有效武器（人们根据刺丝囊也给此类动物命名为刺胞动物门）。水螅有4种刺丝囊，都是在特殊的刺细胞（由间质细胞分化）内产生的，之后分布于外胚层。每个充满流体的刺丝囊都包含一个长长的螺旋形中空刺丝，

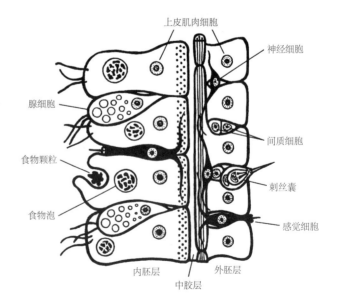

放大水螅的体壁部分，以显示其细胞类型。内胚层的肌肉纤维呈环状排布，竖着看，肌肉纤维刚好在纵向的中间部分形成一个黑点。外胚层的肌肉纤维呈纵向延伸，两端聚在一起

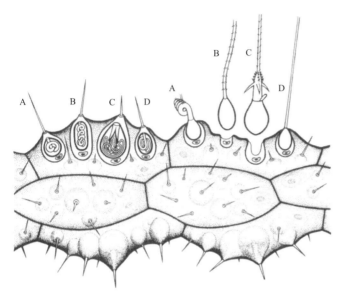

图中为触手的一部分，显示了刺丝囊。每个刺丝囊都位于刺细胞内部，刺细胞丛被大型上皮细胞包裹。左：未射出的刺丝囊；右：射出的刺丝囊。

A. 通过用毛或者其他突出部位缠绕来帮助捕食；

B. 对除猎物之外的动物实施防御，射出刺丝囊；

C. 刺入并麻醉猎物；

D. 在运动过程中收紧触手。请留意 B 和 C 都是在刺丝囊发射后迅速发生的，而 A 和 D 则至少要持续一会儿（根据多种文献绘制）

水螅的刺丝囊（显微照片，R. D. 坎贝尔）

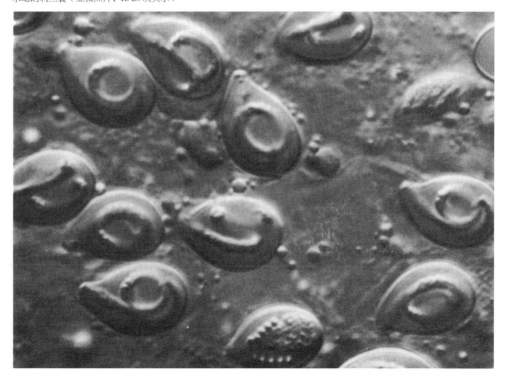

水螅利用两类刺丝囊捕食小型甲壳动物，小型甲壳动物是水螅的主要食物来源（见第17章）。上图：刺丝囊黏附在甲壳动物的刚毛上；下图：大刺刺穿甲壳动物的坚硬外壳，形成一个洞，刺丝由此进入并注入麻醉性毒素（O.托波）

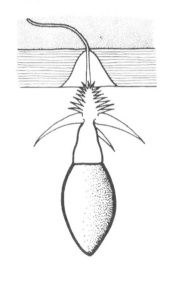

细胞表面长有凸起的毛发状刺丝触发器。当触发器受到刺激发生生理变化时，刺丝囊内的压力会突然上升，盘绕的刺丝则从里向外翻转。想象一下，这与往橡胶手套里吹气，手套的手指向外伸是一个道理。

最大和最显眼的刺丝囊以刺丝底部长有的大刺为特征，其射出的力量之大，可以直接刺穿猎物的身体，刺丝囊中的毒素也随之进入猎物体内。来自多个刺丝囊的毒素将一只小动物麻痹后，触手缠绕在猎物周围并缩紧，然后将猎物拉向早已张大的口。体壁的肌肉收缩使猎物被吞咽下去，口区腺细胞分泌的黏液会帮助消化。一个刺丝囊只能发射一次，用过的刺丝囊会被丢弃，由刺细胞产生的新刺丝囊取代，刺细胞是从间质细胞演变来的。

消化从内腔开始。内胚层中的腺细胞可以分泌主要用于消化蛋白质和脂肪的酶，它们将猎物可消化的部分降解为含有许多小碎片的浓稠悬浮液，然后这些浓稠的液体会被内胚层的上皮肌肉细胞的伪足吞噬。消化过程在细胞的

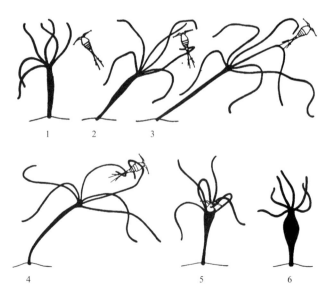

水螅捕获（图1~图4）和进食（图5~图6）桡足纲动物（甲壳动物）

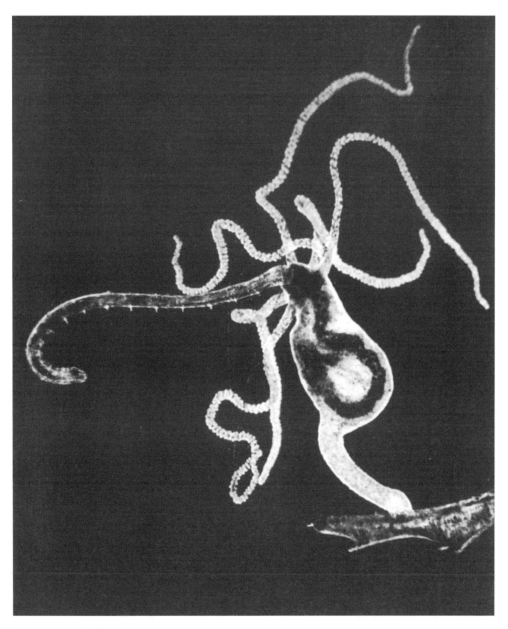

一只水螅正在吃一只蠕虫，蠕虫的一部分已经进入水螅的消化腔内，但透过半透明的水螅体壁我们依然可以看到这只蠕虫。除了这些生活在淡水中的蚯蚓亲戚（寡毛纲）之外，水螅还捕食小型甲壳动物、鱼的幼体，以及其他能被其长长的触手捕获的小动物。这些触手上的突起部分就是刺丝囊的发射部位（P. S. 泰斯）

食物泡中完成，因为水螅保留了原生动物的摄食和消化方式。由于初步消化发生在大型消化腔中，许多细胞分泌的酶共同发挥作用帮助分解食物，因此水螅可以摄食大型猎物，与海绵类似。

水螅通过口将中央腔不能消化的物质排出，所以口既是进食口，也是排泄口。已消化的食物通过细胞的扩散作用在不同的细胞之间传递。水螅通过身体运动和外胚层长鞭毛的划动引起水的流动，让食物在整个外胚层细胞之间、体内和空的触手之间移动。水螅的消化腔具有消化和循环的双重功能，因此人们将其称为消化循环腔，也叫作胃循环腔。

与原生动物一样，水螅通过扩散作用完成呼吸交换和废物排泄。外胚层暴露于周围的水中，由于消化腔中的循环，内胚层也经常暴露于循环的流体中。然而，通过这种能促进气体交换和排泄的体表，过量的水不断地渗入身体组织。水螅的内胚层将盐分泌到中央消化腔中，从而将过多的水从组织中排到消化腔中，消化腔内的液体会定期通过水螅身体的收缩从口部被排出。水螅必须不断从水中和食物中摄取盐，以保证盐的代谢。拥有调节盐和水的能力可以说是少数刺胞动物能进入淡水生活的重要原因。

当食物充足、身体健康时，水螅可通过出芽进行无性生殖。芽体从基部长出，比体长还要长约1/3。外胚层和内胚层都隆起，形成一个突起。位于基部的芽体的消化循环腔与母体的消化循环腔相连，芽体以这种方式获得营养供应。很快，芽体就会在它的远端长出触手和口，两三天后芽体看起来已经像一只小水螅了。芽体开始独立进食后不久，就会与母体分离，自行成长为一个独立的生命体。

对这些简单的动物而言，再生似乎是一件容易的事。水螅具有更换触手或者迅速修复伤口的能力，对于这种"弱不禁风"的动物，这种再生能力实在难能可贵。即使将水螅切成许多碎片，只要这些碎片不算太小，它们就能继续长成完整的水螅（见第10章）。

> 这类动物具备让失去或者受伤的部位再生的能力，早期的博物学家认为这与神话中的九头蛇的再生能力相似。希腊神话中的赫拉克勒斯就曾试图杀死有9个头的九头蛇，但每当赫拉克勒斯砍掉这个怪物的一个头，它就会在原来的位置上长出两个头来。

水螅每年在特定的时间进行有性生殖，通常是在秋季或冬季。一些水螅是雌雄同体的，每个个体都能产生卵子和精子。还有一些水螅是雌雄异体的，它们的配子来自外胚层的间质细胞。这些细胞突然开始迅速生长，使体壁产生局部隆起。这种隆起的部位若包含很多精子细胞，就是精巢；若包含很多卵子细胞，就是卵巢。产生配子的身体结构叫作性

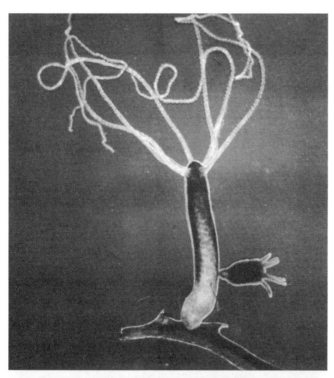

带有芽体的水螅。这个芽体比较高级，可能是靠其发育良好的触手自行摄食，它马上就要脱离母体，变成完全独立的个体了（P. S. 泰斯）

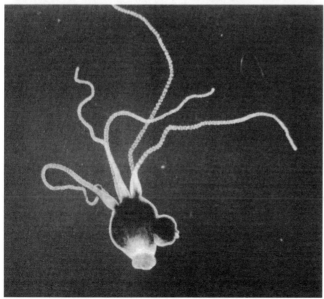

母体和芽体同时在收缩，但有时它们会表现出相当独立的行为（P. S. 泰斯）

腺。在每个精巢中，间质细胞先变大，然后经历多次分裂形成精子。卵巢一开始包含许多间质细胞，但有些间质细胞后来融合了，只有一个核留下，其他核都退化了，结果就会形成一个大的变形细胞。这个细胞最终结合了剩余的充满卵黄的间质细胞，成为一个球形的成熟卵，储备的食物可滋养发育中的胚胎。

雄性水螅的口和出芽带之间长着若干排精巢。这只水螅有两个芽体，左边的那个是最近才出现的，右边的那个出现的时间久一些（P. S. 泰斯）

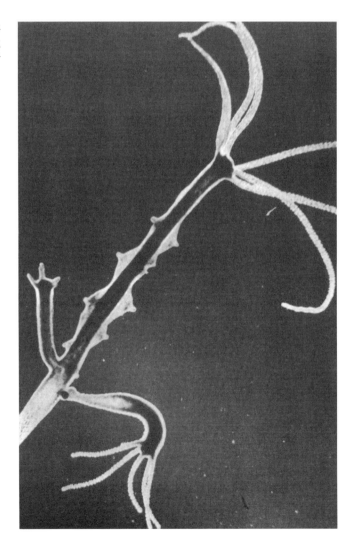

　　我们不知道性细胞一开始是如何形成的，其中一个要素可能是低温条件。人们将一些水螅放置在冰箱内两三个星期，它们就会产生精巢和卵巢，人们由此推断出这种可能性是存在的。有时候，充足的食物似乎也能刺激水螅的性成熟。当二氧化碳的浓度提升时，比如虫体停滞不动或者拥挤的情况下，水螅的性活跃程度也会提升。一只水螅如果接受了来自另一只性活跃水螅的移植，它的性活跃程度也会提升。这表明水螅的生殖可能有激素的参与。

精巢释放出精子。外胚层破裂后，精子可以自由地在水中游动，其中一些精子将到达含有成熟卵子的雌性水螅身旁，完成生殖过程（P. S. 泰斯）

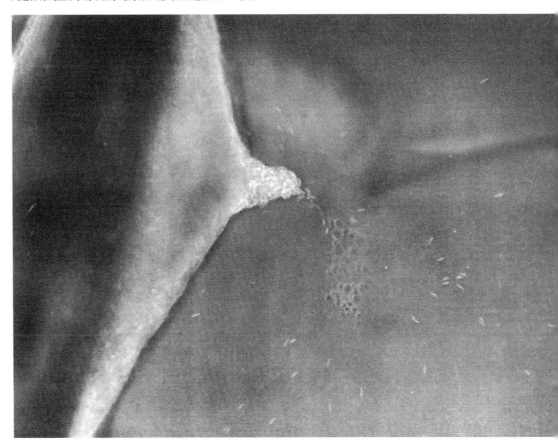

有两颗卵子的水螅。其中一颗卵子已经被挤出，等待受精；另一颗未能受精，正在解体（P. S. 泰斯）

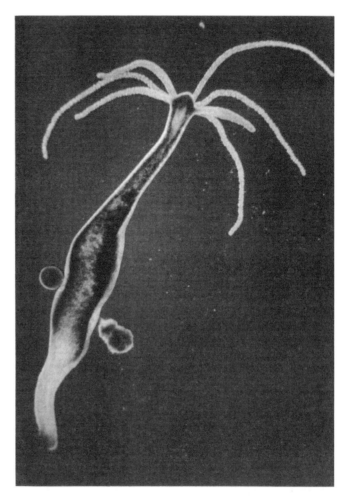

　　成熟的卵子被挤出外胚层，其外表面自由地暴露于水中。从精巢中排出的精子在水中游动并环绕着卵子。精子进入卵子，完成受精。如果卵子在暴露后无法尽快受精，就会死亡和解体。

　　水螅的受精卵的发育过程与海绵等几乎所有其他多细胞动物一样。受精卵会不断分裂，产生空心囊胚。在水螅的囊胚中，单层细胞先分裂，一些表层细胞向内迁移，然后在内腔中积聚，形成双层细胞，被称为原肠胚。外层细

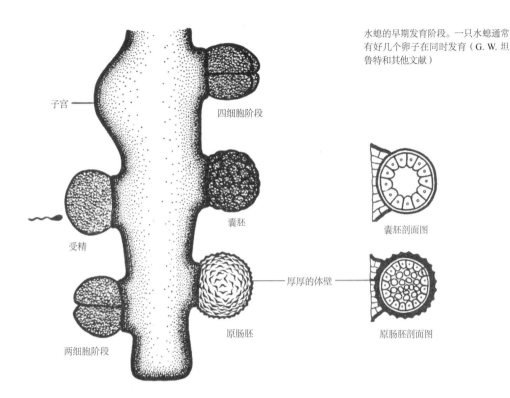

水螅的早期发育阶段。一只水螅通常有好几个卵子在同时发育（G. W. 坦鲁特和其他文献）

子宫

四细胞阶段

囊胚

受精

厚厚的体壁

原肠胚

两细胞阶段

囊胚剖面图

原肠胚剖面图

胞产生厚厚的膜或壳，原肠胚从母体中掉落并通过黏性分泌物固定于基部。在环境条件良好的情况下，一个星期或更长时间后，水螅幼虫就会孵化出来。冬天，水螅的卵子可能会休眠，直到下一个春天到来。当卵子再次开始发育时，外层细胞（外胚层）分化为保护性上皮细胞。内层细胞（内胚层）被掏空并分化为消化性上皮细胞。触手发育，口部形成，水螅幼虫破壳而出。

　　水螅的行为比海绵更加多变和复杂，两者之差别不亚于水螅与复杂的原生动物的差异。复杂的多细胞动物中存在的产生神经机制所必需的条件，水螅身上也具备，只是形式更简单，发育得也不够完善。由神经细胞组成的神经网络延伸到水螅的整个外胚层和少部分内胚层。外胚层神经细胞在口部和基部周围更加集中，但鲜有证据表明水螅具有更复杂的动物神经系统的典型特征，即具有控制神经细胞或脑的专门控制组。由于神经网络由分散的细胞组成，从一个神经细胞传到另一个神经细胞的神经脉冲必须跨过神经末梢突触之间的特定间隙。这种突触也是更复杂动物神经系统的典型特征。突触的构成方式决定了神经脉冲只能单向穿过。刺胞动物中的有些突触就属于这种类型，而其他突触则可以双向传导神经脉冲，允许神经脉冲向所有方向扩散。与大多数其他动物的特化神经相比，水螅的神经脉冲的传播速度要慢得多，但水螅的神经机制非常适用于小型和附着动物的有限活动模式。即使是单一、简单的神经网络，也具有灵活的响应能力。施加在水螅的某个触手尖端的微弱刺激不会引发太大的神经脉冲，只会引起单个触手的收缩；而对水螅触手尖端的强烈刺激则会引发更多的神经脉冲，引起水螅的整个身体收缩。

　　水螅通过纤细、尖锐的感觉细胞接收外界的刺激，这些感觉细胞对触碰或水中的化学物质较为敏感。外胚层的感觉细胞更多，其尖端凸出到外面。而内胚层的感觉细胞较稀疏，其尖端指向消化腔。由感觉细胞引发的脉冲先传递给神经细胞（位于上皮肌肉细胞的基部），再传递到肌肉细胞、刺细胞和腺细胞。

　　感觉细胞和神经网络一起协调水螅的活动，使由数千个细胞组成的动物可以作为一个整体对外界做出反应。此外，感觉细胞和神经网络的协同工作方式使水螅的反应不是随机的，而是适应性的。也就是说，水螅的反应使其可以随时对环境的变化做出有利的反应。比如由潜在的捕食者或者较重的物体引发的强烈刺激可能会导致水螅的整个身体收缩。水螅缩短身体以避开潜在的捕食者或者物体，这就是一种适应性反应。而由一些无害动物或漂流植物引发的微弱刺激则可能只使水螅缩回触手。如果微弱的机械刺激与表示有食物存在的化学刺激相结合，比如水螅触

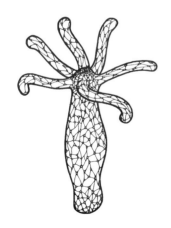

由多个独立的神经细胞组成的神经网络遍布水螅的外胚层

长在水生植物上的水螅。运气好的话，说不定能在适合的池塘或者湖泊中找到它们。由于水螅的出芽习惯，它们能在有利的条件下快速繁殖。图中这些水螅是在鲁密斯实验室内培育的（R. 布克斯鲍姆）

摄食行为（H. M. 兰霍夫）。1.水螅的口紧闭，触手悄然伸展。2.在水中加入谷胱甘肽后，触手在口上方挥舞。3.口逐渐打开，触手朝向口部弯曲。4.口彻底打开，准备吞下猎物

手触碰到一只小猎物并用刺丝刺穿猎物，就需要水螅细胞做进一步的协调。其他触手会合力抓捕猎物然后将它塞入口中，而此时水螅的口因为猎物传来的化学刺激已经张开。之后，神经细胞会使肌肉收缩，以帮助吞咽食物以及排出难以消化的猎物碎片。

身体各部分互相协调的重要性在身体失调的时候才会充分显示出来。有时候，水螅吞噬食物速度快到，甚至能把自己的一根或者多根触手吞进去。曾有人观察到水螅把猎物和自己的基部一起吞掉的情形。幸运的是，水螅不会吞噬自己的细胞。一段时间过后，被吞噬的基部得以再生，水螅也没有受损。

动物的行为随其生理状况而变化。饱足的水螅通常保持固着状态，触手悄然延伸，就算有食物在眼前，它也不会做出反应。只有当人为地将高浓度的摄食刺激物（谷胱甘肽）加到水中后，它才会做出摄食反应：口打开，触手朝食物弯曲。当水螅准备再次摄食时，它的行为会发生变化。每隔一段时间，它的身体和触手会突然收缩，然后慢慢地朝新的方向延伸，这好像也会增加水螅的可控范围。如果猎物在一段时间后没有出现，水螅的触手就会更加积极地挥动，它的身体也会更频繁地朝新的方向收缩和伸展。饥饿的水螅在存在较少的谷胱甘肽时也会表现出摄食反应，比如只要猎物释放一点点化学物质，水螅就会做出摄食反应。最终，如果食物仍然没有出现，水螅就会转移战场，寻找新的猎物。

水螅的最简单运动方式是，通过基底细胞的不规则蠕动在基部上滑动，而它的最快速的运动方式是翻筋斗。水螅将身体弯曲，利用具有黏合作用的刺丝囊将其触手连接到底部，再松开基部，使基部在口部上方摆动，并将基部

正在翻筋斗的水螅，这是它的最快运动方式

连接到底部，然后松开触手重复这一过程。对于触手比身体长二到五倍的水螅，它们可以通过伸出触手抓住一些物体的方式移动，松开基部并收缩触手，直到身体受到拉力作用向物体靠近，就好像在做"引体向上"运动一样。水螅也会在水中漂浮，随水流移动。

　　水螅能对各种刺激做出反应。如果环境温度上升到25摄氏度以上，那么水螅会游离该区域。如果二氧化碳或者腐烂物质堆积，水螅就会从盘子的底部移动到顶部。有些水螅倾向于向有光的区域移动，那里通常有更多的食物。这种运动是通过一种试错程序来进行的，但水螅总是能朝着让它存活下去的方向移动。最终，水螅在新的地方安定下来，重新开始捕食和消化等生命活动。

薮枝螅

　　与水螅亲缘关系最近的海洋水族是被称为螅形目的刺胞动物，长得像植物的螅形目通常出现在海藻、岩石和沿海的码头木桩上。最常见的要数薮枝螅，其聚集成的群体高度可达几厘米，类似水螅的薮枝螅个体通过出芽可产生群体。芽体不能分开，在反复出芽之后会产生分枝，永久地固定在一些物体上，多个个体通过茎结合在一起构成群体。你可能会问一个个体是指整个群体还是单个芽体？在这一点上薮枝螅与海绵一样。由于芽体的活动从属于整个群体，因此它们有时被当作次个体。每个个体都被称为水螅体，这类管状刺胞动物身体的游离端周围有一圈触手，

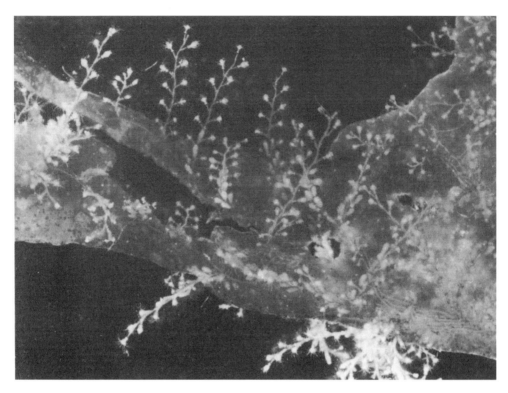

薮枝螅的螅形目群体（长在海草上）。直立茎和水平的匍匐茎均可见。加利福尼亚中部（R.布克斯鲍姆）

另一端则附着在基质上。

水螅也属于水螅体，长着许多"足"。水螅体的足主要用于捕食，有时也可用于移动。因此，这个名字并不是特别合适，但之所以用于描述刺胞生物，其中也颇有渊源。水螅体的英文表达来自法语中的章鱼（poulpe）一词，因为早期的法国博物学家认为刺胞动物的触手类似章鱼的足。

薮枝螅的水螅体和茎受到外胚层分泌的几丁质的保护，可保持直立。该角质层将所有茎包围起来，就像透明杯子一样围绕着水螅体。当受到刺激时，水螅体会退回到透明的杯形鞘里。水螅体的快速收缩和缓慢伸展是薮枝螅群体

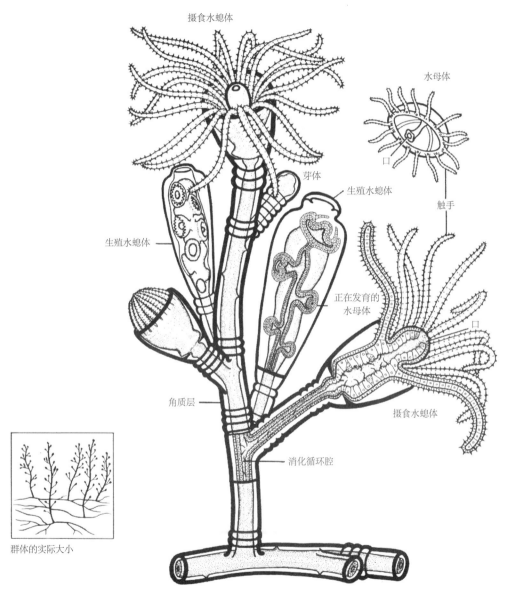

薮枝螅的螅形目群体和水母体。图中绘有一个摄食水螅体和一个生殖水螅体，表明刺胞生物是典型的两胚层动物

中唯一可见的运动。由于杯形鞘较为坚硬，茎无法移动。但有时候，角质层呈环状，当茎随水流摇摆时，有助于保持水螅体的灵活性。

螅形目水螅体的结构与水螅一样，包含两层细胞——外胚层和内胚层。

薮枝螅的摄食水螅体和水螅的摄食水螅体一样，都是通过带有刺丝囊的触手抓捕猎物。与水螅的触手一样，薮枝螅的触手也不是空心的，而是实心的，充满着大型的外胚层细胞。水螅体和茎是空心的，每个水螅体的消化循环腔都与群体中的其他水螅体的消化循环腔相连。食物在水螅体的消化循环腔内得到部分消化，剩余的流体通过茎借助消化性上皮细胞的鞭毛划动得到循环。因此，薮枝螅非常协调的运作方式，确保了食物在整个薮枝螅群体内的分配。消化过程在消化循环腔内细胞的食物泡里完成。

水螅体通过出芽这种方式进行无性生殖。除了在垂直轴上连续出芽外，水平匍匐茎从基部发芽并在基质上生长，就像草莓的匍匐茎一样。匍匐茎会产生一系列直立茎，因此一段时间后整个群体会膨胀，包含数百个水螅体。

如果仔细检查较老的群体，我们就会发现所有水螅体并不完全相同。我们上面描述了用触手捕获猎物的水螅体，可以把它们叫作摄食水螅体。摄食水螅体的茎上有时会生出新的没有触手且不能捕食的个体，它们可以通过摄食水螅体提供的营养来维持生命活动，这些水螅体被称为生殖水螅体。但在生殖水螅体内，我们就算找一年也找不到精巢和卵巢的任何迹象。和水螅的水螅体不同，薮枝螅从不产生配子。生殖水螅体专门进行特定类型的无性生殖。每个生殖水螅体都由一个透明的、花瓶状的覆盖物包围，其中一个茎上长着小小的碟形芽体，而最大、最发达的芽体都在基部附近。如果将薮枝螅群体放在装满海水的盘中一段时间，就可以观察到最顶层的碟形芽体通过花瓶状覆盖物（瓶状鞘，又称生殖鞘）上端的开口逃走，然后成为水母体四处游动。水母体这个名称适用于任何可以自由游动的刺胞动物。

薮枝螅的水母体看起来就像一个小小的钟形透明果冻。钟形水母体的下部中间悬着一根管，管的游离端就是口。空心管的另一头连着消化循环腔，空心管在消化腔内分叉，将食物运送到水母体的各个部分。钟的边缘悬着一圈触手，内部含有刺丝囊。小小的薮枝螅通过交替收缩和放松肌肉细胞来游泳，它随着水流游动或漂浮，用尾部的触手捕获小生物。

水母体的主要功能是进行有性生殖。钟形水母体的下方悬着4个性腺：在雌性水母体中，它们就是卵巢，能产生卵子；在雄性水母体中，它们则是精巢，能产生精子。卵子和精子进入海水，在那里完成受精。受精卵发育成自由移动的幼虫——浮浪幼体，它具有

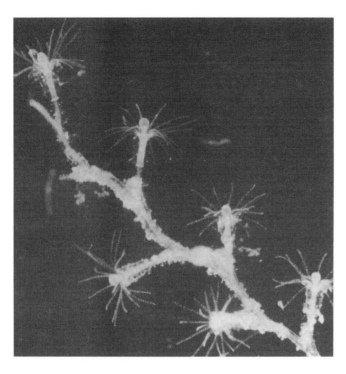

薮枝螅的摄食水螅体，圆形的口周围是伸展的触手（R. 布克斯鲍姆）

薮枝螅的水母体，钟形水母体伸展（上图）和收缩（下图）时的状态，直径仅约为1毫米。将水螅体群体的切片放入玻璃片上的一滴海水里，水母体被自由释放。随着水母体的生长，触手的数量不断增加（R. 布克斯鲍姆）

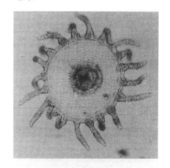

外胚层和内胚层，外胚层上摆动的纤毛推动浮浪幼体在水中穿行。浮浪幼体游了一段时间后，在岩石或海藻上停下，一端固着，另一端产生触手和口，并发育成水螅体，之后通过无性出芽方式，最终产生一个新的固着群体。薮枝螅就是通过自由游动的幼虫和水母体传播到新地点的。

　　虽然水母体和水螅体在外观上有很大的不同，但两者在结构上却非常相似。它们都是由外胚层和内胚层组成的，两者的组成细胞也十分相似。水母体的外胚层覆盖了整个钟形水母体和触手的表面，而内胚层则覆盖了消化循环腔的内表面。水母体与水螅体的一个区别在于，前者的两层细胞之间的胶状细胞比后者的更厚。在缺少像海绵的骨针或其他动物的结缔组织等支撑结构的情况下，中胶层为脆弱的水母体提供了有力的支撑。与薮枝螅较活跃的运动相关，水母体具有高度发达的神经网络和作为控制中心的神

薮枝螅的生活史。精子和卵子分别来自雄性水母体和雌性水母体

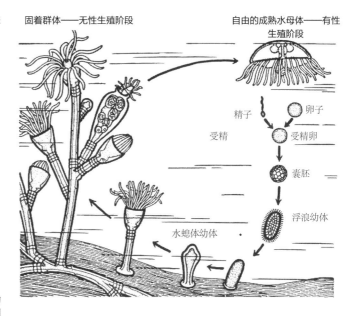

固着群体——无性生殖阶段

自由的成熟水母体——有性生殖阶段

精子

受精

卵子

受精卵

囊胚

浮浪幼体

水螅体幼体

浮浪幼体是一种典型的刺胞动物幼虫。外胚层和内胚层在图中非常明显，纤毛状的浮浪幼体可以游泳或沿着底部蠕动。摄于加州中部（显微照片由 R. 布克斯鲍姆拍摄）

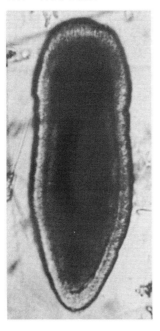

经环，还有专门的感觉细胞。我们对水螅体和水母体的对比分析表明，动物可以采用相同的身体构造来适应两种不同的生命方式——固着和自由游动。

刺胞动物有水母体和水螅体两种形式，我们称之为多态现象。这种现象并不是刺胞动物独有的，许多其他群体动物也显示出个体的结构分化——在生活史的不同阶段，呈现出不同的结构，适应于各个物种的不同角色。可以说，薮枝螅由三种个体组成，每种都有自己的功能：水母体负责生殖，水螅体负责摄食和出芽，不会摄食的生殖水螅体能产生水母体。大多数动物都是由同一个物种的成员来完成所有工作，但在这些刺胞动物中则由不同物种的成员分别负责不同的工作。在一些刺胞动物群体中，研究人员还发现了其他类型的个体，比如带刺水螅体，它们不会摄食，也不会生殖，却带有刺丝囊。

刺胞动物只有两层细胞——外胚层和内胚层，它们最具特色的结构是用于捕捉猎物的刺丝囊，而其他门的动物

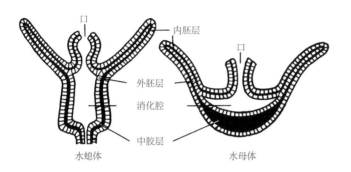

水螅体和水母体的构造是一样的

内胚层
外胚层
消化腔
中胶层

口

水螅体

口

水母体

没有刺丝囊。由于刺胞动物具有神经网络，而且其细胞的作用方式比海绵细胞更协调，所以刺胞动物可以说是达到了组织的结构水平。而在现存的动物中，很少有生物是建立在如此简洁的生物构造基础上的，所以我们在书中把刺胞动物放在前面介绍。从所有刺胞动物的摄食方式看，我们可以大胆地猜测，在刺胞动物的进化过程中，更复杂的其他门的动物可能已经存在了。刺胞动物之间的差异主要源自在进化过程中应对不同生活史的典型身体构造特征——先是水母体阶段，后是水螅体阶段。一些动物，比如薮枝螅，它的水螅体和水母体差不多是同时发育产生的。其他动物的水母体可能不够明显，甚至完全不具备水母体，比如水螅。还有一些动物，大型和发育良好的水母体阶段占据了主要地位，而固着的水螅体阶段则很短暂，水螅体很小甚至没有。有关这些变异的具体差别，我们将在本书的下一章进行阐述。

第7章　刺胞动物

　　我们可以在自家客厅的电视上欣赏到热带海洋的各种景致，住所远离海洋的数百万观众有可能更熟悉水母、花形海葵、条纹状海扇和巨大的珊瑚圆顶，反而对生活在自家花园里的不起眼的无脊椎动物知之甚少。在电视屏幕上，潜水员与海水羽流擦身而过，随波浪漂流。他们拨开肉质的软珊瑚，或者抓住一个硬珊瑚枝让自己停下来。在经过相机和叙述者的处理后，我们看到了色彩缤纷的海底景象，镜头迅速聚焦于色彩绚丽的鱼类或正在吃螃蟹的章鱼。即使一些人全副武装地戴上潜水呼吸管和其他装备后进入温暖的海洋，他们也未必能意识到眼前数量最多的其实是刺胞动物。这些人对动物比较了解，属于专业人士，"下海"是为了能获得有关生物的第一手资料。只有那些了解多种刺胞动物的人，才有能力理解他们看到的水下世界。虽然很多刺胞动物看起来像花朵或者脆弱的果冻，但它们却是食肉动物，都有特定的武器去攻击、捕捉和吞食猎物。

　　刺胞动物有两种形式：水螅体和水母体。在第6章，我们介绍了具有水螅体的刺胞动物——水螅和薮枝螅。薮枝螅具有短暂的水母体阶段，但大部分时间都表现为水螅体。然而，在比较了各种各样的刺胞动物之后，生物学家得出的结论是，刺胞动物的祖先更有可能是类似于水母体的动物。水母体可以通过卵子和精子繁殖，这个阶段类似于水螅体的浮浪幼体。但没想到幼虫在水螅体的生命史中越来越重要，并发展成独立的生命。一开始，水螅体只是水母体发育的初始过渡阶段。水螅体无法进行有性生殖，只能长成水母体，或者长出能产生精子和卵子的水母体。但是，一些刺胞动物的水螅体最终具有了产生配子的能力，于是舍弃了水母体阶段。不仅水螅虫有这种特征，海葵、珊瑚以及其他海洋亲戚也有。

　　钩手水母比较接近我们上述推断的刺胞动物的祖先。钩手水母在水母体阶段发育良好，也有简单的不太起眼的水螅体阶段。它的凝胶状钟形水母体的外表面凸出、下表面凹入。下表面中心悬挂着一根管——垂管，垂管突起的尖端就是口。垂管的另一端通向4根放射管，这几根管穿过中胶层一直延伸到钟形边缘。钟形边缘环绕着环形管，与触手的

在你仔细观察海葵前，它似乎只是海景中一种非常可爱的小动物。细指海葵的许多微小触手围成蓬松的冠，它们主要摄食微小的生物，不像其他海葵（如右下方的海葵）那样捕食鱼类等大型猎物。这些膨胀的海葵如果受到干扰，就会迅速收缩成小团。它们也有可能会找另一个地方避难，有人曾观察到一只海葵在24小时内移动了0.5米。摄于黑尔戈兰水族馆（F. 申斯基）

空腔相连。消化循环腔包括垂管、放射管、环管和触手的空腔，它将部分消化的食物分配到水母体的其他部分。

　　水母体通过"钟"的节律脉动缓慢游动。罩膜从钟的边缘向内凸出。罩膜和钟内的肌纤维收缩迫使水从钟的腔里流出，并使动物朝着与排水方向相反的方向前进。在肌纤维收缩时，带有弹性的中胶层可以使钟恢复成原来的形状。

钩手水母常见于浅水海域，摄于英国（D. P. 威尔逊）

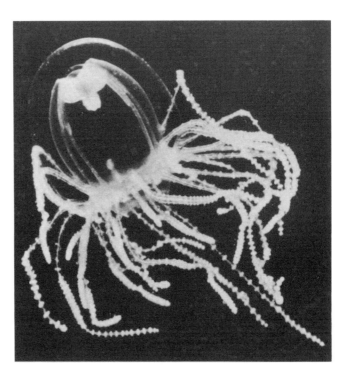

　　钩手水母的水母体在积极游动时摄食，或者通过"捕鱼"这种方式摄食。水母体向上游动，在到达水面时翻身，之后钟倒置并慢慢向下游，触手伸展成一个宽大的"圈套"，从中经过的蠕虫、虾或小鱼将很难逃脱。水母体在静止时，通过触手尖端附近的固着垫附着在底部或植被上。

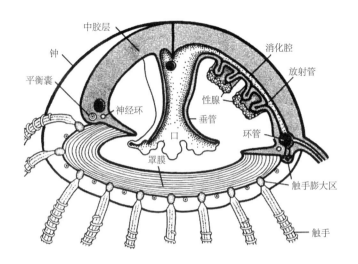

中胶层
钟
平衡囊
神经环
口
罩膜
消化腔
放射管
性腺
垂管
环管
触手膨大区
触手

钩手水母的水母体，去除了钟的1/3，以展示其内部结构

钩手水母有自由游动的习性，相较于水螅虫等固着动物而言，钩手水母需要更大的活动量和更精细的神经机制。位于钟下表面的外胚层之下的神经网络集中在钟的边缘周围，形成神经环，可控制和协调动物的行为。钟的边缘存在特化的感觉结构。平衡囊嵌在触手基部之间的中胶层中，每个平衡囊都包含一个平衡石。当水母体游动时，平衡囊内的物质通过运动可起到改变水母体运动的作用。此外，在触手基部有明显的膨大区，里面有大量的感觉细胞和色素。尽管其下体表的整个上皮一般对光很敏感，但触手膨大区才是特殊的光受体所在。触手膨大区是形成刺丝囊的主要部位，刺丝囊从那里沿触手向外移动并在发射部位取代触手的位置。

钩手水母的卵巢和精巢分别长在雌性和雄性个体身上，从4条放射管下方伸出的折叠带就是卵巢或精巢。卵子或精子冲破外胚层，直接进入水中完成受精。受精卵经多次分裂形成纤毛状的浮浪幼体。浮浪幼体在水中游动一段时间后最终会安定下来，纤毛脱落，内部形成空腔。未附着的一端长着口，触手围绕在口周围。钩手水母的水螅幼体

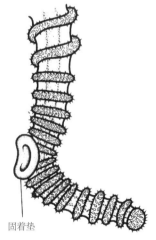

固着垫

钩手水母触手终端带有固着垫和刺丝囊的发射部位

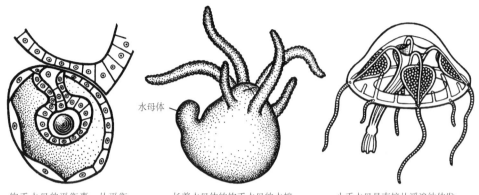

钩手水母的平衡囊。从平衡囊内平衡石的运动可推测出水母体运动和位置的相关信息（L. J. 托马斯和 H. 约瑟夫）

长着水母体的钩手水母的水螅体（H. 约瑟夫）

小舌水母是直接从浮浪幼体发育成的水母体，没有固定的水螅体阶段（A. G. 迈耶）

很快就会长大，样子颇像一个蹲坐着的小水螅。水螅体不断摄食、出芽并长出幼体，幼体最终成为摄食水螅体。之后，水螅体开始产生不同的芽体，芽体脱落并发育成成年水母体。

钩手水母的生活史与薮枝螅的生活史类似，重点在于水母体阶段。许多与钩手水母密切相关的刺胞动物都有成年水母体，而没有固着水螅体。其中，小舌水母的幼体能在钟发育前长出触手，幼体的样子很像自由游动的水螅体。如果幼体打算安定下来，固着在基质上，小舌水母就会类似于钩手水母的小型水螅体阶段。对一些水螅而言，固着水螅体阶段的幼体已经发展成相对大而繁茂的群体，但水母体却很小，生活史特征跟薮枝螅一样。而对于其他水螅，水母体阶段进一步缩短。比如，贝螅的水母体开始以正常的方式发育，但没有任何水母体的特征，无法从群体上脱落。水母体是一种精简的囊状结构，能够在水里释放卵子和精子。发育过程的最后一步是完全排出水母体，水螅也表现出这种特征。

在薮枝螅身上，我们发现分工不仅存在于生活史中，

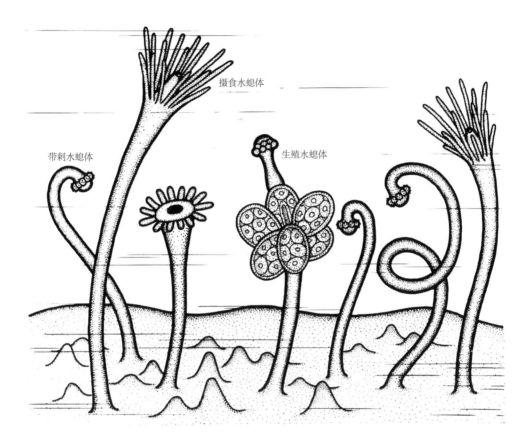

摄食水螅体

带刺水螅体

生殖水螅体

也存在于水螅体的群体构造中。贝螅表现出更深层次的多态性。它的群体包含摄食水螅体，其上长有口和长触手；长着疙瘩状触手的生殖水螅体不能摄食，但它们有水母体；带刺水螅体也有疙瘩状触手，也不能摄食，但有很多刺丝囊。带刺水螅体捕获食物后将食物传递给摄食水螅体，也能起到保护群体的作用。

在管水母目身上我们发现了群体组织的极端情况。这些复杂的漂浮群体不仅包含多种水螅体，还包含多种水母体，并且都是同时出现的。除了生殖水母体（无论是自由游动的还是固着的），还有叫作泳钟的很多水母体，这类水

贝螅（水螅体群体）表现出多态性，具有精简的水母体（G.J.奥尔曼）

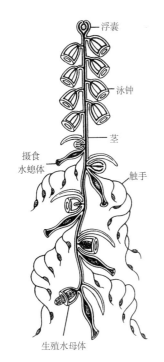

浮囊

泳钟

茎

摄食
水螅体

触手

生殖水母体

管水母目是一种漂浮的多态群体。连通的消化循环腔遍布整根茎，茎作为群体的中轴将所有成员连接在一起（C. 春）

母体不能摄食，也不能生殖，但有推动群体运动的作用。僧帽水母通常也叫葡萄牙战舰水母，它们没有泳钟，靠风的作用在浮囊上运动。浮囊底部悬吊着好几种特化的水螅体、固着的水母体群体，以及长 20 米甚至更长的多根触手，触手上都有特别大且强壮的刺丝囊，可以迅速将大鱼麻痹。温暖海洋表面的亮蓝色浮囊是一道美丽的风景线，但游泳者遇到它们可不是什么好事，它们的触手会伤人，有时这种伤害甚至是致命的。

在管水母体内通常很难分辨出一个水螅体的头部和尾部。在某些类型的群体中，亚个体似乎不是以单个水母的形式出现，而是以小型水螅体或水母体群体的形式，它们经常可以独立于亲本群体生活。许多管水母具有发育良好的群体神经系统，群体成员以高度协调的方式一起作用。

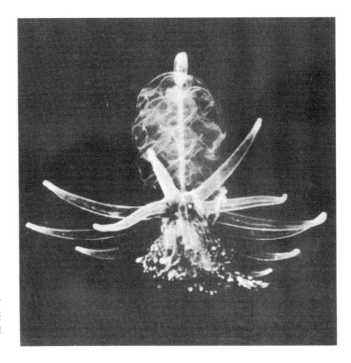

管水母目。在群体顶部的浮囊下面有一群泳钟（水母体），泳钟下面是摄食水螅体、生殖水螅体和带刺水螅体。摄于加州蒙特利湾（D. 沃伯）

葡萄牙战舰水母（僧帽水母）是最知名的一种管水母。这里展示的群体刚刚抓捕了一条鱼（纽约动物协会供图）

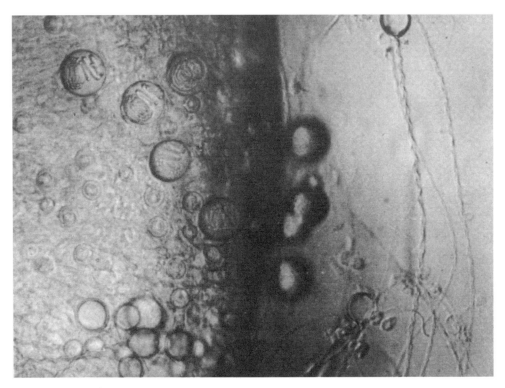

显微镜下的僧帽水母的触手放大为原来的180倍。整个画面的下半部分被触手的边缘占据，其表面看起来很坚固，刺丝囊大部分未射出。最大的一个清晰地展示了其中的空心卷曲刺丝。图的上部有许多已发射的刺丝囊，有些长的中空刺丝都伸到了画面之外。这些刺丝囊的大小非比寻常，刺丝的惊人长度表明管水母目是最令人生畏的刺胞动物。摄于英国普利茅斯（D. P. 威尔逊）

这种运行与其说是群体各个成员之间的协作，倒不如说更像一个动物的不同器官的协作。

刺胞动物分为三类。目前提到的所有刺胞动物都属于水螅纲，比如水螅。大多数水螅纲动物都可产生自由移动的水母体（比如薮枝螅）或者简单的固着水母体。但是也有例外的情况，比如水螅和钩手水母。两者的水螅体和水母体都更小也更精致，结构也比另外两个纲的动物更简单。

第二类刺胞动物——钵水母纲，包括较大的水母，而且都是海洋水母。它们与淡水水母的区别就在于，钵水母纲具有庞大的体型，但不具备罩膜。此外，它们通常只有非常小的水螅体，或者没有，即使有水螅体阶段的钵水母，在该阶段的结构也与水螅纲动物的水螅体不同。

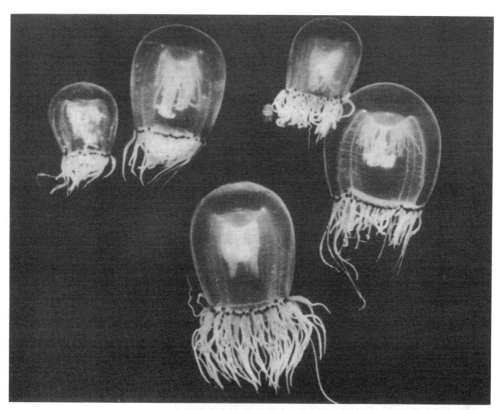

发水母是一种水螅纲水母，常见于北美西海岸的海湾。口位于长长的喇叭状垂管末端，被性腺包围着，像一串串悬挂的绳结。每个触手的基部是一个黑色的眼点，基部是一圈红色。这些微小的不起眼的水螅体被发现的时间不久。摄于加州蒙特利湾（R. 布克斯鲍姆）

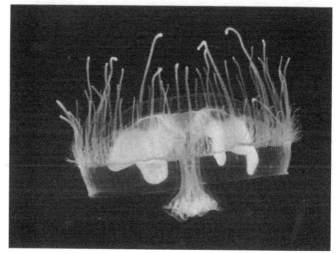

淡水水母（桃花水母属），来自宾夕法尼亚的一个湖里。捕食时，淡水水母会先游到水面，然后伸出触手向下沉。它的直径约为3厘米（R. 布克斯鲍姆）

左上图：鸵鸟羽水螅（羽螅属）常见于海滩上。摄于加利福尼亚蒙特利湾（R. 布克斯鲍姆）

右上图：海榧螅（水螅群体）。它们触手上有很多刺丝囊，几乎不会给小动物任何溜走的机会。摄于百慕大（R. 布克斯鲍姆）

在商店出售的空气蕨类植物无须土壤或水分滋养，也无须人照管，它们其实是被染成绿色的干水螅群体。摄于英格兰泰晤士河口（R. 布克斯鲍姆）

筒螅没有起保护作用的杯形鞘，但其直立茎和水平的匍匐茎周围有坚硬的覆盖物（P. C. 泰斯）

帆水母属通常有内韧托。这里的三个大型水螅体（直径最大可达6厘米）浮在水面上，口朝下，就像水母体一样。直立的帆构成了上表面，边缘周围是单排的带刺触手，下表面中央悬着巨大的口。口的周围是许多生殖茎（每根茎都有一个小的口），茎上会长出能自由游动的简单的小水母体（R. 布克斯鲍姆）

因被春季风暴驱赶上岸而搁浅的帆水母。它们的尸体散落在加州中部海滩上，绵延数百米。幸运的是，这种大规模的搁浅现象并不常见，但零星的帆水母尸体经常被冲上海岸（R. 布克斯鲍姆）

下图：海月水母（钵水母纲）的水母体，在所有沿海水域都有可能出现。在较冷的水域中，有时会看到大量的海月水母聚集，以至于浅滩的水看起来像固态的。海月水母有多种易于辨识的典型特征，比如浅的碟形钟、围成一圈的小触手、4个大型马蹄形性腺等。在这里，从口部表面观察，水母有4个精致透明的口腕，其纤毛能保证有稳定的微小生物流入位于中央的口部。海月水母的水母体直径通常长10~25厘米，偶尔可达到一米。摄于英国普利茅斯（D. P. 威尔逊）

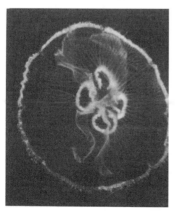

上图：火珊瑚因其毒辣的刺而得名。热带水域的游泳者要学会识别并避开这种水螅纲珊瑚。它以各种各样的分枝、板状或结壳形式生长，具有标志性的棕褐色细纹理表面，上面密集地覆盖着小孔，长着突出的长而纤细的水螅体，因此它通常叫作千孔珊瑚。摄于斐济（J. S. 皮尔斯）

从海月水母的钟内取下一点儿中胶层，将其放大。图中可见的纹理是使水母结构更牢固的纤维。图中的点是变形细胞。中胶层含有大约96%的水、3%的盐和1%的有机物（R.布克斯鲍姆）

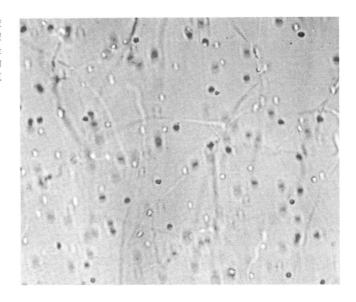

海月水母是最常见的钵水母，遍布全世界。我们在船上常能看到很多大型钵水母在一起漂浮，或者随着钟有节律地收缩游动，它们的形状和大小与碟子相近。

在短垂管的末端有一个方口，从4个角延伸出4条口腕，每个都有一个纤毛沟。口腕中的刺丝囊先麻痹小动物，再把它们缠绕起来，最后将小动物扫进纤毛沟，并通过口送入位于钟中央的巨大消化循环腔。部分消化的食物通过许多放射管到达钟的边缘。整个消化循环腔内的纤毛可保持水流稳定，为这种大型动物的体内输送食物和氧气，并排出废物。

伞的边缘有一圈短但数目众多的触手，它们紧密地排列在一起，其中有8个等距的凹槽。每个凹槽中都有感觉结构，包括两个对光线敏感的有色眼点和一个空囊（包含坚硬的颗粒，颗粒的运动可产生引导游动的刺激），以及两个窝（包含对食物和冬日里其他化学物质敏感的细胞）。

海月水母的性腺位于消化循环腔底部的中央，共有4个，呈马蹄形。精巢和卵巢分别存在于雄性和雌性个体身

上。在雄性水母体中，精子被排入腔内，然后通过口流到
体外。在雌性水母体中，卵子被排入腔内，和随食物流入
的精子在那里完成受精。然后，正常的水流方向发生逆转。
受精卵经由口排出，留在口腕的褶皱中，在那里继续发育。
带纤毛的浮浪幼体游走，最终停留在悬垂的岩壁或其他坚
固的表面上。在这些地方，浮浪幼体会发育成有长触手的
小水螅体。小水螅体捕获和储存食物，在这个可能要持续
好几个月的阶段存活下来，同时在其他地方长出与自己一
样的小水螅体。在寒冷的季节（从秋天开始一直持续到冬
天），海月水母会进行一系列的水平收缩，直到水螅体长得
像一堆摞起来的碟子一样。紧接着，碟子一个个脱落，与
长有 8 个口腕的水母体一样，逐渐发育成熟。这种发育是那
些生活史中含有水螅体阶段的钵水母纲的典型特征，在其
他两个纲中则不会发生。

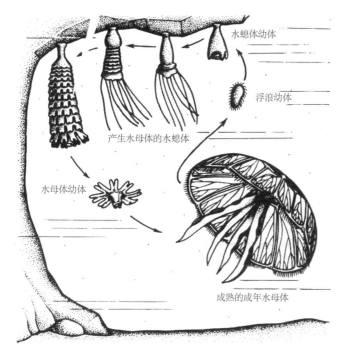

海月水母的生活史

上图：生活在悬垂的岩石表面上的海月水母的水螅体。图中可见几个小水螅体和许多处于不同收缩阶段的水螅体，最长的约为15毫米。一只年幼的水母体在被释放后的几秒钟内就游走了。摄于英国普利茅斯（D. P. 威尔逊）

下图：暴风雨后经常会发现大量的水母。大型水母非常坚韧，足以支撑起一个人的重量。摄于加利福尼亚蒙特利湾（W. K. 费希尔）

仙女水母属于钵水母纲，它们没有触手，口腕分开，凹槽变窄或者弥合。原始的口很小或不存在，通过口腕的多个小开口摄食。仙女水母喜欢躺在阳光照射下的浅水区域，口向侧开（如图所示）。因此，水母组织中可进行光合作用的共生甲藻（虫黄藻）会暴露在阳光下，它们制造的一部分食物将用于补充宿主的营养。摄于加勒比海比米尼岛（R. 布克斯鲍姆）

水母通过收缩或放松钟来游动。钟收缩，将水从其凹面挤出，水母以与排出水流相反的方向前进。下页图：钟放松，再次吸入水。罗盘水母是最常见的钵水母纲，它们在欧洲大西洋沿岸夏季结束时会大量出现。相关的物种也在北美沿海地区被发现。摄于德国西部的黑尔戈兰水族馆（F. 申斯基）

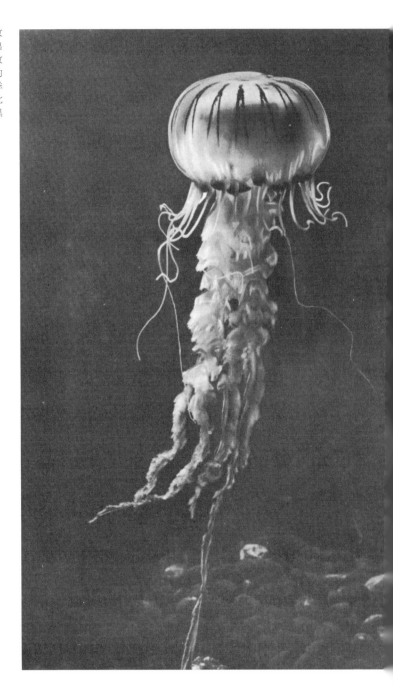

立方水母指具有四边对称性的一些水母。立方水母很强壮，喜欢四处游动，眼大而复杂，因其蜇人的特性而臭名昭著。图中是海黄蜂，它是最大的立方水母（钟高达25厘米），在澳大利亚北部沿海水域多雨的夏季很常见。虽然只在极少数情况下它可蜇人致死，但与大型海黄蜂的触手大面积接触十分危险，有时在3分钟或更短时间内就可致人死亡，原因显然是心脏衰竭（K.吉勒特）

虽然海月水母的刺丝囊通常不会刺痛人的皮肤，但小小的霞水母属却能给人的四肢造成巨大的创伤。北大西洋的粉色和蓝色霞水母（钟的宽度有时可达到2.5米以上，触手长度甚至会超过40米）对所有喜欢在寒冷的海水中游泳的人来说，都是一种真正的威胁。这类巨大的水母是世界上最大的无脊椎动物之一。

刺胞动物门的第三类是珊瑚虫纲，这是最大的纲，由没有水母体阶段的水螅体构成。由于珊瑚的消化循环腔被一系列垂直隔膜分开，并且体壁延伸到口部，形成了衬有外胚层的管，所以珊瑚虫纲水螅体与水螅纲水螅体是不同的。但从表面上看，区分大多数小型珊瑚虫水螅体、大型肉质海葵和石珊瑚是比较容易的。

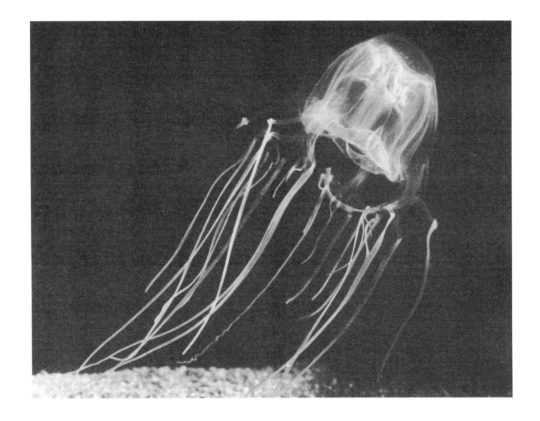

海葵是一种独居水螅体，呈粗实、多肉的圆柱形，一端伸展成扁平的口盘，中央口部由几根或许多根中空触手环绕；另一端形成一个肌肉发达的光滑基盘，海葵可以在上面缓缓滑动，并通过基盘牢固地附着在岩石上。如果你试图将海葵从岩石上弄下来，很有可能会把它撕碎。

咽从口垂下并进入消化循环腔形成口道，一系列成对的隔膜附着在体壁和咽上。这些隔膜大小不一，一层接着一层，按照大小可分为初级隔膜、次级隔膜、三级隔膜和四级隔膜，从体壁一直延伸到咽。初级隔膜之间的腔室在咽下方彼此连通，顶部附着到咽以上，仅通过每对隔膜之间的体壁的一个或多个孔互相连通。

隔膜成对出现，通过中间的中胶层相连，它们的作用是增加消化循环腔的表面积，使海葵能够消化较大的猎物，比如鱼或螃蟹。游离端隔膜的边缘卷曲增厚或发展成包含可分泌消化液的腺细胞的消化丝，与其他刺胞动物一样，海葵通过衬在消化循环腔的内胚层细胞完成消化过程。

海葵是人们最熟悉的刺胞动物，很容易在海滩的岩石上看到它们。图中这只海葵正用触手的刺丝囊抓捕一条小鱼。摄于黑尔戈兰（F. 申斯基）

长寿的海葵是潮池的老住户,像图中这类黄海葵可占据同一地点超过30年。海葵可在同一个地点生活近一个世纪,自然界中的有些海葵可能年龄更老。摄于加州太平洋丛林市(W. K. 费希尔)

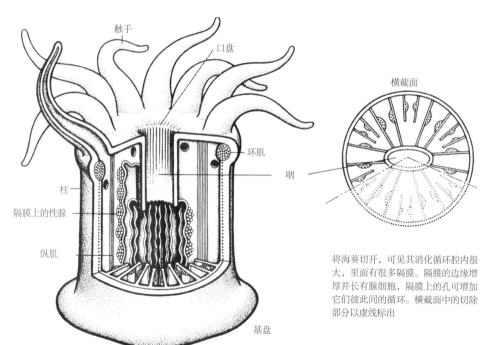

将海葵切开,可见其消化循环腔内很大,里面有很多隔膜。隔膜的边缘增厚并长有腺细胞,隔膜上的孔可增加它们彼此间的循环。横截面中的切除部分以虚线标出

海葵口盘的一端是带有纤毛沟（浅色）的细长口部。这种构造是刺胞动物辐射对称的变体（见第9章）。摄于缅因州（R. 布克斯鲍姆）

透过水族箱的玻璃墙可看到海葵基盘的辐射线，它们由隔膜相连，反映了刺胞动物的基本辐射对称性。摄于缅因州（R. 布克斯鲍姆）

　　咽不是圆柱状的，而是略呈扁平状，其长轴的一端或两端是纵向凹槽，凹槽衬有的纤毛比咽的其他部分的纤毛长得多。凹槽内的纤毛向下击打，将水流引入消化循环腔，并为海葵体内提供稳定的氧气供应。与此同时，咽的其他部分的较短纤毛向上击打，产生输出水流，并将二氧化碳和其他废物排出体外。在摄食时，这些较短的纤毛反转击打方向，食物从咽吞下，进入消化腔。

　　海葵是刺胞动物中水螅体结构最复杂的一类生物，它们具有发育良好的神经网络，中胶层中含有间充质细胞，此外它还具有几组特化的肌肉。环肌可用于身体的收缩和伸展。纵肌集中形成突出的肌肉束，每个隔膜上都有一条，从口盘一直延伸到基盘。它们收缩时通过触手拉下口盘，然后口盘外边缘处的强壮环肌在口部上方闭合，就像口袋被绳子收紧一样。收缩状态下的海葵，在退潮期间能抵抗干燥或机械损伤。

在黑暗的水族箱中伸展的海葵。大多数海葵对光是没有反应的，在自然界中完全伸展，仅在部分或完全黑暗的环境中摄食。摄于缅因州（R. 布克斯鲍姆）

同一个海葵受到光照后收缩。海葵会时不时地收缩，比如在黑暗中，尤其是在摄食后，这使海葵能有效地清理消化循环腔。摄于缅因州（R. 布克斯鲍姆）

一些海葵可进行无性生殖，分裂成两半。对于另一些海葵来说，当它们滑出时，基盘的碎片会被拉断，遗留下来的碎片将再生为小海葵。在有性生殖中，卵子或精子形成于消化循环腔的隔膜中，并通过口被排出。当然，卵子可以在海葵体内受精。受精卵发育成浮浪幼体，并长成一个海葵个体。

石珊瑚就像小海葵，但大部分都以群体形式存在，分泌坚硬、具有保护性的碳酸钙骨骼，水螅体可缩回到杯形鞘或者凹槽里。杯壁上的一系列放射状的直立骨板在消化隔膜之间向内凸出。石珊瑚的杯形鞘和骨板位于水螅体外，仅与分泌它们的外胚层相连。

许多小型的杯形珊瑚在温带水域里沿着海岸生长。每5~30个杯形珊瑚个体构成一个群体，包裹着北美大西洋沿岸科德角北部的岩石。即使是挪威峡湾的寒冷深水也有助于珊瑚群体产生巨大的珊瑚礁。但绝大多数珊瑚——珊瑚

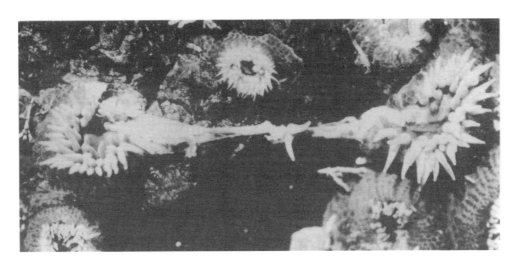

正在分裂的华丽黄海葵。身体从中间分裂开，直到连接它们的组织细束最终断裂，分开的两个部分各自愈合。按照这种方法，海葵经历多次无性生殖，可产生数十或数百只海葵，它们在北美西海岸的岩石上聚集成群。摄于华盛顿普吉特海湾（L. 弗朗西斯）

角海葵有两圈纤细、优雅的触手。它没有基盘，但有一个圆形的底端，用于挖洞。柱中强壮的纵肌能使其以极快的速度缩回管中。它属于珊瑚虫纲，但不同于海葵。摄于法国地中海沿岸巴纽尔斯（R. 布克斯鲍姆）

黑珊瑚群包括诸多小型六触手水螅体，它们由坚硬的鞭状或树状角质骨骼支撑。黑珊瑚也被称为棘手珊瑚或黑礁珊瑚。摄于新西兰（K. 吉勒特）

纽扣珊瑚群与海葵类似，但属于另一个目——六放珊瑚。它们终生过着固着生活，通常以结壳形式聚成群。它们通过一些组织连接在一起，中间是由内胚层组成的中空管。摄于南加州圣卡塔利娜岛（R. 布克斯鲍姆）

黑珊瑚珠宝由切割好并抛光的骨骼制成。在有些地区，过度的人工采集大大减少了黑珊瑚的数量。幸运的是，一些黑珊瑚群能在深水域生存，而大多数潜水员到达不了这样的深度去采集（R. 布克斯鲍姆）

礁中的珊瑚——只在阳光充裕的热带或亚热带水域中繁殖和建造珊瑚礁，那里的年均海水温度在 23 摄氏度以上。在造礁珊瑚的内胚层中，生活着可进行光合作用的单细胞甲藻（虫黄藻），它们为宿主提供营养，并促进宿主的新陈代谢。如果没有虫黄藻，珊瑚就不能快速生长，也无法建造珊瑚礁。正因为这些虫黄藻需要光，所以我们只能在浅水域内见到这种珊瑚礁，水深不能超过 30 米。

　　已知的珊瑚礁主要有三种。岸礁紧挨着海岸生长，或者与海岸相隔一段狭窄的水域。堡礁也与海岸平行，但与海岸相隔一个较深的水道，其间可以容纳大型船只通过，宽数千米。库克船长在澳大利亚大堡礁内航行超过 1 000 千米，一直没有发现它的存在，直到水道变窄，船体触礁。环礁是一种环形珊瑚岛，环绕着中央的潟湖。它们远离所有陆地，几千个环礁点缀在热带太平洋上。

　　查尔斯·达尔文认为，如果一个被岸礁环绕的岛屿非常缓慢地下降，以至于珊瑚礁能以大致相同的速度向上生长，

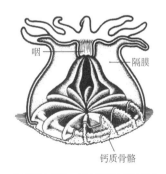

石珊瑚水螅体。图中将这只年幼的水螅体的身体切开，以显示其消化循环腔和身体以下的情况，那里正是钙质骨骼开始生长的地方（普尔特席勒）

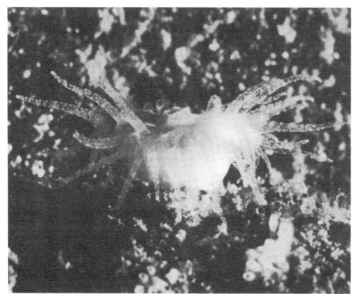

单体珊瑚。左上图：伸展开的桠珊瑚呈亮橙色或黄色；触手上的斑点是刺丝囊的发射区。右上图：从上方观察单体杯珊瑚，可见刺胞动物的辐射对称性。摄于加利福尼亚蒙特利湾（R.布克斯鲍姆）

蘑菇珊瑚因为其水螅体的骨板看起来像蘑菇的鳃而得名。一个常见的属是蕈珊瑚属。与其他珊瑚不同，蘑菇珊瑚不会永久地固着在坚硬的表面上生活，而是可以在沙子或其他基质上缓慢移动。如果不小心翻过身去，蘑菇珊瑚甚至能成功地翻转回来。左边显示的水螅体带有基盘和伸展的触手，右边带有收缩的触手。摄于夏威夷瓦胡岛（R.布克斯鲍姆）

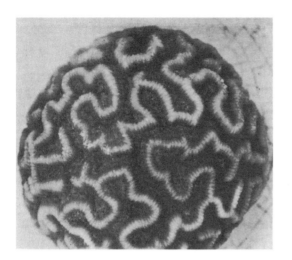
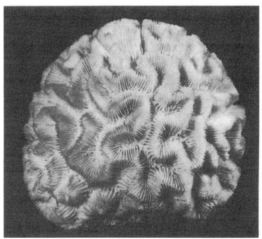

脑珊瑚的柔软的绿色或棕色水螅体并不在单独的杯形鞘里，而是在长而蜿蜒的凹槽中。每隔一段距离出现的口部标记着水螅体的位置，它们看起来是连续的。在左上方白天拍摄的照片中，凹槽内的水螅体和触手都收缩着。大多数珊瑚在白天保持收缩状态，只在夜间完全伸展准备去摄食。右上方脑珊瑚的清洁骨骼展示出坚硬的白色碳酸钙骨板。摄于百慕大（R. 布克斯鲍姆）

在百慕大，人们从山顶上锯下珊瑚砖块用于建造房屋。该材料由珊瑚和其他生物的钙质骨骼组成，经过波浪的作用被精细研磨，沉积在海滩上，然后黏结成软珊瑚岩石，构成火山岛的表层（R. 布克斯鲍姆）

珊瑚礁。上图：在海岛周围生长的岸礁。中图：远离岛屿的小堡礁。下图：环礁（基于多种文献来源）

岛屿就会变得越来越小，而岸礁因为与岛屿相隔一条宽而深的水道，最终变成堡礁。如果这个过程继续下去，那么岛屿最终会完全消失在水面之下，上升的珊瑚礁将变成一座环形的岛屿（环礁）。尽管达尔文不知道冰期及之后的海平面变化也可能在改变珊瑚礁方面发挥了作用，但他的理论仍然是获得最广泛认可的一个。在某些情况下，环礁可能是因火山活动从海底直接上升到水面的平台形成的，而不是经过岸礁和堡礁阶段。

目前提到的海葵、珊瑚和它们的亲戚都属于六放珊瑚，它们的触手和内部隔膜很多，通常是6的倍数。另一个庞大的珊瑚群体——八放珊瑚的水螅体有8个触手和8个内部隔膜。几乎所有八放珊瑚的成员都是群居生物，水螅体的体腔通过内胚层管彼此连通，这些管贯穿整个群体。水螅体之间非常相似，但不同群体的珊瑚骨骼非常多样化。在软珊瑚（软珊瑚目）中，由碳酸钙骨针组成的骨骼分散在软

澳大利亚大堡礁退潮时的景象。这些珊瑚礁长2 000千米，宽数千米，对船只造成严重的阻碍。这种景象非同寻常，因为它几乎完全由鹿角珊瑚组成（W. 萨维尔–肯特）

大堡礁的大部分是由珊瑚骨骼形成的。活体珊瑚之间的差异很大，因为水螅体在形态和颜色方面表现出惊人的多样性。经干燥和漂白处理后的骨骼十分美丽，可用作装饰品，从它们身上我们可以想象到活体珊瑚的精致美丽。人类的大肆采集活动，严重破坏了世界上的许多珊瑚礁（W. 萨维尔–肯特）

组织中。在角珊瑚（柳珊瑚目）中，比如海扇和海鞭，长着角状的蛋白质分枝骨骼，可能还有分散的骨针。红珊瑚的钙质核心是实心的，其坚硬的粉红色、红色或珊瑚色骨骼可用于制作珠宝。其他具有彩色钙质骨骼的八放珊瑚还包括笙珊瑚和蓝珊瑚，前者具有密集排列的砖红色骨骼。

　　在许多温暖清澈的热带海域中，你可以戴上面具和呼吸管、穿上潜水装备，进入一个完全由珊瑚虫组成的世界。柳珊瑚高高耸立，像灌木丛一样低矮的珊瑚向四面八方蔓延。中间宏大的圆顶状的石珊瑚群已有数百年历史。巨大的海葵状若地毯，触手在水流中轻轻摇曳，看起来像被风吹动的草丛。仔细观察你会发现，即使是洁白的沙滩，也点缀着被侵蚀的珊瑚骨骼，这些珊瑚曾经是这个刺胞动物丛林中的一部分。

软珊瑚在太平洋珊瑚礁中最常见，也最显眼。当许多拥有8个触手的小水螅体伸展开时，这个群体看起来毛茸茸的。当水螅体收缩时，软珊瑚看起来像一团团的革质海藻。摄于巴布亚新几内亚马登省（J. S. 皮尔斯）

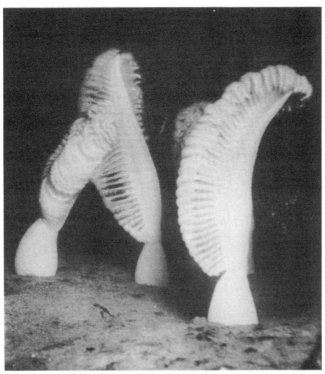

海笔的茎嵌进泥中。珊瑚群体上部的羽状结构带有摄食水螅体，可从海底水流中捕获小动物。此外，摄食水螅体可促使水流过珊瑚群体。海笔有许多不同的形态，其中许多能发光。摄于俄勒冈州（R. 布克斯鲍姆）

从6米深的水中取出的海鞭。黑色区域代表水螅体缩回的位置。柳珊瑚的骨骼不像石珊瑚那样僵硬，而是十分灵活。海鞭群体高约30厘米。摄于百慕大（R. 布克斯鲍姆）

角珊瑚（柳珊瑚）根据形状分为海鞭、海扇或海羽。摄于巴哈马群岛

分布在一个平面上的海扇具有狭窄的分枝。海扇群体高约30厘米。摄于英国普利茅斯（D. P. 威尔逊）

海扇的一部分，其水螅体完全伸展开。与其他八放珊瑚的生物一样，海扇的水螅体有8个毛茸茸的触手，与同一群体的其他成员分享捕获的食物。摄于英国普利茅斯（D. P. 威尔逊）

海羽像海鞭和海扇一样，是一种具有柔软角状骨骼的柳珊瑚。摄于加勒比地区（J. S. 皮尔斯）

红珊瑚是一种具有钙质骨骼的柳珊瑚。明亮、不褪色的骨骼可制成非常名贵的珠宝。（对活体石珊瑚来说，其组织是多姿多彩的，而骨骼是白色的。）最著名的红珊瑚产于地中海水域（P. S. 泰斯）

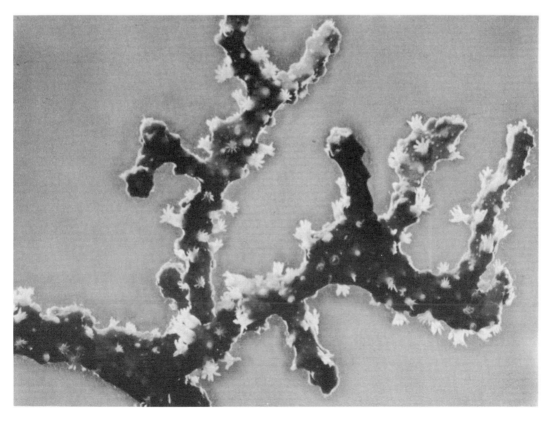

红珊瑚的水螅体有8个羽状触手围绕着它细长的口，这是典型的八放珊瑚生物的水螅体（P. S. 泰斯）

笙珊瑚的骨骼。在笙珊瑚的生命史中，灰绿色的水螅体栖息在砖红色钙质管的最上部（R. 布克斯鲍姆）

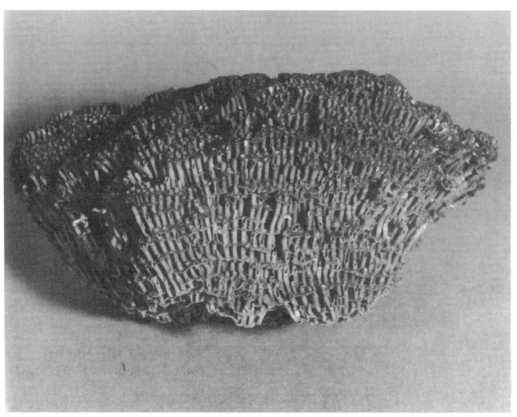

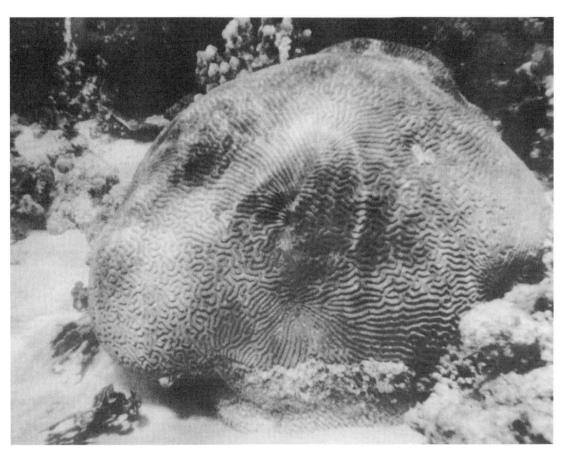

大型脑珊瑚。摄于澳大利亚大堡礁赫伦岛

第8章 栉水母

栉水母在海滩上较为常见，尤其是风暴过后。图为侧腕水母，摄于加州旧金山（R. 布克斯鲍姆）

栉水母是一种漂浮在海洋表面的透明胶质动物，大部分分布在海岸附近。栉水母行动优雅，但不强壮，无法抵抗洋流和潮汐的运动。因此，它们经常随着风浪在海湾中大量积聚。暴风雨肆虐时，栉水母脆弱的身体被高高的海浪冲到岸上，散落在海滩上。这种景象对于生活在海岸上的人并不陌生。人们给栉水母起了许多俗称，比如海醋栗和海核桃。这些名称描述了两种最常见栉水母的形状和大小，但它们并没有表明栉水母所属的动物门类。栉水母通过8列栉板在水中游动。每列上都长着一系列由大纤毛组成的栉板，就像梳齿一样。这一列列栉板从栉水母体表的一端辐射到另一端，就像地球仪上的经线一样。

栉板向上端快速抬升，然后慢慢地下降到松弛的位置。每列栉板按顺序从上端到下端依次击打。所有8列栉板并不总是以相同的速率击打。某一侧的击打速率可能更快些，使正缓慢而平稳地在水中行进的身体转向或运动，位于下方的口一般在前面。快速击打的栉板可折射光线，产生不断变化的颜色。栉水母因其日间像彩虹一般美丽而闻名，夜间也有一些其他动物会发光。当栉水母通过黑暗的水域且受到打扰时，8列栉板就会发光。

栉水母的栉板上端是由神经细胞和感觉细胞组成的感觉区域。含有感觉器官平衡囊的凹口位于中心，由一小团钙质颗粒构成，并由与感觉细胞相连的4簇纤毛束支撑。平衡囊起到变速或者转向的作用，可帮助单侧身体倾斜或转

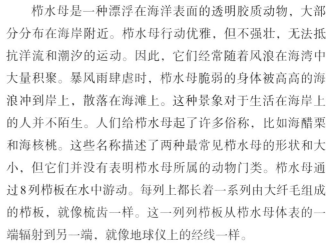

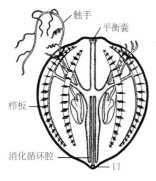

典型的栉水母（侧腕水母）示意图

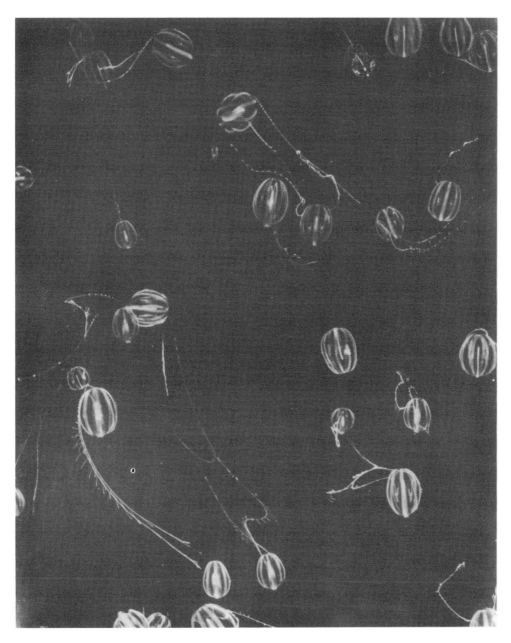

海醋栗属于侧腕水母，通过 8 列栉板游动。两个长长的触手通过划水捕食小型食物。摄于黑尔戈兰（F. 申斯基）

平衡囊

触手　　　栉板

侧腕水母的上端。这个栉水母的两个触手略有不同，上端的结构不一，口部扁平，咽在垂直平面上，与触手平面垂直。这种升级版的辐射对称被称为两辐射对称

触手分枝的横截面。外表面由黏细胞的黏乎乎的头部覆盖，每个细胞都有一个卷曲的丝状体（固定在触手分枝的中央肌肉轴上），丝状体能保护细胞不被吞下的猎物破坏。轴上的两个黑点代表神经束（P. V. 方可布纳）

动。这会对感觉细胞产生刺激，并由神经细胞传递到某一侧栉板上，使它们击打的速度变慢，这样栉水母在水中就有能力调整自己的方向了。神经网从栉水母末端的感觉区域开始，延伸至整个身体并且形成8条神经束，每列栉板下面各有一条。该神经系统可协调8列栉板的活动，为何会有这样的结论？因为如果栉水母的感觉区域被移除，栉板仍然可以击打，但栉水母的运动已不再协调。

栉水母的结构与刺胞动物中的水母很相像。外表面覆盖着外胚层，内胚层衬在消化循环腔内，外胚层和内胚层之间是厚厚的胶状中胶层。中胶层包含着变形虫样的间充质细胞和长而小的肌肉细胞，从身体的一处延伸到另一处。口位于下端的中央，并通过咽与消化循环腔相连。未消化的食物从口被排出。

更原始的栉水母呈球形或梨形，每侧有一个肌肉触手，可以缩回到一个囊中。触手上没有刺丝囊（刺胞动物独有），但覆盖着特殊的黏细胞，可以黏住并缠绕猎物。栉水母充分伸展触手，然后弯弯的触手扫过大片水域在水中围捕小虾或鱼。还有一些栉水母的触手缩为短丝状，主要以微小的浮游生物为食，用纤毛凹槽捕获食饵并送往口部。栉水母也可以用口周围的大型口腕捕食较大的猎物。还有一些栉水母没有触手，但它们的口庞大且可伸展，这类栉水母会抓住并吞食柔软的猎物，尤其喜欢吃其他栉水母。

所有栉水母都是雌雄同体。卵巢和精巢位于栉板下方的各个消化循环腔的内壁上。卵子和精子通过外胚层上皮的孔被排出体外，而亲本通常很快就会死亡，留下年幼的胚胎或幼体在海中自由发育。

栉水母中也包含一些奇形怪状的个体。带栉水母呈扁平状，从一侧延伸到另一侧，体长超过一米。它利用肌肉使带状身体在水里游动。腔扁水母在另一个方向上呈扁平

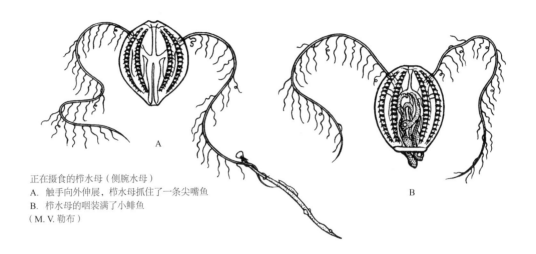

正在摄食的栉水母（侧腕水母）
A. 触手向外伸展，栉水母抓住了一条尖嘴鱼
B. 栉水母的咽装满了小鲱鱼
（M. V. 勒布）

兜水母（淡海栉水母）在美国东海岸又被称作海核桃，常大量出现在靠近海面的地方。在这张照片中可以明显地看到栉板。口周围的一排排纤毛（图中朝向右下）可将小型食物或者食物颗粒引导到口部，口周围的口腕能吞下较大的猎物。这些栉水母可以发光，当夜间受到打扰时，比如一艘船经过，它们就会沿着栉板发光。摄于马萨诸塞州伍兹霍尔（R. 布克斯鲍姆）

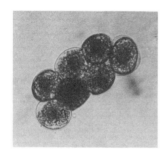

栉水母发育到八细胞阶段时，已经显示出成年栉水母的两辐射对称特征（见第9章）。摄于加利福尼亚蒙特利湾（R. 布克斯鲍姆）

瓜水母是一种没有触手的栉水母，以各种柔软的猎物为食，尤其是其他栉水母，瓜水母用宽阔的口捕获这些猎物。摄于墨西哥湾（R. 布克斯鲍姆）

状，它的两端长有口和感觉器官，两个区域靠得更近。它有两个特殊的栉水母触手，但没有栉板。它的发达的肌肉纤维使其能够像蠕虫一样在物体表面上蠕动。这种动物可以解释本来是圆形的、自由游动的生物是如何变成扁平状的、沿海底爬行的生物的。按复杂程度排列，下一个级别就是扁平的爬虫——扁虫。我们不禁猜测扁虫这类动物可能是从诸如腔扁水母等动物进化而来的。然而，大量的事实并不支持这样一个看似很容易推导出来的观点：从身体构造和组织水平上看，腔扁水母是位于刺胞动物、栉水母和下一章将要介绍的扁虫之间的一种过渡型动物。

带栉水母生活在温暖的海域，有时也
会沿着美国东海岸的湾流漂到北方。
由于其身体很长，透明而美丽，在阳
光下呈亮蓝色或绿色，通常被称为金
星的腰带（C. 春）

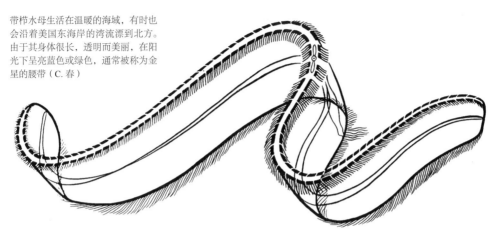

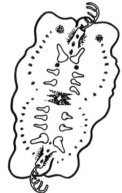

腔扁水母。这种动物在日本海域的海
草丛和软珊瑚丛中很常见（A. 克伦
姆夫）

腔扁水母示意图。其身体呈扁平状，
与侧腕水母相比，腔扁水母的口和感
觉区域更加靠近（T. 科马）

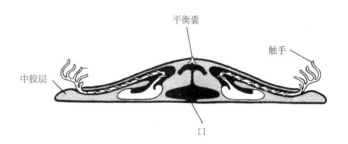

平衡囊

触手

中胶层

口

第9章 三胚层动物

将一片生肉放到小溪或泉水中，几个小时后，你可能会发现它上面覆盖着数百只正在摄食它的黑色蠕虫。这些蠕虫每只长约1至2厘米，被称为涡虫。涡虫不在露天的水域觅食时，会在石头和植被之下悄然生活着。

涡虫属于扁形动物门涡虫纲三肠目，扁形运动门还包括许多自由生活的海洋物种和两个重要的寄生虫群体——吸虫和绦虫。涡虫像变形虫和水螅一样，种类繁多。

与水螅不同的是，涡虫身体一端的头部十分明显，包含眼和其他感觉结构。涡虫的头部始终朝向运动的方向，身体分为前端和后端。细长而扁平的涡虫沿着河床移动时，身体的一面保持向上，另一面朝向底部。上表面被称为背侧，下表面被称为腹侧。眼和其他外部结构在身体两侧呈对称分布，内部结构也是对称的。

涡虫以一种独特的方式缓慢滑动，头部从一侧弯向另一侧，仿佛在测试环境。纤毛和肌肉都参与这种滑行运动。如果我们戳一下涡虫，它会以明显的肌肉波模式逃离。涡虫的体表由外胚层的上皮（表皮）组成。表皮长有纤毛（特别是在腹侧），腺细胞可在身体表面的开口处分泌涡虫移动所需的黏液。纤毛从黏液波中获得牵引力，当它们向后击打时，可使动物向前移动。涡虫不能在水中自由游动，而只能在与其接触的固体表面或表面膜的下侧移动。当涡虫离开表面时，它会附着于黏液线向下滑动。表皮下层是肌肉细胞层，外层呈环形排布，内层呈纵向排布。背

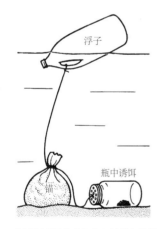

将诱饵（肝片或鱼片）放进螺旋盖上有孔的罐子中，可以轻松捕获深水中的涡虫。罐子可使诱饵避免被大型食腐动物（如小龙虾）捕食，而盖子上的小孔可使诱饵的汁液流出，并使小型涡虫进入。塑料瓶被用作浮子，装满石头的帆布袋被用作锚，可通过浮子与锚之间的绳索调节深度（R. 肯特）

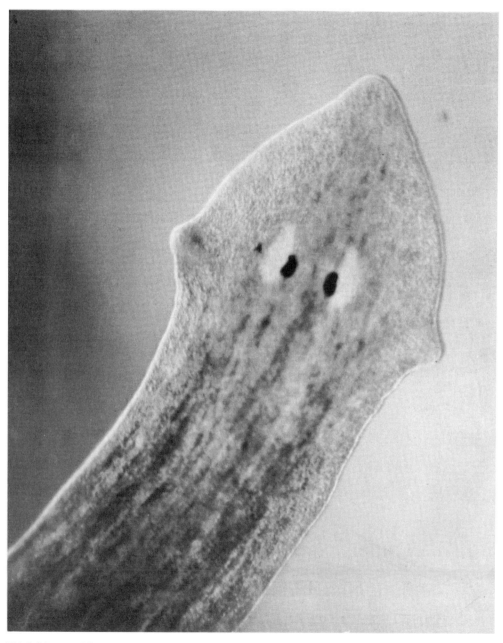

涡虫的头部（P. S. 泰斯）

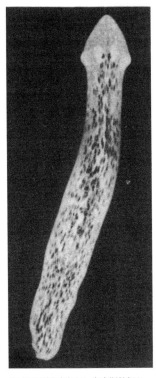

涡虫呈两侧对称（R.布克斯鲍姆）

面和腹面之间的肌肉可帮助身体做各种灵活的弯曲和扭曲运动。不像水螅的肌肉，涡虫的肌肉不属于上皮细胞，而是专用于收缩的独立肌肉细胞。涡虫的肌肉也不是从外胚层或内胚层发展而来的，其产生方式与众不同。

从扁虫开始，所有更复杂动物的外胚层和内胚层之间都有大量的细胞，它们被恰如其分地称为中胚层。该层可产生肌肉和其他结构，从而使动物的活动变得更加复杂。与动物的其他特征一样，中胚层也不是一下子发育成熟的。它一开始可能跟海绵等刺胞动物的中胶层的间充质细胞差不多。我们之所以认为它是中胚层，是因为在扁虫和所有更复杂的动物身上，它比外胚层或内胚层更大，并能产生特定的结构，比如生殖结构。

最大的两胚层动物是某些海葵和水母，它们通过分泌大量的胶状中胶层，使体型变大，身体变坚固。而且，在中胶层中可以发现少量间充质细胞。在三层细胞动物中，间充质从一群四处游走的分散的变形细胞扩大为多层级组织结构，使身体变得更坚固，体型变得更大。

刺胞动物的身体结构主要建立在组织水平上。从涡虫到人类，动物的组织结构越来越复杂。细胞在一起发挥作用并形成组织，各种组织紧密联系在一起形成器官，去发

涡虫的横切面示意图展示了三胚层结构

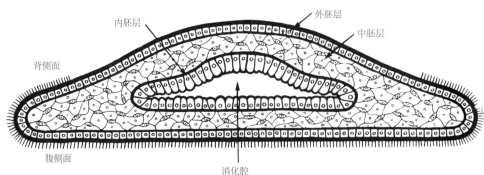

挥特定的功能。人类的胃就是由上皮组织、结缔组织、肌肉组织和神经组织共同构成的器官。上皮组织衬在胃腔内，含有分泌胃液的腺细胞。肌肉组织可使胃部收缩。神经组织协调肌肉收缩，并将胃的活动与整个身体联系起来。而结缔组织则将各种组织结合在一起。一个器官通常会与进行某些生命活动的其他器官或身体部位合作。专门从事一种生命活动的一群结构被称为器官系统。因此，胃是消化系统的一部分；消化系统的其他部分，比如食道、肝脏和肠道，对于良好的消化功能也是必不可少的。多个这样的器官系统，比如消化系统、排泄系统、循环系统、神经系统、生殖系统等，可以构成更复杂的动物。扁虫具有上述系统中的大部分，只不过更简单。它是建立在器官系统结构水平上的最简单的动物。

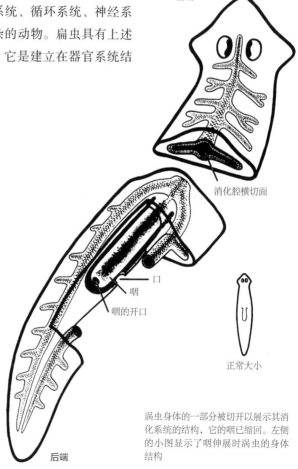

前端

消化腔横切面

口

咽

咽的开口

口

咽

咽的开口

正常大小

后端

涡虫身体的一部分被切开以展示其消化系统的结构，它的咽已缩回。左侧的小图显示了咽伸展时涡虫的身体结构

让人称奇的是，在涡虫的消化系统中，口并不在头部，而是在靠近腹侧面的中部。它与一个消化腔连接，其中包含一个管状肌肉器官——咽，附着在前端。咽含有复杂的肌肉层和许多腺细胞。咽借助肌肉可以大大延长，在摄食时从口伸出一段距离。涡虫以小型活体动物或大型动物的尸体为食。它们可以通过头部的感觉细胞，从相当远的距离之外探测到食物的存在。涡虫朝着猎物移动，爬上去，然后用肌肉发达的身体向下按压猎物。挣扎的猎物在被涡虫的黏性分泌物缠住之后，更容易被涡虫吃掉。之后，咽从口伸出，插入猎物的身体。由咽分泌的酶可软化猎物的组织，同时咽部肌肉的吸吮可将组织撕成微小的碎片，然后与液态食物一起吞下去。

从咽的前部附着端开始，消化系统的其余部分以消化腔分支的形式延伸到动物体内。它由三个主要分支组成，其中一个向前延伸，另外两个向后延伸，分别在咽的两侧。多个规律分布的消化分支将食物分配到身体的各个部位。因此，就像刺胞动物一样，涡虫的消化腔也是一个循环消化腔。消化性上皮仅由内胚层组成，对应于刺胞动物的内胚层。

食物的消化很少在循环消化腔中进行，因为食物在进入消化腔之前大多已经被分解成小颗粒，并被上皮细胞以类似变形虫的方式吸入食物泡。消化的食物被吸收后扩散至身体的各个组织中。因为循环消化腔只有一个开口，所以无法消化的颗粒通过口被排出。

对以肝脏为食的普通涡虫进行的相关实验表明，在进食后，被摄入涡虫体内的肝脏在大约8小时内被吸收至上皮细胞，涡虫需要3~5天的时间才能完全消化食物泡内的食物。实验过程中可见大部分食物变成扁平状，并被储存在消化性上皮中。

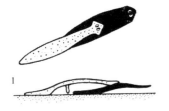
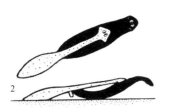

一只涡虫正在捕食另一只涡虫（阶段1和阶段2分别为顶视图和侧视图）
1.斑点涡虫出击并将其黏黏的头部附着在黑色涡虫背后；
2.斑点涡虫的尾巴贴在底部，缩短身体并努力拖拽它的猎物；
3.捕食者用它的身体缠住猎物并开始食用
（J. B. 贝斯特）

　　实际上，所有动物都可以提前储备食物以备不时之需。像变形虫这样的小型动物的食物储备很少，除非它进入不活跃的包囊状态，否则缺食两周就会死亡。水螅在饥饿状态下能生存更长时间。但是，涡虫即使几个月不进食，也能保持活跃。挨饿的时候，它们会先消耗储存在消化性上皮中的食物，让这部分细胞完全分解。之后，它们开始消化其他组织，首先就是生殖器官。我们从外部只能观察到涡虫在保持相同的整体外观的情况下逐渐变小。如果涡虫挨饿6个月，体长可能会从20毫米缩减到3毫米。由于它们能连续数月不进食，因此对一些繁忙或者粗心的人而言，涡虫可能是他们理想的宠物。

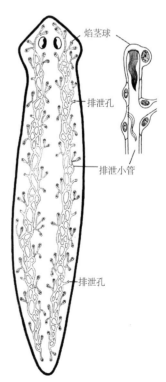

涡虫的排泄系统。图中展示了一个焰茎球和一部分排泄小管

　　外部的保护性上皮（外胚层）和内部的消化性上皮（内胚层）之间充满了由间充质环绕的各种器官，其中大多数以固定组织的形式存在，但有些间充质细胞是可以自由移动的。上文中提到的肌肉层就嵌在这种间充质中，间充质中还含有许多腺细胞，这些腺细胞可以分泌黏液或黏性物质。腺细胞主要来自外胚层，但器官、肌肉和间充质源于中胚层。

　　扁虫没有特定的呼吸系统或循环系统。呼吸交换通过整个体表的保护性上皮发生，也可能通过消化循环腔的消化性上皮发生。组织的扩散过程很缓慢，为了让足够的氧气渗透进间充质中（也为了让二氧化碳排出），扩散的距离不宜太大。这也许可以解释为何扁虫的身形如此扁平。

　　就前几章探讨的所有动物而言，它们的排泄系统都与扁虫不同。扁虫的排泄系统位于间充质中，是由多根小管构成的排泄网络，贯穿于身体的两侧，通向体表的小孔。这些排泄小管的侧枝源自间充质中的微小隆起，我们称之为焰茎球。每个焰茎球都有一个中心，里面充满液体，不断击打的一簇鞭毛就像闪烁的火焰一样。焰茎球的中心与排泄小管的内腔相连,纤毛驱动液体沿小管流向体表的小孔。淡水扁虫的焰茎球系统与淡水原生动物的伸缩泡一样,其主要功能显然是从组织中排除多余的水分。

与海绵和刺胞动物相比,涡虫的有性生殖系统相当复杂。在海绵和刺胞动物等的组织细胞中,卵子和精子简单地结合。但在涡虫间充质中的卵巢和精巢是分开的,受精过程发生在由小管和腔室组成的系统中,移送精子的器官也较为复杂。涡虫是雌雄同体动物,每个个体都会形成雄性生殖器官和雌性生殖器官。但也会发生精子交换,实现异体受精。在育种季之后,生殖系统会退化,并在下一个育种季开始时再生出一个生殖系统。

每只性成熟的涡虫都有一对卵巢,紧挨在眼后面。输卵管从卵巢开始,沿着腹侧面向后延伸。由卵黄细胞构成的多个卵黄腺沿着输卵管排列,并与输卵管连通。从多个精巢中伸出的小管,在身体两侧集中形成突出的输精管,向后延伸至输卵管附近。在性活动期间输精管内充满精

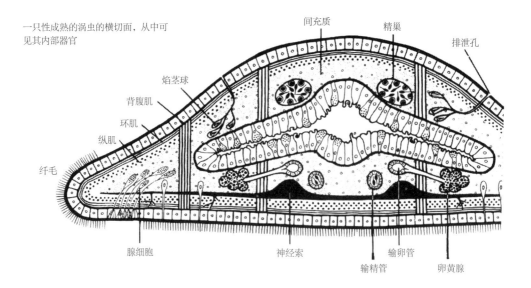

一只性成熟的涡虫的横切面,从中可见其内部器官

间充质　精巢　排泄孔

焰茎球

背腹肌

环肌

纵肌

纤毛

腺细胞　神经索　输精管　输卵管　卵黄腺

子，与一个突出的肌肉器官——阴茎连接，阴茎负责将精子移送到另一只涡虫体内。阴茎伸入生殖腔，生殖腔与输卵管和交配囊相连。生殖腔通过腹侧面的口部后面的生殖孔与外部相通。

　　虽然每只涡虫都包含完整的雄性和雌性性器官，但它不会进行自体受精。相反，受精需要两只涡虫结合在一起，腹侧面相互贴紧。两只涡虫各自从生殖孔中伸出阴茎，将精子放置在对方的交配囊中。交配后，两只涡虫分开。精子很快离开交配囊，沿着输卵管向上移动至卵巢，使成熟的卵子受精。受精卵从输卵管中通过，同时卵黄腺向输卵管中排出卵黄细胞。当受精卵和卵黄细胞

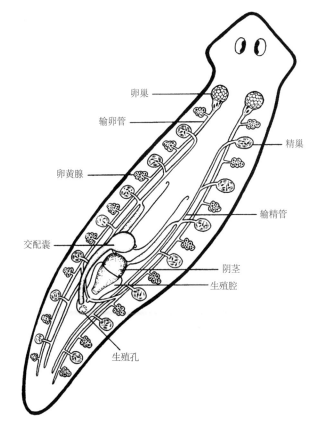

涡虫的生殖系统包括雄性和雌性性器官

卵巢

输卵管

精巢

卵黄腺

输精管

交配囊

阴茎

生殖腔

生殖孔

到达生殖腔后，它们被壳包围形成卵囊。大多数扁虫的卵都很特别，卵子本身不储备食物，而是由卵黄细胞来储备。卵囊（每个含有不到10个卵和数千个卵黄细胞）通过生殖孔排出并固着在水中的物体上，它们在两三个星期内可孵化成与亲本相同的微小的涡虫，只不过幼虫没有生殖系统。

图中涡虫产生的卵囊会固着在一块漂砾或者岩壁的背面（R.布克斯鲍姆）

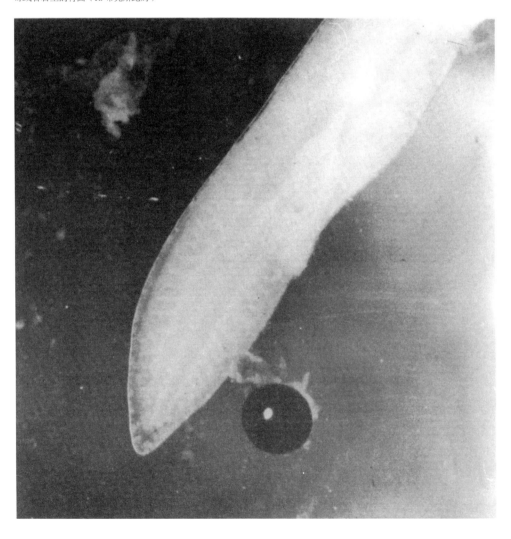

许多涡虫只能进行有性生殖，但有些可以通过无性方式来繁殖。在这个过程中，一开始没有任何明显的变化，除了涡虫咽后面的区域收缩，后半部分身体表现不松开、不想受前半部分支配的样子。当整只涡虫安静地滑行时，它的身体的后半部分可能会突然抓住底部，而前半部分则努力向前移动。经过几个小时的拉锯战，前后两部分终于分开。两个部分各自生出缺失的部分，变成完整的涡虫。具有这种习性的涡虫在很长一段时间内都不会进行有性生殖，实际上有些涡虫根本没有性器官。

无性分裂。左图：分裂前。右图：分裂后。后端将很快形成头部、咽和其他结构

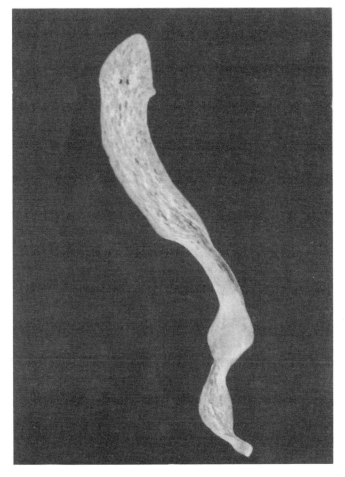

无性生殖。涡虫的后端在收缩，很快就会分裂并再生为一只完整的涡虫。与此同时，头部一端将重生出新的尾巴。分裂之前只有一只涡虫，而现在变成两只（R. 布克斯鲍姆）

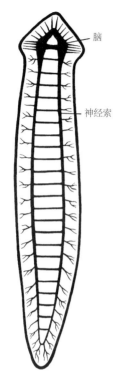

涡虫的神经系统

扁虫具有更加高级而复杂的动物所拥有的中枢神经系统。在涡虫的头部有一个大的神经节，是由神经组织集合而成的结节状结构。两束神经细胞——神经索从被称为"脑"的双头神经节开始，向后穿过侧面附近的间充质。这些腹神经索分出很多侧枝，一直延伸到身体边缘。两条神经索通过许多交叉链（形如梯子中的横档）相互连接，因此这种系统被称为梯形中枢神经系统。脑和两条神经索构成了中枢神经系统，成为从身体一端到另一端传播的神经脉冲的主要通道。运动所需的肌肉协调能力不一定源于脑，因为被移除了脑的涡虫仍然可以协调地移动。脑主要用于发起行动，也能进行感觉传递——接收感觉器官的刺激并将其传递给身体其他部分。这样的结构特征使涡虫的神经系统各部分间的联系更加紧密，而不像水螅的弥漫性非中枢神经网络那样缺乏明确的通路和协调中心。

除了中枢神经系统之外，涡虫和几乎所有更复杂的动物都拥有局部神经网。比如，人类的肠壁就包含发育良好的神经网（与中枢神经系统相连）。

涡虫是通过感觉细胞将外部世界的情况传递给神经系统的。感觉细胞的尖端从体表隆起，这些细长的细胞位于上皮细胞之间。不同的感觉细胞专门接收不同的刺激，比如触碰、水流和化学物质等刺激。涡虫的感觉细胞遍布体表，但在头部的感觉脑叶（头部两侧的突出部分）中尤为集中。如果感觉脑叶被切除，涡虫就很难找到食物。涡虫的两只眼是专门用来接收光的感觉器官，每一只都由一团黑色素组成，里面充满了特殊的感觉细胞，其末端与脑神经相连。色素使感光细胞只能感受一个方向的光，而无法感受其他方向的光。与上皮的其他区域不同，紧靠眼上方的区域没有色素，光可以从这里通过感觉细胞。眼被移除

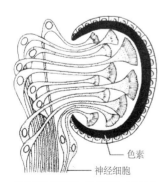

涡虫眼的横切面。涡虫眼只对穿过色素杯开口端的光线敏感，光敏神经细胞一直延伸到脑（赫西、罗利希以及托罗克）

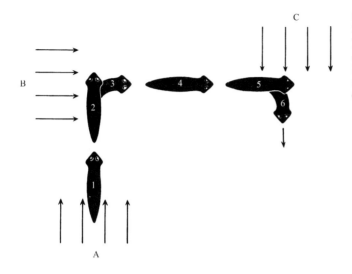

趋光性。1~6.一只涡虫的几个连续位置。在1中涡虫正在朝远离光源A的方向移动。当它到达位置2时，光源A关闭，光源B打开。涡虫转向，远离光源B。在位置5处，光源B关闭，光源C打开，涡虫再次远离光源C（W. H. 托利弗）

的涡虫仍对光有反应，只不过反应速度比正常涡虫慢，也不太准确。这表明在涡虫的整个体表上肯定存在一些光敏细胞。

　　凭借丰富的感觉细胞、专门的感觉器官和中枢神经系统，涡虫可以展现出更多变的行为和更快速的反应。涡虫不喜欢光，通常藏在黑暗的地方，比如石头下方或水生植物的叶片下方。如果把涡虫放置于暴露在光线下的盘中，它们会立即转移到盘子最黑暗的位置。它们会对接触做出积极的反应，并倾向于将身体下表面附着在其他物体上。它们也会对水中的化学物质和食物产生反应，迅速转向，朝着食饵移动。这就是在有涡虫的泉水中放一片生肉能引

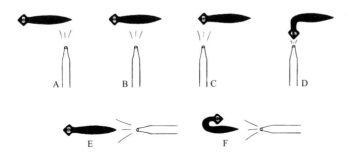

涡虫对移液管制造的水流产生的反应。A、B.水流击打涡虫身体的中部或者后部，它没有任何反应。C、D.水流击打涡虫头部一侧的感觉脑叶，涡虫转向水流方向。E、F.水流从后面经过涡虫的体侧，流到感觉脑叶，涡虫转向水流。自然中的这些反应可引导涡虫逆流而上（I. 多弗莱因）

来成群涡虫的原因，它们向上游移动靠近食物，根据水流中的肉汁确定方向。涡虫会对水流做出反应，有些涡虫常会逆流而上。它们也会对猎物引起的水的搅动做出反应。

如涡虫所示，扁虫与大多数两胚层动物在很多重要的特征方面存在不同，而扁虫具有的这些特征是大多数更加复杂的动物所具备的。扁虫具有特化的前后端，以及背侧面和腹侧面。它们也有明确的头部（聚集着感觉器官）和中枢神经系统。它们还有十分发达的第三层细胞——中胚层。无论是单独运作，还是与外胚层、内胚层联合，中胚层都可以产生器官和器官系统。

动物的形状

动物的大小不一，小的在显微镜下才能看到，比如原生动物；大的则硕大无比，比如巨鲸。但动物的基本形状只有三种：球对称、辐射对称和两侧对称。这三种对称性以及它们的变体几乎涵盖了所有多细胞动物和众多原生动物的体型特征。然而，很多原生动物具有自己独特的形状，不具对称性，比如一些纤毛虫和甲藻。这些生物是不对称的。

由于物理作用力的关系，所有单独的少量液体都会呈现出球形。除非用特定的结构（比如坚硬的表面层或骨骼）使它们保持其他某种形状，否则少量原生质或单个细胞就会呈现出球形。变形虫要想伸长伪足就必须消耗能量，在休息的时候，它们会变成球形。这种形状叫作球对称，其特征在于身体结构是围绕球形中心排列的。由于所有半径都近似相等，因此穿过球形动物中心的任何一条线都可以把它们分割成两个相似的部分。它们没有前部或后部，没有顶端或底端，没有右侧或左侧，至少不存在固定的这类位置。这种形状不利于定向运动，反而是自由漂浮的生物体都具有这种典型形状，无论是接近食物还是远离捕食者，

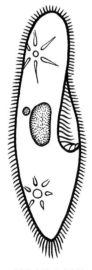

纤毛虫的不对称性

它们的移动都身不由己。但具有球形身体的生物可以对外部环境中来自任意方向的食物或其他条件做出反应。球对称很少见，仅在成年原生动物，比如漂浮在海洋表面附近的放射虫身上出现，放射虫通过朝各个方向辐射的伪足摄食。

呈球对称的放射虫

　　在附着于固体表面的球形原生动物中，比如一些有孔虫和太阳虫，将身体附着到基质上的柄或从壳上伸出的伪足的开口改变了原来的对称性。这种改良版的球对称被称为两极对称，因为球形身体的端部分化为一个带有柄或开口的固着端和一个与该结构相对的游离端。（地球的外形近似球形，却表现出两极对称性。地球不能被通过其中心的所有切面分成两个相似的部分，而只能由穿过其中心和经度线的切面或者穿过赤道的切面等分成两半，后者成立的前提是南北两个半球可被视为相同。）

呈两极对称的有柄原生动物

　　如果动物的分化不是围绕中心点，而是围绕贯穿其两端的轴，则称其具有辐射对称性。刺胞动物的水螅体和水母体就呈辐射对称。在这类动物中，在任意特定水平上的半径都是相似的，但沿着贯穿两端的轴线在不同水平之间存在差异。辐射对称动物可被穿过中心点的任何纵向切面（不是横向切面）分割成两个相似的部分，因为这类动物沿着圆周方向看上去都是相似的，它们的边缘也没有分化。因此，这类动物刚开始运动时并没有特定的方向，但这不妨碍它们以定向的方式移动。许多水母体（甚至一些海葵）都可以做定向运动。但是，大多数刺胞动物要么大部分时间都在随水流漂移，要么过着固着生活。固着动物不会受到来自下方的任何威胁，其基端专用于固着。从暴露的口部伸展出的一圈触手可以从四面八方接触环境。一些原生动物和海绵也呈辐射对称，但这种对称性在刺胞动物中最常见。

呈辐射对称的海葵

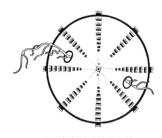

呈两辐射对称的栉水母

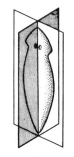

呈两侧对称的涡虫

在海葵和珊瑚等许多刺胞动物中，辐射对称会因身体的构造而发生改变，包括两端有凹槽的细长口部和身体的内部结构，这使得它们在各个半径上不再相似。现在只能以两个垂直的平面进行纵向切割，才能将刺胞动物的身体分成相似的两半，其中一个平面穿过口部的长轴，另一个则与该轴垂直。这种改良版的辐射对称被称为两侧对称。栉水母是唯一全员都呈两侧对称的门。在栉水母中，两侧对称从八细胞胚胎阶段开始，并持续至整个发育过程。

涡虫有明确的前端（带有感觉器官），总是率先冒险进入一个新环境，而后端只是跟着行动。这样一来，涡虫易于受到来自后方和侧面的攻击，相较之下，水螅体和水母体则能抵御来自各个方向的攻击。然而，涡虫前端有密集的感觉器官，使它们能够探测到前方的危险并有效地躲避。另外，前端和后端的特化使涡虫比辐射对称动物能更主动、更敏捷地寻找食物，而后者捕食往往靠运气，偶尔才能碰到猎物。

头端的特化使涡虫的身体分成上表面（背侧面）和下表面（腹侧面）。涡虫的下表面有口部和大量纤毛，与裸露的上表面不同。这种类型的虫体因其前端和后端、上表面和下表面之间都存在差异，所以被称为两侧对称。在这里，"两侧"并不是指涡虫的头部、尾部、背侧面或腹侧面，而是指在这些动物中，以中心平面为轴，即从头部中间到尾部中间，身体两侧呈现出对称性。涡虫成对的眼和感觉脑叶（类似于人类的成对结构）在中心平面的两侧等距分布。单个器官通常位于中线上，并被中心平面等分。与辐射对称动物不具备前后端或左右侧的特征不同，两侧对称动物具有左右侧，所以它能被从头部到尾部、从背侧面到腹侧面的一个特定切面分成两个相似的部分。这两半结构是相同的，彼此互为镜像。

两侧对称在某种程度上往往是不完美的。比如，人类的右臂通常比左臂更大更强壮，左脑通常有一个发达的语言控制中心，右脑则没有。在其他两侧对称动物身上还出现了更明显的不对称性，比如蜗牛的内脏和贝壳卷曲成螺旋状。

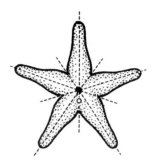

呈次生性辐射对称的海星

许多两侧对称动物都过着固着生活，头部和感觉器官的特化趋于减少，有些甚至进化出改良版的辐射对称特征。次生性辐射对称在海星、海胆及其亲缘动物身上表现得尤其明显（其中一些已经成为次两侧对称结构）。

一些群体的成员独立进化出了两侧对称结构，但它没有成为该群体的典型身形。比如，一些纤毛虫呈两侧对称。在许多海葵和软珊瑚中，细长的口部和食道仅在一端有凹槽。这种动物尽管在基本组织和行为方面仍呈辐射对称，但只能以穿过口部的一个纵向长轴所在的切面将其身体分成两个相似的部分。

从扁虫开始，所有更复杂的动物（除非经过二次改良）都呈两侧对称。两侧对称的身形很容易在前后方向上呈流线型，由头部来引导运动，许多这类动物的成功取决于它们的快速移动能力。然而，我们不能说哪一种对称更好或更高级，而要依据动物的习性和栖息地来全面分析每一种身形的优势和劣势。章鱼具有非传统意义上的对称结构，它从根本上来讲是一种两侧对称动物，其头部长有精密的眼和无脊椎动物都有的脑。但它的流线型体型使其在快速游动的时候，由背侧面先行，头部紧随其后，柔弱的触手围绕嘴部呈辐射排列，使其能够在任何方向上翻身游动。它的对称性不属于该动物群体的固定或随机特征，而是为了适应其特定的生活方式才产生的具有特定功能的身体结构。

章鱼（软体动物，见第15章）结合了两侧对称和辐射对称的特征（R. 布克斯鲍姆）

第 10 章　再生能力

　　至少在某种程度上，再生（更新组织和修复受损部位的能力）是动物共有的。人类的整个体表的上皮细胞不断脱落和更换，较大的伤口可以愈合，折断的骨骼也能长好，但如果人类失去了手指或脚趾，就不能再生了。蜥蜴可以断尾并长出新的尾巴（但新的尾巴没有椎骨），蝾螈的整个肢体都可以重生（但青蛙没有这种能力）。许多无脊椎动物的自我修复能力非常强大。蚯蚓的头部断掉后可以再生，海星的腕和龙虾的腿或触角失去后也能再生。一般而言，具有较复杂器官系统的无脊椎动物的再生能力较弱，而组织结构越简单的动物，再生能力越强大。

将双头涡虫的前端做纵向切割，并在之后的几天中不断重复切割，使得切口两边的部分无法愈合在一起，则每一半都会再生出一个完整的头部（基于C. M. 蔡尔德）

　　许多原生动物具有显著的再生能力，几乎任何原生生物都可以从身体的一部分重新长成完整的身体结构，只要该部分包含细胞核；无细胞核的部分往往无法再生。回想一下，当原生动物的细胞核分裂时，细胞一分为二，每个分裂后的细胞都包含细胞核，所以新细胞能够长成新的独立个体。想到这一点，我们就不会感到意外了。

　　在组织松散的海绵中，我们看到了非常显著的再生能力。从细碎的海绵中分离的细胞聚集成小团，并发育成完整的海绵。

　　刺胞动物也具有很好的再生能力。分解的水螅细胞如果聚集成团，将再生出一只或多只完整的水螅（其数量取决于团块中有多少个细胞）。水螅的身体碎片能长成小而完整的水螅。

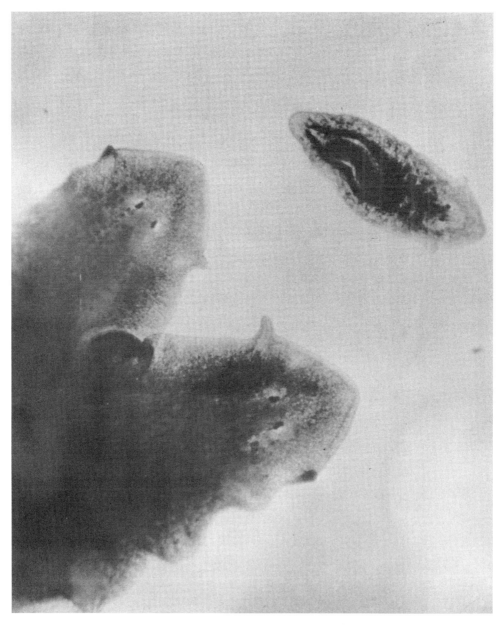

再生产生了奇怪的现象。把涡虫的头部一分为二，将产生双头涡虫。两个头对涡虫身体的其余部分起着同等重要的支配作用，而且常常表现出势不两立的架势。有些双头涡虫最终的确会分裂，每个部分再生成一只完整的涡虫。而这两只新的涡虫与原先的双头涡虫是一模一样的，但它们之间并不是亲子关系。图中这只只有3.5毫米长，却很宽，因为它是从一只正常大小的涡虫横切面再生出来的。它的颜色比较浅，内部器官也清晰可见，为三角涡虫属（R. 布克斯鲍姆）

　　与此类似，一些涡虫能从任何一部分身体（不要太小）再生出完整的涡虫。它们易于在实验室中保存，已成为许多再生实验的对象。它们也显示出一些其他动物具有的再生特性。

　　从涡虫身上切下的任何一部分通常都保留着与该部分被切割前相同的极性。也就是说，从涡虫的前端切割的部分可以再生成涡虫的头部，而从涡虫的后端切割的部分能再生为涡虫的尾部。同理，从水螅身上切下的靠近口部的部分将在其末端再生出口部和触手，而从靠近基部切下来的部分可再生出基盘。无论是在较小的部分中，还是在整个动物身上，都存在明显的前后分化或者口部与基部分化的现象。

　　实验发现，水螅的极性不依赖于单个细胞的结构或其顶部和底部的功能性。将水螅的口部和基部切除，再将剩余的柱状体切成 10 段，然后将它们嫁接到一起，每一段头尾颠倒放置在原先的位置上。现在，每个细胞都改变了原来的极性，但原本靠近口部的组织再生出口部和触手，原本离基部最近的组织再生出基盘。该实验结果表明，极

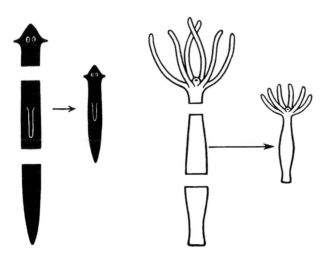

涡虫身体的一部分再生后保留了原来的极性，前端生长出头部，后端生长出尾部。水螅也具备这样的特性（C. M. 蔡尔德）

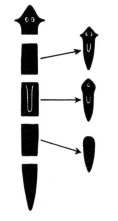

头部的再生能力从前端到后端逐渐减小（C. M. 蔡尔德）

性不依赖于单个细胞的取向，而是取决于组织水平上的差异。

　　从实验中我们得出的另一个结论是，前端再生出头部的能力最强，越趋近尾部，再生出头部的能力就越弱。来自涡虫身体前部区域的部分比来自后部区域的部分能更快地再生出更大、更接近正常水平的头部，这种能力沿着从头部到尾部的轴线逐渐变化，越往后能力越弱。对于一些种类的涡虫，只有从前端区域切下的部分才能再生为头部，而靠近后端的组织虽有能力修复伤口，却无法再生出头部。

　　涡虫的头部对于其他身体部位具有主宰作用，因为它能诱导产生更多的后端结构，并抑制额外头部的生长。一般而言，涡虫身体的任何一部分都能控制其往后的部分，这一系列的控制保证了成虫的正常形态。通过嫁接可以证明这种控制能力。如果将供主涡虫头部区域的一小部分嫁接到受体涡虫身上，它不仅会长成头部，而且会诱导受体形成相邻的组织，比如新的咽。如果将头部嫁接到另一只涡虫身上，然后切掉受体的头部，则嫁接的头部可以抑制

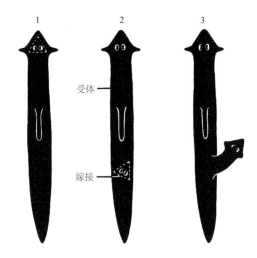

嫁接。1. 从供体的头部切下一小块，用虚线标明。2. 将切下的这部分放在受体后端的伤口处。3. 嫁接部分长成一个新的头部（F. V. 桑托斯）

受体在原来头部的地方再生出头部，并诱使其长出尾部。换言之，嫁接的头部往往会对附近的组织结构重新进行引导，最终再生出一只完整的涡虫。将尾部嫁接到其他涡虫身上，则不会产生这种效果，通常会被吸收。

头部对身体其他部分的控制力，受到头部与身体各部位之间距离的限制。因此，嫁接头部的命运可能取决于它在受体上的位置。如果将头部嫁接到受体头部的后面，新头部通常会受到抑制而无法生存或生长。如果它被放置在离受体头部较远的地方，它就能生存下来。这表明，头部对其他部位的控制力取决于头部连续分泌的物质向全身扩散的程度，这些物质会逐渐被破坏。如果动物生长到足够长，它的身体后部就会超出头部的控制范围，并进行自主行动，最终成为一个单独的虫体，这和无性生殖的情况一样。减少头部对身体的控制是无性生殖的重要因素，想要分离身体的后部，切断头部往往能加速这一进程。

所有这些事实表明，沿着涡虫的前后轴存在与再生能力相关的轴向梯度，涉及某些必不可少的物质、活动或者结构。关于水螅和水螅体的各种实验已经得出类似的结论。

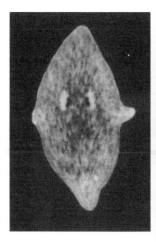
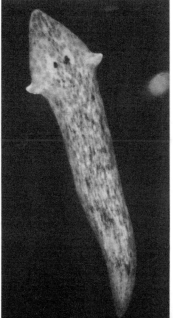

形状的调节是再生过程的一部分。左图：头部刚刚开始再生出后端。这种奇形怪状的涡虫可以在它的基盘周围活动，但不能摄食。右图：随着消化道和其他后端结构的再生，涡虫的身体比例逐渐变得正常。然而，身体评估并调整比例的过程也会出现在从胚胎到成虫的正常发育过程中（R. 布克斯鲍姆）

在这些辐射对称动物中，梯度从口部延伸到柄的基部。轴向梯度的基础是未知的，但大多数观察和实验结果可以通过特定诱导物和抑制剂的浓度梯度来解释，比如上面提到的头部控制身体其他部分的梯度变化。实验表明，涡虫的脑是这些物质的来源，因为与再生动物一起被放在培养皿中的脑组织的研磨液，与完整或嫁接的脑具有相同的效果。在水螅身上，研究人员已确定了两个控制中心，每端各有一个。口部产生的诱导物和抑制剂仅影响头部的再生，而柄的基部产生的诱导物和抑制剂仅影响基部的再生。当对这些化学物质进行提纯时，我们发现哪怕是极少量的这些物质也可在刺激或抑制再生方面产生显著的效果。

嫁接诱导的水螅体从受体水螅体的茎侧生长出来。将伞形螅的一个水螅体的一段茎嫁接到另一个水螅体的茎上，将诱导新水螅体的发育。从供体水螅体的口部和触手附近切下的茎比从基部区域切下的茎更容易再生为完整的水螅体。如果在嫁接之前，去除受体的口部和触手，再生出完整伞形螅的概率会更大。如果去除受体的水螅体，侧面的水螅体也会变得更大。离具有控制力的受体水螅体越远，水螅体的侧茎也会长得越长。因此，这种水螅从口部和触手到茎的基部的再生能力和控制力逐渐减弱，与涡虫从头部到尾部的再生能力逐渐减弱的情况类似（C. M. 蔡尔德）

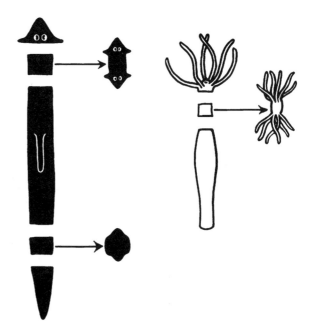

一小段无极性的虫体可在两端再生出类似的结构。如果这段虫体切得太短，其头部和尾部的梯度差异过小，就无法确定再生体的极性。从涡虫的眼后面切下的短块可以在两端再生出头部，从涡虫后部区域切下的将在两端再生出尾部。对水螅的实验也产生了类似的结果（C. M. 蔡尔德）

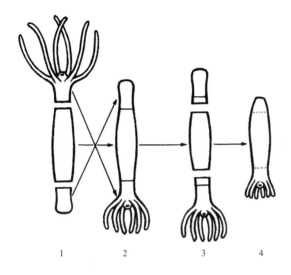

水螅的极性反转。1.切除水螅的口部和基盘。2.把这两个部分反向嫁接回去，口部放置到基盘所在的位置，反之亦然。3.几天后，从水螅的中间部位切下一块。4.靠近最初基部的一端将再生出一个带触手的口部，而在靠近原来口部的地方将形成类似基盘的结构。我们可以推测，从占主导地位的口部和基部扩散的物质，在相反的两端重新聚集，并改变了中间区域，实现极性的反转（马库姆、坎贝尔、罗梅罗）

　　脑似乎是涡虫实施身体控制的部位，它能够释放化学物质，而神经细胞则可能是水螅实施身体控制的主要力量来源。水螅约有40%的神经细胞在口部，其基盘处也集中分布着神经细胞。来自水螅口部的细胞团块比来自水螅身体中部的细胞能更快地再生出更多的口部和触手。水螅基盘处的细胞会先再生出基盘，然后形成口和触手。来自不同区域的细胞具有的这种功能差异可能与现存细胞的数量和类型有关，尤其是神经细胞。

　　除了再生能力的轴向梯度外，身体也表现出其他类似的特征。头部的代谢过程（比如氧消耗和蛋白质合成）的速率最大，沿身体后端逐渐减少。如果将涡虫置于一定浓度的有毒溶液中，它们就会开始退化，最终死亡。但退化从头部开始，有规律地逐渐延伸到尾部。代谢速率最高的部分最先受到影响，受到的影响最严重，而不太活跃的部分则较慢受到影响。水螅的刺丝囊的大小和种类沿身体呈规律性分布：性腺和无性芽仅在特定水平上产生。我们可以基于轴向梯度去理解上述所有现象。

在有毒溶液中涡虫身体从头部开始退化（C. M. 蔡尔德）

水螅和涡虫都有大量的非特化细胞。在水螅中，这些非特化细胞是间质细胞；而在涡虫中，它们是被称为多能干细胞的间充质细胞。这两类细胞都可以使未受伤动物的部分细胞得到更新，而在动物受伤后，这些细胞似乎变得更加活跃。如果涡虫的多能干细胞被有选择性地破坏（比如用 X 射线照射涡虫），它将不能再生，并最终死亡。然而，如果将来自另一只涡虫的一块健康组织嫁接到受 X 射线照射的涡虫体内，多能干细胞将从供体迁移到受 X 射线照射的涡虫身上，并开启再生过程，受到 X 射线照射的细胞最终会被取代。

如果水螅的间质细胞被破坏（暴露于秋水仙碱或硫酸羟脲等化学物质中），水螅很快就会失去所有的神经细胞，也会失去所有的刺丝囊和腺细胞，在实验室中这些动物必须依靠人工喂食才能继续生存。令人惊讶的是，尽管它们现在只由上皮–肌肉细胞组成，但它们仍能出芽、再生并表现出正常的极性。测试结构诱导或极性反转的实验过程也和正常水螅体的情况一样。这些实验表明，上皮–肌肉细胞可产生能控制体型、出芽和再生的化学诱导物和抑制剂。

你可能会好奇梯度现象是如何在动物身上出现的。它们很可能是因为在动物发育早期就出现的外部因素的作用。卵子的一端附着在卵巢上，另一端是自由的，就属于其中一种外部因素。众所周知，对很多卵子而言，位置与极性有关，即卵子的哪一端将发育成位于虫体前端的口部。

很多实验结果证明，扁虫成虫的再生与胚胎的发育过程非常相似。这表明，梯度是胚胎发育的重要因素，也显示了动物控制正常形态和比例的有序发育的基本模式。因此，我们认为几种对称性可能是动物在发育过程中梯度差异作用的结果。在球形动物中，朝向所有方向的半径都是相似的，尽管生物体内部及其外表之间存在差异，但并不

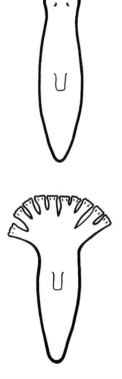

将扁虫的头部重复切分成多个部分，可保证切口不再愈合。结果是形成了一只有 10 个头的怪物（J. 吕斯）

存在主要的分化轴。在辐射对称动物中，主轴从口部延伸到基部。在两侧对称动物中，除了主要的前后轴之外，还有两个分化的短轴（腹侧和中侧），也与梯度相关。关于无脊椎动物的再生实验已经帮助我们理解了动物形态、生长和发育过程中存在的一般性问题，我们在寻找解决如上问题的实验方法方面也取得了丰硕的成果。

受体涡虫的褐色的背侧面上分布着黑色点，腹侧面是灰色的

供体涡虫的背侧面是棕褐色的，上面有黄橙色的点。腹侧面为白色，有灰色点。在嫁接实验中，将受体和供体放在冰盘上可减缓它们的运动。用小刀从供体涡虫头上切下一块，包括两只眼，然后把它放到受体涡虫双眼后面的洞中

手术175天后，受体和供体的组织完全融合在一起。嫁接的眼位于受体的眼之后。供体对受体产生的唯一影响是，在受体组织后嫁接的眼的两侧长出了小突起（J. A. 米勒）

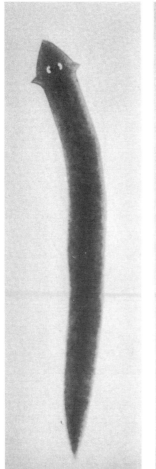
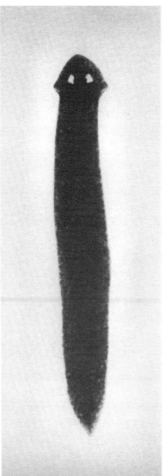
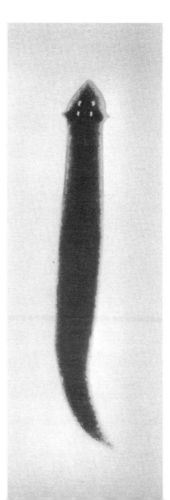

在某些涡虫之间进行嫁接特别容易。若嫁接得顺利，其中一种涡虫产生的化学刺激和抑制物将对其他物种的组织产生相同的作用。受体和供体的组织可以通过不同的色素模式来区分。

这只涡虫的两个发育良好的头部是通过类似于前文提到的嫁接模式产生的。然而，在这种情况下，供体并未与受体组织全面结合，而是诱导受体形成了一个完整的头部。这个头部尖尖的，具有尖锐的感觉脑叶和受体（而非供体）的色素模式。与供体相比，它的头部更圆，感觉脑叶更钝，色素模式也不同

把供体的头部嫁接到受体的尾部，就得到了双尾涡虫。嫁接后长出了完整的头部，具有供体的特征。它诱导受体尾部形成咽。移除受体的头部和咽后，在切割面上，我们本以为会产生一个新的头部，却产生了咽和尾部，这主要是由于嫁接的头部产生了控制作用。制作完这张照片后，两条尾巴沿其内边缘融合，形成一个有两个咽的双尾部区域。如果该涡虫后来进行无性生殖，那么产生的新虫体将有4只眼、两个咽和一条双消化道

左：将供体放置在尾部区域，长出了头部。把受体的后部撕掉，只留下供体附着在受体的前部。右：同一只涡虫被喂血，咽突出。嫁接完成后，供体的头部诱导受体在后部形成咽，生长方向与头部的方向相同，与受体原来咽部的方向相反（J. A. 米勒）

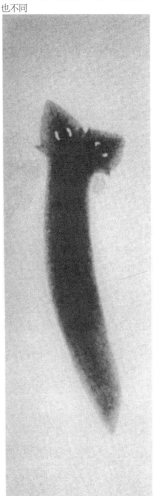

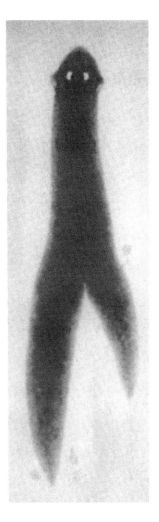

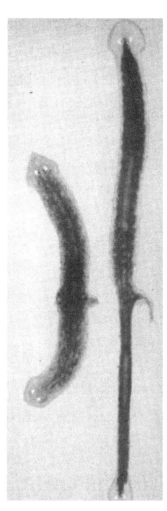

第11章　共生现象和寄生虫

"坑邻居"是动物为了生存而耍的老把戏了。实际上，所有动物都携带一种或多种寄生虫，其中大多数寄生虫本身又是更小的寄生虫的宿主。居住在一个宿主身上的寄生虫总量必然比自主生活的动物数量少得多，但后者为寄生虫等不速之客提供了食宿。从生物数量的角度看，动物界中寄生虫的数量要多于自由生活的个体数量。

几乎每个门都包含寄生成员，而有些门的寄生虫数量尤其多。在扁形动物门中，吸虫和绦虫占据大多数，它们属于完全寄生的群体。但寄生虫最初是在大多数自由生活的扁虫，即涡虫纲动物中发现的。

自由生活的扁虫

像涡虫一样，大多数其他自由生活的扁虫外部都覆盖着纤毛，纤毛的击打在水中产生了涡流，涡虫纲名字的由来多少与此有关。虽然从摄食习惯、焰茎球排泄系统和复杂的雌雄同体生殖系统来看，淡水涡虫是典型的食腐动物，但大多数涡虫纲动物都属于海洋动物。我们可以通过消化腔的形态粗略地辨别几种涡虫纲动物。

涡虫所属群体的消化腔主要有三条消化道，这是这类动物的典型特征。这种涡虫被恰当地称为三肠目涡虫（有三个分支）。三肠目涡虫都是中到大型涡虫。除淡水三肠目涡虫外，还有海洋和陆地三肠目涡虫。

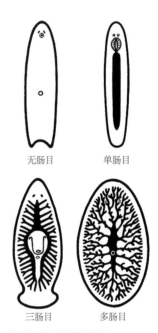

无肠目　　　　单肠目

三肠目　　　　多肠目

涡虫纲动物的消化腔类型

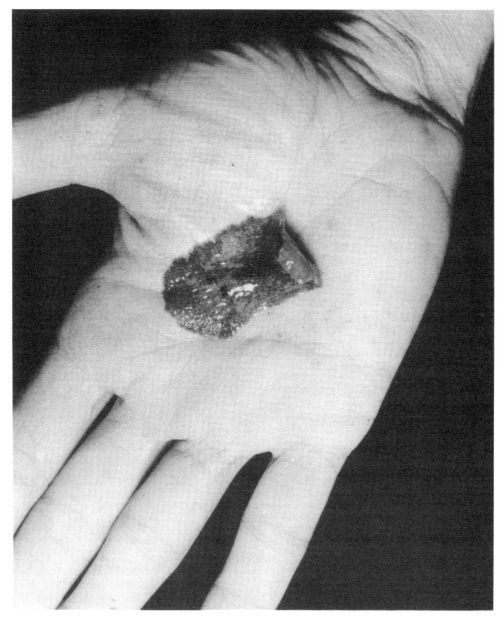

放置于掌心的海扁虫。虫身较薄，其表面积与体重成正比。摄于日本美崎町（R. 布克斯鲍姆）

在宾夕法尼亚州匹兹堡花园的花盆下发现的陆地涡虫，远离其在东南亚湿润的热带森林中的家园。竽蛭涡虫已随植物的运输广泛分布于世界各地。它的半月形头部十分独特，浅色的背部长有深色的条纹。这种陆地三肠目涡虫不能在温带气候中进行有性生殖，在加利福尼亚和美国南部各州的花园中它们通过无性生殖来维持物种的繁衍（R. 布克斯鲍姆）

多肠目涡虫因具有多个消化腔分支而得名，该目动物大多数完全生活在海洋中。它们呈轻薄的叶状，长度有时和宽度相当。它们是最大的涡虫纲动物，有些个体的长度可达到15厘米。许多多肠目涡虫的幼体可以自由游动，有8个纤毛叶。

消化腔中的消化道是直的且无分支（具有杆状消化腔）的涡虫群体被统称为单肠目，而其他具有叶状或支囊消化腔（另一种消化腔）的涡虫叫作异腔目。单肠目和异腔目涡虫包含生活在海洋中、淡水中和陆地上的群体。

小型的海洋涡虫（通常长度在几毫米之内）属于最简单的涡虫纲动物，它们有口部但没有消化腔，被称为无肠目（没有消化腔）。食物被吞入大量松散堆积的细胞中，并在那里被消化。无肠目也没有排泄系统。无肠目、多肠目和大多数异腔目都有多对神经索。在淡水涡虫和大多数单肠目涡虫中，这些神经索缩减为一对腹神经索。

自由游动的多肠目涡虫的幼体（朗）

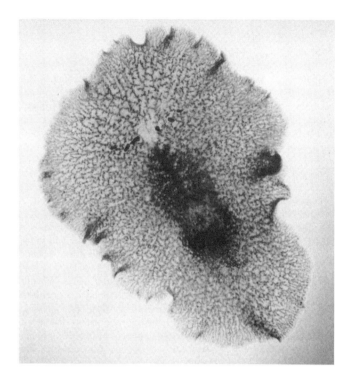

在湿润的玻璃板上移动的海洋多肠目涡虫，因分泌的黏液而留下了移动的痕迹。这与本章开头所示的涡虫相同。从下面照亮它的身体，可见消化循环腔的多个分支，分别用于消化和分配食物。它的身体前端附近有一块亮的区域为双叶脑，两侧有三条较暗的感觉触手。摄于日本美崎町（R. 布克斯鲍姆）

多肠目涡虫呈淡黄色，带有黑色条纹，在岩石上爬行或摄食被囊动物。体长为2~3厘米。头部左侧有感觉脑叶。摄于百慕大（R. 布克斯鲍姆）

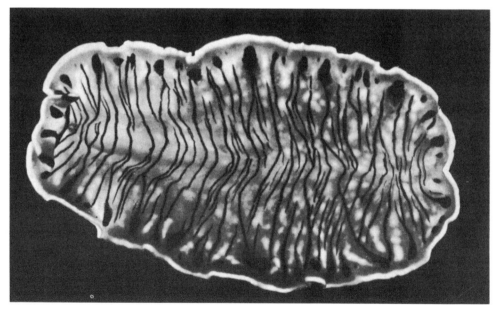

寄生只是生物之间的其中一种关系，它通常是从其他类型的关系进化而来的。不同物种的两个生物常常生活在一起，这种持续的联系被称为偏利共生。较小的一方，即共生物，可以从这种关系中获益；而较大的一方，即宿主，显然既不会从这种关系中受益，也不会因此受伤。我们可以通过蛭态涡虫属的共生三肠目涡虫来说明这种关系，它们附着在鲨的鳃或附肢上（见第18章）。这些涡虫可以从宿主那里获得免费的交通，还能获得免费的住所和食物残渣。

共生物有时也会让宿主受益。宿主在经历行为和生理上的变化后，为共生物提供越来越有利的条件。这种互利关系被称为互利共生，例如，前文提到的白蚁与肠鞭毛虫，以及原生动物和珊瑚与单细胞藻类。一个众所周知的互利共生案例是绿色无肠目动物——卷身罗斯考夫蠕虫。这种虫子最初孵化出的幼虫是无色的，但它们很快便会遇到并摄入某些绿色鞭毛虫，它们可以方便地黏附在孵化出幼虫的卵上。一旦进入蠕虫，鞭毛虫就会失去它们的鞭毛、外细胞壁和眼点，但会继续进行光合作用，产生有机养分和氧气。它们从蠕虫那里得到了庇护所，并且稳定地获得了二氧化碳和含氮、含磷的化合物（宿主新陈代谢的副产物）。在自然栖息地，这些幼虫与其他无肠目涡虫吃的一样。但在实验室缺乏食物的条件下，它们将从鞭毛虫那里吸取营养物质生存和成长，鞭毛虫只要有光就行。成年蠕虫不摄食，它们完全依赖于绿色寄生虫提供营养。在生命的晚期，蠕虫开始消化组织中的鞭毛虫，绿色鞭毛虫的数量逐渐减少，直至蠕虫死亡。

偏利共生通常不会朝互利共生的方向发展，而是朝着寄生的方向发展。共生物最初只是需要庇护所和食物残渣，但最终会以宿主的组织为食并对宿主造成伤害。然而，寄生虫及其宿主可能会一起进化，直到寄生虫对宿主几乎不会造成损害，甚至最终可能会服务于宿主。这样一来，寄

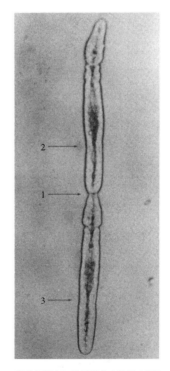

分裂的涡虫。这只蠕虫（链涡虫属）由两个独特的亚个体组成，每个都包含脑和平衡器的锥形脑叶。箭头1表示的是第一个分裂平面。箭头2、3表示的另外两个分裂平面展示了单肠目的杆状消化腔的收缩和蠕虫的收缩。摄于宾夕法尼亚州皮马土宁湖（R. 布克斯鲍姆）

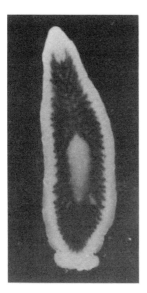

共生三肠目（蛭态涡虫属）是海生动物，它们附着在鲨的鳃上，分享宿主的食物，但不会对宿主造成明显的伤害。涡虫的黏附边缘在后端扩展成宽宽的吸盘。摄于佛罗里达（R.布克斯鲍姆）

绿色无肠目的卷身罗斯考夫蠕虫生活在法国海峡沿岸，在退潮的沙滩上，几百万只这种蠕虫会聚集在一起，看起来就像深绿色的条纹。在这些地方，你可以很容易地用玻璃器皿采集大量的样本用于拍照或者实验室研究。摄于法国布列塔尼罗斯科夫（R.布克斯鲍姆）

生就变成了互利共生。因此，这三种关系可能只是共生过程中的不同阶段，很难在它们之间划清界限。共生这一术语可用作这三种关系的统称，或指代不能被明确归为这三种关系的某种关系。

　　有时候，寄生虫要最大限度地减少对宿主的伤害，才会对自身更有利。比如，延长宿主的寿命，其实就是在增加寄生虫的寿命和繁殖潜力。寄生虫也可以通过减少对宿主的损害而获益，因为这可以避免宿主的防御系统被完全激活。从宿主的角度看，这种防御机制可能会给身体造成最大的伤害，如果能容忍寄生虫的存在，对宿主自身就是有益的。已有证据表明，当寄生虫入侵非常规宿主时，寄生虫和宿主都会承受不好的结果。在人类体内寄生的扁虫中，绦虫似乎是最温和的，而吸虫则不是什么善茬儿。

寄生性扁虫

　　三种寄生性扁虫不同于自由生存的涡虫。寄生性扁虫没有体外纤毛（幼体除外），并且长有一种不同寻常的上皮。这种特殊的上皮有助于保护它免于被宿主消化，也能抵挡宿主的免疫防御系统。当然，寄生虫上皮的变化也是为了从宿主体内摄取和吸收营养。

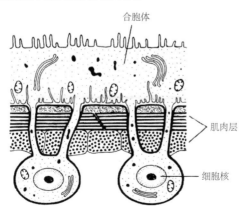

合胞体

肌肉层

细胞核

经过改良的寄生性扁虫的上皮是一种无纤毛的合胞体，由未分化成单个细胞的一层连续细胞质组成。其表面为了专门消化和吸收宿主的营养，长着微小的突起和凹陷，增加了体表面积。外层不含核，但它通过狭窄的细胞质通道与体细胞相连，而体细胞含有细胞核和细胞器，它们位于肌肉层之下。这种结构可以保护重要的细胞成分免受宿主的损害。与此同时，寄生虫表面的细胞质能够不断更新或修复。三种寄生性扁虫都有这种上皮

单殖吸虫是一种体外寄生虫，在海洋鱼类宿主的体表上移动。这种蠕虫可通过大型后端吸盘固定自己（蒙蒂塞利）

单殖吸虫纲的成员数量很少，其中不包含人类寄生虫。它们大多作为体外寄生虫附着在鱼皮或鱼鳃上，以黏液、上皮组织或血液为食。鱼类来去自如，快速游动，想要附着在鱼类的体表上并不容易。所以，这些蠕虫的后端通常有许多钩子和一个非常发达的吸盘（或一组吸盘），有时口部周围也有一个或多个较小的吸盘。口部通过肌肉发达的咽与Y形消化腔相连。它们的排泄系统包含焰茎球和管道，并给复杂的雌雄同体生殖系统留有充分的空间。它们的神经系统和感觉器官通常发育良好，但在成虫阶段，纤毛幼体阶段出现的眼会消失或退化。当它们在宿主体表上移动时，蠕虫偶尔会误入宿主与外部相通的体腔，包括口部、鼻道、膀胱和直肠。因此，你可能会在许多鱼类和其他水生脊椎动物体内发现这些寄生虫，它们已经适应了在体腔

三代虫的钩状吸盘能把自己牢牢地附着在鱼类宿主身上。这种寄生性单殖吸虫的身长不足1毫米，通常不会对鱼类造成伤害。但如果这种寄生虫的数量很多，宿主就会变得虚弱，甚至死亡。三代虫在鱼塘里是一种有害的寄生虫，在鱼类密集的地方能大量孵化（O. 富尔曼）

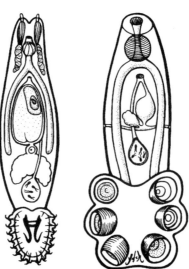

多盘吸虫有多个吸盘，靠吸食宿主的血液为生。这条寄生虫来自乌龟的口腔。另一种寄生在青蛙膀胱中的寄生虫，根据宿主每年的激素周期来繁殖。成虫和青蛙每年同步产卵，这样，孵化的幼体就可以容易地找到新的蝌蚪宿主了（H. W. 斯顿卡德）

内的生活，而且这里的危险要小得多。大多数单殖吸虫的
生活史都比较简单，只有一个宿主，所以任何与宿主意外
分离的蠕虫都将面临死亡。

吸虫

那些总在怀念过去好时光的人，应该会对吸虫（吸虫
纲）的遭遇感同身受。吸虫祖先的生活史可能很简单，只
涉及一个宿主（这与单殖吸虫的情况一样）。但是，现代吸
虫的生活则要复杂得多，常常涉及两个或者更多个宿主，
以及诸多的无性生殖阶段。

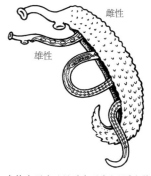

人体血吸虫（曼氏血吸虫）（浮士德
和霍夫曼）

吸虫是一种体内寄生虫，嵌入组织或黏附在远离宿主
体表的腔室内衬上，它们不费吹灰之力就能用钩子或吸盘
牢牢固定住自己。它们的钩子或吸盘不像体外寄生虫那么
复杂，但是为了使其后代在新宿主中安营扎寨，它们也面
临很多难题，因为它们不只需要一个宿主，还需要两个甚
至更多宿主。由于它们的繁殖能力强，子孙众多，这类动
物完成复杂生活史的概率大大提升了。为此，它们可通过
两种方式进行繁殖。第一，它们要产下大量的卵，然后储
存在长而弯的管子——子宫里，而自由生活的扁虫（比如
涡虫）则没有子宫。第二，在生命的早期阶段，它们通过
无性生殖来实现繁衍。

寄生在人体内的吸虫中，最重要的一种名为血吸虫。
这种寄生虫引发了严重程度仅次于疟疾的世界性卫生问题。
它们影响了大约2亿人，主要分布在亚洲的热带或亚热带地
区、非洲、南美洲东北部和加勒比地区（包括波多黎各）。
血吸虫这种细长的吸虫与大多数吸虫不同，它们不是雌雄
同体，雄性和雌性都是作为单独的个体出现的。雄性将身
体两侧折叠成凹槽，使更加细长的雌性可以被放置在该凹
槽中。曼氏血吸虫作为寄生在人类身上的三大重要寄生虫

曼氏血吸虫的生活史。1.卵随粪便被人类宿主排出体外。2.卵在淡水中孵化。3.毛蚴自由游动。4.蜗牛宿主体内的胞蚴。5.胞蚴进行无性繁殖。6.尾蚴逃入水中。7.人类宿主体内的成年吸虫。我们根据蜗牛物种判断这个场景出现在波多黎各（浮士德和霍夫曼）

之一，生活在大肠的窄小的静脉里，通过吸盘附着在血管壁上靠吸食血液为生。

雌性将卵产在靠近肠腔的肠壁的小血管内。一些卵到达肠腔并通过粪便被人排出体外。如果粪便被现代污水系统清理或在干燥的地方堆积，血吸虫短暂的一生将就此终结。但在许多地方，卫生条件没法保证，这种寄生虫便大肆繁殖。如果不对污水进行恰当的处理，血吸虫的卵就很容易进到水里并在那里孵化。长有纤毛的幼体——毛蚴就会出现并四处游动。但如果它们在24小时内没有遇到某种蜗牛宿主，也会死去。如果它们成功地钻进蜗牛柔软的身体里，脱去纤毛外层，就变成了胞蚴。胞蚴从蜗牛身上吸收养分，并通过无性生殖进行繁殖。在胞蚴内发育出更多的尾蚴，单个毛蚴可能会在几个月内产生超过200 000个尾蚴。尾蚴与成虫类似，有两个吸盘和一个Y形消化管，但不同的是尾蚴有尾巴。它们摆脱了蜗牛，在水面附近游泳。像毛蚴一样，它们必须在几个小时内找到合适的宿主。在

曼氏血吸虫（人类血吸虫）的卵。曼氏血吸虫的不良影响不在于成虫，而主要是因为一些卵未能被排到人类宿主体外，它们遍布人体的各个组织并致病

淡水溪流中淌水、洗衣、游泳或在被灌溉的田地中耕种的人，都很容易成为它们的目标。尾蚴接触并附着在人的皮肤上，在消化分泌物的帮助下，穿过皮肤进入血管。最终，年幼的吸虫幸运地到达大肠的血管中，在那里摄食、长成成虫，并与另一只同时进入或之前已经感染宿主的成虫交配。

在人体内寄生的血吸虫会引发血吸虫病，其早期症状是出皮疹、发烧、身体疼痛和咳嗽，后期会出现痢疾。受害者可能会在几年的时间里身体越来越虚弱，最终因虚弱不堪而引发并发症。寄生虫的这些慢性影响是由于这些卵不会跑到肠腔内，而是积聚在肠壁中，或者随血液分布到身体的其他组织中，每个卵子都能引发炎症或瘢痕组织。药物治疗有一定的成效，但如果患者短时间内再次感染，则药效甚微。

我们可以通过卫生地处理人类粪便和教育人们来预防和控制血吸虫病，但在该疾病流行的大多数国家中，这些措施都无法实现。如果感染仅限于小范围，我们可以利用毒药减少蜗牛的数量（虽然蜗牛的减少有时会引起其他问题），把蜗牛栖息地的水排干也很有效。但这些措施都不是长效机制，因为水坝和农业灌溉系统的发展都使得大多数地区的蜗牛种群持续繁衍，也加剧了血吸虫病的传播。

曼氏血吸虫出现在非洲、中东和西半球的部分地区。在其他两种重要的人类血吸虫物种中，其中一种给埃及造成了大规模影响，在非洲其他地区也很常见。这些血吸虫生活在尿路的小静脉中，卵被释放到膀胱中并随尿液排出。亚洲最常见的血吸虫生活在小肠的血管中。要控制这种寄生虫很难，因为很多地区的人们把粪便作为肥料使用，这也是传统经济的一个重要组成部分。这种耕作方式使大量人口可以在同一片土壤中集中耕种数千年，如果农民在使用人类粪便施肥前，先将粪便存放数周时间，所有的血吸虫卵就会死亡。然而，要想杀死引发其他疾病的生物，则需要对粪便做进一步处理。

当一种寄生虫在它的某一个生命阶段寄生在一种动物中，而在另一个生命阶段寄生于另一种动物中时，它在性成熟阶段寄生的宿主被称为终宿主，它在幼虫阶段寄生的宿主被称为中间宿主。对血吸虫而言，人类和其他哺乳动物是终宿主，而某些蜗牛是中间宿主。

牛羊肝吸虫的生活史与血吸虫类似，它们栖息在绵羊和牛的肝脏胆汁通道中，能造成严重且致命的损害，给家畜养殖者带来了重大的经济损失。它还会感染各种野生食草动物，偶尔会感染人类。这种血吸虫的尾蚴从蜗牛体内排出后，黏附在草或其他植被上，被终宿主吃掉，就像除了血吸虫的大多数吸虫一样。

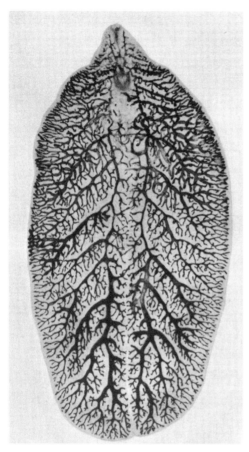

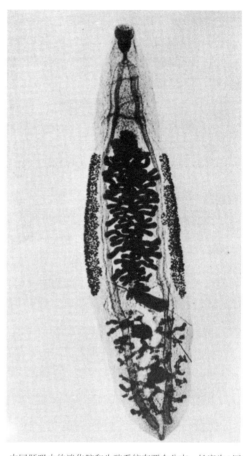

将牛羊肝吸虫染色，可见高度分枝的消化腔，长度为2厘米（染色标本）

中国肝吸虫的消化腔和生殖系统有两个分支，长度为1厘米（染色标本）

中国肝吸虫（华支睾吸虫）寄生在人体内，它们的生活史包含两种中间宿主，这种寄生虫生活在中国、韩国、日本和东南亚部分地区。成虫身长1~2厘米，有两个吸盘，一个在前端，一个在前端吸盘的不远处。这种吸虫是雌雄同体的，受精卵从宿主的肝脏进入肠道，最终随粪便排出体外。如果粪便进入淡水（这种现象很常见），卵子将不会孵化成自由游动的毛蚴，而是沉底并被蜗牛吃掉。在蜗牛的消化管里，卵孵化成毛蚴，并穿过消化管壁进入蜗牛的

肝吸虫的卵。通常通过检查患者的粪便和尿液中是否包含肝吸虫的卵，可以帮助确诊

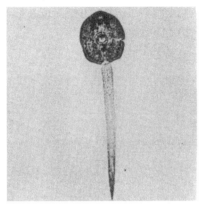

某种不明吸虫的尾蚴，腹侧吸盘和尾巴清晰可见（染色标本）

中国肝吸虫的生活史（E.C.福斯特）

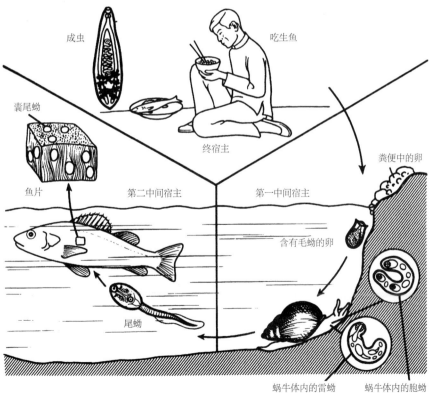

成虫

吃生鱼

囊尾蚴

终宿主

鱼片

第二中间宿主

第一中间宿主

粪便中的卵

含有毛蚴的卵

尾蚴

蜗牛体内的雷蚴　　蜗牛体内的胞蚴

组织。在那里毛蚴变成胞蚴，并产生可进行无性生殖的雷蚴。雷蚴比胞蚴更活跃，以宿主的组织为食。每个雷蚴可产生多个尾蚴，它们离开蜗牛体内并四处游动。囊尾蚴不像牛羊肝吸虫那样黏附在草上，而是进入第二中间宿主——鱼体内。它们在鱼的皮肤上打洞，丢弃尾部，并分泌一层保护性囊。鱼也会在寄生虫的囊外再生成一层囊。两者一直保持这样的状态，直到终宿主（比如人或者其他哺乳动物）把鱼吃掉。在人的胃里，鱼肉被消化，露出囊。囊在肠道内被削弱，幼虫出现。它们沿着胆管向上进入肝脏的胆汁通道，通过吸盘附着在上，并以血液为食。这些吸虫可能在人体内生存多年，导致宿主严重贫血，胆汁通道阻塞，并诱发多种肝胆疾病，比如肝癌。

　　控制中国肝吸虫的传播应该是一件相对简单的事情，因为只需要把淡水鱼类煮熟，消灭囊尾蚴即可。然而，不管富贵贫穷，许多人都喜欢吃生鱼，这是一种乐在其中的习惯。

　　从寄生虫的角度看，不费力气就找到宿主，并依靠宿主转移，这可能是一个优势。寄生虫通常没有主动移动的能力，而需要通过宿主的活动转移至新的宿主身上。（人类通过性行为传播寄生虫确证了这种方式。）对吸虫和其他寄生虫来说，它们主要通过宿主的饮食实现被动转移。因为人类通常不吃草，所以牛羊肝吸虫在人类身上比较罕见，尽管有时人们会因为食用黏附在西洋菜上的尾蚴而感染牛羊肝吸虫病。然而，一些地区的人们之所以会感染中国肝吸虫，主要是因为他们喜欢生吃含有囊尾蚴的淡水鱼。

　　寄生虫进入一个或者一系列合适的宿主体内后，接下来面临的问题就是繁衍后代并让后代离开宿主体内。其中最简单的方法是随宿主的粪便一同排出，就像它们进入宿主体内的最直接方式是通过口一样。但是，一旦寄生虫的后代来到外部世界后，要完成生活史和繁衍后代就变得很困难了。而在短时间内，毛蚴被合适的蜗牛宿主发现或吃掉（不被其他动物吃掉）的可能性更大。当一只毛蚴设法进入蜗牛体内后，它也可以通过无性生殖的方式在中间宿主体内繁殖，通过随机传播卵来弥补潜在个体的巨大损失。由这种无性生殖方式产生的大量尾蚴的生存概率也很低，只有少数能够到达新的终宿主体内。若无法顺利找到配偶，寄生虫的繁殖概率将会更低，雌雄同体的吸虫可以选择与它们遇到的任何其他个体（不仅仅是异性）交配，甚至可以通过自体受精，最终让命运的天平偏向有利于它们的一边。

　　面对巨大的损失，寄生虫只有产生大量幼虫，才有望在个体或物种层面上延续其血统。因此，大多数寄生虫的生存目的似乎就是为了生殖，生殖器官占据了它们身体的大部分，这并不奇怪。而一旦它们在宿主体内安营扎寨，就几乎没有其他事可做。为了抵挡外界的危害，也为了减轻觅食的责任，它们只需要保护自己免受宿主的免疫防御即可。之后，它们就可以自由地将大部分精力用于繁殖了。

寄生往往会导致宿主的身体变弱或者患病，但寄生的影响使得人们对寄生虫这群动物的特征几乎一无所知。它们为了适应寄生的特殊环境而发生了变化，失去了其他自由生活的同类具备的结构特征，但也获得了新的结构特征。对于吸虫，我们看到它们的表皮失去了纤毛而长出了吸盘。绦虫也进一步拓宽了人们对扁虫的结构的定义。

绦虫

绦虫大多是长而扁的带状动物，成虫在脊椎动物的肠道内生活，很少有脊椎动物体内没有绦虫。绦虫幼虫在无脊椎动物和脊椎动物体内都可以生活。

人类体内最常见的大型绦虫是牛带绦虫。它通过小疙瘩状的头节上的4个吸盘附着在肠壁上。它的头节后面是一个短颈节（生长区域），一系列身体节片从这个部位不断产生。最靠近颈区的节片是最新长出的，距离颈区越远，节片就越成熟。因此虫体沿纵向逐渐变宽，对应的节片处于发育的不同阶段。

绦虫的身体被类似于单殖吸虫和吸虫上皮的合胞上皮覆盖。吸虫主动摄食宿主的组织，并自行消化。但绦虫没有口部，也没有消化系统。它们生活在宿主的肠道里，获得现成的已被消化的食物。在那里，绦虫只是一味地吸取营养，称得上是以最懒惰的方式生活。但是，它们的被动性具有误导作用，因为它们体表上的活动从来没有停止过，永远忙着主动吸收食物，以及抵抗宿主的消化酶和免疫防御的攻击。

在上皮下方是纵肌和环肌，蠕虫通过这些肌肉缓慢地不断向前爬行，抵抗物质的不断流动。这种行为与长有吸盘的头节和防滑表面一起，有助于维持绦虫在肠道中的位置。绦虫的神经系统就像涡虫和吸虫一样，但还不够发达。头节处的神经组织较为密集，两条纵向神经索从这里向后贯穿身体，两条神经索交叉连接。神经索之间有两根纵向排泄管，通过靠近每个体节后边缘的横向管相互连接。液体经由分支小管流入这些管道，最终到达焰茎球。

嵌入间充质的生殖系统在成熟体节中发育良好，以至于绦虫有时被认为完全是由一系列生殖器官组成的，它们会随时在各个体节中发育。

雄性生殖系统率先开始发育。它包含许多小精巢，散布在间充质中，并经由许多细管

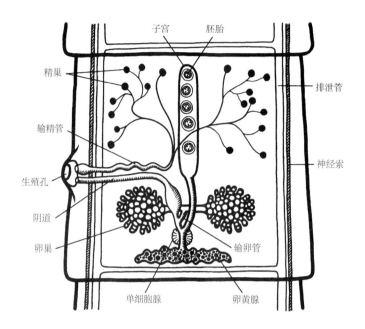

一节牛带绦虫的一个体节

精巢

输精管

生殖孔

阴道

卵巢

子宫　胚胎

排泄管

神经索

单细胞腺　卵黄腺

输卵管

1. 绦虫（来自一条狗的豆状绦虫）的头节，图中可见吸盘和钩子。头节后面是刚长出来的体节，头节的直径为1毫米

2. 一个未成熟的体节，其雄性生殖器官发育良好，雌性生殖器官刚刚出现

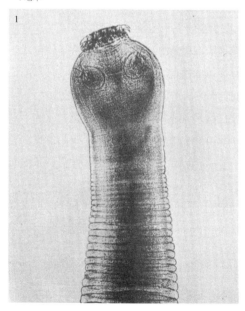

与一个大而复杂的输精管相连，输精管末端变为肌肉器官，用于移送精子。输精管通向生殖腔，后者通过生殖孔与外部连接。阴道与输精管平行且延伸到生殖腔，它是负责接收精子的雌性导管。当两只或多只绦虫存在于同一个宿主体内时，不同绦虫的体节之间可发生异体受精，同一个蠕虫的同一体节还可以自体受精，把一个体节中的精子移送到更成熟的体节内完成受精。绦虫将其身体的一部分折叠时，就可能发生自体受精。精子穿过阴道进入子宫。随着每个体节的成熟，雄性系统退化，雌性系统发育成熟。卵巢中产生卵并进入输卵管，在那里完成受精。

每个受精卵都与卵黄腺产生的一个卵黄细胞相连，然后由单细胞腺分泌的薄膜覆盖。受精卵内的细胞也可以起到额外的保护作用。受精卵进入子宫，子宫最初是一个囊，但后来发育出许多侧枝。最终，除子宫外，所有的雌性器官都会退化，子宫因胚胎发育而膨胀。在这个阶

3. 一个成熟的体节，图中可见两组生殖器官均发育良好

4. 成熟的体节包含充满胚胎且有分支的巨大子宫，宽度为5毫米

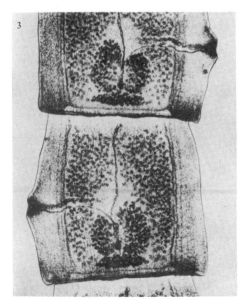

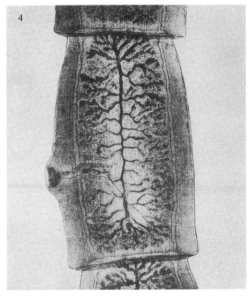

段，每个体节内包含数千个幼胚，它们离开蠕虫并与宿主的粪便一起被排出体外，或者靠自己的力量主动爬到宿主体外。

寄生虫在宿主之间的转移完全是被动的，取决于中间宿主（牛带绦虫的宿主通常为奶牛，虽然大多数肉牛是雄性的）和终寄主的饮食习惯。奶牛会吃人类的粪便或食用被粪便污染的植物。卵的包囊在牛的肠道中被消化掉，释放出六钩幼虫。幼虫在肠壁上钻孔，进入血管，并随血流

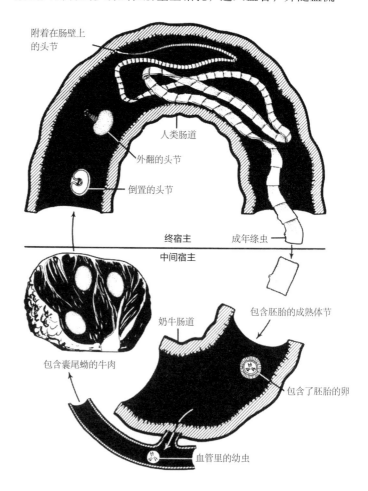

附着在肠壁上的头节

人类肠道

外翻的头节

倒置的头节

终宿主

成年绦虫

中间宿主

包含胚胎的成熟体节

奶牛肠道

包含囊尾蚴的牛肉

包含了胚胎的卵

血管里的幼虫

牛带绦虫的生活史

进入肌肉。在肌肉中，寄生虫继续成长为囊尾蚴，成年绦虫的倒置头节就是从其内壁上长出来的。当人类吃生的或未煮熟的牛肉时，封闭的囊尾蚴因消化作用而孵化出来，它的头节通过吸盘附着在肠壁上。在宿主体内，绦虫获得了丰富的食物供应，它开始生长并产卵。牛带绦虫的长度通常可达 10 米，并且具有 1 000~2 000 个体节，每个体节在成熟时可包含约 80 000 个胚胎。

牛带绦虫的囊尾蚴最常出现在下颚和心脏的肌肉中，肉类检查员在检查牛肉时通常要检查这些部位。美国肉类检疫大大减少了这种曾经常见的寄生虫感染，但并非所有肉都经过检查，研究表明大约 1/4 受感染的牛肉未被发现。囊尾蚴长约 1 厘米，很容易被忽视。最安全的做法是，不要食用未煮熟的牛肉。在非洲、亚洲和南美洲的许多地方，卫生条件很差，大火烧烤大块牛肉未必能杀死囊尾蚴，很多人因此感染。

同理，猪肉若不彻底煮熟，人们食用后也容易感染猪带绦虫。猪带绦虫与牛带绦虫十分相似，包括生活史。但对猪带绦虫来说，囊尾蚴通常在猪身上发育。因为囊尾蚴也能在人体内发育，所以猪带绦虫特别危险。如果猪带绦虫寄生在肌肉中，并不会造成很大的伤害。然而，有时它们会在眼球中生长，干扰视力。某些惊厥发作和其他神经

猪带绦虫。A.六钩胚胎。B.带有倒置头节的囊尾蚴。C.可见钩子和吸盘的外翻成虫头节（参照多种文献资源）

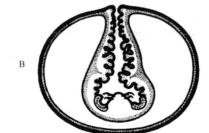
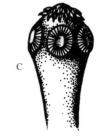

障碍疾病就是由大脑中的猪带绦虫囊尾蚴引起的，必要时需要通过手术清除囊尾蚴。

　　若一个人非常瘦，就会有人说他体内肯定有绦虫。的确，长了寄生虫的人通常形销骨立，部分原因在于他们食欲不振。绦虫的分泌物有毒，会引发头晕、恶心和其他症状。此外，如果绦虫自身不断折叠，就有可能堵塞肠道，造成不适。绦虫可能寄生在一个人体内长达数年甚至终生，而不会产生任何症状。粪便中带有胚胎的白色绦虫体节可帮助人们发现绦虫的存在。摆脱寄生虫的唯一方法就是口服能杀死绦虫或者让绦虫从肠壁上脱落的药物，从而让整条绦虫随粪便被排出体外。

　　许多绦虫具有不止一个中间宿主。鱼肉绦虫（阔节裂头绦虫或阔节双槽头绦虫）是一种大型绦虫，它的生活史要求卵被排放到淡水中，自由游动的幼体被桡足类动物（小型甲壳动物）吃掉，而桡足类动物又被鱼类吃掉。当人们食用生鱼（未煮熟或未充分烹制的淡水鱼）时，就会感染这

一名34岁女性大脑中的囊尾蚴，她是芝加哥地区的一位居民，曾因惊厥发作入院治疗。在她去世前三天，惊厥发作更加频繁，每半小时一次。她的大脑（纵切面）中包含100~150个囊尾蚴（芝加哥大学病理学博物馆标本）

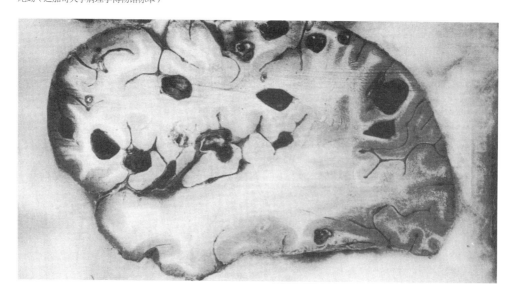

种寄生虫。

　　鱼肉绦虫存在于世界上的许多地方，在欧洲斯堪的纳维亚和波罗的海地区已有数百年的历史。在一些地方，几乎所有人都被这种寄生虫感染。鱼肉绦虫由欧洲人带到北美洲，先在五大湖地区立足，然后通过鱼的运输传播到美国的其他地方和加拿大。大多数人感染后，症状都比较轻微，与感染其他绦虫的症状相似。但是，还有一些人感染后引发了巨幼细胞贫血，这是一种由于缺乏维生素B_{12}引起的严重疾病，维生素B_{12}对于正常消化、营养物质吸收和产生红细胞至关重要。由于寄生虫摄取了大量的维生素B_{12}，致使人类宿主，尤其是那些维生素吸收能力低下的人，几乎摄取不到维生素B_{12}。

　　有时候，人类是绦虫的中间宿主，这些绦虫的成虫阶段是在其他哺乳动物体内完成的。细粒棘球绦虫是一种微小的绦虫（只有3~4个体节），其成虫寄生在狗的肠道中，只有幼虫寄生在人类体内。人类感染这种绦虫，大多是因为饮用了受污染的水或者被狗舔了脸和手。因为狗会用舌头清洁肛门区域，所以被感染的狗舌头可能携带了绦虫卵。卵发育成空心囊，从空心囊的内壁长出较小的囊尾蚴，每个囊尾蚴又产生许多头节。整个结构被称为棘球蚴囊，它可能会长到橙子甚至西瓜的大小。当棘球蚴囊在大脑中发育时，后果将会非常严重。从寄生虫的角度看，生长在人体内的棘球蚴囊是不幸的，因为人类很少被狗吃掉，所以棘球蚴囊是无法到达终宿主的。这种寄生虫最常见的中间宿主是绵羊和牛，它们在世界上的很多畜牧业区域都很常见，包括美国的部分地区。

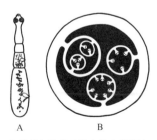

人类是细粒棘球绦虫的中间宿主。
A. 成虫，长3~6毫米，生活在狗体内。B. 来自人类肝脏的棘球蚴囊（根据洛伊卡特的研究改制）

　　没人见过自由生活的动物演化成寄生虫的情况。寄生有时可能是从无害的偏利共生演化而来，有时可能是从其

细粒棘球绦虫的棘球蚴囊藏在意外吞食成虫体节或卵的人的肝脏里，切开这个人的肝脏可以看到细粒棘球绦虫的棘球蚴囊。成年寄生虫生活在狗的肠道中，这些棘球蚴囊宽约2~5厘米（芝加哥大学病理学博物馆标本）

他途径发展而来。体外寄生虫与其自由生活的亲戚相比，除了用于固定位置的钩子或吸盘外，身体构造几乎没有发生其他变化。体内寄生虫通常对其特定环境表现出结构适应性，它们的感觉和肌肉系统可能不太发达，因为它们无须自由活动。许多寄生虫丧失了自由游泳的幼虫阶段，而完全依赖于从一个宿主到另一个宿主的被动转移。一些肠道寄生虫的消化器官退化，其他寄生虫则完全丧失了消化器官。然而，寄生虫的生殖系统高度发达，它们的大部分能量都用来从事一项主要活动：产很多卵，以抵消从一个宿主到另一个宿主的危险转移造成的损失。还有一个办法就是在中间宿主体内进行无性生殖，以增加幼体数量，从

而增加寄生虫到达终宿主的概率。

许多寄生虫的幼虫阶段是在肌肉、大脑等组织中度过的，但产卵的成虫必须寄生在直接与外界相通的腔室内部或者附近。消化管及其相关器官（比如肺和肝）最常被占据，因为它们是寄生虫进入和离开宿主的最容易且最受欢迎的路径，尤其是对于那些依赖于被动转移的寄生虫来说。

寄生虫与宿主的关系不仅需要寄生虫的显著适应性，通常也需要宿主的调整。宿主可以分泌囊包裹嵌入肌肉的幼虫，这有助于将寄生虫的活动限制在囊内，宿主也可以对成虫分泌的毒素产生抵抗力。

寄生虫与宿主的关系通常是特定的。虽然寄生虫可以生活在关系密切的各种宿主体内，但大量寄生虫只能在某一个物种体内发育。有些寄生虫也可以在除正常宿主之外的物种体内生长。但是，当寄生虫在新物种的宿主体内寄生时，如果两者缺乏互利的调整，那么宿主和寄生虫都可能遭到损害。

大多数人往往将寄生看作一种异常的生活方式，认为寄生虫在某种程度上是不道德的，至少不如那些与之有亲缘关系的自由生存的动物值得尊重。但由于寄生虫的数量多于自由生活的个体，寄生虫的存在必须被视为一种正常的生活方式。与贪婪、野蛮地残杀其他物种的动物相比，谁能说这些只给宿主带来最小伤害的寄生虫活得不够高尚呢？

第12章 吻 虫

　　吻虫常见于海岸的石头下和海藻中。有些吻虫漂浮在开阔的海洋中，有些生活在淡水或潮湿的土壤中。它们细长而扁平的身体长度从几毫米到几米不等，通常呈现鲜艳的红色、橙色或绿色，还带有鲜明的条纹图案。它们独有的特征是吻，这种长肌肉管可以伸出去抓住猎物。吻虫所在的门叫作纽形动物门，该名字取自传奇的希腊海洋女神涅墨耳提斯（Nemertes），据说这位女神从来不失手。

　　像涡虫一样，纽形动物也呈两侧对称。它们的前端没有明显的头部，但通常有许多简单的眼和特化的感觉细胞。纽形动物不会形成庞大的群体，行走在海岸上的人往往不会留意到它们。它们既没有特别的经济价值，也没有重要的医学用途。我们之所以介绍这类动物，是因为它们是具有大部分复杂动物（个别动物除外）都有的两大身体构造的最简单动物，扁虫则不具备。

　　第一，纽形动物的消化系统有两个独立的开口，而不是一个。口部靠近前端，长而直的消化管大部分都是肠道，肠道通常长有侧枝。肠道在整个身体中延伸，并终止于身体后端的开口——肛门。口部专门用于摄入食物，肛门用于排出未消化的物质。这种单向传输模式与刺胞动物和扁虫的消化循环腔中拥堵的模式相比具有一定的优势，因为刺胞动物和扁虫的消化循环腔混合了新摄取的食物、部分消化的食物和难以消化的残留物。在像纽虫和几乎所有比扁虫更复杂的其他动物体内，都存在单向消化系统，食物

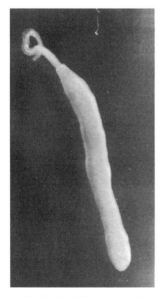

淡水纽形动物（小体纽虫）是纽形动物门中的特例，这一门大多数为海生动物。图中可见它的长吻，有一部分外翻。摄于宾夕法尼亚（R.布克斯鲍姆）

岩岸纽虫常见于美国加利福尼亚和俄勒冈海岸，长度可达到1~3米。其明亮的橙红色非常显眼，其他纽虫身上的条纹图案亦如此。这些蠕虫中有许多都含有令人讨厌或有毒的物质，加上其令人难忘的颜色或图案，可能会起到震慑捕食者的作用（R. 布克斯鲍姆）

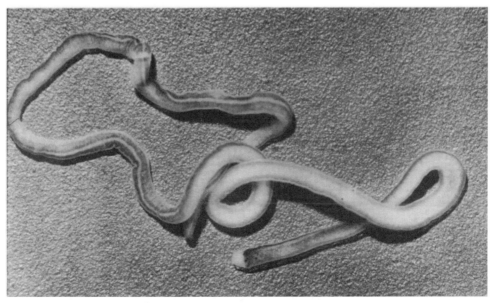

沙滩纽虫，摄于佛罗里达州（R. 布克斯鲍姆）

纽形动物的前端示意图展现了收缩和
伸展的吻。吻虫的吻通常和它的身长
相当，甚至更长，位于消化管上方的
肌鞘内。当遇到潜在的猎物时，吻
迅速伸展开来包裹住猎物，猎物就被
黏稠的黏液缠住。在某些纽形动物体
内，吻有一个或多个尖锐的口锥。口
锥刺穿猎物的身体，猎物被注入其伤
口的有毒分泌物麻痹。当一根口锥丧
失时，它会被相邻的口锥取代。发育
时，吻和消化管形成完全独立的系
统，有些纽形动物终生保留着独立的
吻和口部；另外一些则如图所示，成
虫只有一个前端开口（W. R. 科）

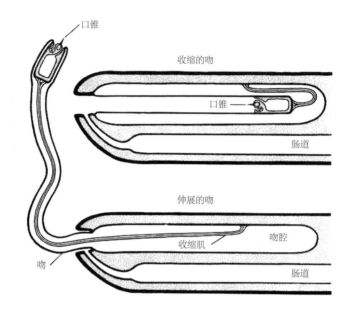

沿着连续的消化管传送，该消化管分化为不同的功能区域，
并依次发挥作用。

纽形动物体内的第二个重要的创新性结构是一个全新
的系统——循环系统，承担着消化循环腔的大部分血管的

蠕虫吃掉蠕虫的场景。一只纽虫（拟
纽虫）捉到了一只节虫。纽虫长长的
白色吻包裹住猎物，节肢虫很快就被
吞掉了（S. A. 斯特里克）

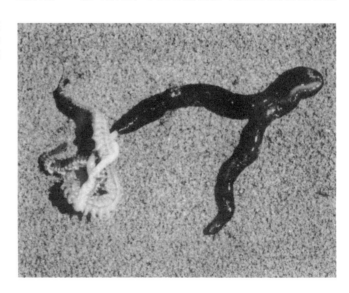

口　　肠道　　肛门

纽形动物的消化系统

功能。循环系统将食物、氧气和其他物质分配给组织，并带走代谢废物。纽形动物的循环系统通常由三根主要的血管组成，这三根肌肉管分别位于间充质中的肠道两侧和肠道上部。它们通过横向血管和血管窦相互连接。它们的血液通常是无色的，并含有细胞；而有些物种的血液中因为含有血红蛋白而呈现出像人类血液那样的红色。血红蛋白存在于大多数脊椎动物、许多无脊椎动物（包括一些没有循环系统的扁虫），以及少量原生动物和植物中。血红蛋白易于和氧气结合，使血液和其他组织中含有的氧气更多。纽形动物的循环系统在某些方面比较原始，它们没有特定的泵器官或心脏来促进血液的循环。较大的血管可以收缩，但血液的流动方向不一致，主要取决于沿着体壁传递的肌肉波的压力。此外，纽形动物的血管分支也不够精细，物质必须通过缓慢的扩散过程移动更长的距离才能在细胞间传送。

　　除了上述两个新特征之外，纽形动物的一般身体结构与涡虫非常相似，所有器官系统都相同。纽形动物被包含很多腺细胞的纤毛上皮完全覆盖。上皮之下是厚厚的肌肉层（有纵肌和环肌），凭借肌肉的高度收缩力，它们能够展开各种类型的灵活运动。有些肌肉细胞与消化管相连，但食物主要通过体壁的肌肉收缩运动从前向后传递。如前所述，肌肉波也有助于血液的流动。在肠和体壁之间有一层

纽形动物的循环系统，仅显示出三根主要的血管

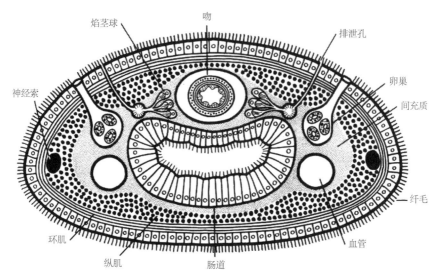

焰茎球　　　吻　　　排泄孔

神经索

卵巢

间充质

纤毛

血管

环肌

纵肌　　　肠道

纽形动物的一般身体结构的横切面
（W. R. 科）

间充质细胞，前文讲述的循环系统就嵌在这些细胞中。此外，排泄系统也在其中，其分支管道的末端与焰茎球连接，这与扁虫类似。间充质和血液中的废物进入排泄系统，经体表的排泄孔排出体外。纽形动物的神经系统也与扁虫类似，只不过前者的脑更大，并在吻周围形成环状，虫体两侧各有一条纵向神经索。

纽形动物的卵子和精子通常分别来自雌性或雄性个体，产生于肠道分支之间的间充质中。每个性腺通过其表面的小孔直接与外界相通。纽虫没有像扁虫那样复杂的性器官，配子只是简单地脱落到外面。许多纽形动物的受精卵直接发育成小蠕虫，但一些海洋纽形动物有状如头盔的纤毛幼体，被称为帽状幼体。这种幼体有一个腹侧口部，但没有肛门，在口部的对面是一个感觉器官，顶部有一簇长鞭毛。在相当复杂的变态过程中，帽状幼体在原始的幼虫皮肤下形成了一层全新的外皮，原来的皮肤会脱落并常被幼体吃掉。这种发育方式与毛虫变成蝴蝶的方式类似，但它为何存在于纽形动物这个简单的门类中，至今仍是一个谜。

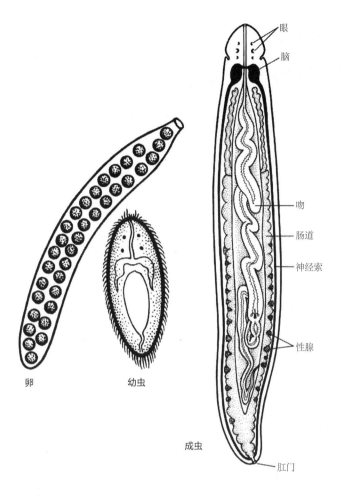

淡水纽形动物有三对简单的眼和一个比身体更长的吻。纽形动物门是少数几种雌雄同体的门之一。卵在黏液鞘中受精，然后直接发育成蠕虫状的幼虫（W. R. 科）

眼

脑

吻

肠道

神经索

性腺

肛门

卵

幼虫

成虫

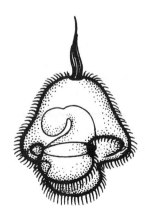

帽状幼体（C. 威尔逊）

生活在北美西海岸的身体壮实的纽形动物——双斑两用孔纽虫，体长约为15厘米。当受到干扰时，它可能会通过身体的起伏游动（R. 布克斯鲍姆）

第13章　蛔　虫

　　大多数人在某个时期体内都可能有寄生性蛔虫，它们为圆柱形。人体中可能有很多种寄生性蛔虫，但不同的蛔虫很少能在人体内共同存在。有一些蛔虫是无害的，我们甚至感知不到它们的存在，而有些蛔虫会引发轻微或非常严重的疾病。除了这些与人类有直接利害关系的蛔虫外，还有一些物种寄生在家畜和农作物上，给人们造成巨大的经济损失，也有大量蛔虫可以自由生活。在潮湿的土壤以及海洋和淡水的底部沉积物中，自由生活的蛔虫以细菌和其他小型生物为食。这些自由生活的寄生性蛔虫中，也有一些是对人类有益的，比如有些可以帮助土壤养分再循环，有些可以摧毁各种农业害虫。有一种自由生活在土壤中的蛔虫——秀丽隐杆线虫已成为成熟的实验动物，对它的遗传和发育的生物学研究比其他生物都更为详尽，有望为所有生物（包括人类）的诸多未解的生物学问题提供答案。

　　许多蛔虫形似一束会动的缝纫线。我们用希腊语中的"线"（nema）命名了蛔虫所在的群体——线虫动物门。这一门动物数目庞大且较为常见，到目前为止，我们已经发现了其中15 000多个物种，实际数量可能接近50万。线虫数目众多，在一平方米的花园土壤里可达数百万只。当我们看到一只生病的狗时，我们首先会猜测这可能是它体内的蛔虫过多所致。即使在环境治理良好的城市里，饮用水中也会出现蛔虫。

海洋线虫的表面长有环和刚毛，能帮助它抓住底部沉积物来移动。摄于西印度群岛比米尼岛（R. 布克斯鲍姆）

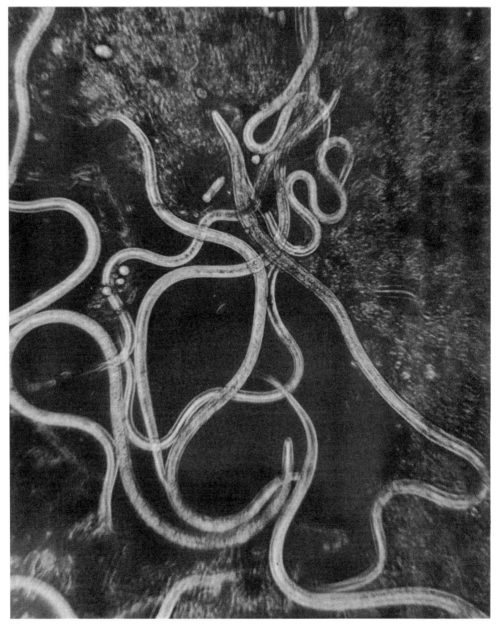

醋线虫是线虫的一种。从一罐醋的底部沉积物中可以轻松地采集到醋线虫。和它们一起生活的还有将发酵的苹果汁、葡萄酒或其他酒精液体变成醋的细菌，这些细菌可以将酒精转化为乙酸。这些蠕虫是无害的，但它们会摄食乙酸细菌。现在的醋大都经过蒸馏、过滤或巴氏消毒，从中可能很难找到醋线虫。醋线虫体长约为2毫米（R. 布克斯鲍姆）

一方面，一些蛔虫占据着非常有限的生态位。另一方面，许多线虫物种分布在世界各地，其中一些有时占据着非常广泛的栖息地。它们可能生活在其他动物生活的任何地方，就连像温泉或冰川这样不太可能成为栖息地的地方也有线虫的身影。如果用放大镜检查从海洋、湖泊、池塘或溪流采集的水样，我们都会发现其中生活着微小的无色蠕虫，它们以蛔虫特有的方式活动。这个动物群体的广泛分布促使一个研究线虫的高才生这样写道：

> 如果将宇宙中除了线虫以外的所有物质都清除掉，我们的世界依然可辨，只是变得模糊了一些。面对这样似乎空空如也的世界，如果我们仔细观察，依然能找到山脉、丘陵、山谷、河流、湖泊和海洋的痕迹，它们都被层层线虫覆盖着。我们可以辨识出城镇的位置，因为对于每一个人类群体，都会有相应的线虫群体。树木仍然会站立在街道和高速公路边上。各种植物和动物的位置也仍然可辨，如果我们掌握了丰富的知识，在许多情况下，就可以通过检查动植物体内的线虫来确定它们的种类。（N. A. 科布）

线虫动物在外观和内部结构上非常相似，因此，以下基于人蛔虫（一种常见的人体寄生虫）的描述大致适用于几乎所有蛔虫。细长的圆柱形身体在两端逐渐变细，奇怪的是，除了感觉器官中有改良的非运动纤毛外，蛔虫的体外和体内完全没有纤毛。线虫动物的身体上覆盖着厚且坚韧的角质层，其在生活史中要蜕皮4次。然而，蜕皮对它们的生长来说并不是必需的（对于昆虫的生长过程则是必需的）。在几次蜕皮期间，角质层与身体其他部分一起生长，在最后一次蜕皮到成虫阶段时也会继续生长。角质层由其下方的上皮分泌，在成虫阶段呈现为合胞体，它的许多核未被细胞膜分离。纵肌层位于上皮层之下，由合胞体的4层嵴形成4条纵向带。大型纵向细胞组成肌肉，扩张的球状细胞质向内部凸出。蛔虫没有环肌，再加上双背侧带或双腹侧带的同步运动，决定了蛔虫的身体仅能向背腹平面弯曲。在平坦的表面上，蛔虫会沿着体侧蠕动。当蛔虫在水中自由移动时，身体的鞭状移动产生了不规则运动。但当它们在土壤中或在宿主的组织或肠道内容物中时，固体颗粒为它们提供了推动表面，蛔虫可以沿着这些表面既快又敏捷地移动。

口部位于虫体前端，周围环绕着凸起和凹陷的感觉器官，与肌肉发达的咽相连，线虫动物通过咽吞下食物。肠道仅由一层细胞组成，周围没有肌肉层环绕。线虫通过摄取更多的食物和身体的常规运动，来促进食物在体内的移动。消化管通过后端附近的肛门通向体外。消化管和体壁之间的体腔充满液体，体壁肌肉的收缩和弹性角质层使体腔持续承受一定的压力。在这种持续的压力下，必须通过肌肉发达的咽部肌肉将食物泵入肠道，并通

神经索

纵肌

角质层

体腔

合胞上皮

肠道

排泄管

卵巢

侧表皮嵴

子宫

雌性蛔虫的横切面

神经索

过强大的括约肌或阀防止食物从后部流出。当肛门打开时，来自大型蛔虫的肠道内容物会喷射出去，射程可达半米远。

体腔内的液体有助于养分和氧气的分配。线虫动物没有专门的呼吸或循环系统。排泄系统的主要功能是调节体腔内的液体，该系统延伸到侧表皮嵴中，并在前端附近由结合成一个管的两根管道组成，腹侧有排泄孔。

线虫的神经系统由咽周围的神经环和相关神经节组成，侧表皮嵴中的纵向神经索向后延伸。大型腹神经索也有一系列神经节。线虫动物的特殊之处在于，神经不随肌肉伸展。相反，肌肉的反应需要延伸到中线，与背神经索和腹神经索连通（如横切面图所示）。

线虫的生殖系统位于肠道和体壁之间。与大多数线虫动物一样，蛔虫有雌雄之分，雄性个体通常小于雌性个体。

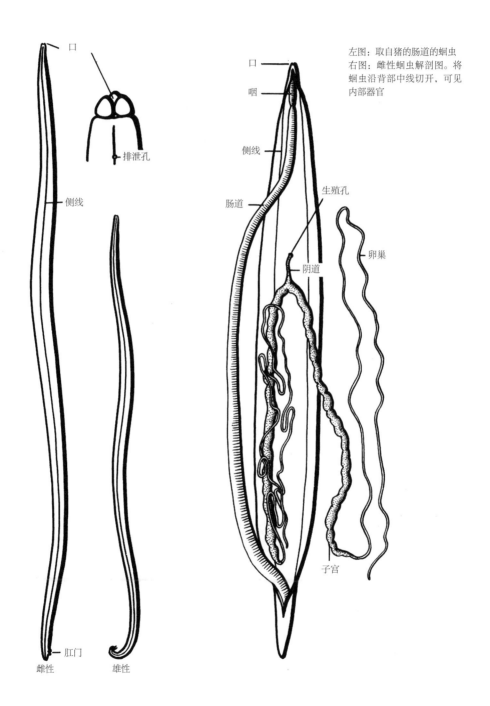

口

排泄孔

侧线

肛门

雌性　　　　雄性

左图：取自猪的肠道的蛔虫
右图：雌性蛔虫解剖图。将
蛔虫沿背部中线切开，可见
内部器官

口

咽

侧线

肠道

生殖孔

卵巢

阴道

子宫

管状生殖系统在体腔内来回盘绕。雌性的生殖器开口位于蛔虫的腹部中央。雄性的输精管与消化管连接，通过身体后端的开口与外界相通。精子借助一对角质骨针进入雌性蛔虫的阴道中。

对于所有线虫动物来说，其发育过程中细胞分裂的模式和数量都是固定的。产生的细胞数量少且固定，当幼虫孵化时，细胞基本完成分裂。大多数成长都是通过细胞增大实现的。因此，当不同的细胞形成蠕虫的各种器官时，我们是有可能追踪到单个细胞的命运的。这些研究表明，每个细胞都是一系列分裂的产物，总以相同的方式发育，在每个虫体中占据相同的位置。这种严格的发育模式与大多数其他动物的更加灵活的发育模式形成了鲜明的对比，而其他动物的细胞命运在很大程度上取决于它们在胚胎内的位置和它们周围的细胞的种类。因此，线虫动物是我们研究局部损伤或单个基因突变对一组细胞的影响时常用的一种实验动物，我们也可以借此类研究确定它们在生命史的各个阶段的身体结构和行为发育的结果。

秀丽隐杆线虫是一种在土壤中自由生活的微小生物，人们正在积极研究它的一系列发育及控制的遗传基础。秀丽隐杆线虫成熟时只有 1 毫米长，在小型实验室培养皿中，可以饲养几十万只，从受精卵到幼虫孵化只需要 12 个小时。在这段时间里，细胞的连续分裂产生了 671 个细胞，其中 113 个被设定为死亡，留下 558 个待孵化。当幼虫成熟时，它将拥有 959 个细胞（不算生殖系统中的卵子或精子）。这个数字足以用于研究复杂器官系统的发育，也能用于追踪每个细胞的分裂情况。对已知遗传性线虫的正常和异常发育的详细研究，可能最终有助于我们了解遗传如何控制包括人类在内的所有生物的发育。

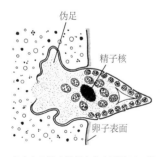

伪足

精子核

卵子表面

寄生在人体内的蛔虫的变形精子。线虫动物没有活动的纤毛或鞭毛，它们的精子靠伪足在雌性生殖管内移动。这个精子正准备与一个大型卵子融合，图中只能看到卵子的一小部分（W. E. 富尔）

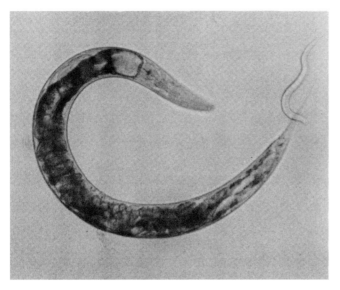

秀丽隐杆线虫的成虫和幼虫阶段,摄于显微镜下的琼脂平板表面。可以在实验室中大量培育这些微小的线虫,它们在琼脂平板上生长并以细菌为食,可供研究人员研究其结构和发育的遗传控制机制(R. 埃德加和M. 穆施提供标本,照片由R. 布克斯鲍姆拍摄)

直到近几十年,人们才开始意识到植物寄生性线虫的重要性。它们的虫体往往比常见于花园和农场的蜗牛和鼻涕虫等要小,破坏力看似也不大,所以人们很长时间以来都忽略了它们。直到人们测试了针对线虫的首批有效农药,它们的巨大影响才被发现。众所周知,许多基础性的农业活动(比如轮作、种植、有机质添加、土壤水分和酸性的控制)之所以有效,部分是因为它们减少了有害线虫的数量。然而,近来的数据表明,线虫导致美国的农作物产量减少了约10%。线虫的存在使得人们一年内在数十万英亩的农田里使用了超过5 000万千克的农药,线虫造成的经济损失每年高达数十亿美元。

然而,线虫有时也会通过寄生在害虫体内而对农业有益;研究人员、种植者和企业正在合作测试和推进将线虫用于生物控制。例如,利用一种线虫去攻击树蜂的幼虫和成虫,从而减轻树蜂对松树的破坏。树蜂的卵遭到破坏后,成虫还活着,于是树蜂会将线虫从一棵树传播到另一棵树上。某种线虫会寄生在昆虫宿主的体腔内,并引入某种细

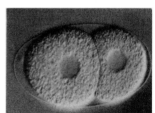

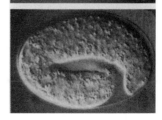

线虫动物的不同发育阶段
上图:两细胞阶段;
中图:28个细胞阶段;
下图:胚胎已具备了线虫的形态
(E. 席伦贝格)

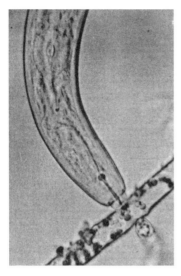

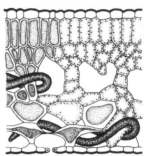

植物寄生性线虫会造成无法估量的伤害。它们吸食植物细胞内容物，导致叶子枯萎，植物发育迟缓，有时还会促进虫瘿的生长。图中的毁芽滑刃线虫在大丽花叶的组织空间中蠕动，它们已经损伤了左边的细胞（H. 韦伯）

所有植物寄生性线虫都使用空心口锥刺穿细胞壁，并以植物的汁液和细胞内容物为食。图中的毁芽滑刃线虫（直径约25微米）刺穿了真菌丝。各种线虫以真菌、藻类、苔藓、蕨类和开花植物为食。一些线虫从外部攻击植物，其他线虫则会侵入植物组织（C. C. 唐卡斯特）

孢囊线虫是许多植物的主要寄生虫。幼虫穿透植物的根部，摄食和生长。图中所示的是成年雌性孢囊线虫，里面满是发育中的卵子。雌性线虫死后，孢囊落入土壤，胚胎可以存活10年或更久。当受到寄主植物根部释放的物质刺激时，孢囊开始孵化。三叶草孢囊线虫的孢囊长0.8毫米左右（C. C. 唐卡斯特）

索科线虫的幼虫寄生在昆虫（主要是蝗虫）体内。它依靠宿主提供的养分，在宿主体内生长并储存食物。最终从濒死的宿主体内爬出，成为自由生活的成虫，繁殖但不摄食。大多数幼虫都会寄生在昆虫体内，但很多线虫的幼虫也会寄生在其他无脊椎动物（比如甲壳动物、蜘蛛或蜗牛）体内获取养分，成虫则在土壤或水中自由生活（J. R. 克里斯蒂）

菌。当细菌感染并杀死这些昆虫后，线虫将以细菌以及残破的昆虫组织为食。事实证明，这些线虫有望成为对抗许多主要的毛虫和甲虫害虫的生物控制手段。人们还在研究如何利用另外一些线虫去对抗传播血吸虫的蜗牛（见第11章）。

人蛔虫是寄生性线虫中最大的一种，它们栖息在人的肠道中。雌性成虫长达40厘米；雄性成虫较小，一般不会超过30厘米长，其后端是弯曲的，可据此与雌性区分开。用显微镜观察，可以很容易地凭借疣壳识别出椭圆形的卵。一条雌性蛔虫每天可以产下20万颗卵，卵随粪便从人体排出，并在壳内发育成幼虫，如果卵被人吞入体内，就会在小肠中孵化。蛔虫卵数目众多，似乎人人都会被感染，

人蛔虫

蛔虫卵的最大直径为50~80微米，棕黄色，厚厚的壳层上有隆起。这颗卵中有一只正在发育的幼虫，可以抵御许多不利的环境条件。图中所示为感染阶段

但发育中的蛔虫也面临着许多环境危险。人们保持良好的卫生习惯，就是对它们的最大威胁。在孵化时，幼虫不会一直待在肠道中，而是要在全身溜达一圈儿。它们穿过肠道进入血液或淋巴管，然后被带到各种器官中去。在肺部，它们被毛细血管过滤，穿过肺组织进入支气管。它们上升到喉咙，然后被吞咽回到胃部，最后再次到达肠道。在肠道中，蛔虫以宿主已部分消化的食物为食，迅速长至成虫大小。它们通过抵抗宿主分泌的酶防止自己被宿主消化掉，但蛔虫在9~12个月内会死亡，最终被宿主消化或排出体外。

蛔虫对宿主的最大伤害是在幼虫迁徙期间产生的。它们神秘的行迹可能反映了其祖先需要中间宿主的生活史。肠道内的成虫似乎相对无害，除非数量众多。研究人员曾在一个宿主体内发现了多达5 000只蛔虫，但在一个小孩体内，哪怕100只蛔虫也可能完全阻塞肠道，致人死亡。尤其在小孩服用了抗虫药物后，受到刺激的蛔虫可能会进

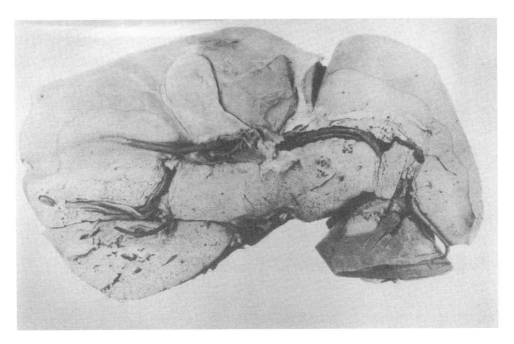

蛔虫待在肠腔内，会更容易存活，宿主受到的危害也较小。而到处游荡的蛔虫因为会迁移到各种身体组织中，所以非常致命。图示为人类肝脏切片，蛔虫已通过胆管进入肝脏（美国陆军医学博物馆）

入肝脏、阑尾、胃甚至食管内，之后从鼻子爬出，让宿主惊恐不已。

在卫生习惯差的人类社区中很容易发生感染。比如，在餐馆用餐时，如果食用了没有清洗干净的蔬菜沙拉或长在被人类粪便污染的土壤中的草莓，就有可能感染蛔虫。

此外，人类也可能会感染狗蛔虫、猫蛔虫。幼虫迁徙时期是最具威胁的时期。儿童因为喜欢吃土，最容易受到感染。

小小的钩虫造成的后果比大蛔虫更严重。全世界有近1/4的人口（约9亿人）感染了这种寄生虫。社会的进步降低了钩虫在发展中国家的感染比例。其实，钩虫病比除普通感冒以外的任何疾病都更为普遍。钩虫的口腔包含钩齿或板齿，钩虫用它们抓住宿主的肠内层，以保证在吸食血液和组织液时身体被固定。卵随粪便排出并孵化成幼虫，

钩虫

在泰国曼谷的周日市场上，卖驱蛔虫药的商人展示了几十罐蛔虫，有几种大型蛔虫特别显眼。他想以此证明驱蛔虫药可有效将蛔虫从人类宿主体内驱逐出去，刺激潜在的购买者对这些人体内的不速之客采取行动（R. 布克斯鲍姆）

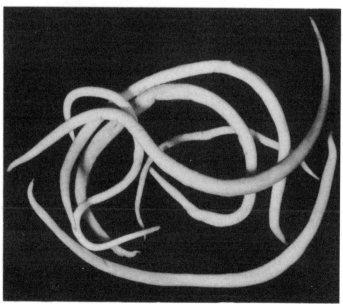

马蛔虫是在马、驴和骡子体内寄生的一种蛔虫。因为它们很常见，也容易获得，所以马蛔虫在我们理解细胞结构、受精，以及卵子和精子对遗传的贡献方面发挥了重要的历史作用。几乎每个小马驹都感染过蛔虫，因为它们在地上觅食，很容易摄入母亲粪便中的蛔虫卵。这些卵具有抵抗力，可以在牧场和围场上存活几个月或几年，人们可以通过给药和清理粪便来预防。这些肠道蛔虫的生活史与人蛔虫的生活史类似，它们在马中引起的并发症也与人类似。最严重时，一匹马可以感染1 000多条蛔虫，你可以从马体内清理出一桶蛔虫。小马通常随着年龄的增长而免疫力提升，在它们一岁时可以自发消灭体内的许多蛔虫。图中长达18厘米的蛔虫是从一匹接受了药物治疗的3岁马体内清理出来的。摄于加州圣克鲁兹（R. 布克斯鲍姆）

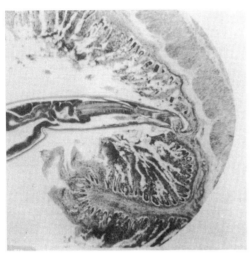
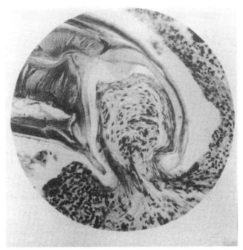

钩虫咬住肠壁的剖面图。美洲钩虫用尖锐的切嵴固定在肠壁上，以血液和组织液为食。左图：钩虫的前部和肠道。右图：同一节虫体的特写显示了钩虫的头部，它的口部有少量肠道内层。染色标本（美国陆军医学博物馆）

幼虫会在土壤中生存一段时间，摄食并生长。当长到一定的尺寸并储存好食物后，它们将停止摄食，并具备了感染人类宿主的能力。它们穿过人的皮肤侵入人体，当人赤脚走在有人类粪便的土地上时，很容易感染钩虫。钩虫进入皮肤后，与蛔虫在人体内的移动路径相同，最终到达肠道。

钩虫病主要发生在热带和亚热带地区，这些地区的湿度和温度适宜，为钩虫在土壤里的发育创造了良好的条件。有两种钩虫会感染人类，即十二指肠钩虫和美洲钩虫，后者引发了90%的病例。美洲钩虫似乎是从非洲引入的。在美国，钩虫病主要发生在东南部各州的农村地区。

钩虫病的主要症状是贫血、腹泻和无力，会导致儿童身体和心智发育迟缓，15岁的受感染者可能看起来只有10岁。使用药物进行简单治疗后可以消除大部分钩虫，但除了治疗之外，还必须防止新的钩虫进入人体。一种方法是穿好鞋子，尽量避免赤脚接触受污染的土壤；还有一种办法是对含有钩虫卵的粪便进行卫生处理。

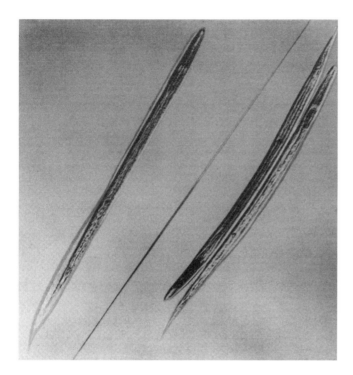

土壤中的钩虫幼虫，处于感染阶段，长度为0.5毫米（A. C. 隆内特）

　　旋毛虫是一种非常可怕的人体寄生虫，在其他哺乳动物体内也很常见。人类通常会因为食用未煮熟的猪肉而感染旋毛虫，这些猪肉中含有孢囊，人类偶尔也会因为食用熊肉或野猪肉而感染旋毛虫。旋毛虫在人类肠壁上成长直到性成熟。卵在雌虫的生殖系统内孵化出幼虫，这些幼虫可以进入肠道的血管和淋巴管，遍布全身。离开孢囊的幼虫会钻入宿主的肌肉，通常是眼、舌头、下颌、膈肌、肋骨和胸部的肌肉。幼虫在肌肉中不断长大，尺寸可增加约10倍，长到1毫米，然后卷曲的身体被封闭在钙化的壳内。它们不再发育直至死亡，但如果含有钩虫孢囊的肉被合适的宿主吃掉，情况就不一样了。猪在食用其他动物的肉时会感染旋毛虫，有时是吃了老鼠肉，但通常是吃了垃圾堆里没有煮熟的碎猪肉。在猪的体内，旋毛虫会经历与在人体内类似的生活史。

生长在猪肌肉中的旋毛虫孢囊，正处于感染阶段。如果人类或者其他宿主食用了未煮熟的猪肉，孢囊就会孵化、成熟和繁殖。幼虫会引发一种严重的疾病——旋毛虫病。孢囊本身无害，内部的蠕虫最终会死亡。孢囊长约0.5毫米。图中为染色标本（P. S. 泰斯）

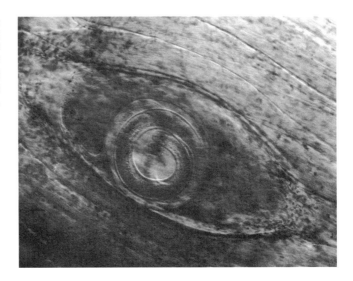

　　旋毛虫成虫不会对宿主造成伤害，几个月后就会从肠道内消失，但幼虫的迁移过程会对宿主造成严重的伤害。当有5亿条或更多旋毛虫同时穿过身体时，宿主会出现肌肉疼痛、肌肉障碍、虚弱、发烧、贫血、身体各部位肿胀等症状，偶尔还会致死，通常是因为呼吸或心脏衰竭。大部分情况下，宿主都能存活下来，幼虫变成孢囊，症状逐渐消退，但肌肉可能会遭受永久性损伤。在感染程度较轻的病例中，轻微的症状可能被误诊为肠道问题，严重的病例有时会被误诊为伤寒或者发烧。所以，这种疾病的实际发生率可能高于预期。

　　目前，美国政府并未对猪肉中是否含有旋毛虫孢囊进行检查，因为这种检查需要在显微镜下进行，而且轻度感染很容易被忽视。检查不充分比不检查更糟糕，因为前者会给消费者带来一种虚假的安全感。煮熟猪肉和猪肉香肠，在烧烤大块肉时确保肉的中心部分也得到充分加热，这些做法尤为重要。一盎司严重感染的猪肉香肠可能含有10万只孢囊蠕虫，如果其中一半是雌性，每只产生1 500条幼虫，那么宿主将面对数量庞大的寄生虫，足以致其死亡。所有市场上出售的动物肉类都含有某种寄生虫，你一定要采取妥当的烹饪方法，保护自己不被感染。

丝虫与上文描述的寄生虫不同，因为前者的生活史中除了终宿主脊椎动物，还需要节肢动物充当中间宿主。有几种丝虫病广泛存在，特别是在热带地区，估计至少有2.7亿人受到感染。最臭名昭著的一类是班氏丝虫，这种由蚊子传播的丝虫能引起象皮病。盘尾丝虫可引起河盲症，由黑蝇传播。罗阿丝虫可引起眼虫病，由鹿蝇传播。

但是，大多数美国人更容易在他们的宠物狗身上发现心丝虫。心丝虫病通过各种蚊子的叮咬在世界各地广泛传播。被感染的狗的血液中含有微丝蚴（丝虫幼虫），饥饿的

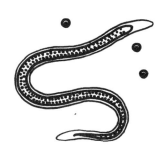

丝虫幼虫处在微丝蚴阶段。寄生在宿主血液中的微丝蚴被包裹在一个透明的鞘中，其实它是从卵的内层孵化出来的。图中显示出三个红细胞（E. C. 福斯特）

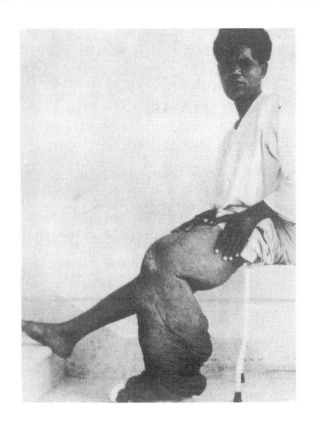

图中患者患有象皮病，这种病有时是因为感染班氏丝虫。成虫看起来像盘绕的线，它们位于感染者的淋巴腺或淋巴管中。雌性成虫的长度为8~10厘米，雄性成虫的长度约为雌性的一半。雌性的幼虫被称为微丝蚴，它们进入血管后就不再发育，直到被某种蚊子摄食。在蚊子内，幼虫继续发育并进入蚊子的口器，当蚊子叮咬另一个人时，丝虫就会被传播出去。丝虫感染的主要后果是阻塞淋巴通道，导致巨大的肿胀，并影响很多身体部位，通常是四肢，以及男性的阴囊。摄于波多黎各（奥康纳和赫尔斯）

寄生在小甲壳动物体内的几内亚龙线虫幼虫。这些线虫常见于热带地区（印度、北非、中非、中东），人们若饮用了未经过滤的水并吞下受感染的桡足动物，这些蠕虫就会进入人体内。它们渗透到许多组织中，生长和交配，最后待在宿主皮肤下的大水疱中，在这个阶段患者会出现恶心、腹泻和其他症状。疼痛性水疱可能合并严重的细菌感染，导致宿主截肢甚至死亡（马蒂尼）

蚊子吸食狗的血液后，微丝蚴进入昆虫宿主体内发育至感染阶段，并被传递给叮咬的下一条狗。微小的蠕虫通过狗的组织迁移到心脏，在那里长到成虫的大小。雄性成虫长约15厘米，雌性成虫可长达35厘米。成虫会刺激心脏内层并阻碍血液流向肺部，在血液中循环的微丝蚴会对各种器官造成损害。虽然宿主可以容忍少量心丝虫，但最好在出现症状之前定期给狗检查。等狗出现症状（咳嗽、体重减轻、虚弱、呼吸粗重）再检查，恐怕心丝虫造成的伤害已经很难弥补了。心丝虫也可能出现在家猫和野生食肉动物（如狐狸、狼和郊狼）体内。人类感染心丝虫的情况并不常见，微丝蚴很少能在人体内存活到进入心脏并发育成熟的阶段。

马尾虫

古人曾认为落在水中的马尾毛会变成马尾虫，马尾虫属于线虫动物门。不难理解，它们的名称很容易让人们对这些动物的来源产生误解，因为这些纤细的虫子看起来与马尾毛很相似，颜色和长度都比较一致，只是更粗一些，常常出现在水槽、池塘、溪流和其他淡水中，也会出现在潮湿的土壤中。此外，有必要解释一下，为什么人们前一天在一个地方还看不见马尾虫的身影，第二天却能看见大量马尾虫。这是因为其幼虫是在节肢动物（通常是昆虫）中发育的，只有当陆生宿主接近淡水时才会出现发育完全的马尾虫。观察表明，当马尾虫准备现身时，它会驱使它的昆虫宿主去寻找水源，但没人知道这种寄生虫是如何做到这一点的，也没有人知道它是如何确定宿主是否到达了适合它现身的潮湿地点的。但一旦马尾虫现身，宿主很快就会死亡。

马尾虫在结构上类似于线虫，它们的生活史也与线虫

马尾虫呈现出典型的线圈状，不免让人想起了希腊神话中的铁线结，因此这种动物也被称为铁线虫。摄于加利福尼亚州（R. 布克斯鲍姆）

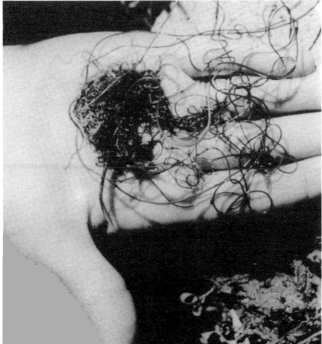

在溪流中常见的缠结的马尾虫成虫。摄于伊利诺伊州（C. J. 斯旺森）

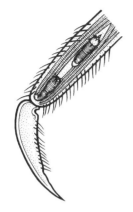

在蜉蝣幼虫附肢内的马尾虫幼体。一个吻翻转，另一个吻缩回。只有当蜉蝣被合适的宿主吃掉，孢囊才会进一步发育（G.迈斯纳）

相似，幼体寄生在昆虫体内，成虫从宿主体内排出。成年马尾虫过着自由的生活，但它们不会摄食，而完全依赖于寄生期获得的养分，这些储存的养分可以让它们存活数月。雄性成虫和雌性成虫交配，雌性成虫产下长串的卵缠绕在水生植物上。孵化的幼体如果被合适的宿主摄入，就会利用带刺的吻通过宿主的肠道进入体腔。在宿主体内，它们通过体表吸收养分成长。马尾虫的肠道是不成熟的。

棘头虫

在脊椎动物的肠道内还生活着一小群细长的蠕虫成虫，它们属于棘头动物门。这个名称的意思是头上带刺，指的

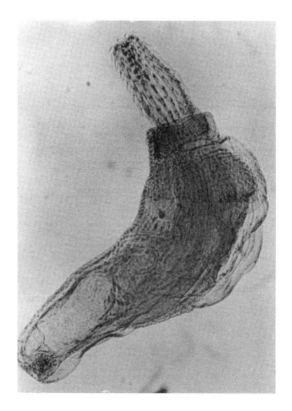

棘头虫

是它们最具特色的结构：前端可伸缩的吻带有粗壮而弯曲的钩刺。吻后面是短颈，然后是略微扁平的圆柱形躯干。蠕虫通过带刺的吻附着在宿主的肠道内层，通过合胞体的表面吸收养分，与绦虫一样。棘头虫体内没有消化管的痕迹。

雄性棘头虫和雌性成虫交配，卵在雌性体内发育。当受精卵离开母体时，里面已经含有钩状幼虫。只有被中间宿主吃掉，它们才会随宿主的粪便排出并孵化。对于寄生在水生脊椎动物体内的蠕虫，它们的中间宿主是小型甲壳动物或水生昆虫；对于寄生在陆生脊椎动物体内的棘头虫，它们的中间宿主是陆生昆虫。幼虫在中间宿主的肠道内孵化，再钻入体腔。它们能否进一步发育，取决于它们能否被合适的脊椎动物中间宿主吃掉。大鼠中常见的棘头虫和另一种生活在猪体内的棘头虫偶尔也会在人类身上发现。如果大鼠因为吃蟑螂而感染了棘头虫，那么蟑螂之前肯定吃了含有棘头虫的东西。猪在土壤里找东西吃时因为食用某些幼虫（甲虫幼虫）而感染上寄生虫。当人们无意中吞下了食物中的蟑螂或甲虫时，可能会感染棘头虫。虽然大多数棘头虫都很小，但寄生在猪身体内的棘头虫非常大，长度可达65厘米，粉红色，呈褶皱状。只要棘头虫不大量聚集在一个宿主体内，它们就不会引发严重的疾病。

第14章 其他动物

　　动物界共分为30多个门。确切的门数是多少，取决于分类者依照的门与门之间的结构区分标准。有些门因为种类繁多，与人类的关系更加密切，所以这些门比其他门更加重要。但那些通常被视为不那么重要的门，却同样有趣。本章就描述了这样5个动物门，之所以在这一章做介绍，有以下几个原因：物种或者个体数量少；成员尺寸很小；既不是害虫，不会致人生病，也不可食用；和其他门的动物相比，它们没有重要的理论价值。

轮形动物

　　把池塘里的一滴水放在显微镜下检查，你几乎肯定会发现轮形动物。轮形动物的大小与原生动物相当，但结构等级比扁虫略复杂。尽管它们数量众多，但除了动物学家和业余显微镜技术员之外，几乎鲜为人知，它们最让迷惑的地方就是形状各不相同（其中一些的形态非常奇妙），以极快的速度不停运动。

　　最常见的轮形动物可以通过其前端的纤毛冠来识别，纤毛冠是它们的主要运动器官，还能给口带来食物。纤毛的摆动围绕着一对圆盘状叶瓣的边缘进行，整体看上去像旋转轮，这门动物由此得名为轮形动物。

　　轮形动物的形状具有鲜明的特征，有的栖息在水底，像蠕虫一样，有的像花一样附着在物体表面，也有的漂浮

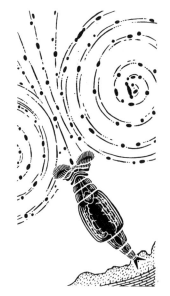

通过追踪颗粒的移动路径，可以研究由轮形动物纤毛的摆动引起的摄食水流模式。将显微镜上的录像机聚焦到一只淡水轮形动物，得到了本图片

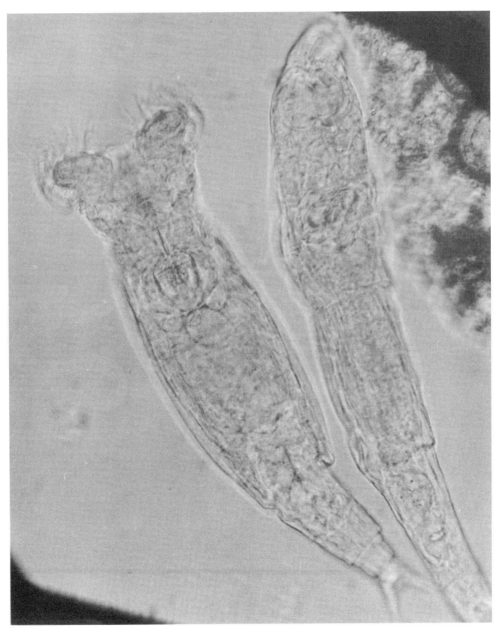

一滴池塘水中的轮形动物，每只长约0.5毫米。左边的纤毛冠向外伸展，右边的纤毛冠缩回。摄于宾夕法尼亚（R. 布克斯鲍姆）

咽部的下颚是轮形动物最独特的结构，分类学家用它来区分轮形动物的不同物种（哈林和迈尔斯）

在水面附近，身形圆胖，但呈两侧对称。有些轮形动物身体细长，大致可分为三个区域：带有口和纤毛的头部，中间的躯干部分，以及逐渐变细的足部。足的末端是趾，开口的胶黏腺分泌的黏液可用于在摄食期间固定住虫体。趾有助于它的另一种运动方法——以尺蠖的方式行进。轮形动物会先伸展全身，固定前端，放松趾，收缩身体，然后再扣紧趾，伸展虫体，依此类推。它的整个身体被包裹在一个透明、柔软、致密的角质层中，该层位于上皮下方。最常见的轮形动物的身体分成多个节，收缩时各节会互相重叠（在显微镜下观察）。

摄食时，大多数轮形动物会附着在一些碎片上，快速摆动的纤毛将水流引向口部，顺便将原生动物和藻类细胞通过口扫入带有肌肉的咽，咽包含一个咀嚼器或研磨器。在捕食性轮形动物中，细长的硬颚可以延伸到口部，像镊子一样抓住猎物。咽通向直直的消化管，消化管延伸至躯干和足相交处的肛门，肛门与外界相通。

轮形动物的一般结构与扁虫、纽虫和线虫相似。轮形动物的体壁和消化管之间是充满液体的体腔，这与线虫一样。驱使轮形动物移动的肌肉附着在硬化的表层上。肌肉活动由简单的神经系统协调，该神经系统以前端的头部神经节或脑为中心，从那里延伸出两条主要的腹神经索。许多轮形动物有简单的眼和感觉突起。排泄系统主要用于调节水分含量，与扁虫和纽虫的焰茎球系统类似。轮形动物没有呼吸系统或循环系统，这与人们对这种微小生物的预期一致。物质在体腔内的液体中移动，也可以简单地通过扩散作用从肠道扩散到肌肉和其他组织中。

大多数轮形动物的组织不能被分成不同的细胞，但就像扁虫和线虫的一些组织一样，轮形动物的组织也是由合胞体组成的。胚胎阶段有细胞膜，但后来消失。还有一个引人注目的事实是，对某一种轮形动物的每个个体来说，晚期胚胎的细胞数量和成虫的细胞核数量是一定的（大约1 000个）。此外，每个细胞核都占据特定的位置，所以你可以对轮形动物的所有细胞核进行编号和制图。这种细胞恒定性在某些程度上也出现在线形动物和其他动物中。

在轮形动物的典型生活史中，雌性在一年的大部分时间里，通过产卵（而不是受精）繁殖出其他雌性，这一过程被称为孤雌生殖。孤雌生殖也出现在其他动物门中。但在这一年里也有几个短暂的时期，一些轮形动物也会参与有性生殖。随着生殖季节的临近，某些雌性会产下较小的卵，与通常情况下雌性产的卵不同。如果不受精，这些较小的卵就会孵化成雄性。雄虫比雌虫小（在某些物种中雄性只是雌性大小的1/10），有时完全没有消化系统和排泄系统。这些个体只能存活几天。雄虫和雌虫交配后，产下受精卵。这些受精卵覆有硬质厚壳（通常是做装饰用的），与孤雌生殖产下的卵不同。受精卵可以忍受干旱、冰冻和其他不利条件，它们在休眠期（通常是当地的旱季或冬季）之后孵化成雌性。在大多数轮形动物中很少发现雄性，也许它们根本就没有雄性。

轮形动物的一般结构，仅显示了几个核。在一些轮形动物中，排泄管的末端部分扩大成膀胱，膀胱通过震动将它里面的内容物喷射到肠道的最末端（综合参考多种文献）

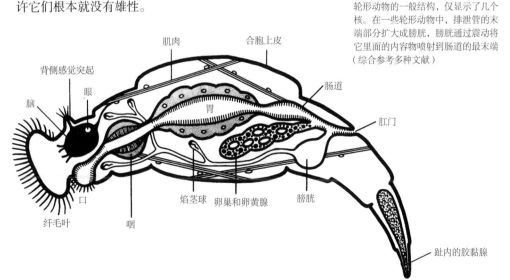

脑　背侧感觉突起　眼　肌肉　合胞上皮　胃　肠道　肛门　口　纤毛叶　咽　焰茎球　卵巢和卵黄腺　膀胱　趾内的胶黏腺

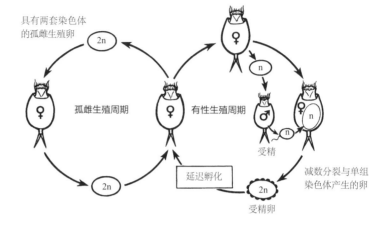

轮形动物的孤雌生殖和有性生殖周期。轮形动物在大多数情况下进行孤雌生殖，仅在短暂的时期内进行有性生殖（C. E. 金）

具有两套染色体的孤雌生殖卵

孤雌生殖周期

有性生殖周期

延迟孵化

受精

受精卵

减数分裂与单组染色体产生的卵

一些轮形动物甚至比许多原生动物和线形动物更耐干旱。在几乎完全干燥的状态下，仅孵化几天或几周的轮形动物可以存活数年。只要再次浸到水中，它们就会游动并主动摄食。由于轮形动物具备这种能力，它们可以生活在暂时潮湿的地方，比如屋顶排水沟、墓地瓮、岩缝、苔藓和类似的栖息地。当水蒸发时，它们的体积会收缩至最小

雄性　雌性

两性异形。雄虫个头较小，结构往往更简单（哈德森和戈斯）

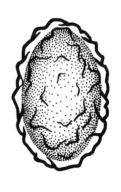

轮形动物的休眠卵，这颗受精卵只能孵化成雌性，它带有硬质厚壳，可以在不利的条件下保护受精卵（H. 米勒）

并失去大部分水分。有时候，轮形动物本身已经死了，但它体内的卵会一直存活到环境再次变得湿润的时候。海洋中也有轮形动物，但淡水轮形动物的数量更多。由于它们的体型小，并且能忍受暂时的干旱，某些轮形动物经由风和鸟类散播至世界各地。如果环境条件相似，非洲的一个湖泊里可能生活着一些与北美湖泊中相同的轮形动物。

腹毛动物门

几乎所有含有轮形动物的水中也会包含腹毛动物。这些微型多细胞动物的大小与轮形动物差不多，在结构方面也有很多细节是类似的。腹毛动物没有纤毛冠，而是通过腹侧面的纤毛束游泳。它们的身体被包裹在角质层中，角质层上覆有鳞片或刚毛，所以腹毛动物很容易与纤毛虫混淆。

腹毛动物的消化系统是一根直管，咽部有肌肉，与线虫的消化系统十分接近。淡水中常见的腹毛动物的身体尾端呈叉状，每个叉的尖端是胶黏腺的开口，与轮形动物的胶黏腺功能相同。

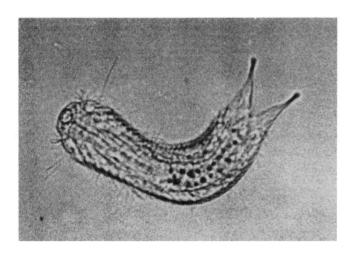

来自宾西法尼亚湖中的腹毛动物（R. 布克斯鲍姆）

苔藓动物的分枝状群体，它看起来很像水螅群体或一株纤细的海藻。左图：来自北卡罗来纳州的宽约25毫米的苔藓动物群体。右图：类似群体的局部特写，显示出个体成员及其伸展开来的优雅的触手环。摄于佛罗里达州西北部（R.布克斯鲍姆）

接近1/2的已知腹毛动物生活在海洋中，并且都是雌雄同体，其余的都生活在淡水中。几乎所有雌性都是通过孤雌生殖方式繁殖的，人们从未发现雄性成虫。

苔藓动物

海滨的游客有时看到的一些纤细的海藻其实并不是海藻，而是苔藓动物门的成员构成的分枝状群体。苔藓动物这一名称表示这类动物具有植物般的外观。有些群体呈灌木状，悬挂在海藻的叶片上或者岩壁下；有些在海藻和漂砾上结成扁平的壳；还有一些在落入水中的茎和枝条周围形成胶状物质。

乍看之下，苔藓动物群体就像水螅动物群体，因为每个小小的苔藓动物个体的口部周围都有一个纤细的空心触手环。触手长在圆形或马蹄形的嵴——触手冠上。与水螅不同，苔藓动物摄食悬浮物。触手上的纤毛可产生水流，把微生物带到口部。而且，每个个体都有一条U形消化管，未消化的食物残渣通过在触手环外的肛门排出。

苔藓动物群体的每个个体都被盒状外壳包裹着，有时会钙化，纤细的摄食触手有时会缩回到这里。苔藓动物小心翼翼地伸出触手，并在水中伸展开，形成强大的摄食水

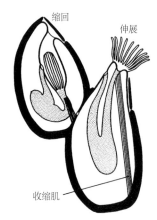

缩回

伸展

收缩肌

苔藓动物群体的两个成员，其中一个缩回，另一个伸展（德拉赫和埃鲁阿尔）

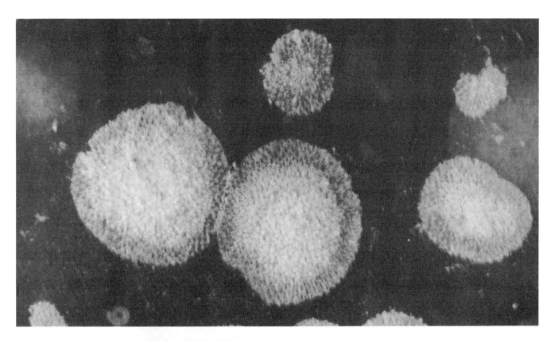

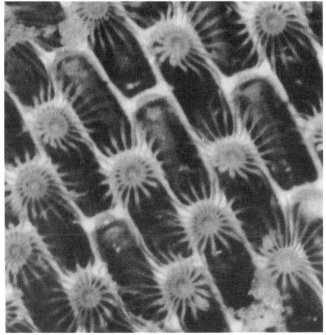

上图：苔藓动物群体的外壳在海藻周围形成了花边。左图：这个群体具有明确的几何形状，每个成员都从这些盒状外壳中伸出触手环。摄于北海（R.布克斯鲍姆）

流。但即使遇到最轻微的干扰，触手也会一下子缩回来。苔藓动物的外壳由上皮分泌，上皮和中胚层细胞构成了薄薄的体壁。体壁和消化管之间充满了液体，衬有中胚层，被称为体腔。体腔起到流体骨骼的作用，体壁周围的肌肉收缩可以将触手推出壳体。在触手冠的嵴和周围壳体的基部之间长有细长的收缩肌，可以非常快速地将触手拉回来（苔藓动物的收缩肌是已知最快的肌肉之一）。

与一些水螅相似，苔藓动物可能表现出多态性。在一些

苔藓动物的一般结构（综合多种文献）

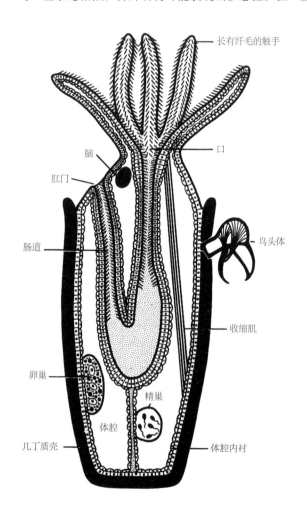

长有纤毛的触手

脑

肛门

口

肠道

鸟头体

收缩肌

卵巢

精巢

体腔

几丁质壳

体腔内衬

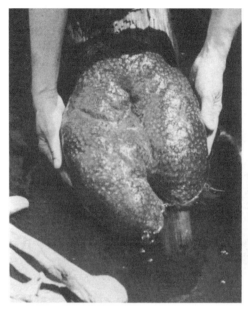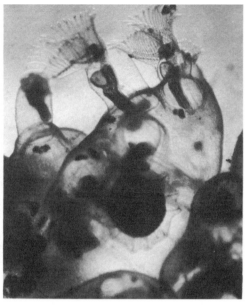

左图：宾夕法尼亚湖的胶状苔藓动物群体——大型苔藓虫。这些淡水苔藓动物通常在安静的水体中包裹着木棍和石头，但大型的漂浮群体偶尔会堵塞公共供水系统或水力发电厂的滤网，需要专人来清理。右图：苔藓动物群体特写，这几个个体的基部都长有休眠芽（R. 布克斯鲍姆）

灌木状苔藓动物群体中，其基部的个体专门用于固着，也没有摄食的触手。大多数苔藓动物都有专门的卵细胞起到保护和滋养胚胎的作用。但是，特化程度最高的苔藓动物个体长得就像鸟的头部，被称为鸟头体。每个鸟头体都有一对由肌肉牵引的下颚，可以捕捉游荡在苔藓动物群体上的小动物。据推测，这些外观古怪长有下颚的苔藓动物可以阻止其他动物干扰它们的摄食活动。

苔藓动物群体的生长是通过新个体的出芽实现的，虽然单个个体仍然很小，但群体变得很大，具有几百甚至几千个成员。苔藓动物会通过体壁和外壳上的小洞与邻近的个体交流。新芽在形成触手和消化管前，都是靠其邻居滋养的。除了通过出芽长出新的个体之外，已有成员有时候会通过一种特殊的方式来恢复活力。触手和消化管退化并形成褐色体，然后这些部位会再生，有时褐色体因新的肛门出现而消失。由于苔藓动物没有排泄系统，褐色体的形成可能是为了处理旧组织和某些废物。

苔藓动物的休眠芽。在温度低于16摄氏度的情况下，苔藓动物群体会死亡，只有休眠芽能在冬天存活（R. 布克斯鲍姆）

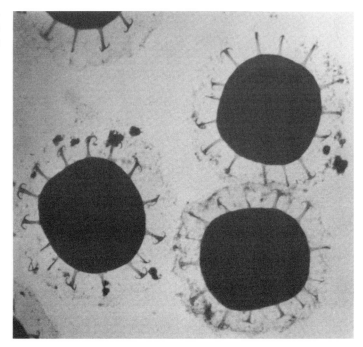

海洋苔藓动物的双壳幼虫。摄于英国普利茅斯（D. P. 威尔逊）

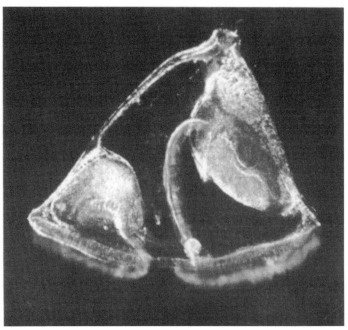

淡水苔藓动物通常生活在池塘和溪流中，这些水体可能会冻结或干涸，于是它们便形成特殊的芽——休眠芽，每个休眠芽都包含大量细胞，外面包裹着保护性外壳。像海绵的芽球一样，休眠芽可以在脱水和极端温度条件下存活，条件变得有利后，它们能重新发育成新的个体。

大多数苔藓动物是雌雄同体，卵巢形成于体腔内衬，精巢形成于将胃连接到体壁上的组织束。某些动物的卵子和精子进入体腔，进行自体受精。对大多数苔藓动物来说，胚胎在群体的卵巢中发育成幼虫并离开群体。幼虫几乎没有纤毛，呈球形，游动几小时后便会安定下来，形成新群体中的第一个摄食个体。生活在海藻上的少数苔藓动物会定期消失，它们的卵直接流入海里，在那里发育成自由游动和摄食的幼虫——双壳幼虫，这些幼虫会在浮游生物中生活数月，再寻找合适的海藻来定居。

腕足动物

一名早期的调查人员曾撬开腕足动物的外壳向里面看去，他认为内部的两个盘旋状嵴是用于移动的"胳膊"，它们对应于蛤的足。这个概念虽然是错误的，但腕足动物的名称却由此而来。蛤的两个壳瓣在左右两侧，而腕足动物

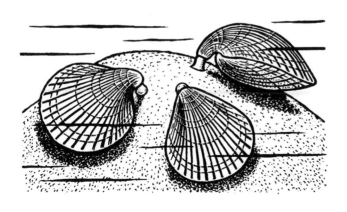

通过柄附着到岩石上的腕足动物通常呈倒置状，腹侧壳瓣位于上方，背侧壳瓣位于下方

的壳瓣则分别在背侧面和腹侧面。腕足动物壳的嘴裂位于前端，铰合部位于后端。壳瓣可以通过肌肉控制开关。身体的后端可伸出壳体，成为坚固、强韧的柄。一些腕足动物靠柄附着在岩石等坚硬的表面上，而其他动物的柄则固着在沙或泥中。

腕足动物乍一看与蛤很像，但仔细观察你会发现腕足动物与苔藓动物更相似。想象一只固着的苔藓动物长到原来的50倍大，它可能就会变得很像腕足动物。腕足动物的钙质或几丁质壳与苔藓动物的壳一样，是由上皮分泌产生的，并包裹住身体的大部分。壳内有成排的空心触手，这些触手排布在一个很大的触手冠上，形成螺旋状腕足，由钙质骨骼支撑。触手上的纤毛摆动形成水流，将微生物扫入腕足下方的中央凹槽，然后进入口部。胃部有大量的消化腺，填充了大部分衬着中胚层的体腔。大多数腕足动物都有短的肠道，但没有肛门，未消化的食物通过口部排出体外。

穿过触手的水流为腕足动物提供了稳定的氧气供应。和苔藓动物一样，腕足动物的氧气可以被输送到体腔内的组织中。此外，腕足动物还具有简单的循环系统（包含小

腕足动物的一般结构（德拉热和埃鲁阿尔）

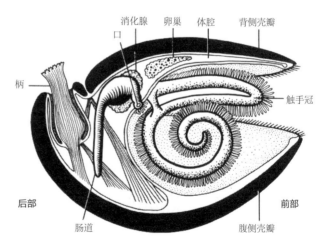

消化腺　卵巢　体腔　背侧壳瓣
口
柄
触手冠
后部　前部
肠道
腹侧壳瓣

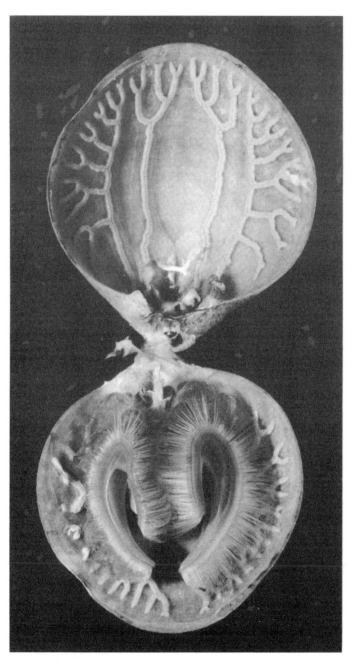

图中打开的腕足动物展示出其内部
结构。上半部分是通常位于上方的
腹侧壳瓣；中间是壳内组织，可见
明显的体腔管道；下半部分是背侧
壳瓣，其钙质伸展结构支撑着触手
冠的两个盘旋状嵴，与纤细的空心
触手相连（R. 布克斯鲍姆）

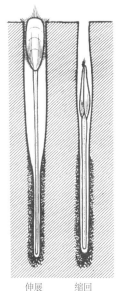

伸展　缩回

海豆芽生活在沙滩上的竖直洞穴中，
通过长柄附着在底部（弗朗科斯）

型收缩性"心脏"），补偿体腔的一部分物质运输作用。腕足动物还有一个排泄系统，可以将废物从体腔内排出去。腕足动物拥有苔藓动物不具备的循环系统和排泄系统，这可能与腕足动物的尺寸较大有关。

腕足动物通常是雌雄异体的，性腺从体腔内壁生长出来。卵子或精子进入体腔，然后通过排泄管排出体外。长有纤毛的非摄食幼虫类似于苔藓动物幼虫，会在短时间内安定下来，变态为成虫。

腕足动物可分为两个群体。第一个群体以海豆芽为代表，两个壳瓣是几丁质的，大体呈矩形且大小相等，通过肌肉和结缔组织结合在一起。由于没有铰合部，这些腕足动物被称为无铰类。肌肉柄通常很长，从壳瓣阀之间向后延伸，将腕足动物固定在洞穴中，或使腕足动物能够在沙

日本和南太平洋地区的海豆芽，这些腕足动物常在浅水水域出没。摄于泰国（R. 布克斯鲍姆）

滩中进行短距离移动。与生活在洞穴或管道中的许多动物一样，无铰类腕足动物的消化管是弯曲的，肛门在洞口处靠近口部的地方与外界相通。另一个群体更丰富、更多样化，被称为有铰类，它们的壳瓣是钙质的，通过齿槽结构铰合在一起。腹侧壳瓣通常比背侧壳瓣大，其后端是上翘的壳嘴，短柄通过壳嘴附着在硬质基底上。在这个动物群体中，背侧壳瓣有两个盘旋状的钙质突出物，用于支撑触手冠。不过，有铰类腕足动物没有肛门。

腕足动物都在海洋中生活，但在今天的绝大多数海域里，其数量已不太多。目前已知共有几百个物种尚存活于世。但是，在过去的地质时代，腕足动物遍布世界各地，物种极其多元和丰富。当时腕足动物在生态系统中发挥着重要作用，以浮游生物为食，它们的壳为许多其他生物提供了生存空间。腕足动物的生态位今天已被蛤和牡蛎占据。

现代的海豆芽在结构方面与5亿多年前生活在古代海洋中的祖先结构几乎是相同的。这彰显了进化的稳定性，海豆芽也有幸成为已知最古老的动物属。许多腕足动物化石都十分独特且易于识别，对地质学家测定岩石层的年代具有非常重要的价值。

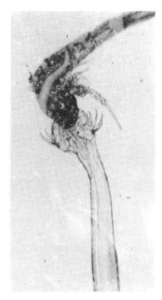

箭虫的刚毛蔓延到头部两侧，它正在吃一个小型甲壳动物。摄于西萨摩亚（K. J. 马易贝尔）

毛颚动物

在海洋的表层，我们会发现一些透明纤细的动物，体长通常不超过10厘米。它们追逐猎物的时候，就像玻璃纸做的箭。箭虫是毛颚动物门成员，之所以取这个名字，是因为它们的下颚有刚毛——口部两侧有弯曲的刚毛，主要用于辅助捕食。箭虫依靠感觉纤毛感受水的振动，从而探测猎物。虽然毛颚动物的种类较少，但在某些季节，箭虫会突然大量出现。这时候，箭虫构成了鱼的大部分食物来源。但在此之前，箭虫也会吞食大量幼鱼和浮游生物。由

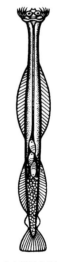

箭虫吃了3个小型甲壳动物（D. A. 帕里）

于箭虫对温度和盐度非常敏感，所以它们成为评估水和捕捞条件的重要指标。海洋学家会使用某些物种去追踪和识别水中的物质。箭虫的鱼雷形身体从横向上可以分成头部、躯干、尾部和鳍状突起，鳍状突起可能起到稳定器的作用。箭虫是雌雄同体动物，从纵向上可以分成右半部分和左半部分。躯干部分包含卵巢，尾部包含精巢。箭虫的结构与其他群体完全不同，很难厘清箭虫与其他无脊椎动物之间的进化关系。

第15章　软体动物

　　如果在无脊椎动物中举办大小、速度和智力方面的竞赛，那么大多数金牌和银牌都会被鱿鱼和章鱼收入囊中。但是，这些耀眼的获奖者并不是让软体动物成为动物界第二大门、拥有超过10万个物种的原因。这个荣誉主要归功于缓慢而稳定的蜗牛，甚至是更加缓慢的蛤和牡蛎。软体动物的数目比其他任何一种无脊椎动物都要多，也是备受人类喜爱的美食。但是，许多软体动物以其坚硬的贝壳而闻名，这些缓慢移动的脆弱动物通过分泌贝壳来保护自己免受潜在捕食者的猎捕。具有讽刺意味的是，由于这些贝壳外形美丽、价格不菲，许多软体动物最大的敌人竟然是人类，有些种类在某些情况下几近灭绝。

　　尽管蜗牛、蛤和鱿鱼的外观不同，但它们的结构基本相同，并区别于其他所有无脊椎动物群体。在诸如固着蛤

石鳖揭示出蜗牛、蛤和鱿鱼等动物是如何进化来的。上表面（左图）由8个交叠的壳板保护。下表面（右图）主要由大型肉足组成，足的前面是长有口部的头。背侧视图中的壳体周围和腹侧视图中的足部周围是外套膜。摄于百慕大（R. 布克斯鲍姆）

石鳖是典型的软体动物。表面（背侧面）是由一排八个壳板形成的保护壳，该化石至少有4亿年的历史。图中显示的两个石鳖壳受到了侵蚀，外部带有色素的有机层已基本消失，但是厚厚的钙质部分仍然坚固。交叠板外面环绕着外套膜边缘，上面镶嵌着钙质壳刺，非常有韧性，能够紧密贴合岩石不平整的轮廓。这可以减少退潮期间的水分流失，也可以抵抗捕食者或海浪的侵袭。石鳖通常在夜间或涨潮时摄食。许多石鳖白天会在漂砾下或岩洞中躲避，每次捕食后就会返回那里。摄于日本（R. 布克斯鲍姆）

和快速移动的鱿鱼等高度特化的动物中，软体动物的典型特征已经发生了很大的变化，有些甚至完全消失。相比其原始祖先——石鳖（多板纲），它们的变化则不算太大。

石鳖是一种行动缓慢的动物，以生长在岩石海岸上的藻类为食。它们受到干扰时，会用强大的肌肉顽强地钳制在岩石上，需要非常用力才能把它们撬下来。

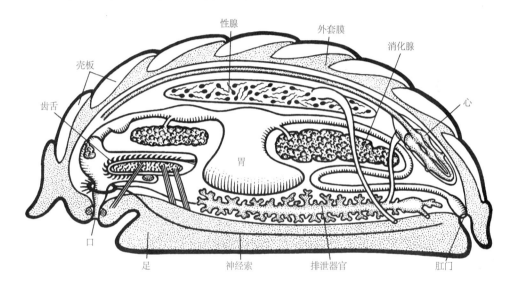

石鳖显示出软体动物的主要特征

石鳖的身体呈两侧对称。前端是一个不显眼的头，腹侧面大部分被宽阔、平坦、有肌肉的爬行足占据，足可以分泌黏液腺。大多数柔软的内部器官都被包含在内脏团中，内脏团位于足背侧，完全被外套膜覆盖，就像房子的屋顶一样。足的周围是一些折叠起来的外套膜组织，外套膜之下就是外套腔。在它的上表面，外套膜分泌出一个钙质壳，这个壳由8个独立的壳板组成，从前到后互相交叠，就像屋顶上的瓦片一样。在外套膜边缘和足之间，有一排鳃悬挂在外套腔的内侧，呈轻薄的羽毛状，可进行呼吸交换。呼吸流在外套膜边缘和足之间流动，从前到后经过所有的鳃。

石鳖通常情况下会附着在岩石基质上，当从岩石基质上被剥离下来时，它会把身体卷起来，保护自己较为脆弱的下表面，这是它的少数几种防御方式之一。左图中的外套膜便缘被拉开，显示出足两侧外套腔里的鳃。这是一种中等尺寸的橡胶靴石鳖，在美国西海岸很常见。这种石鳖是全世界最大的，长度可达35厘米。8个壳板不可见，被外套膜完全覆盖住（R. 布克斯鲍姆）。

石鳖的消化系统是一根管，从头部的口一直延伸到尾部的肛门。口腔通向长有肌肉的咽。在口腔和咽的连接处，齿舌从其管状鞘上凸出。齿舌是软体动物独有的结构，是布有多排坚硬的弯曲牙齿的几丁质带，由两个软骨结构支撑，通过一系列复杂的肌肉来操控。摄食时，石鳖从口部伸出齿舌。当齿舌的牙齿在岩石或海藻的表面上移动时，它们会磨碎小块食物。咽后面的食道通向胃，长长的肠道通向肛门。

石鳖的循环系统是开放的，也就是说，石鳖的血液不是在连续的分散血管系统中流动的，而是在器官周围的血腔里流动。它的循环系统包括少量管状血管和一个特化的泵器官——心。心位于围心腔内，这是一个衬有中胚层的体腔。软体动物的体腔不是一个大体腔，而是由心脏周围的多个小腔以及性腺和排泄器官的腔室组成。

两个排泄器官与围心腔相连，内部衬有腺上皮。它们从血液中提取含氮废物，并在心包液通过时从中再次吸收盐和其他有用物质。废液通过肛门附近的两个孔排到体外。

神经系统包括肠道周围的前部神经环。两对纵向神经

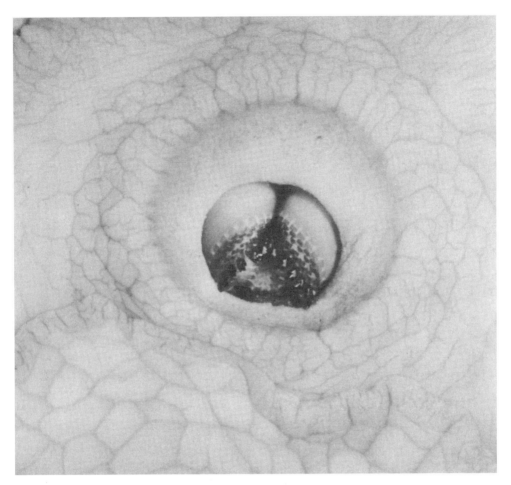

索通向足部肌肉和外套膜，形成梯形神经系统，与扁虫或纽虫的神经系统区别不大。身体各部位的感觉细胞团使石鳖能够探测到光或水中的化学物质。

　　卵子或精子被排入海水中。受精卵发育成一个圆形的幼虫，被称为担轮幼体，它通过口部前面的一条显眼的纤毛带游动，最前端是一组感觉细胞，长着一簇长纤毛。担轮幼虫的消化管尚在发育中，不能摄食。它只会游动几个小时或几天，随后在岩石上安定下来并变态为小石鳖。许多海洋软体动物（以及后文将会介绍的环节动物和相关动

石鳖的口部特写显示出从水族馆的玻璃上刮擦藻膜的齿舌。最前面的一排横向牙齿显示出矿化的（深色）牙冠，这使石鳖的牙齿十分坚硬，可以在岩石中刮出凹槽。后部的齿舌折叠起来包裹住牙齿，防止牙齿对口腔内壁造成伤害（R. 布克斯鲍姆）

石鳖齿舌上的4排牙齿。齿舌呈带状，这只长约30毫米的石鳖的齿舌宽约1.2毫米、长约12毫米，约有50排牙齿。扫描电子显微镜照片（D.艾尼斯）

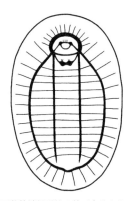

石鳖的神经系统（基于多种文献）

物）在发育过程中都会经历担轮幼体阶段。然而，大多数软体动物在担轮幼体阶段不能自由游动，而是尚在卵内。

相比那些更具经济价值的亲缘动物，石鳖不太常见，我们在这里介绍石鳖是因为它们展示了软体动物的典型结构。它们的身体主要由三个区域组成：长有肌肉的腹侧足，背侧的内脏团，分泌保护壳的肉质外套膜。并非所有的软体动物都有齿舌，在动物界的其他门也找不到类似的结构。

硬壳不是软体动物特有的，但其他有壳的动物群体大多是固着动物，并且完全被它们的壳包裹住，比如腕足动物。软体动物成功地把一定程度的自由游动与壳结合起来。蛤和它们的亲戚或多或少地被壳包裹住，它们通常是固着的，但有许多也能挖洞，少数甚至可以游泳。石鳖可以自由爬行，因为壳板仅覆盖它们的背侧面，暴露的外套膜和足极其坚硬（人们说到软体动物时，通常不会想到石鳖）。大多数蜗牛采取了折中的方法：当它们移动或摄食时，头部和足可以伸展；当它们受到威胁时，头部和足完全缩回壳内。鱿鱼和章鱼已经失去了壳，在面临威胁时，它们只能依靠速度和狡猾摆脱摄食者。本章接下来将会介绍各种软体动物如何使自己的结构适应不同的生活方式。

腹足纲

　　腹足纲动物的腹部长足，这个宽大的足占据了它们底部的大部分。该群体包括蜗牛、蛞蝓、帽贝和鲍鱼等常见动物，是迄今为止最大的一类软体动物。事实上，每6只软体动物中就有5只是腹足纲动物，并且大多数都具备软体动物的主要特征，具有足、内脏团、外套膜、壳和齿舌。与石鳖相比，腹足纲动物的头更加显眼，并且长有眼和感觉触手，鳃的数量较少，通常只有一两个。蜗牛占据了腹足纲动物的大部分，具有螺旋卷曲的壳和内脏团。螺旋卷曲是由不对称生长导致的，蜗牛也因此获得了比对称的锥形壳更紧凑和更稳定的壳，而且其内部组织的容积与锥形壳相当。由于绝大多数蜗牛壳都朝右卷曲，留给右侧器官的空间较小，所以许多蜗牛没有右侧鳃、右侧排泄器官和右心耳。

　　除了与螺旋卷曲相关的不平衡之外，腹足纲动物还通过扭转这个特殊的过程发生了大幅度的改变。在此过程中，内脏团、外套膜和壳相对于头和足旋转了180度。腹足纲动物的神经系统因此被扭成八字形，它们的消化系统、排泄系统和生殖系统的产物全部从头顶排出。这种生理构造的优点目前尚不清楚，但在腹足纲动物的发育过程中可以观察到该过程，它通常是快速的不对称肌肉收缩和缓慢的不

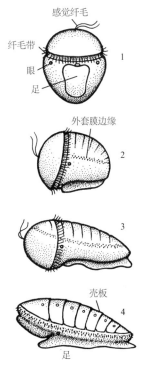

石鳖的发育过程
1. 正在游泳的担轮幼体的腹侧足。
2. 游泳幼体的侧视图，可以看见壳板开始发育。
3. 虽然幼体仍在自由游动，但它的身体已开始伸长和变扁平。
4. 安定下来的幼体失去了用于游泳的纤毛带，壳板变得明显，逐渐形成成虫外观（H. 希思）

蜗牛展示了卷曲和扭转对成年腹足动物的结构产生的影响。当蜗牛缩回到壳里时，壳盖盖住了开口，壳盖是蜗牛在足后部分泌的角质板或钙质板

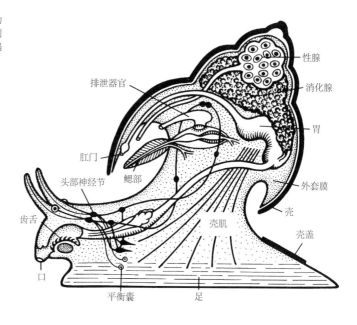

对称生长共同作用的结果。

在发育期间，大多数年幼的腹足纲动物都会经历卵囊内的担轮幼体期。它们孵化为自由游动的面盘幼体，其纤毛扩展成一个罩膜，用于在水中游动，顺便将食物带到口部。在面盘幼体期，足、壳和成年器官系统都开始发育。在变态期，幼体固着于底部，罩膜消失或者被吃掉，幼虫可以爬行。

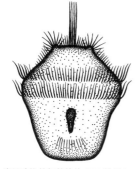

腹足动物的担轮幼体（W. 帕滕）

一些腹足动物是在卵囊内度过面盘幼体阶段的，从卵囊中出来就已经是能爬行的幼虫了。淡水和陆地腹足动物的卵的发育通常没有可识别的面盘幼体阶段。在某些情况下，卵根本没有排出体外，而是直接在亲体内发育。自由游动的担轮幼体仅存于一些相对原始的腹足动物中。

随着发育的进行，幼虫展现出许多腹足纲动物成虫的习性。较原始的腹足纲动物，比如鲍鱼和帽贝，与石鳖的生活方式类似。它们行动缓慢，食用从岩石表面上刮擦下来的植物碎片。也有一些进化成捕食者，分布于诸多海洋

腹足动物的面盘幼体。1.扭转前的面盘幼体；2.扭转后的面盘幼体，肛门位于口部上方（参照 W. 帕滕和 A. 罗伯特）

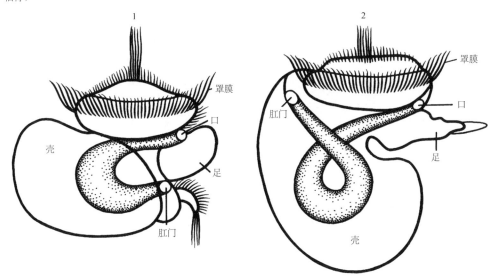

红鲍鱼的面盘幼体，能自由游动和主动摄食，利用罩膜上的纤毛将浮游植物扫入口部。照片拍摄时，在加州鱼类和野生动物园花岗岩峡谷实验室孵化出的红色鲍鱼已经有三天大了（R. 布克斯鲍姆）

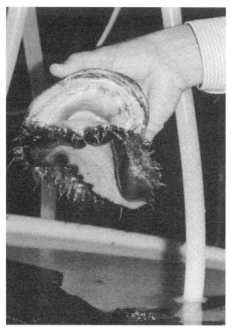

海水养殖的鲍鱼可以部分替代直接采集野生种群。由于加利福尼亚海岸有大量的专业和商业潜水员，大大减少了野生鲍鱼的数量。养殖红鲍鱼需要大约一年的时间，壳的长度才能长到25毫米（右图），再在实验室里用海藻喂养成熟。摄于蒙特利鲍鱼养殖场（R.布克斯鲍姆）

栖息地，摄食各种无脊椎动物和鱼类。

虽然腹足纲动物有很多优点，但壳却是主动运动的一大障碍。许多腹足纲动物群体都表现出减小甚至完全失去壳体的倾向，内脏团也表现出卷曲和扭转减少的趋势。典型的腹足纲动物在幼体发育阶段就表现出来这种倾向。幼体具有卷曲的壳，并发生扭转，然后失去壳体，展开卷曲的内脏并使弯曲的身体变直。没有了保护壳的海蛞蝓已经发展出其他防御机制。有些用奇妙的伪装更好地匹配栖息地，其他则在组织中产生大量黏液和有毒物质。没有经验的鱼类若吃下这种海蛞蝓，很快就会把它们吐出来。像许多其他有毒、带刺或者有其他恶心手段的动物一样，这些海蛞蝓经常带有明亮大胆的图案，可能是为了警告鱼类或其他视觉捕食者远离它们。许多以刺胞动物为食的海蛞蝓可以将刺胞动物未发射的刺丝囊移到自己的组织里，并以此进行防御。

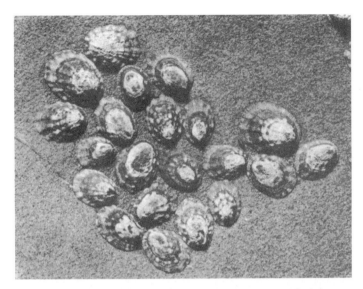

帽贝主要是草食性的，以从岩石和海藻的表面刮下的藻类物质为食。有些帽贝会在岩石上留下刮痕，这些凹陷恰好与它们的壳匹配，每次摄食后帽贝都会返回到壳里。这张照片中的帽贝居住在潮间带的高处，它们被飞溅的波浪间歇性地打湿，但只有最高的潮汐才能淹没它们。摄于俄勒冈州（R. 布克斯鲍姆）

钥匙孔帽贝在锥形壳的顶点处长有可以排出气体的开口。钥匙孔帽贝有一对鳃，其中一个从帽贝右侧的外套膜下方伸出。这个正面视图显示出帽贝的头和有两个大感觉触手的口，以及围绕着外套膜边缘的小触手。这个物种长70毫米左右，从阿拉斯加到加利福尼亚巴哈地区都可见到它们。在具有杂食习性的帽贝中，钥匙孔帽贝与众不同，它们以苔藓动物等为食，不喜欢食用藻类（R. 布克斯鲍姆）

4只海蜗牛正在大牡蛎的厚壳上钻孔。在此过程中，海蜗牛使用具备刮擦作用的齿舌和足部的酸性分泌物攻克牡蛎壳。这是一项缓慢的工作，可能需要花整整一周的时间，它们才能吃到柔软的牡蛎肉。当然，它们更喜欢年幼的薄壳牡蛎，可能会大量捕食这样的牡蛎。海蜗牛已成为商业牡蛎养殖场的头号害虫。摄于北卡罗来纳州博福特县（R. 布克斯鲍姆）

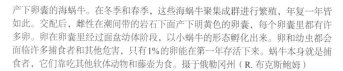

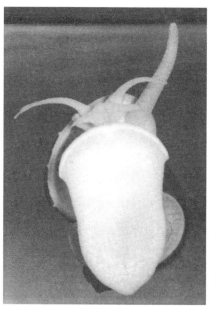

产下卵囊的海蜗牛。在冬季和春季，这些海蜗牛聚集成群进行繁殖，年复一年皆如此。交配后，雌性在潮间带的岩石下面产下明黄色的卵囊，每个卵囊里都有许多卵。卵在卵囊里经过面盘幼体阶段，以小蜗牛的形态孵化出来。卵和幼虫都会面临许多捕食者和其他危害，只有1%的卵能在第一年存活下来。蜗牛本身就是捕食者，它们靠吃其他软体动物和藤壶为食。摄于俄勒冈州（R. 布克斯鲍姆）

淡水螺通过从外套膜上延伸出来的长管（相当于呼吸管）呼吸，这种螺的鳃也可帮助输送氧气。淡水螺原产于南美沼泽，因此它们能很好地适应静止的水域，在水族馆中也可以很好地生活。图中的螺长3厘米（R.布克斯鲍姆）

许多腹足纲动物，比如我们熟悉的花园蜗牛和蛞蝓，都已侵入陆地。它们被称为肺螺类动物，因为它们具有改良的外套膜和外套腔，可起到肺的呼吸作用。许多肺螺类动物已经进入淡水，但失去的器官不会再出现，所以这些水生蜗牛没有鳃。它们必须定期浮上水面，将空气吸入肺部。

正在交配的花园蜗牛。像其他肺螺类动物一样，它们也是雌雄同体。图中的蜗牛正在进行精子互换，精子通过头部后面右侧的生殖孔进入。之后，两只蜗牛都会产卵。散大蜗牛已从欧洲传播到世界各地。它们摆脱了天然捕食者和寄生虫，变成了加利福尼亚沿海等气候温和地区的害虫。在法国菜中，相比较大的白玉蜗牛，散大蜗牛不是食客的首选。但当备受欢迎的白玉蜗牛稀缺时，人们也会食用散大蜗牛。摄于加州花园（R. 布克斯鲍姆）

花园蜗牛的卵看起来像闪闪发光的珍珠。蜗牛将卵产在潮湿泥土的洞中，一个多星期后它们就会孵化（R. 布克斯鲍姆）

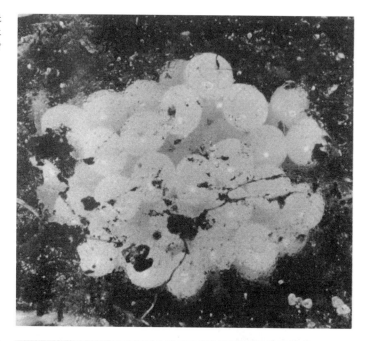

新孵出的蜗牛柔软而苍白。它们的趋光行为可能会帮助它们找到洞穴的出口。很快，这些幼虫会转而采取避光行为，这也是成年蜗牛的特征，它们白天待在潮湿而隐蔽的藏身之处（R. 布克斯鲍姆）

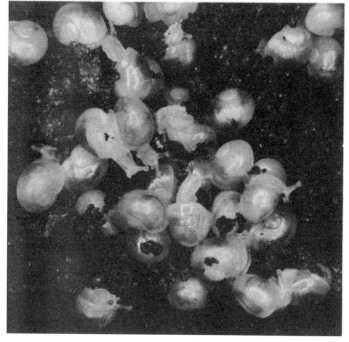

蜗牛足分泌的黏液使它走过的路径都变得润滑。蜗牛也能利用黏液附着在基质上，在白天休息的时候或者天气干燥的时期，还可以用黏液封闭壳的开口（R. 布克斯鲍姆）

蛞蝓是陆生的肺螺类动物，它们的外壳已经消失，只在外套膜内嵌了一层薄板。这些动物分泌的黏液可以帮助它滑动，还具有保护作用。图中这只蛞蝓可以安然无恙地爬过剃刀锋利的边缘，就证明了这一点（O. 克罗伊）

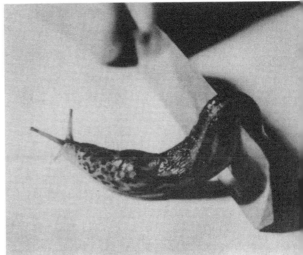

非洲大蜗牛已被引入南亚和许多太平洋岛屿，并在这些地方变成了严重的农业害虫。此外，它们是导致严重甚至是致命感染的人类寄生虫的宿主。每到一个新的地方，这种蜗牛都能迅速繁殖，密度惊人，但后来数量会下降。这是因为多种捕食者的引入控制了这些蜗牛的数量。非洲大蜗牛的身长可以达到近30厘米，壳长可达20厘米。摄于夏威夷瓦胡岛（R. 布克斯鲍姆）

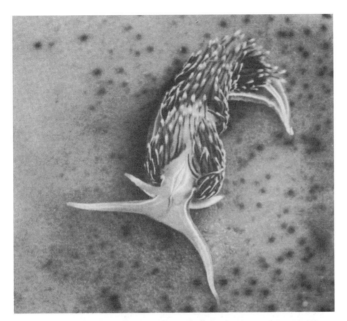

裸鳃类动物不仅没有壳，也没有外套腔。大多数软体动物具有的悬挂在外套腔内的鳃被这些海蛞蝓背上的分枝状或指状突起所取代。裸鳃类动物以海绵、刺胞动物和其他固着动物为食。它们和其他海蛞蝓的神经系统中可供人类进行生理学和行为研究的大型细胞数目较少。摄于加利福尼亚蒙特利湾（R. 布克斯鲍姆）

海兔的名字起得恰如其分。它的触手像卷曲的耳朵一样，食草习性也会让我们想起兔子，柔软的圆形背部（隐藏着薄壳）总让人想轻轻地抚摸。然而，如果你粗鲁地对待它，海兔就会喷射出黏糊糊的紫色墨汁。海兔通常只能存活一年左右，但它们很快就会长大，几个月大的时候就可能发育成熟。美国西海岸的一种海兔可能是世界上最大的腹足类动物，体长超过75厘米，体重接近16千克。像其他海蛞蝓一样，海兔也是雌雄同体动物。在有利的条件下，它们会迅速繁衍，有时可能会进行群体交配。摄于佛罗里达西北部万药城（R. 布克斯鲍姆）

掘足纲

　　海洋软体动物中还有一小类，叫掘足纲，它们的壳呈管状，两端均有开口。不显眼的头部长有许多可伸展的丝状触手，这些触手具有感觉器官，能聚集小生物和食物颗粒，它们的齿舌也很大。它们会用长有肌肉的足挖沙，几

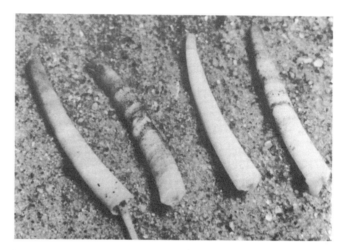

从沙子里挖出的4只掘足纲动物。左边的那只伸出了足，正准备挖洞。摄于法国海岸城市罗斯科夫（R. 布克斯鲍姆）

齿贝通常用于制作项链。这里的两只大齿贝挂在中央吊坠的两侧。齿贝也可用作衣服上的装饰，北美西北海岸的印第安人曾把齿贝当作货币。除此之外，掘足纲动物对人类既无用也无害（C. K. 皮尔斯）

乎将身体全部埋入沙中，只留下窄壳的后尖端和外套膜伸进海水里，水流持续进出壳体的上端，因为没有鳃，所以由外套膜充当呼吸器官。幼虫需要经过自由浮动的担轮幼体和面盘幼体阶段。

双壳纲

蛤、牡蛎、扇贝和其他具有两个壳瓣的软体动物都属于双壳纲。大多数双壳纲动物都是海洋生物，但一些蛤在淡水中的产量也十分丰富。下文的描述适用于几乎所有的双壳纲动物。

蛤的两侧扁平。两个壳瓣分别为左壳瓣和右壳瓣，沿着背侧边缘由弹性角质韧带连接在一起。壳的嘴裂位于腹侧。前端附近有一个突起，被称为壳顶，是壳最老的部分。后端有开口，水流就是从这里进入和离开蛤的身体的。

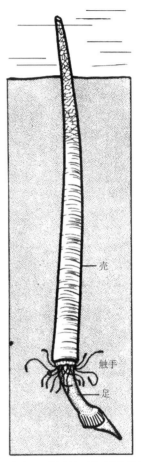

埋在沙子里的掘足纲动物（萨尔斯）

蛤是双壳纲动物。这里展示的硬壳蛤是最受欢迎的商业品种之一，其名称暗示了它们的商业用途。它们在流动的海水中被清洗干净，去除了沙子。蛤的形状不同，大小不一。除了蛤以外，常见的双壳纲动物还有鸟蛤、贻贝、扇贝和牡蛎。摄于特拉华州刘易斯（R. 布克斯鲍姆）

左侧视图。一个淡水蛤斜躺在沙或泥中

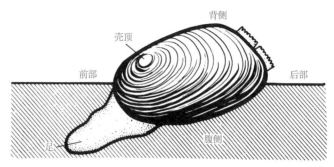

图中蛤的壳上有非常显眼的同心生长线，还有尖锐的嵴线，这种构造有助于将蛤牢牢地固定在沙子中。摄于佛罗里达（R. 布克斯鲍姆）

随着蛤的生长，壳逐渐变大。外套膜可分泌连续的壳层，每层都超出前一层，使壳的外表面产生一系列同心生长线，它也永久记录了壳的连续轮廓。

壳由两部分组成。与韧带连接的薄的外有机层用于保护形成壳体的钙质层。这个有机层又叫壳皮层，它的作用是防止钙质部分受到侵蚀，以及阻拦许多钻孔海洋动物的入侵。有机层经常随着双壳纲动物的年龄增长而逐渐消失，届时钙质层将变得很厚，也不再脆弱。在淡水蛤和蜗牛（特别是陆地蜗牛）中，厚的壳皮层有助于

外有机层

钙质柱

钙质片

壳由有机层和钙质层组成

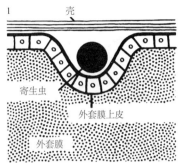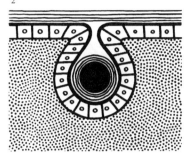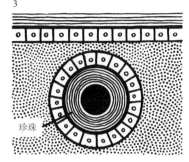

珍珠的形成：1. 寄生虫寄生在壳和外套膜之间；2. 寄生虫几乎完全被包裹在由外套膜上皮形成的囊中，囊在其周围不断分泌一层层薄薄的同心珍珠层；3. 一颗大小合适的珍珠包裹住寄生虫，防止它对蛤造成伤害（F. 哈斯）

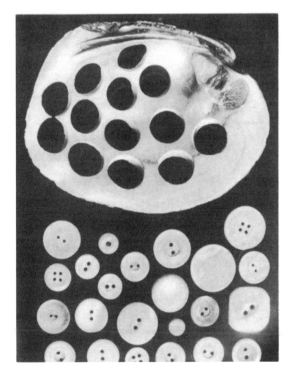

从淡水蛤的壳上切下来的珍珠纽扣。过去每年都有数百万千克的贝壳（大部分来自密西西比河流域）用于生产珍珠纽扣。但现在河流筑坝和污染大大减少了淡水双壳纲动物的数量，大多数纽扣都变成了塑料材质（C. 克拉克）

淡水珍珠虽然形状大多不规则，但有时也可用于制作珠宝。价值最高的珍珠来自海洋珍珠贝。天然形成的形状完美的珍珠十分罕见，大多数珍珠是通过在活珍珠贝中插入一个圆珠壳养殖出来的，牡蛎不断在小圆珠外面裹上一层层薄薄的珍珠层。生产一颗贵重的珍珠需要 7 年的时间（C. 克拉克）

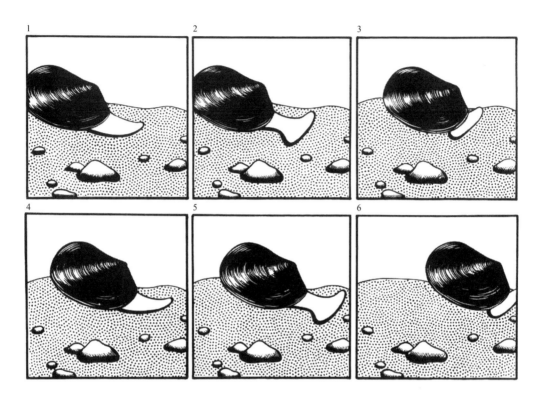

1.移动的蛤将足伸进沙中；2.足的尖端膨胀并起到锚的作用；3.足的肌肉收缩，向前拉动蛤；4.足再次伸展；5.尖端固定；6.这个缓慢的过程继续进行

防止钙质层被湖泊或溪流以及落叶或土壤中的酸性物质溶解。

壳的钙质部分由碳酸钙晶体组成，排列在稀疏的有机材料矩阵内。外钙质层主要由垂直于表面的柱状晶体组成，内钙质层主要由平行于壳面的薄片组成。

蛤的角质层和外钙质层由外套膜边缘分泌产生，因此显示出不连续生长的同心标记。内钙质层由外套膜的整个表面分泌产生，有时发出光泽，非常光滑。外套膜分泌的发光物质将一些异物（通常是寄生虫，比如吸虫幼体）包裹住，形成了珍珠的膜。

当不受干扰时，蛤将它的部分身体埋在沙或泥中，韧带向上，壳瓣朝腹侧略微打开。如果蛤受刺激移动，它将伸出肉足，像移动的犁头一样在泥里挖洞。它先将尖足向前延伸到泥中，通过转动或活动端膨胀（血液流入足内的空腔）来实现锚定。然后，足部肌肉收缩，向前拉动蛤的身体。对蛤这种移动缓慢的动物来说，它们的壳十分笨重，很难将猎物击倒。就像许多其他固着动物一样，蛤通过将水吸入身体并过滤出微生物和其他有机营养颗粒来摄食。蛤依靠其慵懒的生活习惯和重重的壳来保护自己。壳瓣可以通过两块大肌肉的收缩而紧紧地闭合，当肌肉松弛时，壳依靠有弹性的韧带打开。

壳内的内脏团位于背侧，在闭合壳的两块肌肉之间。外套膜覆盖住内脏团，并在腹侧延伸出两个外套叶，分别位于两个壳瓣下方。外套叶之间是外套腔。后端的外套叶形成开口（在一些蛤中，外套叶形成长管），水从中流入和流出。水流通过腹侧或入水孔进入外套腔，然后通过背侧或出水孔流出。

足两侧的外套腔内悬垂着一对折叠的薄鳃，上面覆盖着纤毛，可产生水流。水通过像筛子一样的鳃的微孔被吸入，在鳃表面留下过滤出来的食物颗粒。在鳃内，水通过管道向上流动，最后通过出水孔从后端流出。流经外套腔

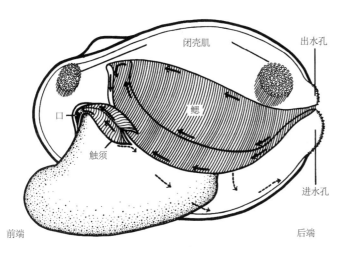

蛤的摄食依靠纤毛。在鳃表面被捕捉到的食物颗粒被运往口部，如图实线箭头所示。被拒绝的食物颗粒从鳃和触须中排出，如图虚线箭头所示（左壳瓣和外套叶未显示）

闭壳肌

出水孔

鳃

口

触须

进水孔

前端

后端

水流经过鳃壁中的微孔，使一小部分鳃膨胀，食物颗粒留在鳃的表面。鳃褶的内壁和外壁之间的空间被隔膜（血管在其中运行）分成垂直的水道

血管

孔

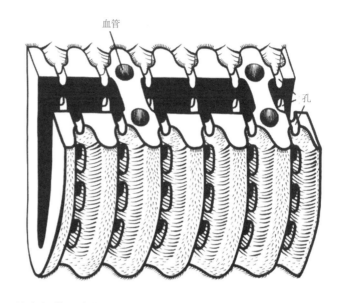

的水提供了食物和氧气，其流速取决于动物的类型、大小和许多其他因素，比如温度、水的化学成分、时间等。大型牡蛎的抽水速度可达到每小时40升。

留在鳃表面的食物颗粒在通过口部的时候，大多按照大小从淤泥和动物不愿摄入的其他材料中被稳定的水流分离出来。较重的沙或泥的颗粒从鳃的表面掉落到外套膜边缘，由外套膜上的纤毛向后运送，在后端排出。而较轻的颗粒被鳃分泌的黏液裹住，通过纤毛的摆动被运送到鳃的腹侧边缘，然后继续向前传送，直到与口部两侧的一对折叠的触须纤毛束相遇。在这个地方，食物会被进一步筛选，被选中的食物最终被送入口部。我们认为仅以微观颗粒为食的动物没有齿舌，而蛤也没有齿舌，这一点与我们的预期相符。

载有食物的黏液串缠绕在胶状旋转棒——晶杆上，通过狭窄的食道被吸入囊状胃中。晶杆位于肠道外的囊中，延伸至胃。食物与胃中的消化分泌物混合，晶杆不断地与胃板摩擦，其尖端缓慢溶解。然而，对只吃细分食物的动物来说，消化主要在胃周围的大型消化腺的细胞内进行，

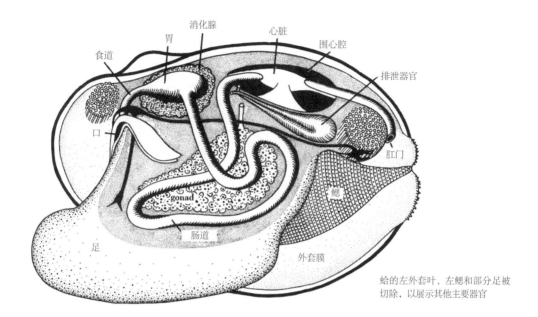

食道　胃　消化腺　心脏　围心腔　排泄器官　口　肛门　gonad　鳃　肠道　足　外套膜

蛤的左外套叶、左鳃和部分足被切除，以展示其他主要器官

这些消化腺是消化和吸收的主要器官。肠道从胃向腹侧延伸，在足部盘卷数圈后再次向背侧延伸，穿过围心腔，看起来就像穿过了心脏一样。肛门在出水孔附近与外界相通，粪便随水流和废液经一对管状排泄器官被排出体外。

蛤的循环系统由围心腔内的三腔心脏、封闭的血管和开放的血腔组成。如前所述，在运动期间将血液分流到足部的大血腔中可使足尖膨胀。在大多数双壳纲动物中，血液都是无色的，但含有不规则的细胞。一些蛤，特别是那些生活在氧气不足的地方的蛤，细胞内都含有血红蛋白。

双壳纲动物的简单神经系统可用于协调肌肉的缓慢运动。除了口和触须外，它们没有可识别的头部，对总把前端埋在泥里生活的动物而言，我们也不能期望过多。但是，它们有一对头部神经节，位于前端的闭合肌肉附近，后端的闭合肌肉附近有一对内脏神经节，足部附近还有一对神经节。足部神经节附近有两个平衡器。其中一个内脏神经节上有一簇黄色的感觉细胞，人们认为它们对水中的化学

从蛤的横切面图可以看到鳃悬浮在足和外套膜之间的外套腔内，还可以看到心和周围的围心腔，几截肠道以及其他器官

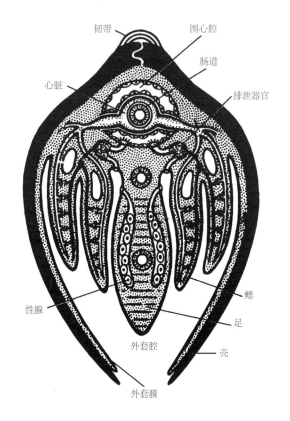

韧带

围心腔

肠道

排泄器官

心脏

性腺

鳃

足

外套腔

壳

外套膜

物质敏感。其他感觉细胞散布在外套膜上，尤其是在外套膜边缘，以及进水孔和出水孔附近的小突起上。这些细胞可能对光和触碰有反应。当蛤受到刺激时，会撤回足和外套膜边缘，两个壳瓣紧紧关闭。

　　双壳纲动物的生殖系统由一对叶状性腺组成，它们在排泄器官的开口附近打开，以便配子或胚胎能随水流排出体外。这种动物为雌雄异体。大多数海洋双壳纲动物将精子或卵子排入海中，在那里完成受精。受精卵先发育成担轮幼体，然后发育成面盘幼体。在淡水蛤和一些海洋物种中，只有雄性会将配子释放到水中，雌性的卵则待在鳃室内，在那里它们与随水流进来的精子结合。胚胎在母体的鳃室内发育成面盘幼体或幼年个体，并通过出水孔排出体外。

淡水蛤的受精卵在鳃室内发育成钩介幼虫，大量的钩介幼虫被排出体外并进入水中。为了进一步发育，它们必须在几天内附着在鱼的鳍或鳃上。对一些蛤而言，路过的鱼会对它们形成刺激，雌蛤会直接向鱼喷射出一团钩介幼虫。对于其他物种来说，当鱼路过时，自由游动的钩介幼虫受到刺激，壳瓣的开合动作会增加。大多数钩介幼虫都无法附着到鱼身上，而是慢慢沉到水底，然后死去。但如果它们能够将壳瓣紧紧地夹在鱼的组织上，它们就能像寄生虫一样生活，直到发育成幼蛤。之后它们从鱼身上掉落下来，开始独立的成年生活。

钩介幼虫

足

幼蛤

淡水蛤生活史中的幼年阶段（勒费夫尔和柯蒂斯）

牡蛎的面盘幼体长有双壳瓣，从壳上长出了纤毛罩膜和小圆足。罩膜和足后来都消失了，成年蛤用一个壳瓣固着在岩石或其他坚硬的基质上生活。图中幼体来自加利福尼亚州莫斯码头的国际贝类海水养殖场（R. 布克斯鲍姆）

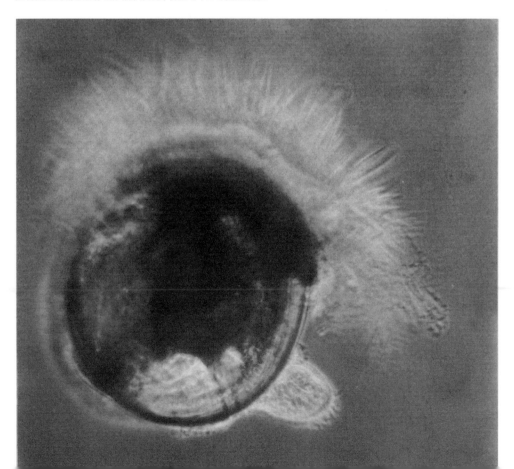

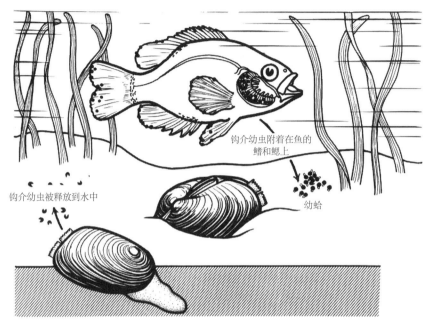

钩介幼虫附着在鱼的鳍和鳃上

钩介幼虫被释放到水中

幼蛤

淡水蛤的生活史（勒费夫尔和柯蒂斯）

贻贝生活在岩石海岸上，不像牡蛎那样黏附在岩石上，而是通过足部分泌的一束黏性很强的蛋白质丝附着在岩石上。贻贝味道鲜美，但与其他双壳纲动物一样，当地会有明确的捕捞采集限制。贻贝若摄食了某些甲藻，体内就会有剧毒。有时水中含有大量可供贻贝食用的有毒生物，尤其是从春末到秋季，因此在这些季节是禁止采集贻贝的。人们必须认真对待贻贝的检疫工作，因为一旦误食有毒的贻贝，就有可能致命，尽管这些有毒物质似乎不会伤害到贻贝。摄于法国海岸城市罗斯科夫（R. 布克斯鲍姆）

马蹄蛤（碎蚶属）的足很小，从来不移动。虽然它的长度超过30厘米，是最大的蛤之一，但它与一些碎磲属巨型蛤相比则会相形见绌，碎磲属动物可能长达150厘米，重250千克，甚至更多。摄于澳大利亚（O.韦伯）

樱蛤外套膜的长管——虹管的尖端有进水孔和出水孔。有了虹管，蛤就可以挖洞并钻入泥里，躲避很多以蛤为食的捕食者。同时，蛤仍能保持其摄食水流和呼吸气流。图中的樱蛤用长长的虹管扫过泥的表面，吸入食物颗粒。摄于加利福尼亚蒙特利湾（R.布克斯鲍姆）

扇贝习惯性地待在沙底休息。当它们受到干扰时，会通过开合两个壳瓣四处游动。外套膜边缘是一排坚硬如钢的蓝色眼。可关闭壳的大肌肉只是扇贝身体可食用的一部分。摄于马萨诸塞州伍兹霍尔（R.布克斯鲍姆）

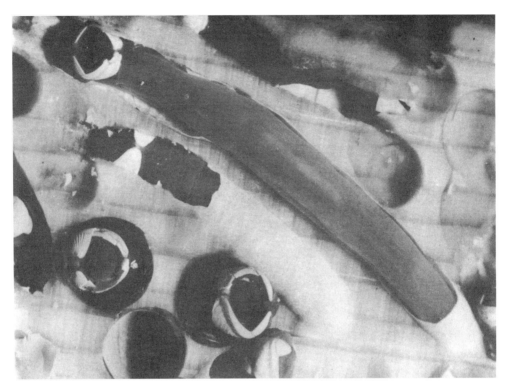

在一块被劈开的木头上的洞（直径约为5毫米）中可见钻木的双壳纲动物。这种生物俗称船蛆，但它们根本就不是蠕虫，而是加长型的蛤。它们有两个壳瓣，仅包裹了身体前端的一小部分。船蛆的表面呈嵴状且有些粗糙，当它们前后旋转时会磋磨木头。船蛆通过呼吸气流以木头颗粒和微生物为食。船蛆对码头木桩和船只每年会造成数百万美元的损失。图为保存的船蛆标本（R. 布克斯鲍姆）

头足纲

像鹦鹉螺、鱿鱼和章鱼等迅捷的掠食性头足纲动物，与滤食性动物迥然不同。对头足纲动物来说，被分成许多腕的足部与头部紧密相连。与腹足纲动物一样，头足纲动物的壳也有不同程度的缩减。鹦鹉螺有一个大型钙质螺旋状外壳，鱿鱼只有一层薄薄的未钙化的壳嵌在外套膜中，而章鱼根本就没有壳。

通过描述鱿鱼的某些特征，我们会发现头足纲动物如何使软体动物的结构更加适应自由游动的生活方式。尽管大多数两侧对称动物的身体都在前后方向上拉长，但鱿鱼的长轴贯穿背腹。因此，鱿鱼通常以腹侧面向前的姿势游动，较长的背侧面在后。上表面在结构上是腹侧和前部，下表面在结构上是背侧和后部。你必须让鱿鱼的腹侧区域或足部向下，锥形末端向上，才能将其与蜗牛或蛤的身体进行比较。

鱿鱼并不是用厚重的壳来保护自己，在面对危险时，它们主要靠跑得快。鱿鱼的壳已经退化，代之以有纹理的羽毛状板，埋在上表面的外套膜之下。外套膜厚且结实，是主要的游泳器官。在尖尖的后端，它的表面延伸成一对三角形鳍，起到稳定身体的作用。外套膜止于颈部周围的

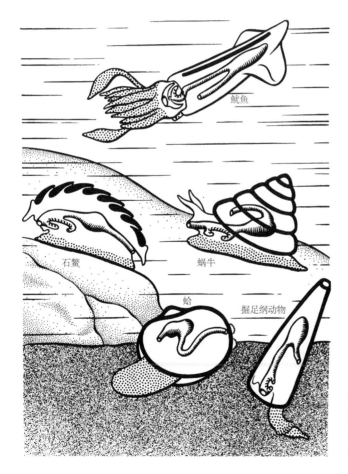

不同的软体动物群体具有不同的结构。在本图中，阴影部分表示消化管，足部用点表示，壳用黑色粗线标记。让鱿鱼的头部和足部朝下，就可以方便地将其与其他软体动物做比较

领，颈部位于头部和内脏团之间。漏斗（源于足的一部分）从头部下边的领伸出。当外套膜放松时，水进入领周围的外套腔。外套膜收缩时，领紧紧封住内脏，水被迫通过漏斗排出。鱿鱼因为看见猎物而非常兴奋时，外套膜会紧缩，从漏斗中挤出一股水流。漏斗的尖端向后弯曲，射出的水流推动鱿鱼快速向前移动，去抓住猎物。如果鱿鱼受到威胁，漏斗就会向前射出水流，鱿鱼则会像鱼雷一样向后快速逃逸。这是鱿鱼躲避危险的惯常行为。受到攻击时，鱿鱼可能会从墨囊中射出一团墨水。墨水起到"烟幕"或黑色物体的作用，可以分散捕食者的注意力，鱿鱼借此机会从另一个方向逃离。从肛门、性腺和排泄器官排出的废物也要经由漏斗排出体外。

除了漏斗外，口部周围的10个带有吸盘的腕也是由鱿鱼的足部衍生而来的。当鱿鱼游动时，腕会聚在一起，以便于转向。其中有两只腕比其他腕更长也更纤细，可向前伸展抓住猎物并将其拉向口部。口边的其他腕紧紧地抓住猎物，口里的两个强有力的硬颚将猎物刺穿，然后迅速吞

通过扩张或收缩身体上的黑色素斑点，鱿鱼的颜色可能会变深或变浅。当鱿鱼变得兴奋或在不同的基质上游动时，它们的颜色就会发生变化。鱿鱼成群游动，捕食甲壳动物、鱼类和其他动物。摄于新西兰（W. 多克）

下去，齿舌的作用反而变得微不足道。

　　鱿鱼之所以拥有主动的生活方式，是因为它比固着的蛤具有更加精密的呼吸系统和循环系统。然而，鱿鱼必须生活在气体含量充分的水中，在它们的许多双壳纲亲戚茁壮成长的低氧环境中，鱿鱼是无法存活的。鱿鱼要持续收缩和扩张外套膜，为外套腔里的两片鳃提供有力的水循环，这个过程要消耗大量的能量。其他软体动物的血液通过无内衬的血腔缓慢而不规则地流动，与这些软体动物的

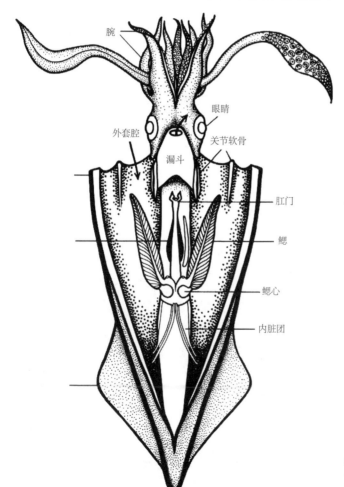

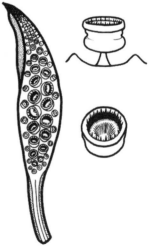

鱿鱼的器官。领通过三个互锁的软骨槽和嵴与内脏团连接。水进入领周围的外套腔，并从漏斗流出，如箭头所示

鱿鱼的吸盘抓住了猎物。左图：其中一只长腕的尖端。右图：每个吸盘都由肌肉柄连接，衬有齿状角质环

开放式循环系统不同，鱿鱼的循环系统是封闭的。血液在上皮的分散血管内流动。组织里布满了小而薄的血管网络——毛细血管，在这里气体可迅速进行交换。通过血液的特定化学性质也可以促进呼吸交换。此外，还有不同的泵送机制使血液可以通过鳃进入其他器官。脱氧血液进入两个鳃心，从中泵出血液。这为血液提供了新的动力，使血液以更高的速度和压力流过鳃。来自鳃的新鲜含氧血液进入单个的系统性心脏，从中再次泵出至各个器官。

泰国曼谷周日市场上的一家小餐馆里悬挂出售的鱿鱼。这种长达0.5米的鱿鱼可能会被切片煮汤

　　鱿鱼的神经系统极其复杂且高度集中，与缓慢移动的蛤形成鲜明的对比。蛤和其他软体动物的几对神经节散布全身，而鱿鱼的神经节十分集中，融合成围绕着食道且位于眼睛之间的脑。这使不同的神经控制中心以高度集成的方式实现快速通信。除了嗅觉器官和一对平衡囊之外，鱿鱼还有两只大大的成像眼。它们的构造非常像人类和其他脊椎动物的眼睛，但却从截然不同的方式发育而来。如果具有相似功能的结构出现在两个亲缘关系较远的动物群体中，且它们不可能具有共同的祖先，那么这些身体结构一定是两个动物群体独立进化而来的。因此，鱿鱼眼睛和人类眼睛的相似性可能是由趋同进化引起的。

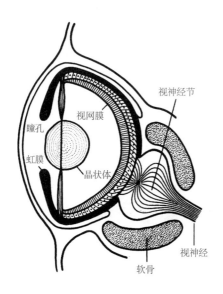

鱿鱼的眼睛与人类或其他脊椎动物的眼睛相似，其基本原理与照相机相同，所以叫作"相机眼"。照相机包含一个暗室，光线只能通过横隔板上的一个小孔进入；眼睛里的瞳孔是通过虹膜打开的。在相机（眼睛）中，镜头将光线聚焦在光敏膜（眼睛的视网膜）上

（图中标注）视神经节　视网膜　瞳孔　虹膜　晶状体　视神经　软骨

　　鱿鱼和鱼类有高度发达的眼睛，也有已知最复杂的发光器官。除了能产生光的细胞之外，它们还有透镜组织、反射细胞、色素层、滤色器和皮褶（像暗舱帘一样避光或让光通过）。两个动物群体中都出现了这些器官，这是趋同进化的另一个例子。毫不奇怪，生物发光是一种普遍现象，在一半左右的动物门中都存在。

生物发光在淡水生物中很少见，但在海洋生物中很常见，比如细菌（一些发光鱿鱼或发光鱼的光，实际上是由生活在发光器官中的共生细菌产生的）。原生动物（甲藻）是海洋中大部分亮光的制造者。发光的海洋无脊椎动物包括：许多刺胞动物和栉水母，多种软体动物（比如鱿鱼）和环节动物，一些虾和其他甲壳动物，少量棘皮动物和半索动物，以及一些海洋被囊动物。陆地发光的动物包括：蜈蚣和马陆，我们熟悉的萤火虫（甲虫），以及大型发光蘑菇和较小的真菌（有时会导致腐烂的木材发光）。

发光鱿鱼大多生活在永恒黑暗的深海中（C. 春）

生物发光的价值确实因生物而异，只在少数情况下是明确的。鱿鱼发光可能是为了惊吓或迷惑捕食者，也可能是为了吸引猎物，或者使同类聚集在一起。在某些海洋蠕虫和萤火虫中，生物发光与交配有关，这显然有助于识别个体的物种、性别和吸引配偶。环节动物的发光原理更加难以理解，因为其成虫总是生活在地下或者不透光的环境中，我们也很难弄明白船蛆的发光原理。

事实证明，研究生物发光的化学基础更容易。我们发现许多生物发光都需要氧气，并且涉及发光组织中两种不同物质的相互作用。其中一种物质是相对稳定的化合物，叫作萤光素；另一种是易于被热量破坏的酶，叫作萤光素酶。在氧气存在的条件下，如果在试管中将萤光素和萤光素酶混合在一起，就会发光。混合物会持续发光，直到所有的萤光素都被氧化。之后，如果添加更多的萤光素，则会再次发光。大多数发光动物不能持续发光，但受到干扰时可迅速发光，所以它们一定能以某种方式控制发光化学物质的混合过程。研究人员已对一些少数生物的萤光素和

这只大王鱿（也叫巨乌贼）于1954年滞留在挪威兰海姆，总长度为9.24米，与最大的记录样本——长18.3米（外套膜长度为5.2米），重达1 000千克或更多——相比仍然较小。除抹香鲸外，这类巨型鱿鱼的捕食者很少（E. 西韦特森）

萤光素酶进行了详细的化学分析，甚至在实验室中做了合成。不同动物群体的发光物质各不相同，但亲缘关系近的物种的萤光素和萤光素酶可以交叉反应并发光。某些鱼类和甲壳动物的萤光素和萤光素酶之间的活跃交叉反应，使研究人员忍不住怀疑鱼类的萤光素是通过食用甲壳动物获得的。一些动物拥有改良版的萤光素–萤光素酶系统，而其他动物的发光化学机制则各不相同。

大王鱿是所有无脊椎动物中最大的一种，许多海怪故事都与它们有关。这些故事经常包括海怪攻击渔船的情节。但现实中却发生了鱿鱼惨遭人类毒手的事情。1861年，法国轮船阿勒克顿号在大西洋遇到了一只鱿鱼，这只不幸的怪物遭到了船员的猛烈攻击。后来，人们在巴黎科学院听到了该船船长对当时情况的描述："在与这只怪物几番较量后，我们用了大约10发火枪炮弹击中了它，终于有机会靠近这只怪物了。我们又抛出鱼叉和套索，但这只怪物力大无比，竟然从鱼叉下逃走了。我们只获得了它的一部分尾巴……军官和船员恳求我放下一艘小船，他们想再次抓住它……但我担心在近距离的接触中，怪物可能会用长腕上的吸盘吸住船的两侧，使它倾覆，也许还会用腕把几个船员的喉咙死死卡住……我觉得自己不能拿船员的性命开玩笑……所以尽管大家捕杀怪物的兴致很高，我还是决定放过这个没了尾巴的怪物（改编自法吉耶的旧版画，并参照了阿勒克顿号上的一名军官绘制的图画）

欧洲横纹乌贼在结构和习性上与鱿鱼类似。它的壳是一种嵌入肉质外套膜的钙质板，是笼养鸟类补充钙质的重要来源。墨囊中含有丰富的棕色色素，曾被艺术家广泛使用。摄于蒙特卡洛（R. 巴尔巴）

章鱼几乎没有壳。与长着10条腕的鱿鱼不同，章鱼只有8条腕，大多是底栖头足纲动物。它们用腕拉动自己翻过岩石，或者通过从漏斗里排出水进行短距离的游动。章鱼家门口有时堆着些许蟹壳，我们可以借此找到章鱼在岩石中的栖身之所。章鱼通常用一对角质颚和齿舌撬开螃蟹食用。据我们所知，章鱼是最聪明的无脊椎动物，人类已经深入研究了它们的学习能力和精妙的视觉分辨力。美国西北海岸的巨型章鱼可能重达50千克（R. 布克斯鲍姆）

鱿鱼和脊椎动物趋同进化的另一个例子是体内软骨支架的发育。鱿鱼有许多用于支撑肌肉或形成互锁表面的体内软骨，但其中最有趣的是围住并保护脑的大软骨，这让我们联想到脊椎动物的脑。鱿鱼可能比其他无脊椎动物更有可能朝着快速移动的捕食性海洋脊椎动物的方向进化：体型庞大，呈流线型，移动迅速，有内部骨骼支撑，有精密的呼吸系统和循环系统，还有脑和高度发达的感觉器官。

章鱼母亲保护着章鱼卵并时刻保持卵的清洁，还为之提供氧气。这些卵与其他头足纲动物的卵一样含有大量的卵黄，能直接孵化成章鱼幼虫，但纤毛幼虫不会自由游动。图中的这些卵是由佛罗里达州万药城的一只小型章鱼在海扇壳中产下的（R.布克斯鲍姆）

尽管有壳的头足纲动物是古代海洋中的主要成员（已知有几千个化石物种），但热带印度洋和太平洋中的少量害羞的鹦鹉螺是至今唯一存活的具有外壳的头足纲动物。鹦鹉螺似乎在夜间比较活跃，使用大约90个短触手去抓捕螃蟹和鱼类；白天则在珊瑚裂隙中休息。摄于菲律宾（N. 黑文）

该鹦鹉螺剖面图显示出它的多腔壳的螺旋状结构。腔室内充满了数量可变的气体和液体，它们通过调节浮力的大小，使鹦鹉螺可在不同深度的水中游泳。随着鹦鹉螺的不断生长，新的腔室不断被密封住（美国国家历史博物馆）

　　通过将鱿鱼、蛤与蜗牛和其他软体动物做比较，我们看到动物的基本结构可能会因适应特定的生活方式而发生改变，动物的身体结构更多地反映了它们的生活方式，而不是与其有亲缘关系的其他动物群体与它们之间的关系。

第 16 章　环节动物

　　动物界里有超过半数门的成员都是蠕虫，蠕虫这个名字似乎适用于所有长度大于宽度的无脊椎动物。但如果跟大多数人，尤其是那些喜欢钓鱼或做园艺的人说起蠕虫，他们首先想到的就是蚯蚓。由于蚯蚓已经适应了以土壤中广泛分布的丰富的腐烂有机物为食的生活方式，在全世界潮湿的土壤中随处可见它们的影子。达尔文曾仔细研究过蚯蚓的活动并得出结论：没有哪种动物能像蚯蚓这种低等动物那样为人类的历史做出如此突出的贡献。从那时起，人们就认识到蚯蚓在增加土壤养分和农业发展方面发挥了重大的作用。

　　蚯蚓最显著的特征是它们具有环形的身体，这种构造不仅体现在外部，也涉及几乎所有的内部结构，蚯蚓所属的门因此被称作环节动物门。在这种分节结构中，每个环就是一个体节。描述蚯蚓的一个体节，就差不多相当于描述了整只蚯蚓。

　　与其他穴居动物一样，蚯蚓的身体呈流线型，头部没

重复的身体部位是环节动物结构的一个主要特征

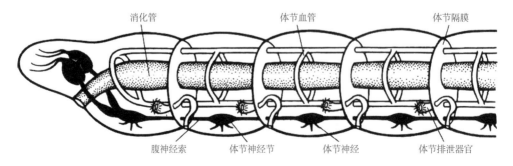

消化管　　　　　　体节血管　　　　　　体节隔膜

腹神经索　　　体节神经节　　　体节神经　　　体节排泄器官

蚯蚓生活在地下，除非被粗暴地挖出来，否则它们会终日待在洞穴里躲避阳光。为了能清楚地描绘蚯蚓的样子，这只可怜虫被挖了出来。它正准备用尖尖的身体前端再次挖土。除了分泌卵囊的腺体区域——环带之外，它的身体呈非常明显的环形（R. 布克斯鲍姆）

有显著的感觉器官，身上也没有任何突出的附肢，因为突出的头部或附肢会妨碍蚯蚓轻易地钻进土里。蚯蚓身体的外层是薄而有弹性的胶原角质层，由下方的上皮分泌而成。在上皮下面是一层环肌，然后是一层纵肌。这几个层一起构成了体壁。肌肉沿着蠕虫的身体纵向分布，但被体节之间的隔膜分开。

蚯蚓的每个体节上有4对刚毛，它们从体壁内的4个小囊中伸出，在肌肉的控制下伸展或缩回。刚毛可将蚯蚓固定在其洞穴中，它们的抓地力很强，以至于许多饥饿的小鸟和想捉蚯蚓当作诱饵的人都无法成功地捕获它们。刚毛的主要功能是辅助运动。当蚯蚓行进时，随着纵肌和环肌的交替收缩，身体不断进行连续的增厚和变薄运动（每分钟7~10次）。每到一个地方，虫体都会适时地凸出，将刚毛伸展出来并抓住洞壁。随着虫体呈波浪状地舒展和收缩，伸展的刚毛缩回，凸起的体节变薄并向前移动，每次可移动2~3厘米。

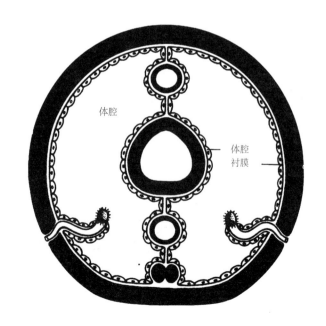

图为环节动物的横切面，可见体腔及其中胚层内衬。体腔内衬覆盖了消化管和排泄器官，并形成了具有支撑作用的肠系膜，主要血管分布其中，肠系膜位于消化管的上下两侧

体腔

体腔衬膜

蚯蚓身体构造的一个重要组成部分是具有中胚层内衬的体腔，这个位于蚯蚓体壁和消化管之间的大型体腔内充满了液体。体腔液充当流体骨骼，肌肉围绕着流体骨骼收缩。当肌肉波经过时，隔膜会阻止体腔液在不同体节之间流动。肌肉收缩产生的力被有效地局部化，并通过流体静压传递到每个体节的体壁。

蚯蚓的纵肌层、环肌层、充满液体的体腔和体节的组合，使其具备较强的钻洞能力。环节动物若缺乏隔膜和体腔，则无法做到这一点。

体腔的另一个重要的优点是，它将体壁与消化管分隔开，使两者都能进行肌肉收缩运动而互不干扰。尽管体腔液与循环系统没有直接关联，但它浸润着所有内部器官，对循环系统起到补充的作用。体腔也在排泄和繁殖的过程中发挥作用。

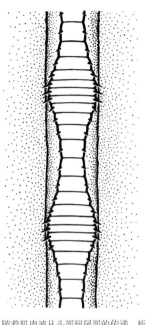

随着肌肉波从头部到尾部的传递，蚯蚓在它的洞穴中向上移动，每个体节的刚毛连续地伸出或缩回

蚯蚓的每个体节内的中胚层内都形成了一对空腔，体腔由此产生。这些空腔扩大，其薄薄的中胚层内衬产生了一系列成对的体腔囊。体腔囊的内壁包裹着消化管，在中线处形成双层的体腔内衬——肠系膜，来支撑上下的肠道。蚯蚓和许多其他环节动物的一部分腹侧肠系膜在胚胎发育的过程中消失，左右两侧的体腔在腹侧汇合。体腔囊的前部和后部形成了隔膜。

体腔对动物而言至关重要。按照是否有体腔，动物通常被分成两大类，即有体腔的动物和无体腔的动物，由此也能大致区分出高等无脊椎动物和低等无脊椎动物。我们讨论过的许多动物，它们的消化管和体壁之间都出现了体腔。但在蛔虫和轮形动物等动物中没有确定的中胚层内衬，所以即使它们的内部构造具有许多相同的功能，也不能认定它们是有体腔的动物。苔藓动物、腕足动物和箭虫的体腔很大，软体动物和后面章节中描述的节肢动物的体腔仅限于某些器官的狭小空间。

所有的脊椎动物都有体腔，但其发育方式与环节动物不同，并且有可能是独立进化出来的。人类的体腔可分为腹腔、心腔和两个胸腔。体腔内衬被称为腹膜，当它感染时，比如因阑尾炎而感染，会引发腹膜炎。

在泥土松散的地里，蚯蚓可以通过将泥推向四周来轻

来自哥伦比亚的巨型蚯蚓是一种中等大小的蚯蚓，它的长度为30厘米，约有180个体节，而一些陆地巨型蚯蚓有500~600个体节。一些小的水生寡毛纲环节动物只有7个体节（R. 布克斯鲍姆）

松地挖洞，但在紧致的泥土中，蚯蚓实际上必须吞下泥土才能钻洞。蚯蚓花费大量时间将土壤吞下，再以我们熟悉的排泄物形式堆放在洞口周围的地面上。吞咽土壤不仅是挖掘洞穴的一种手段，也是一种摄食方式。通过消化管的土壤包含各种有机物：种子、腐烂的植物、动物的卵或幼虫，以及小动物的活体或尸体。这些有机成分会为蚯蚓提供营养，而大部分土壤则只是穿肠而过。当地面上有大量的叶子时，蚯蚓会将叶子拖进洞穴中，但不会有很多的排泄物堆在洞口。当吃下的叶子很少时，排泄物的数量就会增加。

蠕虫对土壤的影响很大。蚯蚓洞穴可使空气渗透到土壤中，改善排水状况，从而使植物根部更易于向下生长。蚯蚓在它们的砂囊内研磨土壤，筛除无法吞咽的较大石块，这是最有效的土壤耕作方式。被蚯蚓拉入地下的叶子只是部分被消化，它们的残余物与蚯蚓的排泄物完全混合。然后，这种有机物被土壤中的微生物进一步分解，以植物可吸收的形式释放出养分。如此一来，蚯蚓可帮助产生肥沃的腐殖质，除了干旱或其他条件差的地区外，腐殖质几乎无处不在。

因此，当土壤中存在蚯蚓时，农业生产力通常较高。在原本没有蚯蚓的土壤中引入蚯蚓，可增加作物产量。遗憾的是，农业的发展并没有回馈蚯蚓同样的益处，蚯蚓通常在犁地和播种后大量减少，特别是在人们使用大剂量的农药后。当土地中的植物材料增多时，蚯蚓数量下降的趋势会减缓。

据估计，在温带地区，蚯蚓松土每年可使地面的泥土增厚1厘米，平均分布的话就是每公顷90吨。不同层的土壤得以彻底混合，种子被泥土覆盖继而发芽，地面上的石头和其他物体则被埋在地下。这样一来，古老的建筑物也得以继续保存。

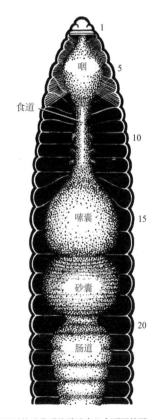

咽

食道

嗉囊

砂囊

肠道

1
5
10
15
20

蚯蚓的消化系统前端有几个不同的区域，其后是均匀的肠道。两对钙腺在第11和12体节

蚯蚓之所以是松土能手，得益于它们的消化系统，而且消化系统是唯一不受蚯蚓的分节体型影响的系统。蚯蚓的身体从前端的口部到后端的肛门，被分为许多区域，每个区域都有其特殊的功能。食物进入口部，经咽部吞下，然后通过两侧长有钙腺的狭窄食道。这些腺体将碳酸钙分泌到食道中，去除蚯蚓从食物中获得的过量钙和代谢产生的二氧化碳。如果腺体被移除，蚯蚓就会处于高浓度的二氧化碳条件下（比如在蚯蚓的洞穴中，二氧化碳含量高就是常态），体液呈酸性，钙含量过高。

食道通向一个大型薄壁囊——嗉囊，嗉囊只作临时储存食物之用，因为食物在这里几乎没有变化，也不会在这里久留。嗉囊的后面是另一个囊——砂囊，砂囊具有厚厚的肌肉壁，借助蚯蚓吞下的矿物质颗粒和小石块彻底研磨食物。食物从砂囊经过长而均匀的肠道，在那里被消化，残渣被运往肛门。肠道的顶部向下倾斜并折叠，这可以增加消化和吸收的表面积。肠壁中层叠的肌肉的收缩可产生蠕动——一系列有节奏的收缩波可推动食物的流动。肠壁中也有大量的血管，消化的食物通过循环系统被分配到身体的其他部位。

蚯蚓的循环系统是封闭式的，包含遍布全身的血管。中间的收缩性背侧血管位于消化管上方，贯穿整个身体，

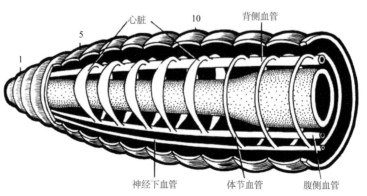

蚯蚓的前部循环系统。背侧血管中的血液向前流动，并通过5对心脏向下流入腹侧血管。在心脏前方，背侧和腹侧血管中的血液向前流动到头部，然后经神经下血管向后流动。在心脏后面，腹侧血管中的血液向后流动并进入体节血管

心脏　10　背侧血管

5

1

神经下血管　体节血管　腹侧血管

是主要的收集血管。血液在背侧血管里被有节奏的蠕动波驱动着向前流动。悬挂在腹侧肠系膜内消化管下方的中间非收缩性腹侧血管，是主要的分配血管。血液在腹侧血管里向后流动，进入体节血管，为各种器官供血。在食道区域（第 7 至 11 体节），血液从背侧血管经由 5 对扩大的横向肌肉血管流向腹侧血管，心脏泵送血液进入腹侧血管。在几乎每个体节中，血液都通过体壁的毛细血管床、消化管、排泄器官和神经索从腹侧血管流到背侧血管。毛细血管壁仅由单层的扁平上皮细胞组成，溶解的食物、含氮废物和呼吸气体在这里快速交换。毛细血管充分延伸，确保物质送达每个细胞的"家门口"，而无须通过缓慢的扩散过程进行长距离移动。血液携带大部分氧气直接溶解在血浆中，但约有 40% 的氧气与血红蛋白结合。如前所述，体腔液也有助于物质的循环。

　　蚯蚓虽然是陆生动物，但它们并不能真正解决陆地生活的问题。它们只能在潮湿的土壤中活动，在空气不怎么

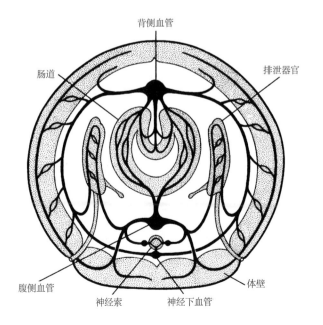

横切面图展示了蚯蚓的主要体节血管

背侧血管

肠道

排泄器官

腹侧血管

神经索

神经下血管

体壁

被蒸发的晚上出现，以此回避陆地生活问题。被早起的鸟抓住的并不是早起的蚯蚓，而是通宵熬夜的蚯蚓。日出后仍留在地面上的蚯蚓不仅有被白天的捕食者吃掉的危险，还会受到阳光的严重伤害。大多数蚯蚓白天都会撤回洞穴，在炎热干燥的天气里它们会挖更深的洞穴并藏身其中。在寒冷的天气里，它们会堵住洞穴的开口并再次去往最深处，那里通常会被拓宽成洞室，一只或者几只蚯蚓卷成球状一起挨过冬天。

　　太阳紫外线可能对陆地上的所有动物甚至是浅水区的动物造成伤害。经常暴露于阳光下的动物会形成皮肤覆盖物或色素，为自身提供部分保护。例如，人的皮肤在阳光下会被晒黑。但是，很少暴露在阳光下的蚯蚓体壁内也有一种红色素（原卟啉）。红色素使组织对紫外线敏感，短时的光照会导致一些蚯蚓瘫痪，长时间暴露在阳光下对蚯蚓而言是致命的。我们在雨后的浅水坑里看到很多死蚯蚓，也是出于这个原因。正如许多人认为的那样，它们并不是被水淹死的，因为蚯蚓完全可以在水中生存。然而，在下雨期间，大量水从地上渗入地下，淹没了蚯蚓的洞穴，这些水经过过滤，氧气含量很少。这就迫使一些蚯蚓来到水面，并被光线晒伤，很快它们就无法爬行了。

适应陆地生活的动物具有厚厚的不透水皮肤或表皮覆盖物，可防止皮肤过于干燥，但这也会阻止呼吸交换。这些动物要吸入氧气，就得通过特殊的呼吸装置，比如肺。然而，蚯蚓的呼吸交换方式与其水生祖先一样。因此，它们可以连续几个月完全浸没在水中而不死，但干燥一会儿却会死。蚯蚓的角质层很薄，而且必须保持潮湿，以便通过整个体表的扩散作用进行呼吸交换，体表下是毛细血管网络。表皮内的黏液腺和从背孔涌出的体腔液可使蚯蚓的体表保持湿润，背孔位于节间凹槽的中背线上。

蚯蚓的排泄系统是分节排布的，几乎每个体节内都有一对排泄器官。每个器官基本上都由一根管组成，管的一端通过纤毛漏斗与体腔连接，另一端通过腹孔与外界相通。当体腔液通过该管时，有用的物质被重新吸收，而从血液中提取的废物则被分泌到管内。蚯蚓的尿含有氨、尿素和其他含氮废物。

环节动物的排泄器官被称为肾管。每个肾管占据两个体节，带有纤毛的漏斗通向包含管体和外部孔的体节前端。虽然蚯蚓可以在有限的程度上调节水和盐的平衡，但它们对含水量的极端变化的耐受力颇让人吃惊。潮湿土壤中的蚯蚓的含水量约占其体重的85%。浸没在水中的蚯蚓将获得相当于它原来体重的15%的水量。若被放置在干燥的空气中，蚯蚓将失去相当于它体重的60%甚至更多的水量。

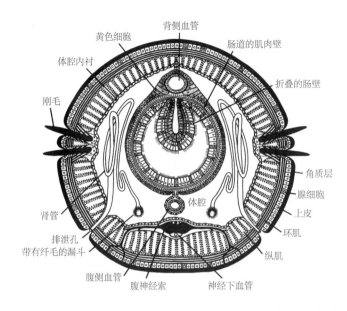

黄色细胞　背侧血管
体腔内衬　　　　肠道的肌肉壁
刚毛　　　　　　　　折叠的肠壁
　　　　　　　　　　　角质层
　　　　　　　　　　　腺细胞
肾管　　　　体腔　　　上皮
排泄孔　　　　　　　　环肌
带有纤毛的漏斗　　　　纵肌
腹侧血管　腹神经索　神经下血管

蚯蚓的横切面。每个肾管占据两个体节，带有纤毛的漏斗通向包含管体和外部孔的体节前端。图中仅显示了4对刚毛中的两对

肾管不是蚯蚓唯一的排泄渠道。除了前文提到的食道的钙腺，还有约一半的氮是由表皮分泌的黏液排出体外的。此外，肠道周围的体腔内衬和主要血管也被改良成特殊的黄色细胞。人们认为这些细胞参与氮的代谢和排泄，以及淀粉和脂肪的代谢及储存。由黄色细胞累积的色素颗粒被释放到体腔内，在那里这些色素颗粒连同外来颗粒（如细菌）被变形细胞吞噬。变形细胞会将废物沉积在体壁和体腔中的褐色体内。

蚯蚓前端的神经系统，消化系统在图中呈透明的颜色（W. N. 赫斯）

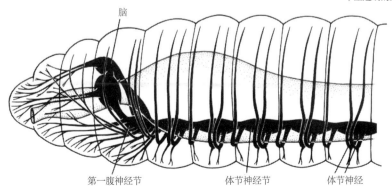

脑

第一腹神经节　　体节神经节　　体节神经

表皮感觉细胞

光敏细胞

感觉神经

陆生蚯蚓的感觉细胞。头部缺乏显著的感觉器官并不意味着蚯蚓对刺激不敏感。表皮内和表皮下部长有包含透明小泡的光敏细胞。在最常暴露于阳光下的身体前端和后端，该细胞最丰富，而在腹侧面则不存在。这种细长的细胞通常35~45个成群，每个细胞都像毛发一样穿过角质层凸出去，可能对触碰、温度变化或各种化学刺激敏感。味觉细胞在口内和口附近，蚯蚓似乎对食物有明确的偏好：如果有芹菜，它们就会忽略甘蓝；如果有胡萝卜叶，就会舍弃芹菜。蚯蚓的嗅觉很弱，对声音也没有反应。对于地下动物来说，更重要的是具备探测通过固体传播的震动的能力，蚯蚓对此类震动非常敏感。据说，收集蚯蚓的一种方法是，将桩子钉入地面，然后前后移动，使地面发生震动，蚯蚓就会从洞穴中爬出来。蚯蚓没有平衡囊，有人认为蚯蚓的引力感可能与其肌肉层中对拉伸或张力敏感的某些细胞有关（W. N. 赫斯）

蚯蚓的中枢神经系统像循环系统和排泄系统一样，整齐地分布在各体节内。脑——双叶背神经节——位于咽的上方，通过两根神经与咽下方的第一腹神经节连接。这两个神经节可向敏感的前端体节传递神经，被视为较高级的中枢。脑似乎能够指导身体的运动，对光和触碰做出反应。脑还具有重要的抑制功能，如果蚯蚓的脑被移除，蚯蚓就会不停地移动。如果移除其他神经，蚯蚓的行为几乎不受影响。移除第一腹神经节的一个明显影响是：蚯蚓不再进食，也不能以正常的方式挖洞。从第一腹神经节开始，一对神经索向身体后端延伸，将每个体节内的一对体节神经节扩展为三对体节神经。神经节接收皮肤感觉细胞的脉冲，并发送控制局部肌肉的信号。神经节协调脉冲，使纵肌在环肌收缩时放松，或者使环肌在纵肌收缩时放松。如果没有这种机制，两种肌肉的运动可能会彼此抵消，蚯蚓也就不能移动了。

在蚯蚓常见的蠕动中，在其身体上传递的平滑的肌肉波是不受前端的大神经节控制的，因为蚯蚓身体的几乎任何一段都能像整只蚯蚓那样蠕动。腹神经索的神经细胞将脉冲从一个体节传递到另一个体节，发挥部分协调蚯蚓运动的作用，其他协调作用是通过连续体节的机械刺激实现的。实验证明，在切断蚯蚓的神经索或体壁后，协调性运动可以继续进行，但如果神经索和体壁都被切断，蚯蚓将无法进行协调性运动。

腹神经索的小神经纤维内的脉冲传播缓慢，在神经纤维之间传播还会发生延迟。蚯蚓通过伸缩身体蠕动的速度仅为每秒25毫米左右。但是，蚯蚓也能更快地移动。如果它从洞穴伸出的前端受到一些强烈的不利刺激，整个身体的纵肌就会收缩，蚯蚓几乎立刻消失在洞穴里。这种反应需要非常快速的神经传递。我们确实发现腹神经索中的某些巨型纤维可以长距离，甚至以整根神经索的长度进行传递。这些神经纤维中的脉冲在各体节之间没有明显的延迟，传递速度达到每秒45米，堪称无脊椎动物的最高纪录。哺乳动物运动神经的传递速度可以达到每秒120米，但考虑其体温更高，而且蚯蚓是用直径小得多的神经纤维实现的，权衡之下蚯蚓的神经传递速度已经非常快了。

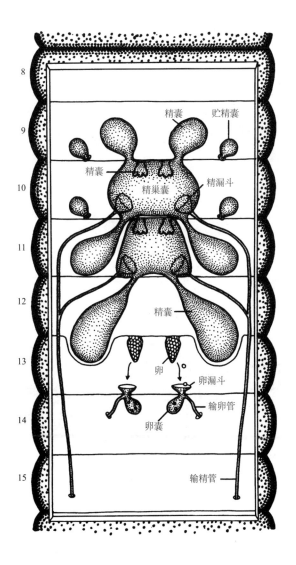

蚯蚓的生殖系统位于身体前端，每个器官在特定的体节内。雄性配子由位于第10和11体节内的两对精巢产生，两对精巢都位于精巢囊内（图中用透明底表示）。精巢囊与精囊相通，配子在精囊内发育成熟。成熟的精子回到精巢囊，进入漏斗，穿过输精管到达第15体节腹侧面上的两个雄性生殖孔。两对贮精囊位于第9和10体节，经由生殖孔通向腹侧面。在交配期间，贮精囊会接收另一只蚯蚓的精子。卵在第13体节的一对卵巢中形成，当它们成熟时，将从卵巢脱落并进入第13体节后面的两个卵漏斗中。卵漏斗与卵囊相连，卵囊内储存着成熟的卵。输卵管通向第14体节腹侧面上的两个雌性生殖孔

蚯蚓的生殖系统很复杂，在许多方面都与大多数环节动物（海洋动物）有所不同。蚯蚓为雌雄同体，这种情况在平日里彼此不常碰面的动物群体中很常见，它们的相遇大多是偶然。如果所有个体都是雌雄同体的，当两只动物遇到时，就能互换精子，从而充分利用每一次相遇的机会。蚯蚓生殖系统的复杂性部分源于其每个个体的卵子和精子是分开的，以避免自体受精。此外，为了适应陆地生活，蚯蚓的生殖系统发生了改变，以保护配子和发育中的胚胎不会受到干燥环境的不利影响。

正在交配的蚯蚓将它们的腹侧面贴近并交换精子，接收的精子将使卵子受精。虽然蚯蚓同时具有雄性和雌性生殖系统，但它不会自体受精。照片摄于夜晚的芝加哥公园（L.凯宁伯格）

蚯蚓的仰视图，它的前端抬起，可见4排刚毛。环带的厚实表皮使得该区域的刚毛和外部分节变得模糊。陆生蚯蚓的环带位于第31或第32至37体节

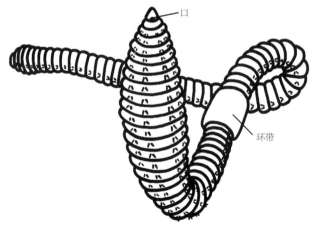

蚯蚓的交配过程一点儿也不简单。在生殖季节，即从春季到初秋，当雨后地面变得潮湿时，蚯蚓可能会在夜间出现并在地面上蠕动一段距离，等待交配。在蚯蚓数目众多的地方，它们会伸出前端并与相邻洞穴中的蚯蚓交配。两只蚯蚓的头朝向相反方向，前端的腹侧面紧紧贴在一起并分泌黏液，直到它们都被包裹在从贮精囊（第9和10体节）开口至环带的后端边缘（第37体节）的黏液鞘中。环带是一个厚厚的腺表皮环，在交配期间，与伴侣的贮精囊相对。精子从输精管（第15体节）的开口排出，沿着纵向凹槽（由黏液鞘覆盖）向后移动，直到它们到达环带并进入另一只蚯蚓的贮精囊。然后两只蚯蚓分开，产卵和受精在交配后发生。

哥伦比亚巨型蚯蚓的卵囊大小适中，可使其存放在地面下方。陆生蚯蚓产下的卵囊呈柠檬状，长度不到1厘米（R. 布克斯鲍姆）

当产卵过程开始时，环带的腺细胞产生分泌环。分泌环迅速硬化，蚯蚓开始向后蠕动，并慢慢摆脱它。当分泌环经过输卵管（第14体节）的开口时，它将收到几个成熟的卵。当它通过位于前端的贮精囊（第9和10体节）的更前端的开口时，它将收到交配期间由另一只蚯蚓存放在那里的精子。卵的受精发生在环内，环最终滑过蚯蚓的前端，两端封闭形成密封的卵囊（有时叫作茧）。在土壤里的卵囊内，合子发育成蚯蚓幼虫，幼虫最终从卵囊中出来，开始面对外界的危险。

除了前文讨论过的一些外界危险（特别是干燥环境）外，蚯蚓还会感染不同的寄生虫，并面临各种捕食者。捕食蚯蚓的动物包括青蛙、乌龟、蛇、鸟、鼹鼠、獾、狐狸和人（偶尔会发生，比如澳大利亚原住民和新西兰的毛利人会捕食蚯蚓）。还有很多人虽然不想吃蚯蚓，却用锋利的花园铲肆无忌惮地虐杀它们。也许蚯蚓不像我们想的那样死伤无数，因为至少在一定程度上它们的头部和尾部可以再生。蚯蚓的再生程度取决于它们的物种和切分的位置。因此，当你还在同情被人切断的蚯蚓时，要是幸运的话，它可能已经再生成一条（甚至两条）完整的蚯蚓了，它（们）也可能不计前嫌，忙着改善某个人家花园里的土壤呢。

多毛纲

蚯蚓并不是数目最多的环节动物，多毛纲中的海洋蠕虫才是。它们因附肢（叫作疣足）上的许多刚毛束而得名，疣足指从每个体节侧面凸出的肉质叶。多毛纲环节动物是最常见的海岸动物之一，其生活方式和摄食方式多种多样。它们中有些属于自由的食肉动物、食草动物、食腐动物，会在水底爬行或在水中游动以寻找食物，还有一些则在沙或泥中挖洞，以基质内和基质上的生物及有机物为食，或者终生待在管中，通过过滤的方式摄食。它们的疣足起到小腿或桨的作用，通过肌肉有力的起伏运动，辅助整个身体的运动，或者在水流中自如地穿过洞穴。同时，这些疣足增大了呼吸交换的面积。

多毛纲动物之所以能够主动地爬行或游泳，主要是因为它们特化的头部具有明显的感觉结构：复杂的眼睛和多种感觉触手，外翻的长有几丁质颚或牙齿的咽，以及大量类似的有突出疣足的体节。这些蠕虫大部分时间可能都会待在它们临时挖的洞或现成的缝隙中，不过它们也会离开这些栖息点去寻找食物或伴侣。许多多毛纲动物都是优雅的游泳选手，在基质上的移动也同样敏捷。

那些终生生活在洞穴或管中的固着多毛纲动物更像蚯蚓，它们的头部不明显，也没有

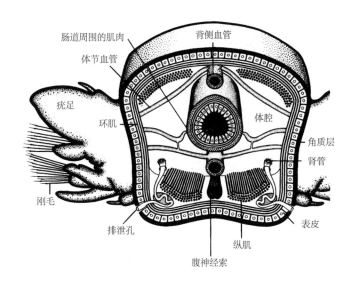

肠道周围的肌肉
背侧血管
体节血管
疣足
环肌
体腔
角质层
肾管
刚毛
排泄孔
纵肌
表皮
腹神经索

多毛纲动物沙蚕的三维横切面图。特殊的肌肉驱动着疣足的移动。纵肌没有形成连续的一层，而是分成了四大块（省略了体腔内衬）

突出的感觉结构或者颚。相比更加主动的多毛纲动物，它们的体节较少，疣足也不多。一些多毛纲动物在富含有机质的泥里打洞，吞下大量基质，经过消化系统的消化去获得其中的有机质，或者用带有长纤毛的触手更有选择性地从基质表面收集食物颗粒。还有一些多毛纲动物生活在插入水中的管里，这些蠕虫从管的顶部伸出颜色鲜亮的纤毛触手冠，从水中收集小生物和食物颗粒。

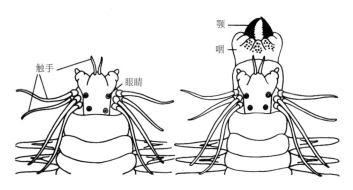

触手
颚
咽
眼睛

沙蚕的头部（左）。左图：眼睛和感觉突起非常集中。右图：咽和外翻的颚

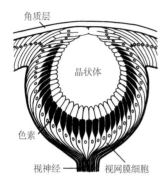

角质层

晶状体

色素

视神经 —— 视网膜细胞

沙蚕的眼睛里有一个胶质晶状体，能将光线聚集在一层色素性光敏细胞（视网膜）的内部杆状末端。视网膜细胞向外端延伸为神经纤维，连接着视神经和脑（综合多种文献）

多毛纲动物的生殖过程在很多方面与蚯蚓形成了鲜明的对比。它的生殖系统结构简单，而且通常是雌雄异体。配子来自大多数体节的体腔内衬中的细胞，在体腔内自由发育。大多数多毛纲动物会将卵子和精子排到海水中，有时通过排泄器官的管道或者每个体节的短生殖管，有时通过破裂的体壁。这些看似简单的事件受到复杂的激素系统的调节，通常伴随着生殖季期间身体结构和行为的巨大变化。例如，非生殖性多毛纲动物的体壁通常不会破裂。在成熟的多毛纲动物中，激素的作用会使体壁变薄，脆弱的体壁最终破裂并释放出配子。当多毛纲动物发育成熟时，其中很多会长出巨大的眼睛、疣足和扁平的桨形刚毛。它们放弃了安静的底栖习性，游入水中产卵，然后很快死去。在某些物种中，只有后端能形成配子并经历这种变态，后端与前端断开，前端继续留在底部，再生出新的后端，并在第二年再次繁殖。还有很多多毛纲动物通过出芽再生出生殖性后端，芽体从母体上挣脱并游走。

多毛纲动物的游泳生殖习性使得这些平常独处和隐居的蠕虫大量聚集，释放卵子和精子，从而大大增加了受精的机会。除了特定的聚集周期之外，雄性多毛纲动物还可以通过化学信号聚集在一起。在有些矶沙蚕中，产卵雌性的分泌物可引发精子的排出。百慕大的雄性矶沙蚕在和雌性矶沙蚕碰面时，会发生光信号的交换。在满月后的那几天，大约日落一小时后，矶沙蚕会浮出水面产卵。雌性率先出现并绕圈游动，发出明亮的绿光，远处海岸上的观察者很容易看见。然后，较小的雄性迅速游向雌性，同时发出闪烁的光。当一个或多个雄性紧绕着雌性游动时，雄性和雌性都会将配子排到海水中，卵子在那里受精，周围有一团发光分泌物。完成生殖任务的矶沙蚕将化为组织碎片，最终消亡。

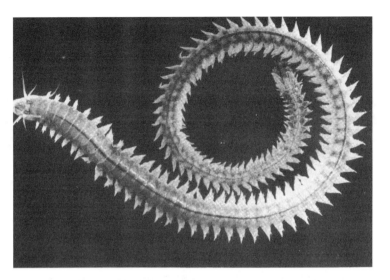

沙蚕是一种能主动爬行和游泳的多毛纲动物，头部有眼睛和感觉触手，长长的躯干的诸多相似体节上长着突出的疣足，身体后端还有额外的感觉突起。沙蚕主要在夜间摄食，而白天会躲起来（K. B. 桑丰德）

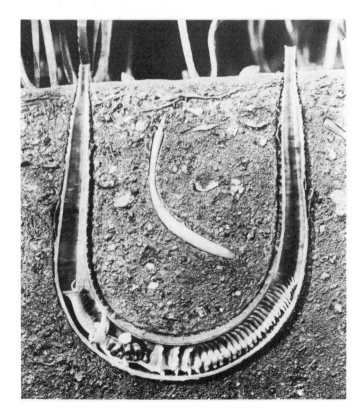

管居多毛纲动物鳞沙蚕的身体具有明显的体节。一些疣足增大，呈扇形，可推动水流穿过洞穴。其他疣足可分泌黏液捕获食物颗粒，并通过纤毛作用将食物带到身体前端的口部，使得用黏液包裹的食物颗粒被吞下。鳞沙蚕能释放发光分泌物，但没人知道这对于不会离开管的鳞沙蚕是否具有意义，以及有多大意义（美国自然历史博物馆）

毛掸虫从岩石缝隙中或石头间的直立管中伸出用于摄食和呼吸的触手冠。触手由柔韧的内部骨骼杆来支撑，并带有光敏斑点。当用一只手遮住了伸展的毛掸虫的触手冠（左图）时，毛掸虫迅速把触手缩回管中（右图）。摄于加利福尼亚蒙特利湾（R.布克斯鲍姆）

 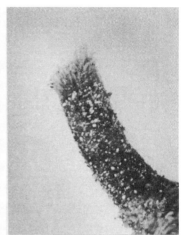

大旋鳃虫从其钙管中伸出用于摄食和呼吸的螺旋状触手冠，并嵌入热带珊瑚礁的硬珊瑚中。触手冠呈锥形，色彩鲜艳，所以这种动物也叫圣诞树虫。当大旋鳃虫的触手冠缩回后，会用钙质物密封住管。摄于波多黎各（K.B.桑韦德）

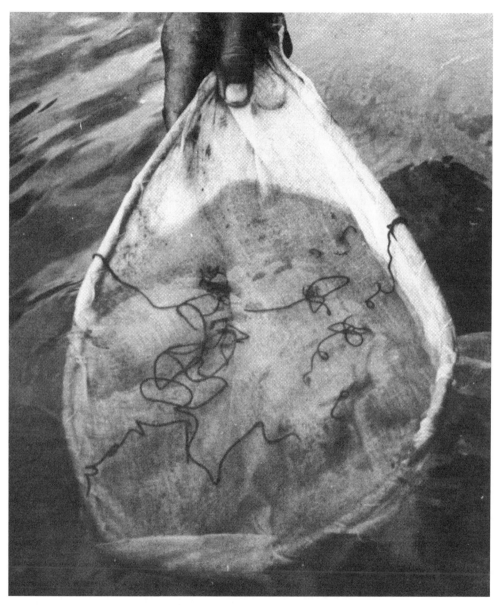

多毛纲动物会在太阳升起的时候释放出卵子或精子。黎明时分，人们会提前将矶沙蚕收集到网里，这是萨摩亚的年度活动。在10~12月的特定月相期，人们会举行大型聚会，在过去，这标志着萨摩亚新年的开始。收集矶沙蚕也是为了这场盛宴和庆祝活动。水里到处是蠕动的矶沙蚕，让海水看起来像粉丝汤。网中的是南太平洋的绿矶沙蚕断裂的后部，它们都是配子。这些矶沙蚕具有正趋光性，（被光吸引）上升到水面。包含头部和脑但没有配子的负趋光性前部则留在底部，回到珊瑚裂缝中，仅在夜间活跃。每只矶沙蚕都会重生出新的后端，在第二年产生配子并聚集在海面上。地中海和加勒比海地区的相关物种具有相似的习性，但它们没有明显的群游现象。矶沙蚕是体长最长的多毛纲动物，有多达1 000个体节，长度为3米。摄于西萨摩亚（K. J. 马歇尔）

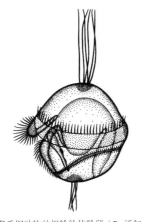

多毛纲动物的担轮幼体阶段（R. 沃尔特雷克）

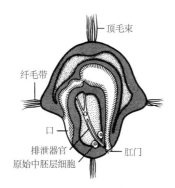

顶毛束

纤毛带

口

排泄器官
原始中胚层细胞

肛门

担轮幼体的横切面（C. 希勒）

多毛纲动物的受精卵会发育成带有纤毛的担轮幼体。这种幼体有很大的研究价值，因为相同类型的担轮幼体出现在多个动物门中。就成虫的结构而言，环形动物和蜗牛之间差别巨大。然而，环形动物和蜗牛的早期发展阶段几乎相同。在担轮幼体阶段，两者也有很多相似之处。不过，在担轮幼体阶段之后，明显的差异开始出现，成虫则完全不同。环节动物和软体动物之间存在着密切的关系，但若不是它们的发育过程比较相似，你很难察觉出这种紧密的关系。

将环节动物和软体动物关联起来的是两种动物的中胚层的起源，这是它们发育过程中非常显著的相似点。正如人们十分关注关于蛔虫的研究一样，科学家也详细研究了某些环节动物和软体动物胚胎的早期发育阶段，并对每个细胞进行了编号和绘图。这种苦心孤诣的研究工作可以追踪早期胚胎的任何部分的细胞谱系。成虫的中胚层来自单个细胞（4d细胞），环节动物和软体动物的中胚层都以这样的方式产生。这个细胞分裂成一对细胞，即原始中胚层细胞（位于肠壁上，在担轮幼体的排泄器官的开口附近）。它们在环节动物中产生两条中胚层带，在软体动物中则形成中胚层细胞簇，最终变成中空的成虫体腔。

在多毛纲动物的担轮幼体发育成成虫的过程中，担轮幼体的伸长的下部区域中长出刚毛，然后收缩成体节。纤毛带消失，上部区域变成头部。幼虫沉到底部，沿袭成虫的生活方式，在最后一个体节之前不断增加新的体节，继续生长。

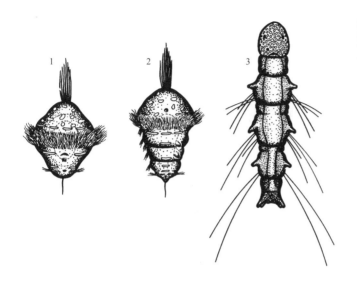

多毛纲动物的发育过程。1.担轮幼体的下部后端不断伸长。2.从前部体节可见。3.体节明显收缩并且已经长出了幼体刚毛（D P. 威尔逊）

寡毛纲

　　第二大类环节动物是寡毛纲动物，其中绝大多数是蚯蚓，其余的主要是在土壤或淡水中生活的小型或微型蠕虫以及少量海洋蠕虫。

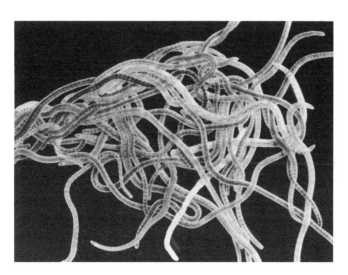

水生寡毛纲动物生活在海水和淡水底部，与它们的亲戚蚯蚓占据相同的生态位。它们以泥中的有机物为食，能将表面泥层彻底混合。许多红色的线状水生寡毛纲动物具有能溶解在血液中的红色呼吸色素，可以在含氧量较低的水中生存。其中最为人熟悉的是正颤蚓，它们存在于世界各地。在自然界中，正颤蚓生活在水波不兴的池塘和深湖的底部，它们在水中摆动身体后端并通过后肠呼吸。污水排放的河流是正颤蚓数量最多的地方，其密度可以用来衡量河流污染的程度。正颤蚓在宠物商店中作为鱼食售卖（R. 布克斯鲍姆）

寡毛纲动物和多毛纲动物有几个方面的区别。寡毛纲动物没有疣足，刚毛从体壁凹坑中长出。虽然大多数多毛纲动物都是雌雄异体，配子来自体腔内衬，可在多个体节的体腔内自由发育，但寡毛纲动物是雌雄同体，配子仅在某些体节的特殊器官中发育。最后，寡毛纲动物长有分泌卵囊的环带。

蛭纲

蛭纲动物与寡毛纲动物有许多相同的特征，比如都为雌雄同体，都长有环带。不过，水蛭没有刚毛，身体的外部环节与内部体节也不对应，内部体节数量较少且固定不变，体节之间没有隔膜。水蛭的身体是实心的，结缔组织的生长挤出了体腔。水蛭的身体两端各有一个吸盘，后吸盘比前吸盘大得多，口部位于前部中央。尽管水蛭的身体构造发生了很大的变化，但它们与寡毛纲动物仍密切相关，并且有可能是从寡毛纲动物进化而来的。水蛭具有的这些特征，寡毛纲动物或多或少也具备，所以它们经常被归为一类——环带纲动物。

水蛭大多生活在淡水中，但也有一部分生活在海洋中或陆地上。它们主要吸食其他无脊椎动物或脊椎动物的血液，某些水蛭是捕食者，能吞下整只小动物。它们具有扁虫的某些寄生性特征，尤其是黏附吸盘。但由于水蛭通常不生活在宿主身上，需要不停地移动以找到源源不断的供血者，因此它们比吸虫或绦虫的适应性要低。吸血时水蛭将后吸盘附着在动物身上，将前吸盘附着在皮肤上，借助口内的小颚制造伤口。当水蛭的消化管里充满血液时，水蛭就会从动物身上掉落，它们在消化食物时会保持不动。水蛭很少有机会享用饕餮大餐，但其消化管的侧囊可储存足够的血液，满足长达数月的生存需要。水蛭的唾液腺可

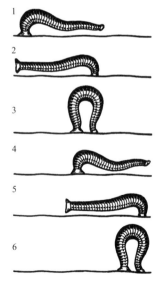

水蛭一步步前进，就像尺蠖，前部和后部吸盘交替附着

淡水水蛭附着在鳄龟的皮肤上，用外翻的吻吸血。淡水水蛭没有颚。这只水蛭是从鳄龟后腿的裸露皮肤上取下并放入水族箱的。它用大型后吸盘附着在玻璃上，头垂了下来。吸来的血被储存在消化囊中，显示为暗带（透过未着色的腹侧面可见）。大型水蛭是雌雄同体动物，中线处的白色区域为雌性生殖器官，中线两侧的浅色圆圈为精囊。大型水蛭完全伸展时，长度可达10厘米，背侧面是橄榄绿色，有橙色斑点。水蛭是为数不多的生活在淡水中的一种无脊椎动物（S. T. 布鲁克斯）

马来西亚森林中的陆地水蛭通过其后吸盘附着在叶子上，并用其狭窄的身体前端进行环状搜索活动。它已经感知到某种哺乳动物（一个带着照相机的人正在靠近）产生的震动和气味。这些小型水蛭在附着到皮肤上之前只有25毫米长，它们有锋利的颚，咬人的时候让人感觉不到疼痛，一些野外工作者可能对挂在他们脚踝上的如葡萄串的水蛭浑然不知。水蛭掉落后，伤口处会持续流血达30分钟。东南亚和斯里兰卡的种植园工人可能会因此面临慢性失血的严重风险。陆地水蛭遍布潮湿的热带和亚热带森林（R. 布克斯鲍姆）

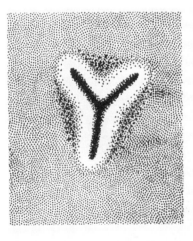

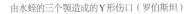

由水蛭的三个颚造成的Y形伤口（罗伯斯坦）

颚

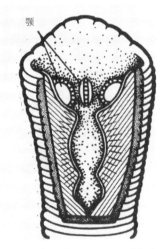

水蛭的头部被从一侧切开，可见三个锯齿状颚（普福尔席勒）

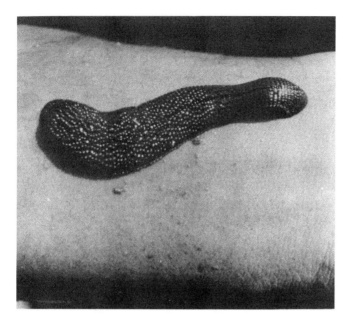

附着在一名动物学家手臂内侧皮肤上的水蛭正在吸血，这位动物学家是从泰国淡水池塘中采集到的样本（R. 布克斯鲍姆）

产生水蛭素，在水蛭吸血后数周或数月内，它能阻止里面的血液凝结，这样水蛭就能慢慢消化储存的血液了。这种抗凝剂与水蛭注入宿主体内可使其血管扩张的物质一起发生作用，使得水蛭从宿主身上掉落后，伤口仍会长时间流血。

　　环节动物的大型体腔和体节的进化可能与其活跃的穴居习性有关，这一点很容易理解。因此，固着的多毛纲动物的隔膜减少甚至消失也不足为奇。而对以完全不同的方式移动的水蛭来说，体节和体腔几乎完全消失。一旦分节，不同体节的功能就会特化，像动物的身体被分成细胞、组织和器官一样。在一些环节动物中，体节的功能几乎都是一样的，而其他环节动物则利用这个机会使体节变得多元化，并发育出具有特化功能的多个体节。但真正充分利用多元化的体节的是节肢动物，我们接下来将会详细介绍这类动物。

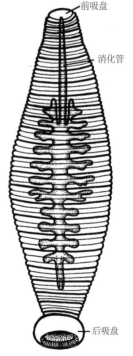

水蛭的消化管带有侧囊，可用于储存大量血液（有时储血量相当于水蛭体重的10倍）供其慢慢消化。共生细菌有助于消化血液。图中水蛭的表面陷在褶皱中，较粗的黑线表示水蛭的体节。这种水蛭生活在鱼的鳃室（E. E. 海明威）

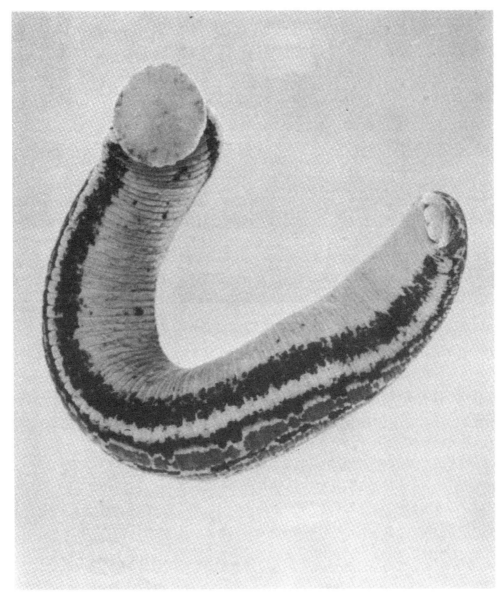

医用水蛭是一种欧洲水蛭，曾被数百万人用于放血治疗。过度采集和栖息地的破坏致使医用水蛭非常稀缺。虽然医用水蛭已被引入美国东北部，但并不常见。这里展示的进口水蛭是在芝加哥一家药店中购买的，可用于消除眼睛周围的瘀伤。医用水蛭因其水蛭素在美国仍然需求旺盛，可给一些心脏病患者使用或在外科手术中用作抗凝剂。水蛭用它的大型后吸盘将自己悬挂起来，较小的前吸盘（右）环绕着口部。水蛭的腹侧面是淡白色的，背侧面为绿色，有棕色条纹。这种水蛭游泳时体长约为12厘米（R. 布克斯鲍姆）

第 17 章　甲壳动物

当被问及对环境、经济和餐桌影响最大的动物时，大多数人都会回答牛、羊、马等哺乳动物。但按照上述标准，占据第一位的动物群体并不是哺乳动物或其他脊椎动物，而应该是节肢动物。

在我们已描述的上百万甚至更多的动物中，有超过3/4属于节肢动物。节肢动物的个体数量最多，消耗的食物种类和数量最多，占据的领土最广泛，栖息地最多样。节肢动物的这么多第一可能一时难以易主。许多害虫，比如家蝇和蚊子，是我们非常常见和熟悉的节肢动物。

我们可以用古希腊人的三元素——水、土和空气，或者地球的三大域——海、陆、空来划分三个主要的节肢动物群体：生活在淡水和海水中的甲壳动物，比如小龙虾、龙虾、螃蟹、虾和藤壶；生活在陆地上的蛛形纲动物，比如蝎子、蜘蛛和螨等；最大的节肢动物群体是昆虫，也是唯一征

环节动物和节肢动物的体壁形成了鲜明的对比。环节动物的角质层很薄，表皮之下是厚厚的横肌层和纵肌层。节肢动物的角质层很厚重，肌肉分开成束，而不是连接成层

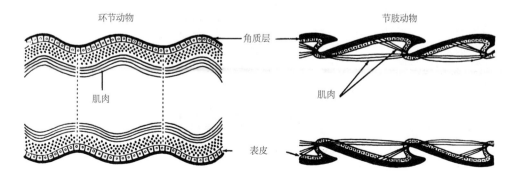

环节动物　　　　　　　　　　　　　节肢动物

角质层

肌肉

肌肉

表皮

龙虾会守护它的藏身之处，战斗力很强。成年龙虾的两个大爪的功能不同。右爪很重，是一种强大的碾碎工具；左爪则用于撕开猎物的肉。摄于法国罗斯科夫生物学水族馆（R. 布克斯鲍姆）

眼斑龙虾没有大型的防御爪，看起来比较平易近人。但它的身体带刺，大型触角能撕碎猎物。眼斑龙虾肉质鲜美，分布在欧洲南部、美国的佛罗里达和加利福尼亚，以及世界上其他温暖的地区（R. 布克斯鲍姆）

服天空的无脊椎动物群体，尽管它们不仅在空中飞翔。

节肢动物的结构在某种程度上是环节动物的分节结构的细化和特化。原始节肢动物由一系列长有相似附肢的类似体节组成。但随着动物的进化，身体的每个体节几乎都具有不同的形态和功能。环节动物的角质层非常薄，而大多数节肢动物身上都有厚重的表皮层，既可作为护甲，也可作为外部骨骼。因此体腔作为流体骨骼的功能已经消失，只剩下一个摆设。角质外层出现在许多动物群体中（比如水螅群体的覆盖物或环节动物的角质层），但节肢动物外层结构的多样性却绝无仅有。保护性外皮、咬颚、刺穿喙、研磨表面、晶状体、触觉感器、发声器官、步足、螯、游泳刚毛、交配器官、翅膀和在高度多样化的节肢动物中发现的无数其他结构都是由表皮层组成的。多功能的材料之于节肢动物就好比金属和塑料之于工业社会中的人类，它们的用途都十分广泛。节肢动物的成功部分要归功于表皮层的这种性质。

表皮层是无生命的，由其下面的表皮分泌形成，蛔虫和环节动物的表皮层也是这样。但与这些蠕虫的软表皮层不同，节肢动物的硬表皮层不会随着动物的生长而扩张。因此，节肢动物的生长总是伴随着规律的蜕皮。在蜕皮期间，内表皮层被溶解和吸收，形成更大的新表皮层，旧的外表皮层脱落。蜕皮不仅发生在生长过程，也发生在受损部位被修复时，还发生在个体成熟阶段形成身体结构时。到了成年阶段后，昆虫就不再蜕皮了，但许多甲壳动物、蛛形纲动物和其他节肢动物在整个生命中都会不断生长和蜕皮。蜕皮影响了节肢动物生活的方方面面，包括释放到血液中的特殊激素，这种激素可激发蜕皮，并协调蜕皮之前、期间和之后发生的生理和行为方面的所有变化。

表皮层由多个层和多种物质组成，每一层和每一种物质都具备一定的功用。薄薄的上表皮覆盖住身体，在许多节肢动物中它具有防水的蜡质成分。在上表皮之下的部分主要由几丁质和蛋白质组成，既坚韧又富有弹性。表皮层覆盖了节肢动物的大部分体表，在表皮层较为坚硬的地方，几丁质–蛋白质层的外部通过鞣化（蛋白质之间形成化学键）或钙化而变得坚硬。

硬化的表皮层虽然不重，但是格外坚固，它位于体内的特定区域，为区域内的组织提供了支撑框架，并为肌肉提供了可附着的表面。但硬化区域之间的表皮层仍然以柔性膜（关节）的形式存在，因此节肢动物的外表皮在不影响身体移动的情况下为自身提供了保护和支撑作用。这种表皮与蜗牛、蛤等动物的盔甲大不相同，蜗牛和蛤的壳很笨重，会影响运动。节肢动物的外骨骼也与脊椎动物的内骨骼明显不同，后者被柔软的肉质部分包围着。想象一下，假如我们穿上一套紧贴皮肤的坚固而轻巧的盔甲，然后我们的骨骼消失

节肢动物的分层表皮层是由表皮分泌形成的

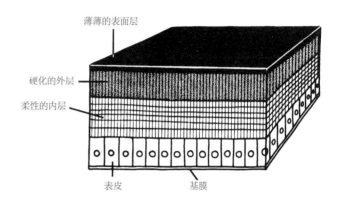

薄薄的表面层

硬化的外层

柔性的内层

表皮　　　　　基膜

了，肌肉转而附着在盔甲上，我们就变成了节肢动物。

因为脊椎动物有4个附肢，所以从我们的盔甲上会伸出两条胳膊和两条腿。它们的结构各不相同，主要是为了适应不同的运动方式或者完成不同的任务，比如挖掘或抓住猎物，但附肢的主要功能是运动，人类的上肢除外。相比之下，节肢动物的附肢数量更多，差别也更大。而且，有些附肢没有运动功能，而是作为感觉器官、颚、呼吸结构或交配器官存在。节肢动物的名称凸显了这种动物最典型的结构，即它们具有几丁质关节肢。

所有脊椎动物都具有4个附肢，比如鲱鱼、鹰、人，这些动物的附肢在结构上具有基本的相似性。我们可以看到，这些附肢是在胚胎期从类似的结构发育而来的。因此，鱼的胸鳍、鸟的翅膀和哺乳动物的前肢被认为具有同源性。同源性原则是确定动物关系的基础。如果两种动物的某些部分明显是同源的，就可以判定这两种动物有亲缘关系。同源结构的数量越多，结构及其起源模式越相似，它们的关系就越密切。换句话说，同源性的定义告诉我们，两种不同动物的结构是从某个共同祖先的相同或相应部分进化而来的。

并非所有相似的结构都有共同的进化起源。为了执行相同的功能或适应相同的环境条件，许多动物的结构都是

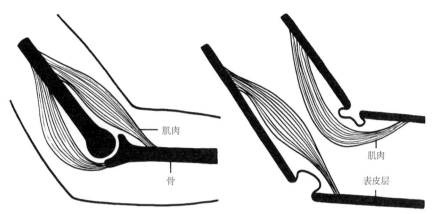

比较脊椎动物和节肢动物的骨骼及肌肉系统。在脊椎动物的肢体中，骨位于内部，肌肉附着在骨的外表面上。在节肢动物的肢体中，角质层位于外部，肌肉附着于角质层的内表面

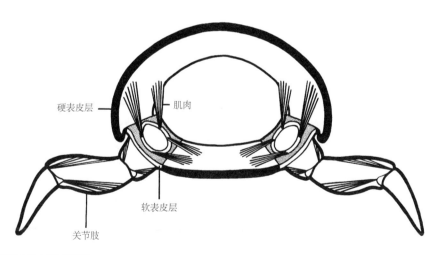

节肢动物的角质外骨骼由厚厚的硬化板通过更薄、更柔性的膜连接而成。肌肉既附着在主架上，也附着在向内凸出的薄薄的角质板上（R. E. 斯诺德格拉斯）

相似的，然而，这类结构在胚胎中可能是以完全不同的方式出现的。它们在功能上相似，但在结构或起源模式上并不相同，这样的结构被称为同功结构。鸟的翅膀和蜜蜂的翅膀都可用于飞行，但它们的结构是完全不同的。前者由骨头和羽毛构成，而后者由几丁质构成，它们的发育方式也不同。所以，它们是同功结构，而不是同源结构。蜜蜂的翅膀与蝴蝶的翅膀是同源的。这些昆虫的翅膀基本相同，而且都由胚胎中相应的部分产生。在这种情况下，同源结构具有相似的功能。但有时候，同源结构也会具有不同的功能。例如，蝎子的螯用于攻击，而与之对应的雄性蜘蛛的附肢则用于将精子运送到雌性体内。

　　同一个动物的不同体节的对应结构，被认为具有序列同源性。蜈蚣的一只步足与其他任何一只步足具有序列同源性，也与所有的步足、口器以及负责注入毒物的镰刀形附肢具有序列同源性。

　　在最原始的节肢动物中，许多体节上通常各有一对相似的附肢，每个附肢都具有多种功能。在现存的节肢动物中，最接近这种情况的是某些甲壳动物。除了头部的少数特化附肢外，这些甲壳动物的许多体节上都长有一对相似的扁平附肢，每个附肢都可用于游泳、收集食物和呼吸。大多数节肢动物的附肢数量较少，并且具有与其多种功能相关的不同的特化结构。某些附肢可能变得过大或者格外重要，而其他附肢则干脆消失。因此，认识节肢动物的附肢功能，就相当于了解了它们的习性：栖息地，移动方式，摄食方式。

　　下面我们将通过描述龙虾来介绍节肢动物。通过分析龙虾的附肢和它的不同身体部位的同源性，我们可以更好地理解简单、扁平的游泳附肢如何变成了咀嚼的口器、切碎爪或粗壮的步足。

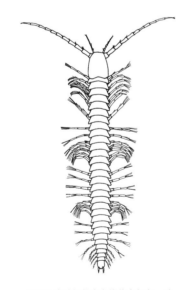

原始甲壳动物的许多体节上都有一对相似的附肢。图中这个穴居的游泳健将——穴泳虾是一种新发现的甲壳动物（J. 耶格尔）

龙虾

　　除了一些细节之处不同外，龙虾与它们的淡水亲戚小龙虾非常相似，所以，对龙虾的描述通常情况下也适用于淡水小龙虾。

　　与其他节肢动物一样，龙虾的体节数目是恒定的，可以分成不同的体区，这与环节动物形成了对比。不同节肢动物的体节数量和体区分布不同，但同一种节肢动物的体节数量和体区分布是相同的。龙虾头部的5个体节和胸部的8个体节构成了头胸部。在龙虾的背侧面和头胸部的侧面有一个大的保护盾——头胸甲，这层薄薄的组织外部覆盖着外骨骼。像覆盖着身体其余部分的外骨骼一样，头胸甲的外骨骼通过钙盐的渗透而硬化。由上皮的折叠部分分泌的薄角质板为头胸部提供了一些内部支撑。这些角质板可以保护重要器官，并增加肌肉的附着面积。龙虾的后部体区（腹部）包括6个体节。腹部体节的外骨骼背侧严重钙化，而腹侧和体节之间的外骨骼则具有韧性，吃过龙虾的人应该对这些特征不陌生。

　　龙虾腹部附肢的改变最少。每个附肢都包含一个基片（原肢），原肢的自由端有一个外部分枝（外肢）和一个内部分枝（内肢）。三个部位的关节数量可能不同，但这种双枝型附肢的结构在大多数甲壳动物中都存在，包括高度特化的成年附肢和最简单幼体的附肢。龙虾的双枝型附肢结构在头部和胸部的附肢上有所变化，表现为原肢上会长出额外的叶或延伸物，又或者外肢消失。然而，在龙虾胚胎中，几乎所有的附肢都是从简单的双枝型结构开始发育的。

　　龙虾的头部通常包括前部的非体节部分——顶节，以及头胸部的前5个长有附肢的体节。在顶节的可移动柄的末端有一对眼。它们与附肢不属于序列同源，因为它们产生的方式不同。在前两个长有附肢的体节上有两对触角，这是甲壳动物的特有特征。龙虾的第一触角是两根鞭状短丝形成的感觉结构，第二触角带有一根长丝。第三个体节上长着用于捣碎食物的齿状颚。接下来的两个体节上长着第一小颚和第二小颚，它们有助于捣碎软食并将其传递到口部，每个小颚都带有一个薄的叶状板，像水瓢一样驱动水流经过鳃。

　　胸部的每个体节上都有一对附肢。前三个体节上分别是第一、第二和第三颚足，它们是感觉器官，也可以将食物捣碎并向前传递到口部。第四体节上长有大螯足，用于进攻和防守。龙虾的大螯足超过3厘米长，并且不对称。在最小的龙虾中，两个螯足都很纤细，有锋利的齿。随着龙虾不断生长，两个螯足会在每次蜕皮后变得更加不同。一个会变得更重，齿融合成圆形的疣粒，用于捣碎食物。另一个螯足变得更纤细，齿也更加锋利，用于抓住和撕裂食物。后面的4个体节各有一对步足。前两对步足端上有螯，可帮助抓住食物。

龙虾腹部的横切面图

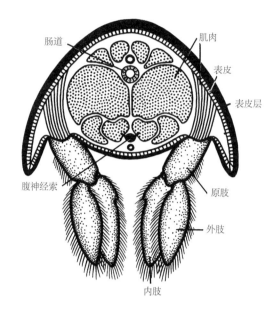

肠道
肌肉
表皮
表皮层
腹神经索
原肢
外肢
内肢

后一对步足上长着用于清洁腹部附肢的刚毛刷。在所有胸部附肢中，除了第一对和最后一对之外，其他原肢都有一个外质足，其上附着一个鳃。外质足分开并保护鳃，通过足部的行走使鳃移动并搅动头胸甲下的呼吸室里的水。

腹部的每个体节上都有一对附肢。雌性和雄性龙虾的第一腹部体节的结构不同。雄性龙虾的第一腹部体节发生改变，形成了用于在交配中运送精子的槽状结构，而雌性的第一腹部体节没有特化。接下来的4个体节都具有相似的双枝型附肢——游泳肢，有助于向前运动，而雌性的游泳肢成为卵的附着处。第六对也是最后一对腹部附肢是尾足，类似于改良版和增大版的游泳肢。它们与扁平的、不分节的后端或尾节一起形成了尾扇，用于向后游动。

龙虾是一个不同体节的附肢发生特化的典型例子，比如同一体节右侧和左侧的大螯足是不同的。扁平的双枝型游泳肢是原始形态，与大螯足等特化附肢形成了鲜明的对比。在龙虾附肢的发育过程中，我们看到一系列最初相似

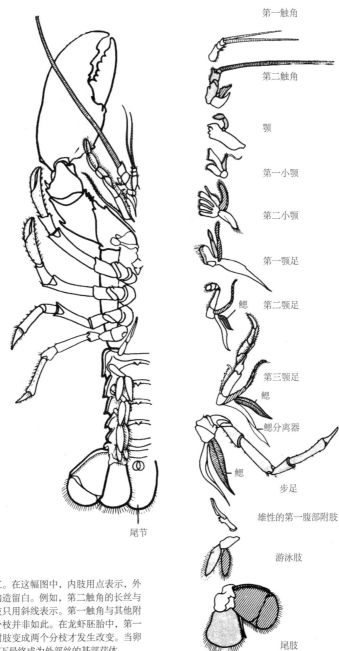

第一触角

第二触角

颚

第一小颚

第二小颚

第一颚足

鳃 第二颚足

第三颚足

鳃

鳃分离器

鳃

步足

雄性的第一腹部附肢

游泳肢

尾肢

尾节

龙虾的附肢具有明显的分工。在这幅图中，内肢用点表示，外肢用斜线表示，原肢及其构造留白。例如，第二触角的长丝与其他附肢的内肢同源，外肢只用斜线表示。第一触角与其他附肢是连续同源的，但两个分枝并非如此。在龙虾胚胎中，第一触角保持不变，直到其他附肢变成两个分枝才发生改变。当卵发育成幼体时，内部丝仅剩下最终成为外部丝的基部芽体的部位分化成了高度特化和不同的结构，虽然这些部位的功能不再相同，但它们仍然是同源的。

曾经是新英格兰特产的美洲龙虾，现在经常被空运到西海岸，定期喂养后在海鲜店里出售给那些因为南加州眼斑龙虾没有大螯足而吃得不过瘾的食客。这两只龙虾有一个重要区别：一只龙虾的切碎爪在左边，另一只的切碎爪在右边（更常见）。龙虾活着时呈青色，烹饪后呈红色（R.布克斯鲍姆）

我们都很熟悉龙虾，喜欢食用其美味的腹部肌肉。它们是分节排列的，包括用于移动游泳肢的肌肉、用于拉直腹部的伸肌和更大的缩肌。这些肌肉为龙虾快速逃生提供了重要的动力来源，龙虾弯曲其腹部和尾扇，其力量之大、速度之快，使龙虾能够在水中快速向后移动。头胸部的许多肌肉都可用于移动附肢。像脊椎动物的骨骼肌一样，龙虾和其他节肢动物的肌肉属于横纹肌，特别适合快速收缩，就连节肢动物的消化管和其他内脏的肌肉也是横纹肌。

龙虾或其他节肢动物的消化管包含三个主要部分——前肠、中肠和后肠，其中只有中肠具有内胚层内衬。外胚层表皮的管状内突形成前肠和后肠，这层与外骨骼相连的角质层在龙虾蜕皮时脱落。龙虾既是食肉动物也是食腐动物，它们捕捉活鱼，挖蛤和蠕虫，还会攻击大型腹足纲动物，一点一点地破坏它们厚重的壳，食用柔软的部分。龙虾用颚足和小颚捣碎食物，然后用颚进一步碾碎食物，最后将食物送进口里。当然，这并不是全部的消化过程。胃的一部分（前肠）特化成砂囊，其内部衬有坚硬的几丁质牙齿，并由多组肌肉来驱动。在胃里，食物被磨碎、过滤和分类。最小的颗粒以液体流的形式被送到大型消化腺中进行消化和吸收，较大的颗粒则稳定地流入肠道，最粗糙的颗粒将被再次研磨。

胃的前部很大，呈球根状，主要用于储存食物；胃的后部主要用于分类和过滤食物。前部和后部之间是研磨区域，食物在这里被研磨为细小的颗粒。由于这些小颗粒在消化腺的小管中很容易被消化，因此肠道对龙虾的作用不如对许多其他动物那么重要。龙虾只要有短的非卷曲肠道就够了。虾也有类似的短肠道，大家在清洁虾时都会去除虾背上的黑线，那就是虾的短肠道。

像龙虾这样又大又活跃的动物需要宽广的呼吸表面，龙虾的20对鳃、充满血管的体壁的羽状扩展即可满足这一要求。鳃附着在腿的基部，腿和躯干之间的膜，以及胸部的体壁上。鳃位于体腔的两侧，体腔被头胸甲的弯曲侧面包围。水从头胸甲边缘下方进入腔室，向上和向前流经鳃，

龙虾的内部解剖结构图。跟其他节肢动物一样，龙虾也有大型单个器官（或者一对器官），而不是像环节动物那样，每个体节都有各种器官系统的"代表"。龙虾只有神经系统和循环系统是明显分节的，循环系统的示意图显示了分节的血管（F. H. 赫里克）

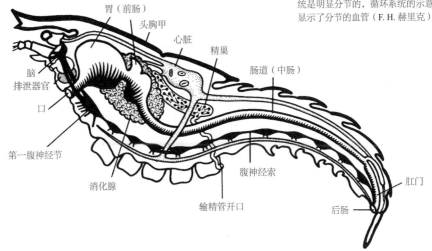

胃（前肠）
头胸甲
心脏
精巢
脑
排泄器官
口
肠道（中肠）
第一腹神经节
消化腺
腹神经索
输精管开口
后肠
肛门

通过第二小颚上的扁平板的摆动来维持水的流动。

龙虾的循环系统是一个开放的系统，这与其他节肢动物和软体动物一样。肌肉发达的心脏位于背侧充满血液的围心窦里。在心脏的两侧有三对开口，来自围心窦的血液通过这些开口进入放松的心脏。当心脏收缩时，瓣膜会阻止血液从这些开口流出；当心脏放松时，血液会被驱动进入动脉再到达身体的各个组织。动脉的最小分支通向血窦，与血窦一起构成了节肢动物的主体腔（血腔）。从组织返回的血液集中在大的腹侧窦中，再进入鳃，排出二氧化碳，吸收氧气。之后血液通过多个通道返回大的围心窦。

龙虾有一对排泄器官，每个排泄器官由中空囊、腺团

龙虾胸部的横切面展示了鳃腔与其他器官的关系，以及血液通过一些主要血管的路径。注意通向心脏的开口的瓣膜

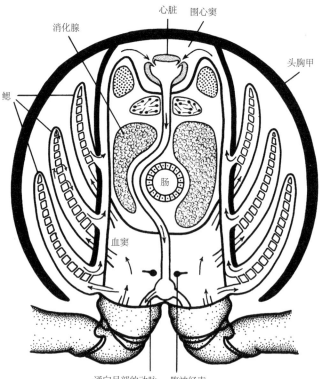

消化腺　心脏　围心窦

头胸甲

鳃

肠

血窦

通向足部的动脉　腹神经索

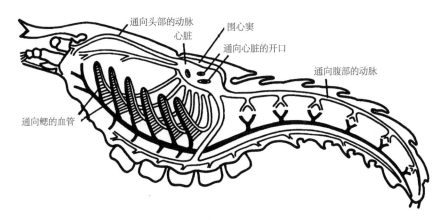

通向头部的动脉
心脏
围心窦
通向心脏的开口
通向腹部的动脉
通向鳃的血管

块和通向膀胱的盘管组成，盘管的开口在第二触角的基部。排泄腺控制血液的容积和含盐量，并排出一些废物，但大多数含氮废物通过鳃的宽广表面以氨的形式排放出去。

龙虾的循环系统，显示出主要的血液通道。来自组织的血液流过鳃后返回心脏（C. 盖根堡）

　　龙虾的神经系统模式与环节动物类似。脑位于龙虾背侧的头部之内，靠近眼。从龙虾的脑延伸出一对腹侧神经结缔组织，分别位于食道的两侧，在第一腹神经节的消化管下方汇合成复合神经节，两条神经索从此向后延伸，扩展为每个体节中的成对神经节。

　　龙虾最突出的感觉器官是复眼，复眼由数百或数千个密集的视觉单元（小眼）组成，每个小眼都有自己的晶状体、感光细胞、屏蔽色素和通向脑的神经纤维。这些复眼对节肢动物来说是独一无二的，也是无脊椎动物高度发达

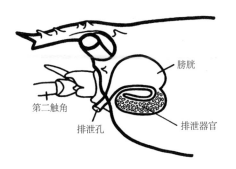

膀胱
第二触角
排泄孔
排泄器官

龙虾的排泄器官

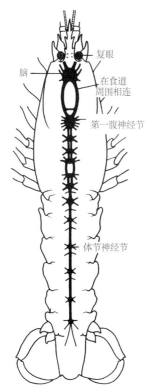

龙虾的神经系统与环节动物十分相似，包括背侧的脑（围绕食道的一圈组织）和长有成对神经节的腹神经索

透明薄皮蚤（一种小型甲壳动物）的复眼。该图还展示了位于眼后面的脑，以及驱动眼睛的肌肉（R. 布克斯鲍姆）

的眼中的一种（鱿鱼的相机眼也是其中一种）。复眼尤其适合对运动进行探测。曾有人提出复眼虽然很小，但它们的灵敏程度比相机更胜一筹。

对夜间十分活跃而白天只在光线很暗的深水区出现的龙虾而言，眼的作用是次要的，分布在其触角和附肢表面的感觉刚毛更重要，仅螯足和步足上就有50 000~100 000根刚毛。刚毛和其他感觉器官能对触碰、水流、压力波和各种化学物质做出反应。龙虾可以通过位于关节和体节间的软膜上的感觉器官和位于第一触角基部的一对平衡囊追踪自

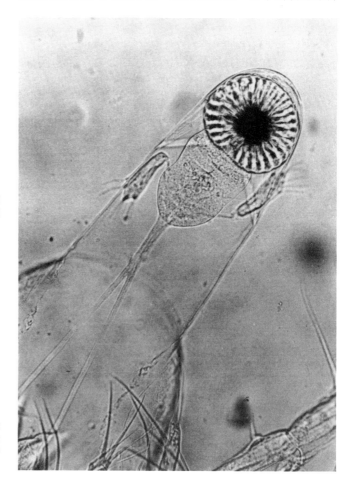

身的方向和运动。每个平衡囊内部都充满了水，通过小孔
与外界相通。在平衡囊的底部和囊壁上有一排排精细的感
觉刚毛，与大量微小的沙粒黏合在一起。龙虾通过物质在
刚毛上的位置可大致了解它的信息，龙虾的任意移动都会
导致物质在刚毛上移动。

　　为了研究平衡囊的功能，一位研究者进行了一次非常巧
妙的实验。他捕获了一只刚刚蜕皮的虾，它的平衡囊里没有
沙粒。他将这只虾放入过滤后的水中，并往里面加入铁屑。
虾捡起铁屑，把它们放进平衡囊中。然后，当研究人员在这
只虾上方给一块强大的电磁体通上电时，它马上就会翻过
身来。

　　龙虾的生殖系统包含一对卵巢或精巢，它们位于龙虾
身体的背侧，经一对导管通向雌性龙虾的第二步足或者雄
性龙虾的第四步足基部的生殖孔。在交配期间，雄性龙虾

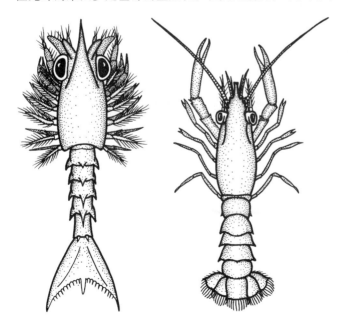

龙虾的幼体阶段。左图：第一阶段
的幼体长约8毫米，附肢呈双枝型结
构。这个阶段的游泳肢只是表皮层下
面的小芽，幼体通过胸部附肢的扁平
和流苏状外肢的划动在水面上游动。
右图：第四阶段的幼体长约15毫米，
与成年龙虾相像。类似于第一阶段，
它在水面上游动，以小型生物为食，
但它只能靠游泳肢向前游动。游泳肢
的外肢退化，不可见。虽然龙虾的左
右螯足仍然相似，但内肢开始分化
（F. H. 赫里克）

将精子注入雌性生殖孔附近的一个特殊贮精囊中。像许多节肢动物一样，龙虾的精子没有鞭毛，也不能移动（一些节肢动物的活动精子的鞭毛尾巴是所有节肢动物细胞中唯一存在的活动鞭毛或纤毛）。

受精卵通过黏性分泌物固定在雌性龙虾的游泳肢上，在雌性龙虾携带着受精卵的几个月里，它们通过游泳肢的运动保持良好的呼吸。受精卵孵化后将成为自由游动的幼体，经历一系列变化后长成类似成年龙虾的样子。之后，龙虾会继续生长和蜕皮。

在加利福尼亚州博迪加湾的政府资助的实验室里，龙虾的海水养殖颇具前景。龙虾幼体被放在独立的塑料盒中饲养，以避免冲突（和同类相食），它们在这里生长直到可以出售。目前尚不确定商业饲养的成本是否比野生捕捞低。但随着野生种群数量的减少，海水养殖的竞争力将日益提高（R. 布克斯鲍姆）

甲壳亚门

甲壳动物这个名称最初用来指代那些外壳坚硬但有韧性的动物，与外壳坚硬的牡蛎或蛤等动物形成了鲜明的对比。由于几乎所有节肢动物都有坚硬而柔韧的外骨骼，我们现在使用更清晰的标准将龙虾等动物归类为甲壳亚门。

这类动物可大致定义为大多数具有鳃、颚和两对触角的水生节肢动物。龙虾是甲壳亚门中的巨人，因为绝大多数甲壳动物的长度是以毫米为单位计量的，并且具有较薄的非钙化外骨骼。

甲壳动物的种类很多，仅独立品种就有35 000种左右，没有人能为这些物种取一个俗名，大多数都被称为某种虾、蟹或龙虾。人们只是根据动物的一般形状给它们贴上不甚严谨的标签，导致很多亲缘关系比较远的动物也被归为同一类。我们描述的龙虾属于螯龙虾属，分布在北大西洋附近，它们与淡水小龙虾的亲缘关系比其他龙虾（比如眼斑龙虾和拖鞋龙虾）更近。龙虾这个名称通常指代大型甲壳动物，具有粗壮的躯干和腹部。螃蟹通常指代具有醒目的螯足和坚实的身体的甲壳动物（但也适用于一些不属于甲壳类的节肢动物）。虾几乎可以指代任何甲壳类，尤其是细长的、具有许多相似附肢的动物。我们可以想象原始的甲壳动物就像虾一样。

最早的甲壳动物可能生活在海水中，至今这个群体仍主要在海洋中生活。海洋是最容易生存的地方，需要海生动物做的调整和适应也最少。动物组织和体液中的盐的浓

佛罗里达水族馆里的一只螳螂虾，属于口足目动物。在自然界中，口足目动物主要生活在热带和亚热带的浅水区域。有些口足目动物在沙或泥中挖洞，等待猎物，用大型附肢刺中蠕虫和鱼类。大型附肢像折刀一样打开，速度快如闪电。另一种类型的口足目动物生活在岩石洞穴中，会用大型附肢击晕猎物，而不是刺穿猎物。口足目动物是人类的佳肴，你可以在太平洋岛屿上尽情品尝这种美食（R. 布克斯鲍姆）

度更接近海水中的盐的浓度。甲壳动物在海洋中的数量非常丰富，因而获得了"海洋昆虫"的称号，多元化的甲壳动物展现了几乎所有海栖生活方式。

在甲壳动物中，适应性最强的是藤壶，它们附着在岩石、木桩、船只和其他动物身体上。大多数人都惊讶地发现，藤壶竟然属于节肢动物，因为它们的钙质壳很厚，许多人就误认为它们是软体动物。早期的动物学家也将藤壶归类为软体动物，直到人们仔细研究了藤壶的结构，特别是它们的发育，并获得了确凿的证据，才将藤壶归类为甲壳动物。刚从卵中孵出的藤壶幼体可以自由游动，它的三对附肢和其他特征清楚地表明它属于无节幼体——甲壳动

等足目动物之所以如此命名，是因为它们有许多相似的足，其扁平的背腹部让人一眼就能辨识出它们。大多数等足目动物是海洋生物，生活在海底或植被上，但也有些等足目动物生活在淡水中，还有一些则生活在陆地上。图中展示的钻木等足目动物叫作蛀木水虱，是一种微小的海洋甲壳动物，大量出现在旧的水下木头上。蛀木水虱一路咀嚼和消化木屑，给世界各地的码头木桩造成了巨大的破坏。船蛆只有3毫米长，在美国西海岸较为常见（C. A. 科福伊德）

端足目动物的身体两侧扁平，就像图中的滩跳虾一样，体长为25毫米，在加利福尼亚的沙滩上很常见。它们常在烧烤堆的残渣里或者废弃的海藻堆里食腐为生。如果你扰动一团潮湿的海藻，就会看到它们四处乱窜，然后又不约而同地跳回海藻中。在阳光明媚的时候，滩跳虾会躲在沙下的洞穴里，坚决捍卫自己的领地。大多数端足目动物都是海洋生物，生活在海底、海藻中。也有一些端足目动物生活在淡水中，还有少数端足目动物生活在潮湿的土壤里（R. 布克斯鲍姆）

磷虾指数目众多的小型虾样甲壳动物。北极和南极海洋中的磷虾可能遍布于数平方千米的水面，为许多无脊椎动物、鱼类、海鸟和须鲸提供了丰富的食物。挪威、日本等地的渔业人员捕捞磷虾给人类食用或用作肥料，但它们的产量不稳定，不足以成为人类赖以生存的可靠食物来源。（例如，1985 年南极的磷虾群几乎消失了。）图中展示的是最丰富且研究最多的磷虾，长约 50 毫米（斯克里普斯采集的标本，承蒙 W. A. 纽曼出借，R. 布克斯鲍姆拍摄）

市场上售卖的对虾个头很大（长达 20 厘米）。这类虾在佛罗里达、南美洲、地中海、澳大利亚和其他温暖海域被大量捕捞，供人食用。摄于佛罗里达海湾标准实验室水族馆（R. 布克斯鲍姆）

红纹清洁虾以鱼类身上的寄生虫为食。图中的两只红纹清洁虾被一只伸入水族箱的手吸引过去，正在手上找食物。摄于佛罗里达西北部（R. 布克斯鲍姆）

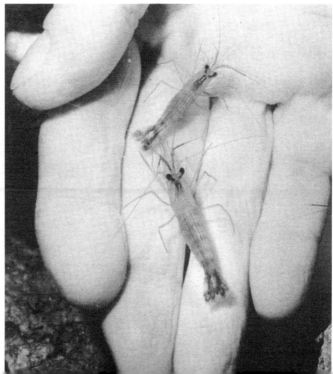

螃蟹的腹部小而扁平，折叠起来刚好可以放置在头胸部下侧的浅凹槽内。螃蟹靠4对步足横向行走。珍宝蟹是在美国太平洋海岸售卖的一类螃蟹，但它已被过度采集。从阿留申群岛到加利福尼亚半岛的近海沙质海底，你都能见到这种螃蟹的影子。图中的螃蟹出现在俄勒冈州的海滩上，正等待交配（R. 布克斯鲍姆）

招潮蟹的雄性有一个较大的螯足，其重量达到螃蟹体重的一半甚至更多。招潮蟹通常颜色鲜艳。一只雄性螃蟹站在它的洞穴口旁边，挥舞着它的螯足，向其他雄性发出信号，警告它们远离自己的领地，或者吸引雌性螃蟹的到来。挥舞螯足的炫耀性行为是这种动物的特性，可能会阻止不同物种的杂交。雌性的两只螯足大小相同。在大多数热带沙滩或泥滩上，会出现大量的招潮蟹。摄于澳大利亚（J. S. 皮尔斯）

螃蟹的溞状幼体能够自由活动，从受精卵孵化出来并经历数次蜕皮，每次蜕皮后都会长大一点儿，变得更像成年的螃蟹。图中展示的是天鹅绒梭子蟹的第二幼体阶段。头胸甲长有长刺，是典型的溞状幼体，长刺可能会让它们下沉得慢一点儿，也能让捕食者望而却步。摄于英国（D. P. 威尔逊）

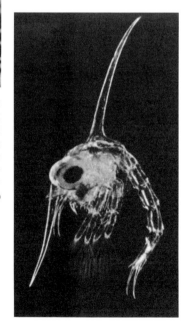

海绵蟹会用海绵覆盖身体作为伪装，躲避捕食者。它将一块海绵挖空，大小可以容纳下自己的后背，然后用最后面的两对足撑住这块海绵。皮海绵为螃蟹提供了化学保护和伪装。在水族箱中，只要有皮海绵在，章鱼就不会攻击海绵蟹。摄于法国罗斯科夫

斐济沙滩上的角眼沙蟹在夜间离开洞穴去捕杀小猎物。角眼沙蟹因其眼上的角状突起而得名，它的每只眼有30 000面，移动速度可达2.1米/秒。在世界各地的温暖沙滩上可以见到各种角眼沙蟹（R. 布克斯鲍姆）

在巴拿马运河岸边挖洞的角眼沙蟹正在从它的洞中往外扔沙子，听到人的脚步声后，它迅速躲进洞中，至少半小时后才重新出现在洞口处。大多数角眼沙蟹栖息在热带海岸的高水位上，深挖洞穴直到到达潮湿的沙滩（M.布克斯鲍姆）

来自日本海域的巨型蜘蛛蟹是最大的螃蟹。从图中的甘氏巨螯蟹标本我们可以看到它的身体前部有一对长螯足（肢辐可达3.65米），后面跟着4对步足。它的腹部朝下，这个背部视图仅展示了头胸部，最宽处约为45厘米。摄于布法罗科学博物馆

寄居蟹的腹部长而柔软，图中它将腹部插入一个海螺的空壳内。随着寄居蟹不断生长，它必须寄居在越来越大的壳中，有时它会鸠占鹊巢，夺走另一只寄居蟹的壳。寄居蟹只会将它坚硬且钙化的头胸部及两对步足从壳中伸出来，在碰到危险或威胁时，它会迅速缩回壳中。在澳大利亚大堡礁苍鹭岛的潮汐平台上看到的斑点真寄居蟹，长度可能超过30厘米。所有温带海岸上的小而相似的寄居蟹都是重要的食腐动物（R. 布克斯鲍姆）

沙蟹栖息在从科德角到尤卡坦半岛的海滩上。它们是为数不多的能够克服严峻的环境,并利用海浪中的食物流的沙滩居民。沙蟹将其近乎圆柱形的身体面朝大海摆出45度角的姿态挖掘沙滩,它伸出羽毛状的第二触角,以过滤返回的海浪中的小生物为食。美国西海岸上生活着一种与之有亲缘关系的沙蟹,大多数沙蟹生活在热带或亚热带地区(R. 布克斯鲍姆)

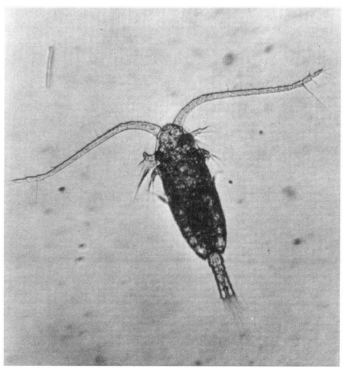

海洋桡足类动物长2毫米,属于小型甲壳动物。桡足类动物通常被称为海洋昆虫,是数目最多的一类动物。作为初级消费者,它们以小型生产者(可进行光合作用的原生生物)为食,这些生产者构成了海洋食物金字塔的广阔基础。桡足类动物会被次级消费者吃掉,捕食它们的动物种类繁多,既有无脊椎动物幼体和浮游生物中的幼鱼,也有巨大的须鲸。大型桡足类动物也是次级消费者,可吞噬大量浮游动物(捕食桡足类动物)的卵和幼体。许多桡足类动物是底栖生物,或者寄生在无脊椎动物或脊椎动物身上,尤其是鱼类(R. 布克斯鲍姆)

人们把藤壶视为一种动物，它的头朝下，用足将食物踢进口中。藤壶的宽阔底部牢固地附着在坚硬的基质（图中为蓝蟹的背）上。钙质板在藤壶两侧交叠，形成坚固的体壁，顶部的两对板可以开合，由此，摄食附肢可以以稳定的节奏伸缩。摄于佛罗里达（R. 布克斯鲍姆）

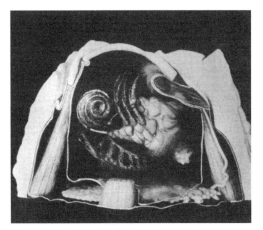

藤壶模型，去掉了一半钙质板的侧面视图。这个藤壶是关闭的，通常情况下落潮时的藤壶就是这个样子。当浸没在水中的藤壶打开并摄食时，长而卷曲的附肢会充血并慢慢伸出，然后利用肌肉收缩的力量迅速缩回。它们将食物传送到较短的附肢上，然后将食物传递到口中（美国自然历史博物馆）

藤壶遍布于一只长时间生活在水族箱里的龙虾身上，这只龙虾显然没有正常地生长或蜕皮。藤壶可以附着在几乎所有坚硬的表面上，在最后一个幼体阶段藤壶会选择在靠近其他藤壶的地方定居下来。摄于黑尔戈兰（F. 申斯基）

鹅颈藤壶的结构和生活史与藤壶类似。粗壮的附肢表明这些动物是节肢动物。这些太平洋鹅颈藤壶是从加利福尼亚蒙特利湾的一块岩石上掰下来的。摄于霍普金斯海洋站的水族馆（R. 布克斯鲍姆）

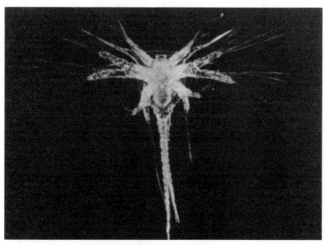

从一只鹅颈藤壶的无节幼体可以看出固着成年藤壶与甲壳动物的密切关系。像其他甲壳动物的无节幼体一样，它有三对附肢（D. P. 威尔逊）

物的一类典型幼体。在水中游了一段时间并经过几次蜕皮和几个生长阶段后，它会定居在某个固体上，并用头端附着其上。尽管成年藤壶的外形发生了很大的变化，但依据它们的几丁质双枝型附肢和浓密的刚毛等甲壳动物的典型特征，我们仍可以判定它们是节肢动物。藤壶从壳中伸出附肢，就像往水里撒出了渔网一样，把小动物和有机颗粒网住。大部分藤壶都是雌雄同体动物，只有少数是例外。与很多其他动物群体一样，人们认为这一点与它们的固着生活方式有关，藤壶个体之间的接触很有限。另一群与藤壶密切相关的海洋甲壳动物是根头目甲壳动物，它们的无节幼体也可以自由游动，但很快就会附着在螃蟹身上。在成年阶段，它们的根状齿突会进入宿主身体的各个部位。

与藤壶有亲缘关系的寄生性甲壳动物是根头目。图中的欧洲滨蟹的下侧表皮层上有两个突出的球状囊。每个囊里都充满了寄生虫的卵，它们在螃蟹体内生长，其根状的小管系统遍布宿主的所有血腔，甚至到达了足尖（J. 瓦瑟罗）

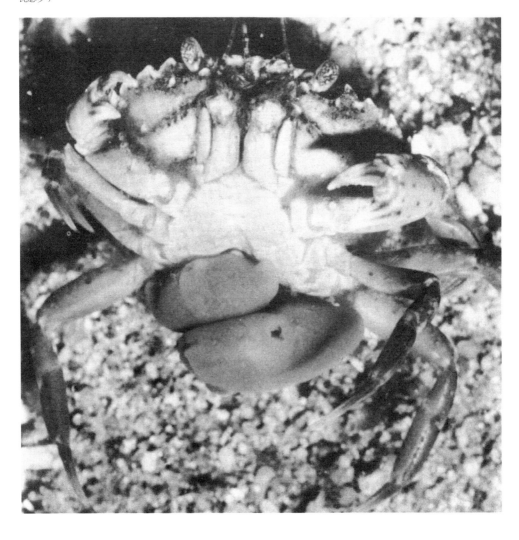

被藤壶寄生的螃蟹既无法蜕皮也不能生殖，但会继续活着，并滋养着这些不受欢迎的客人，直到藤壶完成它的生命周期。

我们可能会认为淡水环境对所有动物而言都难以生存，但淡水甲壳动物很好地适应了这种环境。为了在与海洋直接相连的河流中生存，甲壳动物不仅必须适应含盐量较低的情况，还必须具备抵抗下游水流的能力。只有较大的甲壳动物能做到这一点，比如淡水小龙虾和螃蟹。它们的后代不会以自由游动的幼体的形式释放，因为这样很容易被冲向下游或回到大海。大多数淡水甲壳动物即使到了成年阶段，也很小很脆弱。它们不会在水流急的地方生活，而

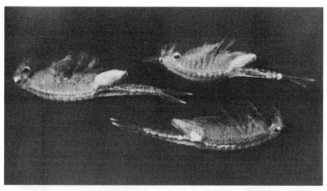

仙女虾（也叫丰年虫）是原始的甲壳动物，大多生活在暂时性的池塘、路边沟渠或夏季干涸的草沼里。它们产下厚壳卵，可抵御夏季干旱和冬季结冰的情况，会在泥土中休眠，直到第一场春雨降临时孵化为无节幼体。长有羽状刚毛的叶状足既可用于运动，也可用于从水中过滤食物颗粒。仙女虾一边慢慢地仰泳，一边摄食。图中的三只仙女虾都是长有育囊的雌性，长约25毫米。摄于宾夕法尼亚（R. 布克斯鲍姆）

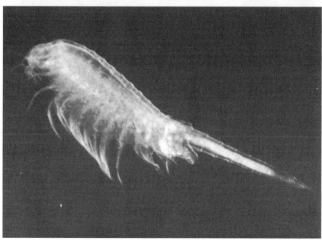

卤虫长约1厘米，是一种生活在内陆咸水湖里的仙女虾，你也可以在商业产盐的蒸发皿中找到它们。在犹他州的大盐湖中，卤虫产量丰富，但它们从未在海洋中出现。图中为长有育囊的雌性（R. 布克斯鲍姆）

水蚤体长1~3毫米，它们分枝型的第二触角的猛烈击打使其可在水中跳跃，它们也由此得名。水蚤和其他淡水枝角目动物借助刚毛足从水中过滤食物颗粒。它们本身也是许多小型无脊椎动物和鱼类的猎物，是湖泊经济中最重要的初级消费者，甚至超过了桡足类动物。图中可见水蚤突出的眼睛，半透明的头胸甲覆盖住身体和附肢，腹侧暴露在外。在长长的充满食物的肠道上方是椭圆形的肌肉发达的心脏，心脏后面是育囊，里面是发育中的后代（P. S. 泰斯）

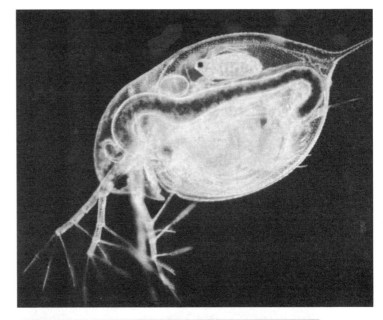

淡水桡足类动物剑水蚤。图中这只成熟的雌性剑水蚤体长约为2毫米，两个卵囊附着在腹部前面。剑水蚤用胸足游泳，用长长的第一感觉触角指引运动的方向。桡足类动物以各种原生生物和小型动物为食，在池塘和湖泊的食物链中作为微生物与小型无脊椎动物或鱼类之间的一环，仅次于枝角目动物（P. S. 泰斯）

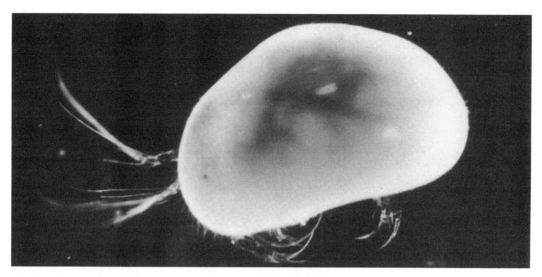

介形类动物有一个双壳瓣、铰合式且几乎不透明的头胸甲,与只有1毫米长的蛤壳类似。它的左侧有两对触角,在游泳时发挥感觉器官和运动器官的作用。在它的腹侧嘴裂处可以看到两对胸足的爪状尖端,它们以此在表面上爬行。介形类动物在海水和淡水中都很常见(R.布克斯鲍姆)

和龙虾一样,小龙虾既是食腐动物也是捕食者,它们以腐烂的生物残骸为食,也捕食小动物。小龙虾沿着河流和池塘的底部慢慢游走,遇到威胁时会突然收缩强大的腹部肌肉,向后快速逃跑。图中的雌性小龙虾腹部下方正孕育着卵

烟囱状洞穴旁边的草沼小龙虾。洞穴深30~100厘米，底部有一个充满水的腔室。这类洞穴通常建在草沼和草甸之上，远离地表溪流（C.克拉克）

小龙虾的头部长有带柄的复眼和相连的触角。第一对触角呈较短的双枝型，第二对触角长但不分支。长着两对触角是甲壳动物的显著特征。昆虫、蜈蚣和马陆都有一对触角，蜘蛛和其他螯肢动物则没有触角（P. S.泰斯）

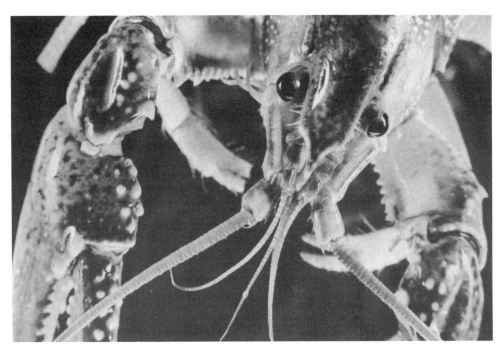

是在安静的池塘或湖泊中，为此它们必须随风或水鸟脚上的泥到达栖息地。小池塘可能会在夏季完全干涸，在冬季冻结，大型湖泊也会发生剧烈的温度波动。甲壳动物已经适应了这些严苛的生存条件，比如，它们进化出能抵抗干燥和冰冻的厚壳卵。

　　适应陆地生活仍然是十分艰难的一步。陆地上的温度变化极大，干燥是一个持续的威胁，必须改变呼吸机制以利用空气。在陆地上成功存活下来的少数甲壳动物在很大程度上避免了这些问题。地蟹生活在温暖潮湿的地方，晚上从洞穴中出来摄食，但它们必须回到海里释放游动的幼体。潮虫的分布更加广泛，它们仍然依赖于潮湿的藏身之处，但没有水生阶段。除了鳃之外，这些甲壳动物还发育出内陷的呼吸管系统，类似于蜘蛛和昆虫等的呼吸系统，这两种主要的节肢动物群体经过特化都适应了陆地生活。

小龙虾的卵（左图）附着在其腹部附肢上。卵孵化成小龙虾幼苗（右图），看起来像微型的成年小龙虾，它们会在母亲的腹部附肢上附着一段时间（C. 克拉克）

地蟹并未完全转变为陆地生活方式，它的早期发育阶段必须在海洋里进行。它仍然用鳃来完成大部分呼吸交换。和其他甲壳动物一样，它缺少外部的蜡质表皮层，表皮层可以减缓其体内水分的蒸发。图中的圆轴蟹躲藏在巴拿马潮湿森林的原木下，在内陆能爬行几千米的距离。它在夜间和下雨时摄食（R.布克斯鲍姆）

岩岸等足目动物体长可达35毫米，常见于陆峭的岩壁上、岩石裂缝或洞穴中。海蟑螂已经离开大海生活，长时间浸没在水里会被淹死。它们在潮湿的岩石上四处乱窜，但当浪很大时，它们会待在海浪拍不到的地方。在退潮时，它们会冒险进入潮间带食腐（R.布克斯鲍姆）

最适应陆地生活的甲壳动物是潮虫这种等足目动物。它们在花园和森林的地面废弃物中广泛存在，育囊中充满液体，可远离任何水体进行生殖。陆地等足目动物仍然依赖于通过腹部附肢进行大部分气体交换，它们的呼吸系统与昆虫和蜘蛛的内部气管类似。它们很容易变得干燥，白天会在潮湿的地方躲起来，晚上出来摄食植物。当此类动物大量存在的时候，它们对腐殖质的形成起到重要作用（R. 布克斯鲍姆）

第18章　陆地节肢动物：蛛形纲

从水生生活过渡到陆地生活并不容易。前面介绍的陆生无脊椎动物，比如陆地涡虫、线虫、蚯蚓、陆地蜗牛和少数甲壳动物，其生活范围都被限制在湿润的栖息地上。如前所述，地蟹必须寻找水源来生殖，因为它们的幼体阶段是水生的。即使是那些成功占据相对干燥栖息地的陆地节肢动物和脊椎动物群，绝大多数（包括人类）仍然要依赖可靠的饮用水源生存。这些动物之所以能够统治地球上的干旱栖息地，是因为它们进化出了特定的行为、结构和生理特征，使其能实施严格的水资源保护措施。在这些动物中，蛛形纲动物的表现尤为突出。

蛛形纲

蛛形纲动物包括蜘蛛、蝎子、蜱、螨以及盲蛛等。人们最不喜欢的就是蛛形纲动物，这情有可原，因为蝎子和蜘蛛会注射毒素，虽然不太严重，但总让人疼痛。一些蜱会吸食人类血液并传播疾病，其他螨则会寄生在人的皮肤中。但是，生活在大城市中的人都有与蛛形纲动物打交道的不愉快经历。蜘蛛的名声不好，多半是因为人们对于它们爬得快、生活在暗处的习性有种莫名的恐惧感。其实，它们危害很小，还能杀死害虫，对人类大有益处。

我们无法统一描述蛛形纲的所有动物，但一般来说，它们作为一种陆生节肢动物，其身体可分为两大部分：头

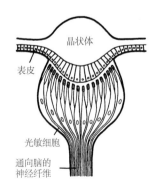

蜘蛛的单眼得名于它的光敏细胞聚积在单个晶状体上，与甲壳动物和昆虫的复眼形成对比。晶状体由角质层组成，由上表皮分泌产生（亨切尔）

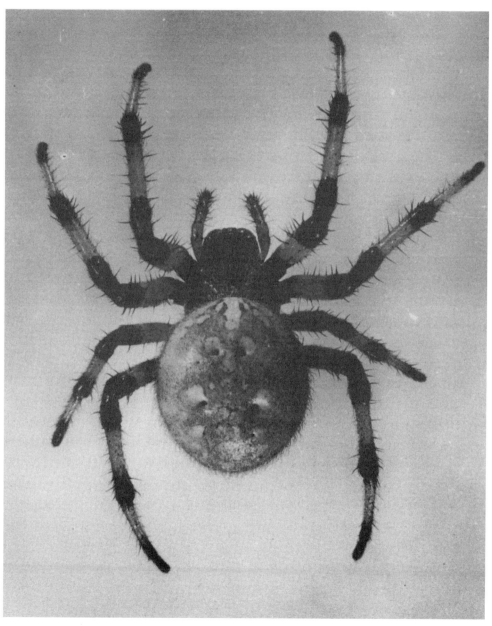

如图中蜘蛛所示，蛛形纲动物的身体与昆虫存在明显的区别。蜘蛛的身体分成两个区域，第一个区域上有4对步足；昆虫的身体分为三个区域，有三对步足。蜘蛛没有像昆虫那样的触角，但它身体前端延伸出的一对足状短须肢是它的感觉器官，腿上的许多大型刚毛也有类似作用。图中的雌性三叶草蜘蛛常见于北美草甸。它织了一个对称的圆丝网，静待小猎物上门。许多蜘蛛都不织网，而是像其他蛛形纲动物一样四处游走寻找猎物。在近70 000种蛛形纲动物中，约有一半是蜘蛛。其余的可分为10个目，本章将介绍其中的一部分（R.布克斯鲍姆）

鞭尾蝎晚上会从石头、散落的树皮或废弃物下面钻出来。蝎子的头胸甲前面有单眼，但这些夜行蛛形纲动物主要依靠长鞭状的第一对步足获取的触觉信息来行动，这对步足可像触角一样探索地面。大而粗壮的须肢既能抓住小型节肢动物，也能使劲地掐住人的手指。鞭尾蝎可以通过从身体后端喷出酸性液体（主要是醋酸）来保护自己，因此它们也叫作醋蝎。它们的分泌物对人体的皮肤和眼睛都有刺激性。分节的腹部末端有一根长丝。图为在亚利桑那图森的沙漠博物馆拍摄的鞭尾蝎，常见于美国南部，是一种最大的鞭尾蝎，身长可达8厘米。该种动物大多数生活在美洲和亚洲的热带地区（R. 布克斯鲍姆）

胸部有6对附肢，其中4对是步足，腹部没有运动附肢，但有其他类型的附肢。4对步足通常用于区分蛛形纲动物与仅有三对步足的昆虫。但是，这两类动物的差异远没有这么表面化。蛛形纲动物不同于甲壳动物和昆虫，它们没有复眼；虽然有单眼，但没有触角。不过，蛛形纲动物的第一对长步足或其他附肢主要起到感觉器官的作用，而且全身都覆盖着细密的感觉刚毛。另外，蛛形纲动物也没有与甲壳动物或者其他节肢动物同源的颚。没有一种蛛形纲动物的附肢完全用于咀嚼，但在一对或者多对附肢的基部长着锋利的咀嚼齿突。蛛形纲动物的口部前面有一对螯肢，末端有锋利的螯或尖牙，因此这些动物被命名为螯肢动物。螯肢动物包含蛛形纲和另外两类海洋动物。蛛形纲动物口部后面有一对须肢，可起到感觉器官的作用，而蝎子的这对须肢可用于捕捉猎物。几乎所有的蛛形纲动物都是捕食者，在很多目中，须肢或者螯肢都是重要的进攻武器，但同一个动物不可能两者兼具。

在北半球的温带气候条件下，盲蛛于七八月份发育成熟，在丰收的季节最常见。有些盲蛛长着大长腿，可以轻松地在叶子间攀爬；其他盲蛛结实的腿部不会超过身体的长度。这一目蛛形纲动物有着椭圆形的身体、宽阔的头胸部和明显分节的腹部

避日蛛指在白天活动的蛛形纲。图中的避日蛛是在加利福尼亚的一个花园里发现的，它当时正从低矮的灌木丛中爬出来觅食。避日蛛头上有两只大眼睛，但它们主要通过覆盖全身和附肢的刚毛获取信息。它们用大的须肢跑动，用第一对步足作为感觉器官。有些避日蛛跑得非常快，就像风一样，所以也可称为风蝎。与蝎子不同，风蝎没有尾刺，但其大螯肢能咬人，伤口很痛，甚至会引发严重感染。白天活动的避日蛛可能会来到城市街道上，而夜行的避日蛛则会被夜晚的灯光吸引，有时会跑到篝火旁或者跑进帐篷去骚扰露营者。大多数避日蛛都定居在欧亚大陆和非洲沙漠中，还有一些生活在欧洲、中南美洲、西印度群岛、佛罗里达和美国西南部。大型避日蛛（体长可达 5 厘米）偶尔会吞食蟾蜍、蜥蜴、小鸟或老鼠（R. 布克斯鲍姆）

蜘蛛是迄今为止体型最大、分布最广泛的一类蛛形纲动物。虽然关于蜘蛛的一般性描述在很多方面仅适用于蜘蛛这类动物，但我们也能借此进一步了解蛛形纲动物的身体结构和习性。蜘蛛的头胸部覆盖着头胸甲，头胸甲上有单眼，通常是8个。蜘蛛用于捕食的螯肢锋利而尖锐，通过注射毒素可使猎物瘫痪。一对毒腺的导管通过螯肢，在其尖端附近与外界相通。须肢看起来像小步足，但属于感觉器官，它们扩展的基部有助于抓住和挤压猎物。成熟的雄性蜘蛛的须肢结构发生了改变，用于将精子移送至雌性体内。4对步足的尖端长着弯曲的爪。

蜘蛛的8只单眼通常排成两排。晶状体周围是一圈深色色素。有些蜘蛛只有6只眼睛（P. S. 泰斯）

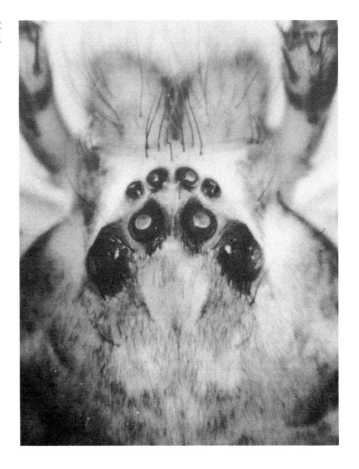

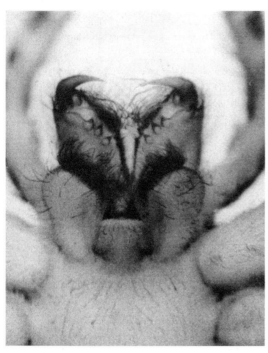

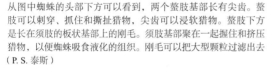

从图中蜘蛛的头部下方可以看到，两个螯肢基部长有尖齿。螯肢可以刺穿、抓住和撕扯猎物，尖齿可以浸软猎物。螯肢下方是长在须肢的板状基部上的刚毛。须肢基部聚在一起握住和挤压猎物，以便蜘蛛吸食液化的组织。刚毛可以把大型颗粒过滤出去（P. S. 泰斯）

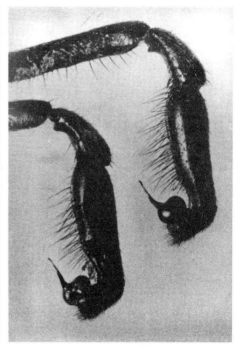

蜘蛛的须肢主要用作感觉器官。成熟的雄性蜘蛛的须肢尖端会增大和变形，以便于交配。雄性蜘蛛吐丝织网，将充满精子的液滴放在丝网上。然后，雄性蜘蛛把须肢尖端伸进每个液滴，让其充满精子。等到交配时，雄性蜘蛛将其须肢尖端插入雌性蜘蛛的两个开口处，使雌性的贮精囊充满精子，卵子成熟后就能完成受精（L. 帕斯莫尔）

　　蜘蛛的腹部很少会分节，除了三对吐丝器之外也没有附肢。指状的吐丝器尖端有一组微小的纺丝管（每个吐丝器上有100或更多个纺丝管），纺丝管可吐出丝液。蜘蛛丝是一种在张力下聚合的蛋白质，当蜘蛛丝被拉伸成线时，丝就会硬化。纺丝管与产生不同丝的多种丝腺连接，为卵提供保护性茧，或用于捆绑猎物等。其中一些纺丝管不会产生丝，而是产生黏液，制成特定的线让整张网具有黏性。

　　当昆虫被困在蜘蛛网上时，蜘蛛不仅能感觉到拉扯，还可以知道猎物在网中的位置，甚至可以区分不同猎物的

黑黄园蛛是在美国和加拿大花园中常见的一种编织圆网的蜘蛛。这种蜘蛛常头朝下悬挂在网上，腹板中央的锯齿形图案是向鸟类发出的醒目信号，警告它们不要飞过来，否则就会用黏线使鸟的羽毛硬化。这样一来，黑黄园蛛就不用不断重新织网了。成年雌性蜘蛛的体长为25毫米。与许多物种一样，雄性黑黄园蛛个头更小，只有6毫米长（C.克拉克）

运动，据此采取不同的方式捉住猎物。如果蜘蛛判断猎物可能会逃脱，它就会匆忙赶过去抓住挣扎的动物，并及时注射毒素。如果猎物很大，蜘蛛就会使用更间接的方法，先将大量的丝扔在猎物身上，这样就能以较低的风险靠近猎物，再注射毒素让猎物瘫痪。

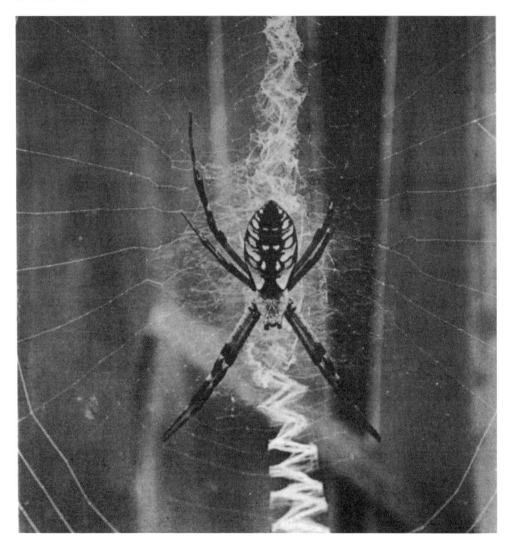

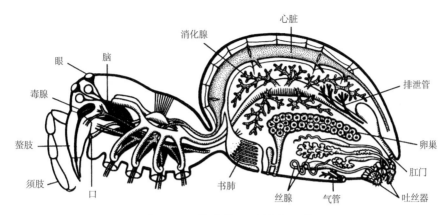

蜘蛛只有一个小口，不能吞咽固体食物。蜘蛛会用螯肢在猎物身上制造伤口，将消化分泌物注入猎物体内，然后通过吸胃（借助须肢基部的挤压作用和咽的吸吮动作）吸取猎物的液化组织。除了胃之外，消化管会形成几对消化囊，以增加消化和吸收的表面积。蜘蛛的大型消化腺的分支广泛占据着蜘蛛腹部的大部分地方。消化腺是主要的消化器官，能够一次性摄取大量食物，并把它们储存起来，然后慢慢利用。这使得蜘蛛可以长期不摄食，但它们必须经常饮水。

蜘蛛示意图。和其他节肢动物一样，蜘蛛的循环系统是开放的。长长的心脏位于背侧的一个大窦里，通过两侧的开口接收血液（C. 沃伯顿）

蜕皮之后，图中这只螲蟷（左）只剩下苍白脆弱的表皮层，它此刻非常脆弱。之后大约一天的时间里，表皮层变暗变硬。旧的表皮层（右）在蜕皮液的作用下先变得松弛，然后沿侧面裂开并脱落。螲蟷是一种原始蜘蛛，成年后，它们仍会不断蜕皮，而大多数蜘蛛则并非如此（L. 帕斯莫尔）

蜘蛛的几丁质外骨骼在水中可以起到良好的支撑作用，但也可以很好地适应陆地生活。除此之外，陆地生活还需要很多东西，包括不透水的外层覆盖物，以减少湿润的内部组织变干的风险，还需要有坚固的支撑框架。脊椎动物的外层覆盖物是鳞片或厚厚的皮肤，其支撑框架是内部骨骼。蜘蛛和昆虫的表皮层兼具这两项功能，从而使它们的外层变得相当防水。

然而，蜘蛛（和其他陆地动物）在呼吸交换和排泄的过程中会不可避免地损失大量水分。呼吸交换需要有宽广的表面，对于呼吸气体可以穿透的生物体表，水也会渗透进去。然而，蜘蛛的水分流失最少，因为蜘蛛的两种呼吸结构仅通过狭窄的缝或孔与外界相通。书肺中充满了空气，体壁的一系列叶状褶皱（就像书页一样）悬挂在其中。褶皱和支撑部位是分开的，空气可以自由地在其间循环。褶皱内的空间充满血液，并与腹部的血窦相通。气管与腹部的小孔相连，并将空气带到身体的组织中。大多数蜘蛛都有书肺和气管，这两种结构都有助于增加呼吸表面，但有些蜘蛛只有书肺，而有些蜘蛛只有气管。

狼蛛是一种大型的毛茸茸的蜘蛛，白天躲在树木的裂缝中以及原木、石头和废弃物下，夜间则出来捕捉猎物，主要摄食大型甲虫。美国南部和西南部各州常见的狼蛛体长可达5厘米。据说被它咬的感觉就像被尖锐的针扎一样，但并不危险。它身上的毛对人体皮肤有刺激性。大多数人认为它的长足和多毛让人反感，但目前至少没有人对有同样特征的俄罗斯狼猎犬反感。狼蛛可作为宠物出售，圈养的雌性可以存活20年，但它最好还是在野外生活（L. 帕斯莫尔）

图中的巴拿马热带狼蛛是蜘蛛中的巨人，但被它咬伤后，毒液只会在人身上产生局部效应。亚马孙盆地的一些南美洲狼蛛的足展为18厘米，能捕捉雏鸟、蜥蜴或小蛇（R. 布克斯鲍姆）

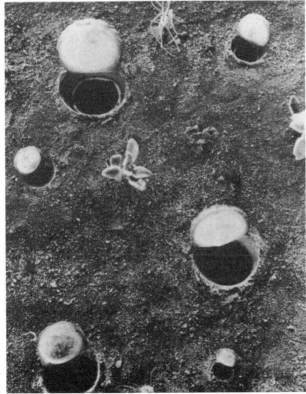

图中的螲蟷正扑向一只陆地等足目动物（L. 帕斯莫尔）

螲蟷洞口有一个由丝和土壤建成的门，用丝铰合在一起。每扇门的尺寸显示出洞穴的直径和蜘蛛的大小。图中的所有门都被摄影师打开了，关上后它们与土壤表面融为一体。猎物接近时引起的震动会引起蜘蛛的警惕（L. 帕斯莫尔）

蜘蛛的排泄系统由小管组成，小管与肠道相连，并主要以鸟嘌呤的形式排出氮。因为这种物质不溶于水，所以它的排泄过程损失的水分较少。许多蜘蛛的排泄器官还会在足的基部附近有开口。

地窖蜘蛛倒挂在一张不规则的网上，网上的线几乎不可见。它摆出这样的姿势是为了抓住沿洗脸盆边缘爬行的微小昆虫。家幽灵蛛脆弱的身体和细长的腿使它非常容易变干，它频繁光顾浴室和酒窖，远离干燥炎热的房间，而更加结实但腿短的普通家蜘蛛则更喜欢这样的房间，它们也会倒挂在不规则的网上。被灰尘覆盖的网，让人一看就知道是蜘蛛网，并不会带来大麻烦。所有常见的家蜘蛛对人类都是无害的，应该受到欢迎和保护，因为蜘蛛能捕食蚊子、家蝇、衣蛾和蠹虫等家庭害虫（R. 布克斯鲍姆）

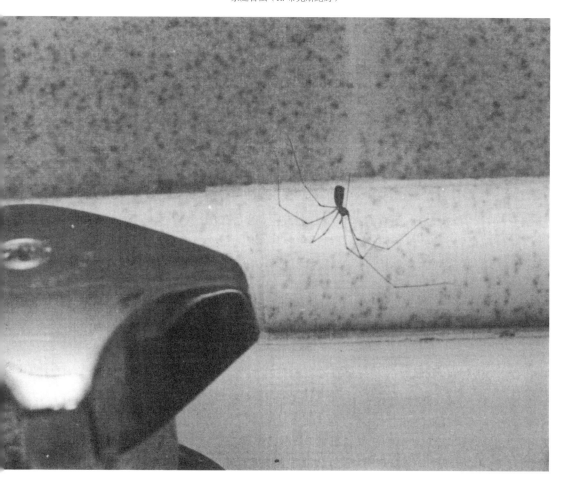

狩猎蜘蛛可以自由地四处捕捉猎物。图中的蜘蛛朝一只蝗斯猛扑过去，将它的毒牙刺入昆虫体内，让其无法动弹，同时将猎物的组织液化并吸食液体。摄于巴拿马（R. 布克斯鲍姆）

黑寡妇蜘蛛生活在气候温暖的地方。雌性的腹部呈球根状，有黑色光泽。地中海北部的黑寡妇蜘蛛的上表面有红点。美国的黑寡妇蜘蛛的腹部全是黑色的，下侧有一个红色的沙漏形斑点，而在西部各州的一些地方的黑寡妇蜘蛛则没有这个红色斑点。美国几乎所有致命的蜘蛛叮咬都是由黑寡妇蜘蛛造成的，每年5例左右，但这只占所有蜘蛛叮咬案例的5%。美国有三种存在亲缘关系的黑寡妇蜘蛛不太可能与人类接触。雌性黑寡妇蜘蛛体长约为15毫米，雄性则小得多，有长足，不会摄食也不会叮咬。图中看似有柄眼睛的两个黑色圆形结构是雄性蜘蛛充满了精子的须肢尖端，雄性蜘蛛正准备接近雌性进行交配（L. 帕斯莫尔）

美国还有一种危险的棕色蜘蛛。这种头胸甲上有小提琴形状斑点的棕色隐士蜘蛛可能会进入房屋并与人接触，它们常藏在毛巾里或衣柜的衣服之间。隐士蜘蛛咬伤人后，伤口不易愈合，有可能溃烂，需进行皮肤移植。很少见到儿童因隐士蜘蛛咬伤致死的报道

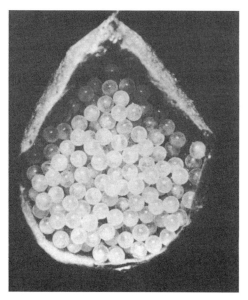

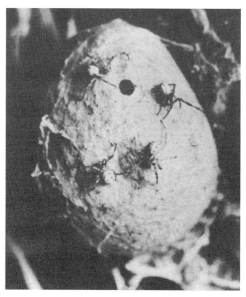

蜘蛛卵被包裹在丝囊中，悬挂在蜘蛛网或固体上。居无定所的雌性狩猎蜘蛛也会携带卵囊四处游走。图中为打开的黑寡妇蜘蛛的卵囊（L. 帕斯莫尔）

刚从卵囊中出来的幼蛛看起来像迷你版的成年蜘蛛，但它们可能还没有成年蜘蛛的醒目形状和颜色。图中是黑寡妇蜘蛛的幼蛛（L. 帕斯莫尔）

蝎子用于防御的尾刺有时候也可以让挣扎的猎物安静下来。控制尾刺的肌肉位于腹部的最后一个体节，肛门也在这个体节上。弯曲的尾刺从球根状部分的两个腺体吸取毒液。在亚利桑那州、墨西哥和北非，一些蝎子体内含有强效的神经毒素，可能致人死亡，其中绝大多数为儿童。被蜇后若只是局部发红肿胀，一般很快就会康复。若没有发红或局部肿胀，但被蜇的地方有明显的过敏症状，之后感觉麻木，就很有可能引发全身症状并造成严重的后果。遇到这种情况应马上就医，注射抗蛇毒血清可能是必要的。但是，大多数蝎子的蜇伤与蜜蜂或者黄蜂的蜇伤的严重程度差不多。在美国和加拿大，因被蜜蜂、黄蜂和昆虫蜇而死亡的案例远远超过因被蜘蛛或蝎子蜇而死亡的案例

蝎子很容易辨认。它们的前端有大型臂状须肢，强壮的螯用于捕食猎物，后端有能注射毒素的醒目尾刺。头胸部长有小的螯肢（带有可撕碎食物的螯）、大的须肢和4对末端有小爪的步足。头胸甲的中间是两只单眼，但蝎子更多地依靠螯上的感觉刚毛来获得触感。腹部长且有明显的体节，包括宽大的前部和看起来像尾巴的细长的后部，后部的尖端是肛门和尾刺。蝎子白天躲藏在石头或树皮下，或在地下挖洞。夜间它们会捕食其他蛛形纲动物和昆虫，大型蝎子甚至会攻击小型啮齿动物。大多数蝎子生活在干燥炎热的地区，但有些蝎子在潮湿的热带地区也很常见，甚至在阿尔卑斯山南部也有蝎子的身影。

专业人士用手拿着蝎子，使它没有机会挥动尾刺。非专业人士请勿用手拿蝎子。美国最危险的蝎子在亚利桑那州。人类不断侵入蝎子的栖息地，引发了一系列问题。于是，蝎子常常不请自来，进入人类的居所，夏日纳凉，冬日取暖，还有稳定的饮水供应。蝎子夜间出来捕食小型节肢动物，白天则躲起来。在蝎子的地盘上，人们不应该在黑暗的房子里赤脚走路，早上穿鞋前也要抖一抖，先把蝎子赶出来（R.布克斯鲍姆）

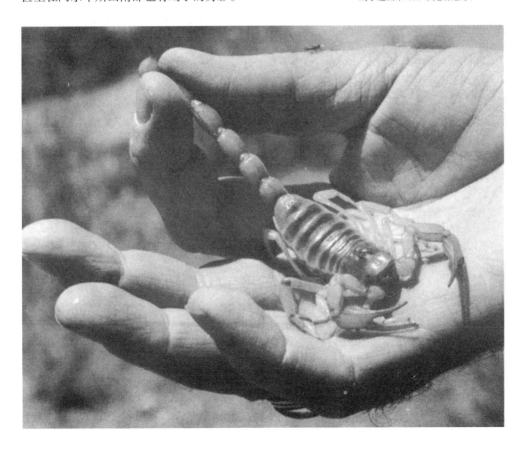

图中为螨的中枢神经系统，它的神经节融合在一起。螨的神经系统看起来非常大，难免让人担心其实这些坚韧的小动物其实也很聪明。螨的神经系统的大小其实是由活体动物的最少神经细胞数目决定的。螨的小尺寸和相对大的表面积也是它们缺乏呼吸系统和循环系统或两个系统发育不足导致的

螨很小，很容易被忽视。然而，这个群体中包含最危险的蛛形纲动物——吸血蜱。蜱叮咬致死的案例比较罕见，但不是没发生过。蜱和其他寄生螨对人类的主要危害是，它们会传播可能致人死亡的疾病。这些蛛形纲动物可传播的致病生物包括：病毒（导致脑炎、科罗拉多蜱传热），立克次体（导致落基山斑点热、恙虫病、Q热），细菌（导致兔热病），性比螺旋体（导致回归热）和孢子虫（导致巴贝虫病）。美国南部的恙螨和世界上其他温暖潮湿的地区的螨引发的疾病虽不那么严重，但非常讨厌。这些螨会攻击人的皮肤，导致严重的瘙痒，疥螨会进入皮肤并住在那里。类似的物种会导致狗、猫、马和其他家养哺乳动物患上兽疥癣等各种皮肤病。家畜也会患上蜱传疾病，或者因被螨叮咬或偶然吞食某些螨而感染绦虫和寄生性线虫。家庭灰尘中的小型螨是导致人类粉尘过敏的主要原因。

软蜱是一种大型吸血螨，其中一些寄生在人和家畜身上，会传染严重的疾病。每年它们仅对牛就会造成数百万美元的损失。美国公共卫生服务实验室的这两只软蜱在没有食物的情况下存活了5年。在此期间，它们体内一直保存着一种致病生物，若通过叮咬传播给人类，将会引起反复发烧（科学服务）

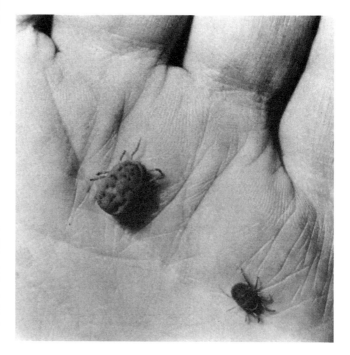

螨像其他蛛形纲动物一样进食流体，它们利用消化性分泌物将食物液化。螯肢、须肢和其他部分一起构成了长有倒钩的口器，在除蜱时必须小心地一并去除。因为许多螨仅以植物为食，刺穿细胞并吸食其内容物，所以它们在捕食性的蛛形纲动物中属于"异类"。摄食时，它们在多个植物之间传播病毒和真菌。一些螨是农作物、花园和室内植物的主要害虫。但同时，大多数螨对人类无害，而且许多自由生活的捕食性螨虫可有效控制害虫。

硬蜱有一个硬盾，覆盖住雌性背侧面的前部和雄性的整个体表。图中是巴拿马一处森林中的木蜱，其口器可插入人的皮肤并吸血。硬蜱在世界上普遍存在，许多硬蜱会传播引发疾病的微生物，这些疾病包括脑炎、落基山斑点热、恙虫病和兔热病等。它们也是家畜疾病的重要传播媒介（R. 布克斯鲍姆）

腐烂木材上的木螨只有0.8毫米长，这种螨有助于对倒下树木的回收。落叶和土壤中的巨大螨群在分解和回收动植物的有机质方面发挥着重要作用。在森林的地面上，木螨的数量可能比昆虫和所有其他节肢动物的数量总和还要多。木螨也通过摄食储存在谷物中的食谷昆虫来发挥对人类有益的作用（R. 布克斯鲍姆）

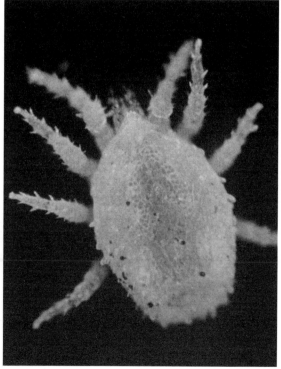

鲎

鲎不属于甲壳动物，而是海洋螯肢动物，是肢口纲动物的唯一现存物种，也是唯一拥有复眼的螯肢动物。鲎通常被称为活化石，因为它们与生活在4亿多年前的同类动物相比，变化很小。没有人能肯定地说，它们在没有现代化改良的情况下，是如何在与甲壳动物以及其他更高级的动

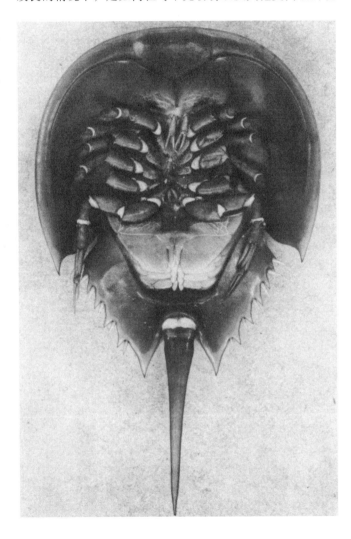

从鲎的底面可以看到螯肢和5对粗壮的步足，最后一对螯肢可用于抓住猎物。扁平的腹板长有叶状书鳃，尾刺可以在鲎腹部朝上时用来翻转身体。鲎从前缘到尾刺尖端的长度可达1米（R. 布克斯鲍姆）

自由游动的鲎幼体缺乏成年鲎的长尾刺。左图：背面视图；右图：腹面视图（J. S. 金斯利）

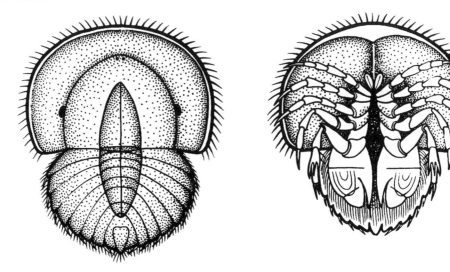

准备交配的一对鲎正在特拉华湾的海滩上移动。每年春天，数千只鲎从深水域来到浅水中或海滩上交配。较小的雄性黏附着雌性，无论走到哪里，雌性都会拖着雄性。准备产卵时，雌性鲎会在高潮线附近的沙子里挖一个洞来存放它的卵。雄性鲎则将精子释放到卵上方的水中，并放开它的伴侣。之后，孵化出的幼体在涨潮时会来到高潮线的沙滩上。鲎的血液可用于制造试剂，这种试剂是通过细菌内毒素检测饮用水和药物的污染状况的最准确方法（R. 布克斯鲍姆）

人们在19~20世纪期间大肆捕捞鲎，导致它们的数量急剧减少。将鲎晾干并研磨，可以制成肥料以及猪和鸡的饲料。1865年，特拉华湾1.5千米长的海岸线上只捕了约120只鲎。但根据记录，仅1930年一年的时间就捕捞了400万~500万只大型鲎。这张照片拍摄于1924年的特拉华州鲍尔斯海滩附近（特拉华州历史文化事务处）

物的竞争中存活下来的。高级物种通常指有特化的结构和功能的动物，但鲎的稳定性也许恰恰源于它们十分缺乏特化。沿着沙质或泥质海岸的浅水栖息地行走，我们很容易找到鲎。它们既可以沿着底部行走，也可以通过拍打腹部的附肢游泳。它们在沙滩上挖洞寻找猎物，以各种各样的蠕虫、软体动物和其他动物为食。

除了作为活化石的研究价值，鲎还有助于我们探究现代蛛形纲动物的古代祖先的相关信息。古代蛛形纲动物的身体可分为头胸部和腹部，胸部有6对附肢，第一对是螯肢，其余5对是步足。除最后一对外，所有附肢的末端都有螯，用于从底部觅食；附肢的基部还有齿突，用于把食物递送到口部。书鳃附着在扁平的腹部附肢上，血液在其中循环。书鳃的结构与陆生蛛形纲动物的书肺有诸多相似之处，这表明书肺是从书鳃进化来的。

咀嚼齿突

鲎的第一步足，图中显示出该步足基部的咀嚼齿突

海蜘蛛不是蜘蛛，也不是蛛形纲动物，而属于海洋螯肢动物亚门海蜘蛛纲。海蜘蛛纲动物的吸吮吻可摄食软体无脊椎动物，比如刺胞动物。斯氏海蜘蛛的大型吻（长在4只黑眼的前面）比其分节躯干后面的腹部长，腹部上长有4对笨拙的足。图中的斯氏海蜘蛛在一只水螅上爬来爬去，摄食其水螅体。这种生长在加州中部的物种常见于大片绿海葵的基部，它们将吻插入海葵，其粉红色的身体特别醒目。海蜘蛛大多生活在寒冷的海域，南极底部生活着巨型海蜘蛛，足幅可达30厘米。但是，大多数的长度都是毫米级别的，它们用细长的足缓慢地行动，在水螅的水螅体分枝上摄食，非常不易发现（R. 布克斯鲍姆）

第19章 空中节肢动物：昆虫纲

关于节肢动物的大多数令人印象深刻的观点其实都是在说昆虫，比如，它们是物种数量最多的动物，它们对人类有着巨大的经济和药用价值。昆虫与其他节肢动物的数量之比大约为8∶1。研究昆虫的科学——昆虫学是大学生物学专业的一门独立课程，也是一个独立的学科领域。

昆虫的饮食、习性和形态，尤其是颜色都非常多样化。尽管昆虫的多样性看起来压倒一切，但了解它们并不像乍看上去那么难。超过85%的昆虫都可归类于4个目（共有约30个目），分别是：甲虫，蝇，蛾和蝴蝶，黄蜂、蜜蜂和蚂蚁。实际上，昆虫作为一个群体在很多方面都不如甲壳动物那么多样化。昆虫这个名字源自拉丁语，意思是"切割的"，指昆虫的头部与胸部之间及胸部和腹部之间通常有明显的分区。所有昆虫的身体分区都相同，并且几乎所有昆虫都具有相同数量的体节，每个体节上都有相同的附肢。蝗虫是其中相当典型的代表。

蝗虫

蝗虫头部有两只复眼和三只单眼。它的复眼在结构上与龙虾相似，虽然它们附着的柄不可移动，但因为占据了较大的区域，布满了头部的侧面，所以蝗虫的视野很宽广。蝗虫的头部有4对附肢：第一对是长而分节的感觉触角；第二对是上颚；第三对是下颚，长有分节的感觉触须；第四对触合成一个板——下唇，下唇的双侧都有感觉触须。口部前面的上唇是一种简单的硬化结构，不是由成对的附肢形成的。大部分头部都被硬颅骨状的囊覆盖住，分节模糊，但4对附器表明至少存在4个体节。

胸部有三对足，这是所有昆虫的特征。胸部体节被背侧的前胸盾和翅膀部分遮住，但三个胸部体节从腹侧清晰可见。足由一系列独特的铰合部分组成，中间有关节。每只足的末端都有两个弯曲的爪，侧面有肉垫，有助于黏附在光滑的表面上。就像大多数昆虫一

蝗虫是一种典型的昆虫，有一对醒目的触角、两个大复眼、几对复杂的口器、两对翅膀、三对步足，明显分节的身体上覆盖着近乎防水的角质层，这一特征对于陆地生活非常重要（R. 布克斯鲍姆）

一般性昆虫的示意图，触角呈丝状，步足未特化，有两对相似的翅膀。各种昆虫之间的差异主要体现在这些结构的变化上。此外，大多数昆虫腹部的体节要比图中所示少，主要是因为后端消失或融合（R. E. 斯诺德格拉斯）

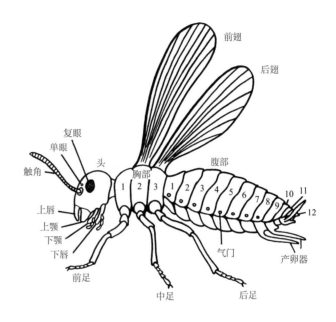

样，蝗虫的前两对足是典型的步足。第三对足专门用于跳跃，股节包含有助于跳跃的肌肉，比足的其他部分大很多。位于胸部的第二和第三体节上的两对翅膀彼此不同，前翅狭窄且硬化，覆盖住后翅。两对翅膀都可用于飞行，后翅宽大而轻薄，飞行时会伸展开来，而在准备降落的时候则会像扇子一样折叠在第一对翅膀的下面。翅膀由角质层构成，由翅脉来加固。

蝗虫的腹部只在后端有附肢，这些附肢与交配和产卵有关。腹部包含大部分柔软的内脏，胸部则几乎都是能驱使足部和翅膀运动的肌肉。

与其他节肢动物一样，蝗虫的消化管由前肠、中肠和后肠组成。前肠和后肠衬有角质层，每次蜕皮时脱落并更换为外骨骼。蝗虫的前肠有一些特殊的区域，可以切分和研磨大量植物，用于充饥饱腹。中肠主要位于腹部，没有角质内衬，是负责消化和吸收的主要器官。中肠与后肠的连接处附着长长的排泄小管，消化后待排泄的废物进入后肠。

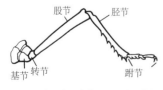

蝗虫的中足表现出典型的昆虫足的组成（R. E. 斯诺德格拉斯）

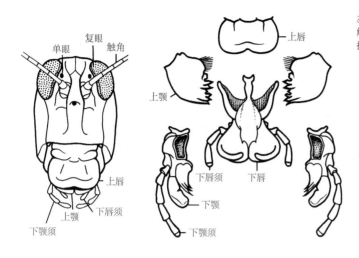

左图：蝗虫头部的前视图。右图：分解的口部示意图（R. E. 斯诺德格拉斯）

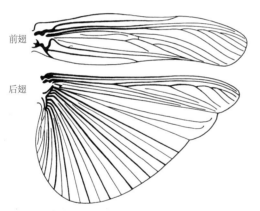

蝗虫的翅膀。只显示了主要的翅脉（R. E. 斯诺德格拉斯）

　　蝗虫的前肠从口部开始，在这里获得了唾液腺的分泌物后，经过狭窄的食道，通向嗉囊，即胸部的大型薄壁囊。在嗉囊的内壁上布有横向嵴，这些嵴带有多排刺，可将食物切成碎片。嗉囊主要是一个存储囊，使蝗虫可以一次食用大量食物，之后再慢慢地消化。食物从嗉囊进入衬有几丁质牙齿的肌肉发达的前胃。在前胃的后端是瓣膜，可防止食物在彻底研磨之前进入中肠，也可防止中肠内的食物反流。消化可能始于嗉囊，因为进入该器官的食物已经与唾液分泌物混合，并获得了来自中肠的一些消化液。

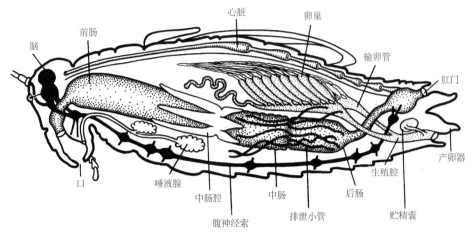

雌性蝗虫的内部解剖图（R. E. 斯诺德格拉斯）

6 对中肠腔位于蝗虫中肠的前端尾部，它们能够分泌消化液，有助于食物吸收。

排泄系统由许多小管（被称为马氏管，由其发现者命名）组成，马氏管位于血窦中，可从血液中提取含氮废物。小管中的流体进入后肠，其中的大部分水和一些盐被重新吸收。剩余的物质主要是尿酸结晶，这些干燥的废物被从肛门排出体外。蝗虫的排泄系统与蜘蛛的排泄系统非常相似，都起到了保存水分的重要作用。

蝗虫的呼吸系统与蜘蛛的呼吸系统相似，但蝗虫的气管系统是独立进化而来的，而且更加发达。位于胸部和腹部两侧的10对气孔与气管相连，细小的刚毛可清除污垢，开合的瓣膜可调节气流，关闭瓣膜有助于减少水分的蒸发。角质层壁上的螺旋状增厚物可以防止气管坍塌。全身的呼吸系统纵横交错，分支延伸到身体的各个部位，最小的直径低于1微米。最细小的支气管由单细胞构成，较大的气管可扩展成气囊。空气主要通过扩散作用运输，而由肌肉控制的呼吸运动（交替压缩和扩张气囊）有助于空气的交换。肌肉的活动越剧烈，对气囊的泵送作用就越强，空气的循

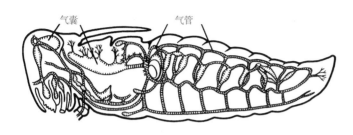

气囊　气管

蝗虫的呼吸系统，仅显示主要的气管和气囊（维纳尔）

环状况就越好。蝗虫的前4对气门只在吸气时打开，剩下的6对则只在呼气时打开，这有利于空气流动。在最深的分支中，氧气只能通过扩散作用输送，先沿着管子移动，然后进入周围的血腔和组织。二氧化碳则以相反的路线离开。薄薄的体壁也可以交换少量氧气和二氧化碳。

　　蝗虫的循环系统不承担携带呼吸气体的责任，它远不如龙虾或蜘蛛的循环系统分布广泛。实际上，蝗虫只有一个血管，即长的可收缩的背血管（由管状心脏组成），它向前泵送血液并延伸为大血管。在它穿过的每个体节中，心脏扩张成一个腔室，腔室两边各有一个狭缝状开口，血液通过开口进入心脏。血液通过一系列出口和大血管离开心脏，大血管将血液带入头部并突然终止。流入组织间血窦的血液浸润着所有的肌肉和软组织，最后回到心脏。虽然该系统是开放的，但通过一系列分区可以给血流设定方向，而且血液缓慢的流速足以保证食物的再分配和废物的收集。血液也可以储存食物和水，它含有破坏细菌和其他寄生虫的细胞。血压在卵的孵化、蜕皮和翅膀的伸展方面起到了一定作用，当翅膀伸展时，翅脉里就会充满血液。

　　蝗虫的神经系统由具有双神经节的腹神经索组成。脑位于食道上方、眼睛之间，通过环绕肠道的结缔组织与第一腹神经节连接。脑没有协调肌肉活动的中心。移除蝗虫的脑后，蝗虫仍可以行走、跳跃或飞行。与其他无脊椎动物一样，脑只充当感觉中继器，从感觉器官接受刺激并对这些刺激做出响应，指导身体的运动。脑也有抑制作用，因为对没有脑的蝗虫而言，哪怕是最轻微的刺激，它也会通过跳跃或飞行对其做出反应，这是一种极度不适应的行为。即使在没有任何外部刺激的情况下，被移除了脑的蝗虫也会不断地活动它的触须和足。此外，蝗虫的脑负责某些复杂的行为模式，并通过学习来改变这些模式。第一腹神经节可控制口器的运动，施加一般的兴奋性影响。体节神经节通过神经索中的神经互相连接和协调作用，但每个神经节只控制相应体节和附肢的运动，自成一个几乎完全独立的控制中心。实验证明，若蝗虫的部分体节被切断，

蝗虫的神经系统（R. E. 斯诺德格拉斯）

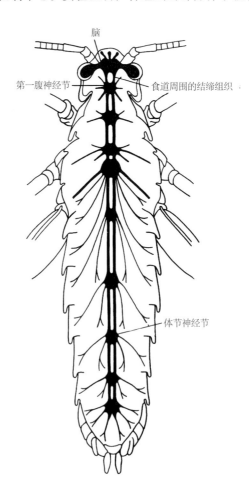

脑

第一腹神经节

食道周围的结缔组织

体节神经节

正在交配的蝗虫。较小的雄性蝗虫跨在雌性身上。在不同种类的昆虫中，雌性和雄性通常通过独特的信号来定位识别彼此，比如气味，声音，体色和形状，发光，特殊行为等（P. 莱布曼）

那么这些体节的运动仍可以继续。分离的胸部能独立行走，分离的腹部体节仍可进行呼吸运动。

　　蝗虫的生殖系统包括一对性腺和相应的生殖管道。雄性蝗虫有一对精巢，可将精子排入输精管，输精管在身体后端有开口。雌性蝗虫有一对卵巢，输卵管连接着生殖腔。在交配期间，雄性将精子注入雌性的贮精囊中，精子会一直待到贮精囊中直到产卵。成熟的卵子会进入输卵管，尚未受精的卵周围会分泌出卵黄和卵壳，但会留下一个小孔让精子进入。当卵子进入生殖腔时，它们会与从贮精囊中排出的精子结合。腹部后端附近的一组粗壮的附肢——产卵器，可用于在地上挖洞产卵。除了选择有利的产卵地点以外，大多数昆虫都不会照管自己的卵。它们通常会把卵

正在地上产卵的蝗虫，它的右边是已
产下的卵（沃尔顿）

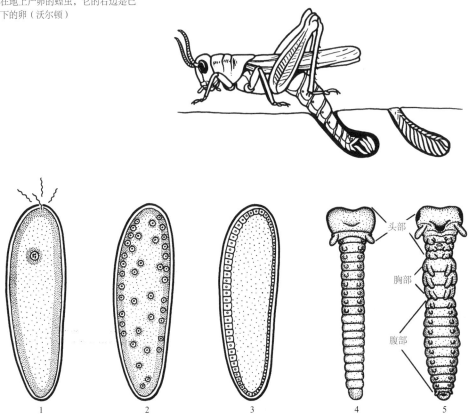

头部

胸部

腹部

1　　　　2　　　　3　　　　4　　　　5

昆虫的发育过程。1.受精。2.细胞核迁移到边缘。3.细胞核之间出现细胞膜，形成
与其他动物的囊胚相对应的单层胚胎。4.当分节结构最初出现时，体节不能区分
出身体区域。5.后来，最前面的体节被并入头部，胸部的体节增大并长出足，而
腹部的原始附肢大多消失不见（R.E.斯诺德格拉斯）

产在某种可食用的植物或动物的身体上，幼体孵化出来后
就可以摄食了。

　　昆虫的发育与大多数其他动物相比有很大的不同，它
们受到卵中的大量卵黄的强烈影响。合子的细胞核分裂多
次，但细胞质不分裂，这与其他动物的细胞分裂形成囊胚
（先分裂成两个细胞，然后分裂成 4 个，依此类推）不同。
然后，细胞核移动到边缘，细胞核之间出现细胞膜，从
而形成了一层细胞。随后，一些细胞向内转移并产生内
胚层和中胚层，剩下的外层形成了外胚层。除了神经系统
外，外胚层还会产生表皮、气管系统、前肠和后肠，并分
泌与之相关的角质层。中肠是从内胚层发育而来的。中胚
层被分成体节，大部分体节中会出现成对的体腔囊。体腔囊
后来会分解，而不会形成成虫的血腔（充满了无色的血液）。

　　蝗虫的幼虫叫作若虫，以类似成虫的形态从卵中孵化
出来，头部很大，与身体的其他部分不成比例，没有翅膀
和生殖器官。它以植物为食，迅速长大并多次蜕皮，大多
数蝗虫要蜕皮 5 次。每次蜕皮时，旧的外骨骼因溶解和重新
吸收而变薄，并被丢弃。旧的外骨骼的破裂和脱落并不是
隔膜延伸的结果，而是肌肉收缩及吸收大量的水和空气的
结果。刚蜕完皮的蝗虫是白色的、柔软的，由于它很脆弱，
所以它通常会躲到一个安全的地方，直到柔软的角质层硬
化和变暗。随着一次次蜕皮，身体不断分化，直到最后一
次蜕皮后变成成虫。

蝗虫从若虫阶段到成虫阶段的逐渐变
态过程。成虫的头部相较于身体的其
他部分而言较小，翅膀充分发育（来
自多个文献）

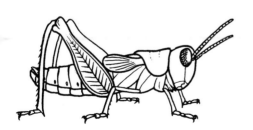
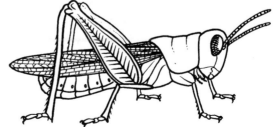

昆虫结构的变化

如果你仔细观察昆虫，就会发现它们之间的巨大差别。有以食物碎屑为食、身体扁平的爬行的蟑螂，有从花朵中吸取花蜜的飞舞的蝴蝶，有摄食动物的游泳的甲虫。它们的主要区别在于外部结构，而内部结构却很相似。

消化管的差别主要与动物吃的食物有关。摄食固体食物的蝗虫和蟑螂有发达的砂囊，砂囊上有硬板和刺。吸吮汁液的昆虫没有砂囊，蜜蜂将花蜜吸入蜜胃，蜜胃与蝗虫的嗉囊相对应。瓣膜会阻止花蜜离开蜜胃，花蜜最终会储存在蜂巢中。

大多数昆虫的呼吸交换都是通过气管系统进行的，该系统通过沿着身体两侧的开放气门与外界相通，不仅成虫如此，在未成熟阶段，比如天蛾的毛虫幼体（左）和蛹（右），也是如此（ R. 布克斯鲍姆提供左图，C. 克拉克提供右图）

　　绝大多数昆虫都通过气管系统获得空气来呼吸。但少数昆虫，比如弹尾虫，它们没有气管，通过体表交换气体。水生昆虫具有特殊的呼吸适应性，潜水甲虫可能会随身携带气泡。许多水生昆虫的幼体都有气管，但没有开放的气门，它们通过薄壁鳃的角质层的扩散作用获得氧气。生活在宿主的体液和组织中的寄生性昆虫幼体即使气门闭合也能呼吸，但一些寄生虫仍可以从外部或者从宿主的呼吸系统中吸入空气。

　　大多数昆虫的生殖系统的基本组成与蝗虫类似，但有些昆虫的结构和生活史会有所不同。雄性和雌性蚜虫在秋季交配并以常规方式产生受精卵，但在春季孵化出的幼虫都是雌性，并且它们的所有雌性后代都由未受精的卵以孤雌生殖方式产生。它们在母亲体内得到滋养并发育，然后以幼体形式被生下来。蚜虫在整个夏季以这种方式迅速繁

 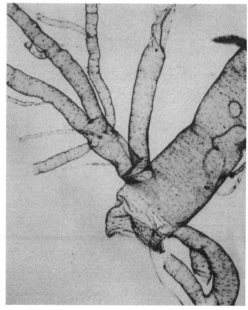

气门通常带有可扫除灰尘的毛发状刚毛，两唇靠近可关闭开口（A. C. 洛内特）

高倍放大的气管显示出皮质层的增厚可避免管壁坍塌（A. C. 洛内特）

殖，在秋季再次交配产卵。雌雄同体在昆虫中很少见，但在某些介壳虫中会出现。雌雄同体的动物能给自己的卵受精，但也可以与由未受精的卵孵化而来的极少数雄性交配产下受精卵。介壳虫也是两性异形现象的一个极端例子。成熟的雌性（和雌雄同体）介壳虫是无翅的固着动物，这些变化让我们很难把它们视为昆虫，而更像植物上的扁平鳞片、隆起或者棉花样的绒毛。小型雄性介壳虫不会摄食，但可以移动，有的有翅膀，有的没有翅膀。

虽然昆虫的内部解剖结构大同小异，但昆虫的外部结构则五花八门，既吸引了收藏家的目光，也让生物学家着迷不已。当然，昆虫在身体形状、颜色和尺寸上的差异很容易观察。但在使动物适应不同生活方式的改变中，感觉器官和附肢的变化至关重要。

大多数昆虫都有感觉器官，包括一对复眼、三只单眼

蛇蜻蜓的水生幼体通过薄壁气管鳃内的气管的扩散作用来交换气体（P. S. 泰斯）

叶子上的介壳虫。固着的雌性介壳虫长有深棕色的半球形角质盾，覆盖着它们无翅膀的柔软身体。它们在整个成年期保持固定，口器部分一直插在宿主植物中吸食汁液。图中的一只雌性介壳虫刚刚释放出一群白色小若虫，这些若虫在固着的雌虫中间和周围爬行。摄于加利福尼亚的一个花园（R. 布克斯鲍姆）

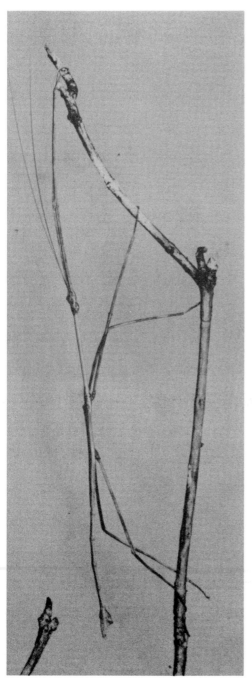

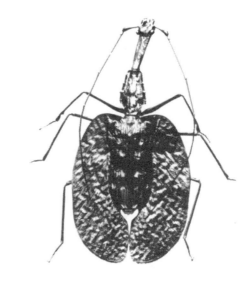

昆虫的形状和颜色的多样性远超其他具有可比性的动物群体。许多昆虫与它们周围的环境相似：有些看起来非常像绿叶、枯叶、细枝、树皮或它们赖以生存的花朵。螽斯（上图）生活在巴西茂密的树林中，身体两侧扁平，呈绿叶状。生活在马来西亚树皮下的甲虫（379页右上图），背腹部扁平，呈棕色。印度的枯叶蛱蝶（379页右下图）静止不动时看起来非常像一片枯叶。竹节虫（379页左图）在细枝间伸长着身体，把自己很好地伪装起来。而甲虫（左图）的身体十分紧凑，表面图案十分醒目，与其栖息地形成了鲜明的对比。在许多情况下，这种图案和鲜艳的颜色似乎表示它很难吃或有毒

和一对触角。此外，口器上会有分节的感官突起——触须，身体上还有各种感觉刚毛、鳞片、凹坑等，也可能有特殊的嗅觉或听觉器官。

昆虫的复眼各不相同，大的如蜻蜓的复眼，包含几千个小眼面，小的如蚂蚁的复眼，只有十几个小眼面。虽然昆虫的眼睛可以适应光明和黑暗，但对只在白天或夜晚活动的昆虫来说，它们一般具有适合其时间表的不同的眼睛结构。眼睛不同部位的小眼面可能因视觉的不同而不同。例如，不同的小眼面可能对颜色、紫外线或偏振光具有不同的敏感性。

昆虫的触角是主要的触觉器官。它们可能很长，比如

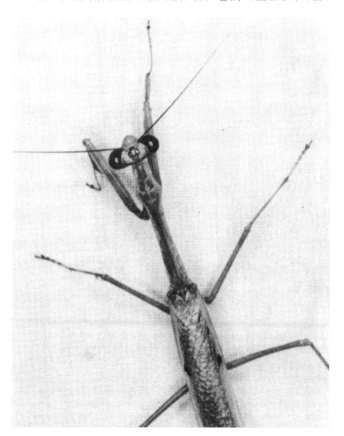

螳螂头部的感觉器官包括：一对大大的复眼，中间的三只单眼，以及长而分节的触角（R.布克斯鲍姆）

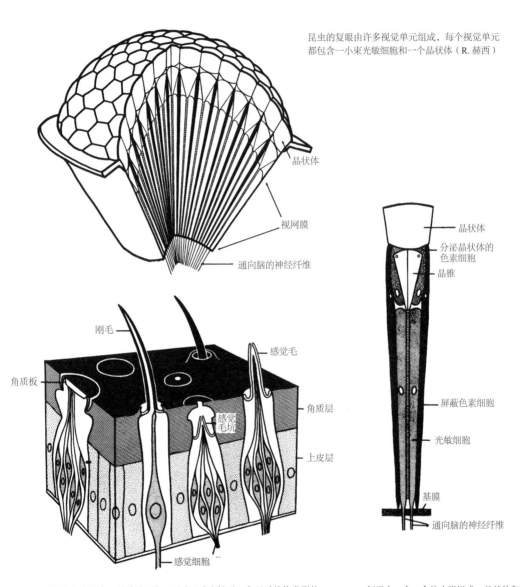

昆虫的复眼由许多视觉单元组成，每个视觉单元
都包含一小束光敏细胞和一个晶状体（R. 赫西）

晶状体

视网膜

通向脑的神经纤维

刚毛

感觉毛

角质板

感觉
毛坑

角质层

上皮层

感觉细胞

晶状体

分泌晶状体的
色素细胞

晶锥

屏蔽色素细胞

光敏细胞

基膜

通向脑的神经纤维

昆虫的触角表面有几种感觉器官。刚毛可响应触碰，也可对其他类型的
机械刺激做出反应，比如昆虫飞行时经历的风。感觉毛、感觉毛坑和角
质板可能对各种化学物质敏感，并起到嗅觉和味觉的作用（为了方便起
见，图中省略了形成感觉器官和感觉细胞周围的角质层的表皮细胞，只
用白色区域表示它们的位置）

复眼由一个一个的小眼组成。晶状体和
晶锥都是折射体。光敏细胞被一层屏蔽
色素细胞包围，屏蔽色素细胞会过滤掉
倾斜的光线。该小眼来自一种白天飞行
的昆虫的复眼，在明亮的光线下很活跃

蟑螂、蟋蟀和螽斯的触角；它们也可能很小，比如蜻蜓的触角，蜻蜓主要靠视力感知。触角上覆盖的精细刚毛是触觉感受器，它们被刚毛覆盖着。刚毛很坚硬，由其基部的角质层固定在触角表面上。触角上还有嗅觉和味觉感受器，以及对湿度和温度敏感的其他感受器。

不仅触角上有刚毛，大多数昆虫的身体上也布满了刚毛。其他感觉器官则可能占据着昆虫身上不同寻常的部位。例如，蝗虫的听觉器官位于第三对足基部正上方的腹部两侧，而螽斯的听觉器官位于第一对足的"膝盖"（靠近胫节的上端）上。味觉器官使昆虫能够探测到水并区分甜、咸、酸和苦等味道，不仅在口中有味觉器官，触角、触须、足和产卵附肢上也有味觉器官。

蜻蜓的复眼占据了其头部的大部分区域，由近 28 000 个独立的小眼组成。触角看起来像刚毛，每只眼睛下面有一个触角，似乎并不起什么作用。家蝇的眼睛有 4 000 个小眼，有些蚂蚁的复眼只有一个小眼。一些夜行昆虫和穴居昆虫则根本没有复眼，主要依赖于它们发达的触角（ P. S. 泰斯 ）

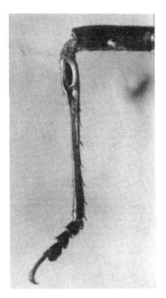

螽斯前足上的听觉器官（C. 克拉克）

一只雄性天蚕蛾的触角（P. S. 泰斯）

　　蝗虫是具有叮咬和咀嚼口器的昆虫群体的代表，这种最原始且分布广泛的口器也存在于甲虫和其他昆虫目中。还有两种昆虫口器很常见：蝴蝶的虹吸式口器和蝉的刺吸式口器。大多数蝴蝶都具有基本的上颚，两个下颚大大伸长，各形成半根管，结合在一起形成了成虫的长吻，蝴蝶在肌肉的泵送下可通过吻吸食花蜜和其他液体。昆虫只有在摄食时吻才会伸长，不用时吻会盘卷在头部下方。蝉的刺穿喙由三对附肢组成，对应于蝗虫的上颚、下颚和下唇。长管状的下唇不会插入食物，而是成为其他口器的鞘，在它的背侧面的凹槽中有可以刺穿食物的上颚和下颚。上颚由一系列长而细的口针组成，末端是微小的牙齿。下颚与之相似，但尖端呈钩状。上下颚的横切面都为新月形，两者通过锁住的凹槽和嵴紧连在一起形成通道，食物就是通过这个通道被吸食的。蚊子、蝥蝇、跳蚤和臭虫的口器为摄食血液做了各种适应性改变，其他昆虫的口器也做了一些改进，比如家蝇的海绵舌。一些昆虫幼体的口器和摄食

不同种类昆虫的口器的基本组成部分相同，但因为适应不同的摄食方式而有所变化。雌性锹甲硕大有力的上颚可以咬破人的手指并吸血，同时为自身提供有效的防御。雄性锹甲的巨大上颚像鹿角一样分叉，作为防御武器威力较弱，但在雄性彼此搏斗时可以掀翻对方。锹甲毛茸茸的上唇可吸食植物的汁液（P. S. 泰斯）

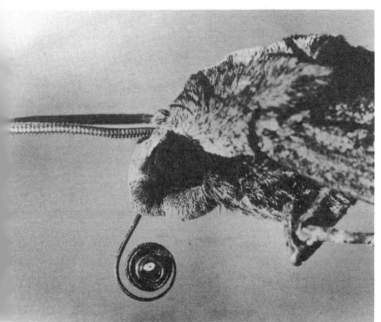

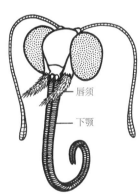

蝴蝶的头部，可见虹吸式口器

唇须

下颚

蛾和蝴蝶的虹吸管由两个细长的下颚组成，分别构成管的一半（A. C. 洛内特）

以摄食血液或植物汁液为生的昆虫都
具有刺吸式口器。细长的部分坚硬而
锋利，可造成伤口，或者变为管状，
用于吸食液体食物。刺吸式口器通
常由细口针或扁平的齿片组成，可能
有锯齿边。图中是螺或沙蝇的喙。在
蛾、蝴蝶和家蝇等昆虫中，吮吸动作
由头部的肌肉完成

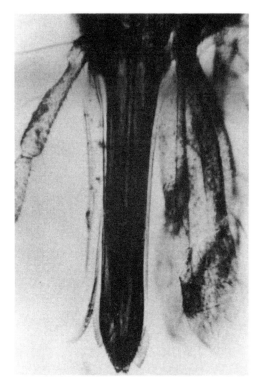

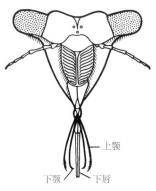

蝉的头部，刺吸式口器是分开的

上颚

下颚 下唇

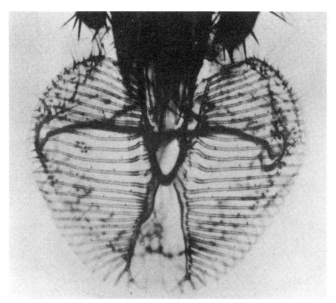

普通家蝇的海绵状舌头由上唇的两瓣
尖端扩展形成的。食物通过两瓣之间
的裂缝的末端开口被吸食

习惯与成虫完全不同。

　　昆虫胸部的足发生了各种变化，但基本组成部分（见蝗虫足部示意图）通常是相同的。蝗虫的步足末端带有垫和爪，用于黏附在植被或其他物体上。家蝇的足尖有黏附垫，使其能够在光滑的竖直表面（比如玻璃）上行走。水甲虫的足是扁平的，带有可帮助游泳的刚毛。不过，昆虫的足也有除运动之外的其他功能。蜜蜂的步足可用于收集花粉和理毛。每只步足都与其他步足不同，它们一起构成了一整套工具，可用于收集和操控蜜蜂摄食的花粉。

昆虫有 6 只足，都长在胸部（身体的中间区域）。所有足均由相同的 5 个节组成，大多数足端有两个弯曲的爪。有些足上有垫，使昆虫能够在光滑或竖直的表面上行走。特化程度最低的要数简单的步足，三对步足都非常相似，就像图中的这只拟步甲一样。摄于加利福尼亚（R. 布克斯鲍姆）

在前足上，沿胫节内表面的一边和跗节的第一部足长着短而坚硬的不分叉的刚毛。当蜜蜂停在花朵上时，花粉会被蜜蜂身体上的羽状刚毛捕获。前足的花粉刷可将身体前部（包括复眼）的花粉清扫掉。跗节的第一部分也长着一个半圆形的凹槽，衬有一排梳状刚毛，被胫节末端的搭扣状突起封闭。搭扣将触角牢牢固定在适当的位置上，可通过凹槽将其拉出来进行清洁。梳状刚毛和搭扣一起被称为净角器。中足是三对足中最普通的。跗节的第一部分宽而扁平，覆盖着坚硬的刚毛，就像刷子一样，用于清除前足和胸部的花粉。后足是最精良的装备，载负着花粉。在跗节的大而扁平的第一部分的内表面上有几排花粉梳，可从中足和腹部后部刮下花粉。胫节下端的一系列粗壮的刺——耙子，可移除对侧足的梳状刚毛上的花粉，使之落在耳郭上，耳郭是跗节第一部分上端的扁平板。蜜蜂将足稍微弯曲，使耳郭压在胫节的端面上，压缩花粉并将其推到胫节的外表面上，使之进入花粉篮。花粉篮由胫节中的凹陷构成，沿其边缘长着向外弯曲的长刚毛。从蜜蜂口里回流的黏性花蜜会打湿花粉，使之粘在花粉篮的刚毛上。当花粉篮装满之后，蜜蜂返回蜂巢并将花粉储存在特殊的蜡质细胞中。花粉与糖及其他物质混合起来变成蜜蜂的食料，为成虫和幼体提供蛋白质。

昆虫的翅膀是扁平的，是体壁的两层扩展物，最初由角质层和上皮组成。后来两个对侧层接合，神经、气管和血腔所在的通道除外。最终，这些通道形成了昆虫的翅脉；表皮细胞退化；成虫的翅膀几乎完全由角质层构成，但翅膀上可能有血液流动，其神经与表面的感觉器官相连。

并非所有昆虫都有翅膀。几个原始的昆虫群体（原尾目、弹尾目、双尾目和缨尾目）就从未长过翅膀。某些昆虫在进化过程中失去了一对或两对翅膀。例如，苍蝇（双翅目）只有第一对翅膀，第二对翅膀退化为一对疙瘩状结构；而跳蚤和虱子的两对翅膀都没有了。此外，在通常有两对翅膀的昆虫目中，也有昆虫没有翅膀。在社会性昆虫中，某些等级的成员是没有翅膀的。在某些昆虫群体中，雄性有翅膀而雌性无翅膀，比如上文中提到的介壳虫；也有的是雄性无翅膀而雌性有翅膀。

两对翅膀有时可以独立地拍打（如蜻蜓），有时则机械地钩在一起（如蜜蜂）。甲虫的前翅是厚而坚硬的翅盖，在飞行过程中几乎不会移动，但能保证飞行的稳定性，并为飞升提供重要的表面积，飞机的刚性机翼就是采用了这个原理。一般来说，小型昆虫比大型昆虫拍打翅膀的频率高。一些小型苍蝇的翅膀每秒拍打 1 000 次。这种令人难以置信的速率需要高度专业化的机制来控制相关的神经和肌肉，高代谢率也是一个必要条件，它依赖于

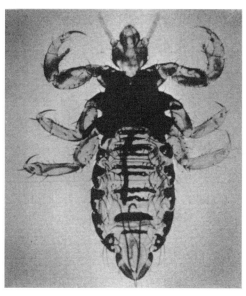

人虱的捕捉足使这种吸血的体外寄生虫能附着在体毛或衣服
上（美国陆军医学博物馆）

水龟虫的游泳肢是扁平的，带有刚毛。这些水龟虫没有
鳃，每隔一段时间它们就会来到水面呼吸新鲜空气，空
气在其翼展之下于身体下表面的细刚毛间结成一层膜，
被水龟虫带到水下（C.克拉克）

蜜蜂用于收集食物的足也可用于
行走。花粉附着在足和身体的细
刚毛上，并被转移到后足上的
"篮子"里。图中的"篮子"里已
经有很多花粉了（C.克拉克）

相对温暖的温度。昆虫无法在冷空气中飞行，但较大的昆虫更不易受寒冷环境的影响。它们可以通过做飞行前的热身运动产生足够多的热量，并用保温层（比如蜜蜂和蛾的浓密体毛）留住热量，以便在寒冷的早晨起飞。

昆虫成虫的腹部仅在后端长有附肢，这些附肢发生了变化，主要用于交配或产卵，或作为感觉器官等。雌性蝗虫的腹部附肢被用于在地上挖洞产卵。姬蜂是一种类似于黄蜂的膜翅目，其产卵器长且锋利。当姬蜂感觉到树中存在甲虫幼体时，便会用其产卵器在树干上钻一个洞，并将卵放在甲虫幼体体内。当卵孵化后，姬蜂幼体会摄食甲虫幼体。工蜂的产卵器发生了改变，变成一根与毒腺相连的螯针，有些人就曾尝过被工蜂蜇伤的痛苦。

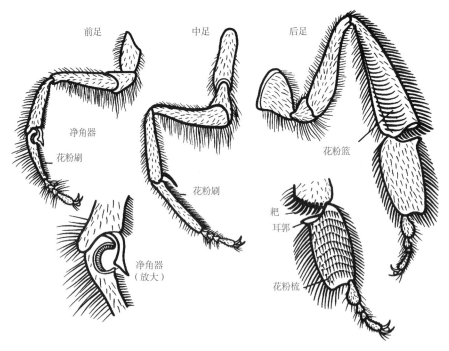

蜜蜂的足

昆虫的翅膀通常由胸部延伸出两对膜形成，翅膀内的翅脉形成了精密的网络。图中这只蜻蜓的翅膀的特化程度较低（R. 布克斯鲍姆）

大蚊和其他苍蝇（双翅目）长有一对翅膀。翅脉很大，但数量很少，特化程度较高。第二对翅膀实际上是一对平衡棒，有助于在飞行过程中保持平衡（R. 布克斯鲍姆）

跳蚤可能从一开始就没有翅膀，也可能是在进化过程中失去了翅膀，比如图中这只狗蚤。跳蚤（蚤目）这种小型无翅昆虫具有刺吸式口器，属于完全变态发育的昆虫

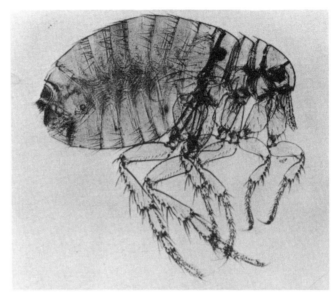

蠼螋的后部腹肢又大又硬，它们形成弯曲的螯，用于捕获猎物、防御和交配（R. 布克斯鲍姆）

甲虫的前翅增厚，通常被称为翅盖，给膜状后翅和大部分身体提供了一层保护性盔甲。图中这只叩头虫的前翅和后翅像在飞行过程中一样展开（P. S. 泰斯）

变态

　　并非所有的昆虫都会经历变态的发育过程。先天无翅昆虫从卵中孵化出来后就是成虫的形态，它们越长越大，后来在触角和其他附肢上长出附器，但这种变化与大多数动物在其发育过程中所经历的变化差别不大。一些后天无翅昆虫，如虱子，其翅膀已经丧失了变态发育过程。蝗虫的发育过程是渐进式变态的一个典型例子。若虫没有翅膀，但通常有类似于成虫的复眼，使用类似的口器吃相同类型

周期蝉从卵到成虫的渐进式变态发育过程需要花17年时间。

1. 图中的成年雌蝉用它尖锐的锯齿状产卵器在树枝上划了一条缝，并放入它的卵。在产卵过多的年份，整片森林或果园都可能会变成棕色，后来只有最小的树木可以恢复（J. C. 托比亚斯）

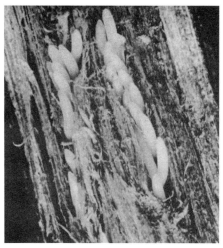

2.卵在大约6周的时间内孵化成长度仅有1毫米的若虫，落到地上，钻入土中。若虫从树木的细根中吸食汁液（C.克拉克）

3.17年后这些若虫来到地面上。它们在这17年里躲过了极端天气和捕食者，经过5个若虫阶段和多次蜕皮，体长从1毫米增加到25毫米。大型森林的一棵树下有时可以同时出现多达4万只若虫。它们在黄昏时从地下爬出来，爬上最近的直立物体，而此时吃昆虫的鸟儿正在休息（C.克拉克）

4.成虫从若虫角质层背部的缝隙中爬出来，它的身体柔软、呈白色，眼睛是亮红色的，翅膀仍折叠为手风琴状。成虫爬出来后，它的金色若虫壳仍附着在树上，随处可见

5.新生成虫的翅膀只是部分伸展，次日待翅膀和身体的角质层变硬变暗，蝉就可以飞行了。第二天或第三天，雄性蝉开始鸣叫，雌性被吸引过来与雄性交配。成年蝉可以存活3~4周

1.蜻蜓若虫在水中的渐进式变态发育过程。蜻蜓若虫生活在池塘、湖泊和溪流的底部，以捕食小动物为生。注意蜻蜓的大型复眼和发育中的翅膀（L. W. 布劳内尔）

2.成熟的若虫爬上一株伸到水面上的植物。角质层从头部和胸部裂开，成虫爬了出来

3.新生成虫长着柔软的翅膀，随着血液被泵入翅脉，翅膀逐渐伸展开来

4.当蜻蜓用足将自己悬挂起来时,它的翅膀硬化,足用于抓住植被或猎物,但不能用来行走

的食物，并且生活在成虫的栖息地上。发育中的翅芽早期长在外部且可见，在最后一次蜕皮时最显著的外部变化是翅膀的发育。蜻蜓若虫也有外部翅芽，像成虫一样是长着大型复眼的食肉动物，它们的变态发育过程涉及更大的变化。因为若虫生活在水中并且有鳃，以猎捕水生动物为生，而成虫是陆生的，呼吸空气，捕食其他飞虫。

　　完全变态的发育过程是昆虫经历的最彻底的变化，比如蝴蝶及其被称为毛虫的幼体。这些幼体有小的内部翅芽，从外面看不见，并且与成虫有很大的不同，但在习性和总体结构上，成虫的完全变态一定会经历蛹的阶段。在蛹阶段，未成熟的组织发生改变。有些昆虫的未成熟组织几乎完全被分解并重组为成虫形态。其他具有蠕虫样幼体的昆虫包括甲虫、苍蝇、黄蜂、蜜蜂和蚂蚁，但并非所有昆虫的幼体都是蠕虫样的。蚁狮幼体的身体宽而扁，它在沙子里挖坑，并把自己埋在坑的中央，只露出一对大的螯状上颚。当一只蚂蚁或其他爬行昆虫被绊倒在坑中时，它们脚下的沙子滑动，使其进一步深陷，落入蚁狮幼体张开的上

帝王蝶的发育过程展示了完全变态的发育过程（所有照片均由 C. 克拉克提供）
1.一枚略大于1毫米的卵粘在乳草叶的下面。幼体咀嚼和吞食卵壳，孵化后以乳草为食

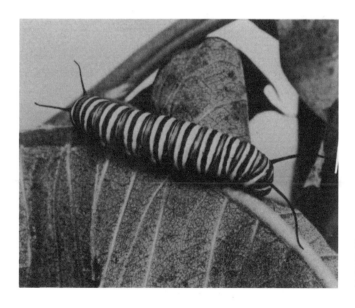

2.幼体（蛾和蝴蝶的幼体叫作毛虫）的体重在15天内增加了3 000倍。一只大毛虫可以在4分钟内吃掉一片乳草叶

3~5.幼体变成蛹。幼体通过丝附着在叶子下面，头朝下把角质层蜕去，露出已经形成的蛹

 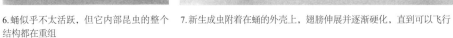

6.蛹似乎不太活跃，但它内部昆虫的整个结构都在重组

7.新生成虫附着在蛹的外壳上，翅膀伸展并逐渐硬化，直到可以飞行

1.蚁狮用它的上颚刺穿小猎物（主要是蚂蚁）并吸食它们的体液

2.蛹藏在豌豆大小的由沙子包裹的茧中

3. 成年蚁狮是一种纤弱的夜行飞虫，白天躲藏在灌木丛中。它属于脉翅目，4只翅膀上有密集的翅脉，这是这类昆虫的典型特征（所有照片均由 R. 布克斯鲍姆提供）

颚。成年蚁狮长着细长的翅膀，与草蜻蛉有亲缘关系。成虫与若虫或幼体有迥然不同的生理结构和习性，这种生活史的可能优势是，发育中的个体能够利用两种不同的食物来源，以及两种不同栖息地的资源。

由于在蝗虫和其他渐进式变态的昆虫蜕皮期间会发生某些组织重组，蛹的变化可被解释为一种更极端的蜕皮形式。实际上，蜕皮和变态是由相同的激素控制的。像其他节肢动物一样，昆虫每次开始蜕皮时都会分泌蜕皮素，蜕皮素分布在血液中，可协调蜕皮过程中发生的许多变化。生长中的幼体也会分泌保幼激素，保幼激素有阻止变态的

新蜕皮的蟑螂若虫在它刚刚脱落的空角质层旁无助地躺着。新角质层柔软且富有弹性，很快它就会变硬变暗。摄于巴拿马（R. 布克斯鲍姆）

作用，并确保每次蜕皮时幼体结构的产生。然而，当幼体长到一定的尺寸时，它会停止分泌保幼激素。于是，变态发育过程继续，先形成蛹，经过最后一次蜕皮变成成虫。成虫不再蜕皮或生长。

　　昆虫的正常发育取决于时间和激素的恰当组合，通过实验改变它们的平衡可以证明这一点。如果手术切除幼体中分泌保幼激素的腺体，幼体在下一次蜕皮时就会发生变态，不管它的尺寸有多小。而在正常情况下，幼体得经历多次蜕皮才会发生变态。相反，如果将保幼激素提供给即将成熟并且本身已经停止分泌激素的幼体，变态则会受到抑制。幼体会继续生长，直到体内没有保幼激素时才发生变态。如此一来，它会产生体型巨大的非正常成虫。

　　这些实验表明，设计出激素杀虫剂是可行的。事实上，某些植物似乎已经这样做了。从这些植物中分离出的物质会干扰保幼激素的作用，导致昆虫幼体在非常小的时候就过早地变态，形成小型（异常）蛹和成虫。从某些植物中分离出的其他物质可模仿保幼激素并阻止变态。我们也可以在实验室中合成各种类似于保幼激素的物质，并努力探索其作为杀虫剂的商业用途。与常规的有毒杀虫剂相比，合成激素能更有针对性地作用于某些类型的昆虫，而对其他动物（非昆虫）和植物无毒害。它们是可生物降解的，而且稳定可用。与常规毒素相比，昆虫不太可能对与自身激素非常相似的产品产生抗性。开发激素杀虫剂面临的主要问题可能是关键时刻的准确用量问题。例如，过少的保幼激素可能只会延迟变态，幼体若随后进一步生长，只会产生更大、更贪婪的害虫！

行为

　　昆虫体内分泌的激素可在组织之间传递信息，协调它们的活动并产生特定的反应，昆虫体外分泌的某些化学物质也可以将信息传递给同物种的其他成员，并产生特定的行为。这些化学物质被称为信息素。性引诱剂是最常见的信息素，这种通常由雌性分泌的香味往往是为了告知雄性自己的位置。由此产生的结果十分惊人，它可以吸引雄性移动数千米找到雌性。一只被关在笼子里的雌松叶蜂，能在 5 小时内吸引 7 000 多只雄松叶蜂。许多昆虫都能分泌性引诱剂，但人们对蝴蝶和蛾的性引诱剂的研究尤其普遍和深入。雄蛾的大型羽状触角上分布着感觉器官，但仅能对同物种的雌性分泌的性引诱剂做出反应。雄蛾对

雄蛾的触角很大，呈分叉状，为嗅觉
感受器提供了巨大的表面，嗅觉感受
器可对雌性的气味做出反应，引导雄
性靠近雌性（R.布克斯鲍姆）

这种难以抗拒的物质特别执着，它们会对一张滴有性引诱
剂的纸念念不忘，而忽略了附近一个密闭玻璃容器中有一
只活的雌蛾。在个体之间传递的其他种类的生殖信息素，
可以刺激性成熟或交配。还有一些信息素能在社会昆虫中
发挥作用，帮助它们识别不同类型的个体，发出危险的信
号，或者标记踪迹和食物来源。

　　当做有关学习行为的实验（如测试蚂蚁走迷宫）时，
必须小心地将标记信息素的可能影响排除在外。如果蚂蚁
留下了可让自己或其他蚂蚁后来追踪的化学标记，它们很
有可能被误认为学会了走迷宫。然而，在规避了这些误区
之后，实验表明蚂蚁能够学会在有许多转角和分叉路的复
杂的迷宫中找到路。尽管蚂蚁有着勤勉的声誉，但如果它
们在回巢的路上遇到障碍物，它们会更快地学会绕道而行，
如果它们在去往食物箱的路上遇到了障碍物，则没那么快
学会。我们以形式相同但规模更大的迷宫去测试大鼠，比

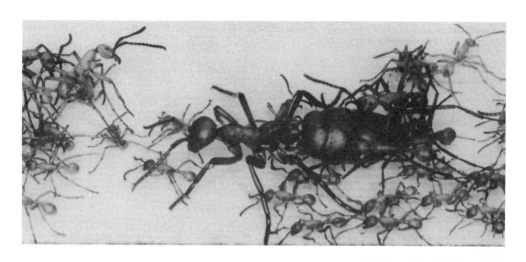

行军蚁和一些大头兵蚁围在它们体型
庞大的蚁后周围，跟随蚁后在盒子附
近留下的信息素痕迹。摄于巴拿马巴
罗科罗拉多岛（R.布克斯鲍姆）

较两个实验的结果。我们发现，蚂蚁需要3~4倍于大鼠的尝
试次数才能学会走迷宫。然而，蚂蚁和大鼠这两组实验动
物之间也存在个体差异：最成功的蚂蚁需要的次数只是最
不成功的大鼠的两倍。关于蜜蜂学习行为的研究也得出了
令人信服的结果。工蜂不仅了解了花朵的位置，反复找到这
些花朵，还会了解它们的开花时间。尽管我们在其他一些昆
虫身上也证明了几种有限的学习行为，但昆虫的大部分行为
都是本能和刻板的。

　　社会性昆虫的行为因等级而异，它们的等级由遗传、
激素、信息素和养分来综合决定。对蜜蜂而言，一些用特
殊物质喂养的雌性幼体会发育成蜂后，其余则成为不育的
工蜂，不断执行蜂群的各种任务（清洁、亲代照料、蜂巢
防御、觅食等），直到它们老去。少数雄性不在蜂群中工
作。白蚁通常有7个等级的工蚁、兵蚁和繁殖蚁，每个
等级的雌性和雄性的数量相同。每个若虫发育后进入什么
等级，主要取决于它们接触的激素和信息素的水平。在某
些物种中，工蚁不是一个永久性等级，后来可能发展成兵
蚁或繁殖蚁。白蚁个体之间的不断相互舔舐和交换粪便的

行为，主要是为了在整个群体中分配信息素，在食木白蚁中，这些行为也可以为新蜕皮的工蚁提供鞭毛虫（见第4章），以便消化其饮食中的纤维素。

这些昆虫分为5个纲：4个小型的天生无翅昆虫纲和1个巨大的含有大约30个目的有翅昆虫纲。同一个目的成员具有相同的一般性结构，包括相似的口器和翅膀，而且变态类型也几乎总是相同。尽管它们的形状、大小和颜色不同，但它们具有非常多的共同特征，你可以一目了然地区分出各个目的典型成员，比如蜻蜓、白蚁、甲虫等。接下来的图展示了几个主要的昆虫目，从中你可以看出它们的一些特征、典型代表，以及它们影响包括人类在内的其他动物生活的方式。

弹尾虫属于弹尾目，它通过腹部的一对附肢构成的弹簧装置可以跳得很高。腹部的另一对附肢形成的扣件将"弹簧"固定在腹部下方。当扣件松开时，昆虫弹向空中（右图）。弹尾目是一种小型昆虫，天生无翅，发育过程中不会变态。它们有简单的咀嚼式口器，头部两侧各有一组单眼。大多数弹尾目都以腐烂物质为食，生活在石头、腐烂的木头和树叶下面（P. S. 泰斯）

蛀虫属于缨尾目。大多数缨尾目的身体后端都长着两根或三根多关节的细丝。所有缨尾目都有简单的咀嚼式口器，天生无翅，在发育过程中不会变态。大多数蛀虫可以在石头下或地上的废弃物中找到。图中这只13毫米长的家衣鱼在滤纸上吃出了洞。它频繁光顾温暖的地方，比如壁炉和蒸汽管道。银鱼也是一种缨尾目昆虫，常见于潮湿的地方，比如地下室、浴缸和水槽。它们吃纸和书籍（R.布克斯鲍姆）

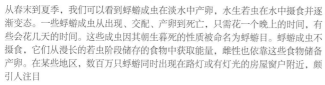

从春末到夏季，我们可以看到蜉蝣成虫在淡水中产卵，水生若虫在水中摄食并逐渐变态。一些蜉蝣成虫从出现、交配、产卵到死亡，只需花一个晚上的时间，有些会花几天的时间。这些成虫因其朝生暮死的性质被命名为蜉蝣目。蜉蝣成虫不摄食，它们从漫长的若虫阶段储存的食物中获取能量，雌性也依靠这些食物储备产卵。在某些地区，数百万只蜉蝣同时出现在路灯或有灯光的房屋窗户附近，颇引人注目

蜉蝣若虫与成虫相像，都有细长的身体、复眼和长尾丝。但若虫是水生的，沿腹部有羽毛状的气管鳃。它们主要以植物为食，完成变态发育可能需要长达三年的时间。蜉蝣若虫是淡水鱼类的重要食物，数百万蜉蝣成虫在产卵后死亡，它们的尸体落入水中，也会成为淡水鱼类的食物（R.布克斯鲍姆）

豆娘和它们的近亲蜻蜓构成了蜻蜓目。两类动物的若虫都是水生的食肉动物，它们逐渐变态，最终成为有4个膜质翅膀的成虫。栖息时，蜻蜓会伸出两侧的翅膀，而豆娘则将翅膀合在一起，比细长的腹部稍高并与之平行（如图所示）。蜻蜓的复眼更大，视野好，占据了头的大部区域。不太活跃的豆娘眼睛较小，在头部两侧凸出。蜻蜓若虫通过直肠内的气管鳃呼吸，豆娘若虫的三个板状气管鳃从腹部后端凸出（C.克拉克）

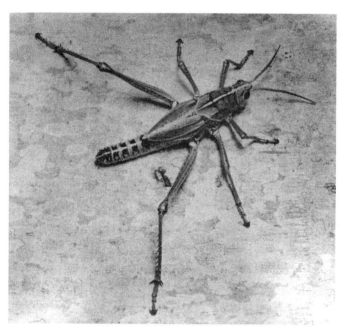

蝗虫是直翅目中最大的昆虫群体，该目还包括螽斯和蟋蟀。所有蝗虫都有咀嚼式口器和渐进式的变态发育过程。有些蝗虫有小型翅膀或者没有翅膀，但有翅蝗虫的前翅是僵硬的，用于遮盖多翅脉的膜质后翅，静止不动时后翅会像扇子一样折叠起来。图中这只佛罗里达钝蝗长着典型的短而粗壮的触角，第一腹节上有听觉器官，后足上长有硕大的股节，便于跳起来摆脱捕食者（R. 布克斯鲍姆）

螽斯在夜间活动，生活在树上，而蝗虫白天摄食，并靠近地面活动。螽斯有毛发状的长触角，前足上有听觉器官，产卵器长而扁平，雄性的叫声比较知名（R. 布克斯鲍姆）

蟋蟀无论从解剖学上看还是从夜间摄食的习性来看，都更像螽斯而非蝗虫。它们生活在开放的田野中或房屋周围，通过特殊的叫声表明它们的存在（L. W. 布劳内尔）

树蟋高亢的颤音是夏夜最引人注意的昆虫之歌

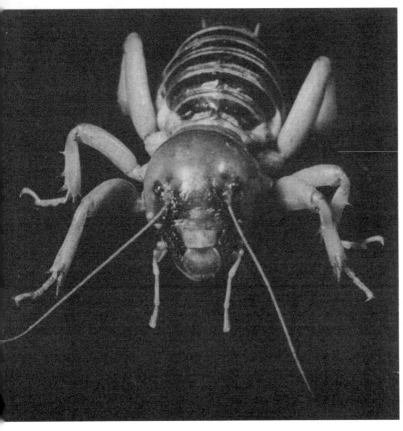

耶路撒冷蟋蟀是一种直翅目的无翅昆虫，在加利福尼亚很常见。它用粗壮的足在土壤中挖洞，以根和块茎为食。尽管它的尺寸很大（50毫米），外表也令人生畏，但树蟋对人类无害（R.布克斯鲍姆）

图中是巴拿马树干上藤蔓间的竹节虫，我们一般很难辨识出它，除非它移动或把它拿起来。竹节虫目的大多数成员看起来都像绿色或棕色的细枝，一些热带竹节虫扁平有翅，看起来像绿叶。这两种类型的竹节虫都移动缓慢或保持静止状态，因此很不显眼。美国最大的竹节虫长达18厘米，分布在南部各州。热带竹节虫的体长可能是美国竹节虫的两倍（R. 布克斯鲍姆）

螳螂以其举起巨大前足的姿势著称，它的前足主要用于捕食。大多数螳螂都属于螳螂目，生活在热带地区，其中有许多看起来像绿色或棕色的叶子。温带螳螂的身形细长，比如图中的这只中国螳螂，体长10厘米。它们被引入美国，广泛用于对花园害虫的生物防治（R. 布克斯鲍姆）

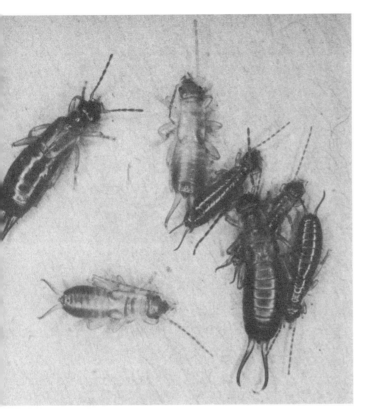

蠼螋属于革翅目。被引入美国的欧洲蠼螋在加利福尼亚大量繁衍，给当地的蔬菜作物、果树和观赏植物造成了严重损害。这些身形扁平的昆虫长有坚韧、光亮的角质层和可移动的尾铗，尾铗可用于防御、捕获猎物和交配。它们聚集成小群体生活，由雌性来守护若虫。它们白天躲在废弃物下和植物的缝隙中，晚上出来摄食。图中有两只蠼螋刚蜕完皮（R.布克斯鲍姆）

竹节虫、螳螂和蠼螋在数目庞大的直翅目动物中，有时并不显眼。与直翅目不同，这三种昆虫没有跳跃足，但它们的翅膀和咀嚼式口器与直翅目相似。若虫与成虫很相像，变态发育过程是渐进式的。直翅目昆虫还包括蟑螂和白蚁

藏在巴拿马史密森尼学会森林实验室的一个大木钟内的大型热带蟑螂。它看上去很平静，挥动着长长的触角，体长75毫米，稳稳地站在地面上。蜚蠊目昆虫主要生活在热带或森林中，但有些物种将栖息地扩张至除最寒冷地区之外的所有森林和房屋中。在森林里，它们藏在树皮下、落叶间、腐烂的木头里，以及各种缝隙中。它们扁平的身体和有几丁质盾保护的下悬式头部，使它们可以轻松地进入最狭窄的孔隙。它们大多在晚上出现，用咀嚼式口器觅食（R.布克斯鲍姆）

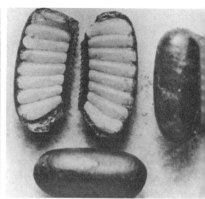

原产于亚洲的东方蟑螂通过食物运输已经遍布全球。左图：雌性蟑螂有一个硬卵鞘，从生殖孔伸出。它将一直携带着卵鞘，直到卵孵化出来。右图：打开的卵鞘中有两排卵（L. 帕斯莫尔）

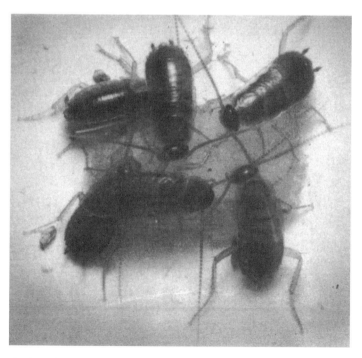

除了大小、翅膀的发育和生殖器官的成熟度之外，东方蟑螂新孵化的若虫与成虫十分相像。与其他直翅目昆虫一样，它们会经历渐近式的变态发育过程。蟑螂可能在其身体和粪便颗粒中携带致病生物，它们可能会落入人类的食物，因此它们对人类的健康有害。但它们也是一种顽强的昆虫，易于饲养，是许多实验室的研究对象，用于研究学习行为、神经传导和化学物质的影响等（L. 帕斯莫尔）

若虫工蚁

兵蚁

繁殖蚁

白蚁属于等翅目，生活在由不同等级组成的社会性群体中，主要靠信息素来调控。工蚁负责建造和维护蚁穴，收集食物，喂食和照顾其他成员；兵蚁负责保护蚁群；某些繁殖蚁负责提供受精卵。其他刚刚发育出翅膀的白蚁飞出蚁穴，寻找新的领地。翅膀脱落后，白蚁会配对、挖蚁穴并交配。图中为木白蚁，它的工蚁不是一个永久性等级，后来能发育成兵蚁或者繁殖蚁。一些白蚁物种以对木制建筑物造成的巨大破坏而闻名。在美国，控制白蚁和修复它们损坏的建筑物每年花费高达数亿美元（R. 布克斯鲍姆）

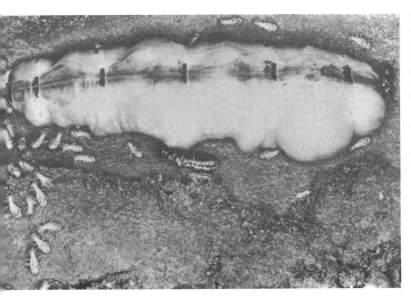

加纳一个大型白蚁丘中央附近的一个繁殖室里的蚁后。腹部因卵巢增大而变得巨大，相比之下，右边的头部和胸部看起来也不大了。一些蚁后的长度可达10厘米，每天能产下36 000枚卵，一年能产下13 000 000枚卵，与其他陆生动物相比，这种繁殖能力是很强的。蚁王躺在蚁后腹部旁边。蚁后和蚁王都由若虫工蚁喂食和舔舐，工蚁主要集中在蚁后的后端。接收到卵后，工蚁把卵运到宽阔的育卵室内（L. 皮特曼）

在某些白蚁中发现了鼻形兵蚁，它们没有普通白蚁的大型上颚。它们的上颚退化，头部延伸为尖尖的吻，可以喷射出流体。流体在空气中会变得黏稠，把小型敌人（通常是蚂蚁）粘在一起。在拍摄这张照片的几秒钟之前，蚁穴被截开了一个约1厘米宽的开口，立即引出了一队准备战斗的鼻形兵蚁。从开口的顶部可以看到一些没有吻的工蚁正准备修复蚁穴的受损处。黏液也起到警报信息素的作用，召唤附近的兵蚁加入战斗。图中摄于巴拿马的白蚁丘附着在一棵树的树干上。在草地上，该种白蚁建立了蚁丘（R. 布克斯鲍姆）

白蚁的蚁丘被切开，可见其精致的腔室系统。帽状屋顶整齐有序，适用于在热带雨林中避雨（H. O. 朗）

澳大利亚磁石白蚁建造的"摩天大楼"（白蚁丘）可高达4米。基部的南北轴线长约4米，东西轴线最宽处仅为1米。这种结构能保证在正午阳光下蚁穴受到的光照最少，长期以来，人们猜测这有助于保持蚁穴内较低的温度。但最近的研究表明，在阴暗地区建造的蚁穴也有类似的构造，我们需要进一步研究这些蚁穴，才能做出合理的解释（G. F. 希尔）

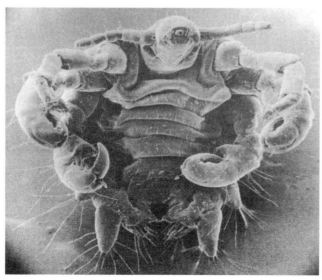

吸血虱属于虱目，是一种体外寄生虫，用其刺吸式口器吸吮陆生和海洋哺乳动物的血液。不用时，口针收回到头部。虱目是后天无翅的动物，有爪足，能抓住宿主的毛发。它们孵化成若虫，然后经历渐进式变态发育过程。图中为两种可吸食人血的成年虱子。上图是常见的人虱，长约3.5毫米。它分为两类，行为表现有所差异。头虱喜欢头部的细毛发，它们会将卵附着在上面。体虱经常附着在宿主的衣服上并在那里产卵，它们在寒冷的气候条件下能大量繁衍，因为此时人们沐浴和更换衣服的频率可能会降低。体虱会存在于衣服和床上，在人口密集的时期，比如战争时期，体虱会成为引起流行性斑疹伤寒和其他热病的微生物的介体。下图中，一只阴虱生活在粗糙的螃蟹毛上，并在上面产卵。这种虱子会引起强烈的刺激和瘙痒，但不会传播微生物疾病。在大规模感染时，它可能会到达人的腋窝，甚至是胡须和睫毛上（P. B. 阿姆斯特朗）

下图：角蝉和它们的亲戚叶蝉一样，当受到威胁时会跳起来，它们的亲戚还包括一些最重要的生活在农场和花园里的小型害虫。角蝉胸部前面的硬盾很大，一直延伸至腹部和翅膀，几乎把它们全部遮挡起来。这些同翅目昆虫与它们栖息的细枝上的棘刺很相似，这可能有助于它们将自己伪装起来，以躲避捕食者

上图：蚜虫是一种小型软体昆虫，吸食植物汁液，然后从肛门排出多余的蜜露。这张照片中的蚂蚁正在照料无翅的雌性蚜虫，并以它们排出的蜜露为食。蚂蚁照顾蚜虫，就像我们照顾奶牛一样。蚂蚁在秋天收集蚜虫卵，让它们在蚁穴中过冬。新孵出的蚜虫若虫被蚂蚁带到合适的植物上，然后再被转移到其他植物上。农民或园丁并不喜爱蚜虫，因为蚜虫是所有植物害虫中最严重的一种，可造成巨大的破坏并传播植物病毒。蚜虫属于同翅目，同翅目昆虫的大小和形状差异很大，有小型的介壳虫、叶蝉、粉蚧、沫蝉，也有大型的蜻蜓和蝉。所有同翅目昆虫都有刺吸式口器，并以植物为食（R. 布克斯鲍姆）

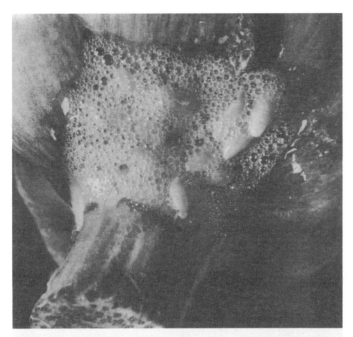

沫蝉若虫可产生明显的大团唾液，
这种黏液泡沫可完全覆盖若虫，保
护它们免遭捕食或免受炎热太阳的
炙烤。在这种庇护之下，若虫可吸
吮植物汁液，并进行渐进式变态发
育。图中是擦除了洋蓟基部的唾液
而露出来的沫蝉若虫。飞行的沫蝉
成虫长得像叶蝉，常出现在田野和
花园中的许多植物上（R. 布克斯
鲍姆）

粉蚧是一种无翅的雌性同翅目昆虫，
身体覆盖有白色粉状分泌物。与它
们的近亲不同，这种固着的介壳虫
成虫没有失去足，可以四处移动。
如果粉蚧的数量过多，当它们吸食
植物汁液时就会造成很大的损害。
脆弱的雄性成虫长得像蠓虫，只有
一对翅膀（C. 克拉克）

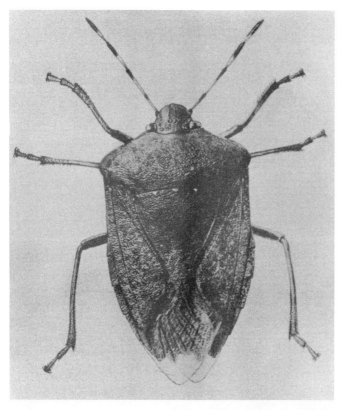

臭虫会吸食农场和花园植物的汁液，经常留下一股恶臭的味道。对大多数人来说，虫子（a bug）可指代几乎任何一种昆虫。但虫子这个词常被昆虫学家用来指代半翅目昆虫。半翅目昆虫的两对翅膀不同，前翅的前半部分增厚且为革质，后翅则完全是膜质的。半翅目昆虫具有刺吸式口器，并经历渐进式变态的发育过程。大多数半翅目昆虫像臭虫一样吸食植物的汁液，其中许多都是农业害虫；也有一些会吸食昆虫的血液，通过捕食害虫使农民受益。一些半翅目昆虫还会攻击其他动物，包括人类，并有可能成为传播疾病的介体（美国昆虫学局）

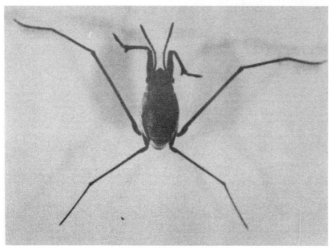

海洋水黾是生活在开阔海域的唯一一种昆虫，通常远离陆地。它们没有翅膀，利用两对长长的中足和后足在水面上大步前进，用短短的前足抓住水面上的猎物。海洋水黾属于海黾属，除它之外的其他属则都生活在淡水中。我们熟悉的细长的水黾用足尖轻触水面激起涟漪，以落入水中的昆虫为食（R. 布克斯鲍姆）

床虱身体扁平，无翅，长约6毫米。这些虫子吸食鸟类和哺乳动物的血液，是房屋、酒店和军营中的害虫。它们夜间出来吸食睡梦中的受害者的血液，白天则躲藏在墙壁的裂缝中、壁纸下或床垫下面。它们的叮咬具有刺激性，但床虱不是疾病的重要介体（美国陆军医学博物馆）

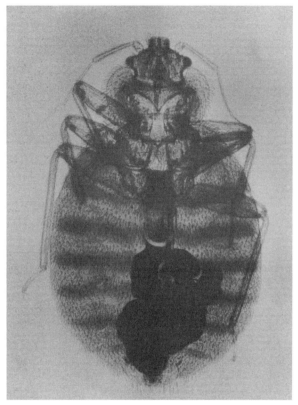

巨型水蝽是水生半翅目昆虫中体型最大的一种。美国的一些巨型水蝽体长可达5厘米，南美洲的体型是美国的两倍。它们的前足可以抓住昆虫和蜗牛，甚至是蝌蚪和小型鱼，中后足扁平，适合游泳。图中的巨型水蝽是雄性，雌性将卵子黏附在雄性的背上，雄性会携带着卵直到若虫孵化出来。这些虫子从一个池塘或湖泊飞到另一个池塘或湖泊，经常被电灯吸引（P. S. 泰斯）

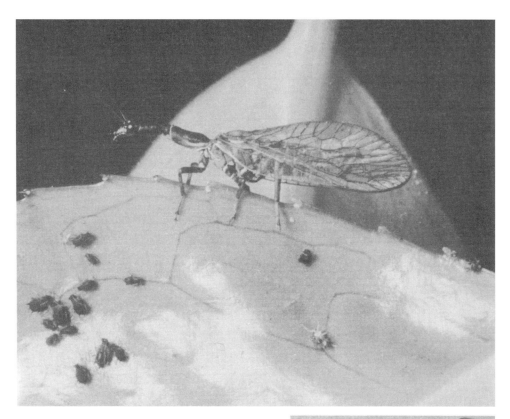

蛇蛉以其前端似蛇的外观命名，属于脉翅目。脉翅目昆虫的主要特征是：有4个膜质翅脉交错的翅膀和咀嚼式口器，经历完全变态的发育过程。美国的蛇蛉只生活在偏远的西部各州。它们在树木和灌木丛中很常见，果园和花园中的种植者都很欢迎它们，因为蛇蛉有助于控制小型植物害虫。图中这只蛇蛉从头部到翅尖长约25毫米，已经吞食了一只蚜虫（R. 布克斯鲍姆）

蛇蜻蜓是一种神奇的脉翅目昆虫，翅展可达10厘米或更长，以其水生幼体闻名，人们用它们做鱼饵，并称之为鱼蛉。长着大型上颚的幼体生活在快速流动的溪流的石头下面，以捕捉小型动物为生，特别是其他昆虫的水生若虫。它们通过气管鳃呼吸，经过近三年的幼体阶段它们会去陆地上蛹化，最终成为一只有翅膀的成虫（R. 布克斯鲍姆）

金眼草蛉是一种脉翅目昆虫，其眼睛的金属色和蕾丝的绿色翅膀的花边使它们很容易识别，体长约为1厘米。它们发出的大蒜般的气味可以驱逐鸟类和昆虫捕食者。纺锤形的幼体（左图下部）被称为蚜狮，在花园和农场中很受欢迎，因为它们会狼吞虎咽地摄食蚜虫和介壳虫，用像蚁狮那样的刺吸式口器吸食害虫的体液。蛹（左图上部）用它的咀嚼式口器将球形丝质茧切出一个盖子，从茧中爬出来。经过短暂的爬行，它将开始成虫的飞行生活（C. 克拉克）

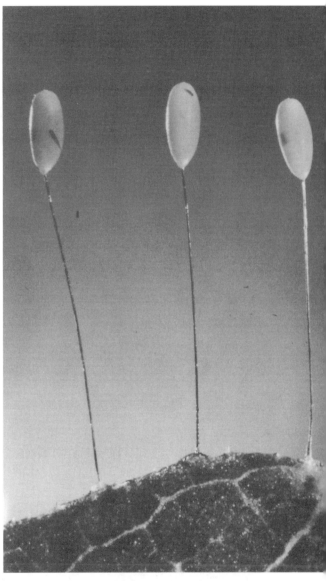

草蛉的卵被成群产下，通过长柄附着在叶子上。据推测，这有助于防止先孵化出来的蚜狮吞食其他未孵化的卵（K. B. 桑韦德）

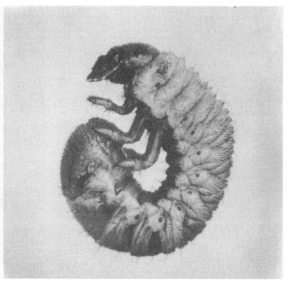

日本甲虫是典型的鞘翅目昆虫，其硬化的前翅保护了折叠在下面的膜质后翅。甲虫有330 000种，是昆虫中最庞大的一目。像脉翅目昆虫一样，甲虫会经历完全变态的发育过程。被引入美国的日本甲虫已经成为一种严重的害虫。成年甲虫（左上图）咀嚼枝叶、花朵和果实，严重损害果树和许多其他野生和栽培植物。甲虫的幼体（右上图）叫作蛴螬，以草根为食，在土壤里过冬，会侵害草坪和高尔夫球场。左下图为蛹（美国昆虫学局）

棉铃象甲将它的长吻插入棉铃。它将卵产在摄食所形成的洞中，孵化出的幼体会破坏棉铃。这种甲虫是美国所有植物害虫中对经济的破坏性最严重的一种。然而，在阿拉巴马州的恩特普莱斯城有一座纪念碑，旨在感谢棉铃象甲的贡献。棉铃象甲迫使以棉花为基础的美国南方农业走上多样化发展道路，他们种植了利润更高的作物，比如花生。象甲是动物界中最大的家族（有6万多个种物）。许多既对生长的植物有害，也对淀粉类食物的储存无益（美国昆虫学局）

瓢虫是农民和园丁的最爱。人们会教育城里的儿童要善待瓢虫，不要伤害它们。这些小型甲虫主要以小型同翅目害虫——蚜虫、介壳虫和粉蚧为食。人们在冬季将加州高山上的瓢虫收集起来，卖给柑橘种植者。等到春天，它们被释放到果园里，其他瓢虫则自行进入山谷。当旱季到来时，新一代瓢虫返回到凉爽的高处庇护所。这些甲虫色彩明亮，通常呈黄色、橙色或红色，并带有黑点，这是为了警告捕食者它们并不好吃（N.伯内特）

巨大犀金龟的不同性别之间存在显著的差异。雄性胸部长有长角，而头部的角则较短。这两种角在交配期间用于和其他雄性打斗。雌性的个头较小，没有角

面象虫属于拟谷盗属。这种3毫米长的棕色甲虫可在面粉、谷物、坚果、干果和其他干燥食物中摄食和快速繁殖。粉虫属甲虫与面象虫有亲缘关系，但体型更大（15毫米），也在谷物中生长。粉虫的幼体是黄色的，长25毫米，被称为粉虱（R.布克斯鲍姆）

豉甲通常少量聚集在池塘和安静溪流的水面上。它们互相围绕，形成优美的游动的曲线。豉甲眼睛的上半部分用于在空气中视物，下半部分则用于在水中视物（C.克拉克）

萤火虫不属于苍蝇，它将柔软的翼盖松散地覆盖在身体上。在夏天的夜晚，萤火虫发出闪烁的光来吸引异性。很容易证明它们的性引诱剂是光亮而不是气味。将一只雌萤火虫放在一个不透明但有气孔的盒子里，它将失去对雄性的吸引力。而一只被放在密闭玻璃瓶里的雌性却可以吸引雄性。

右上图：发光器官位于萤火虫腹部的后端体节上。右图：在萤火虫的光亮照射下拍摄的照片，右边的轮廓可以分辨出其腹部（R.布克斯鲍姆）

绿头苍蝇。许多种苍蝇，包括蚊子和蠓虫等，共同组成了双翅目。苍蝇只有一对膜质翅膀，第二对翅膀是平衡棒。大多数成年苍蝇舔食或吸食液体食物

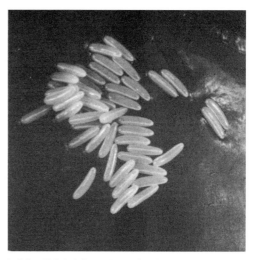

绿头苍蝇将卵产在盘子里的鸡肝表面上。绿头苍蝇在户外生活，但经常进入房屋，将卵产在肉、奶酪或其他食物上

绿头苍蝇的蠕虫样幼体被称为蛆，它们钻入腐烂的物质并以其为食。它们使鸡肝变成羹状并从中孵化，为了看清它们的样子，我们不得不将它们移到干净的表面上。这个脊椎动物的尸体中有成千上万只蛆，几天之后就只剩下骨头、坚韧的皮肤和肌腱，以及毛发

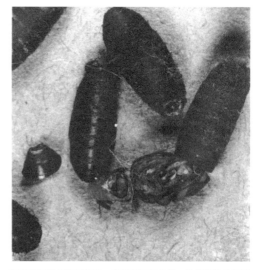

绿头苍蝇的蛹不能移动，看起来是静止的。但在棕色的厚厚的表层之下，幼体结构正在经历彻底的重塑，准备变成成虫的结构（本页所有照片均由R. 布克斯鲍姆提供）

肤蝇的幼体通过它们的钩状口器附着在马的胃内壁上吸血。如果马体内的肤蝇多达几千只，马可能就会死掉。尽管成年肤蝇不摄食，但它们的存在仍会使马变得紧张易怒。毛茸茸的大肤蝇将卵产在马的皮肤或毛发上，通常在马的前腿上。当马不小心舔食肤蝇的卵时，幼体将孵化出来并被马吞下。它们附着在马体内，吸食马的血液，最后随粪便被排出体外，在土壤中化蛹（美国昆虫学局）

地中海果蝇是一种中等大小的苍蝇，翅膀斑驳，可以伸展开。地中海果蝇在世界上许多温暖的国家可见。在地中海果蝇短暂侵入佛罗里达州和加利福尼亚州的柑橘园和其他果园期间，它们造成了数百万美元的损失（S. 怀特利）

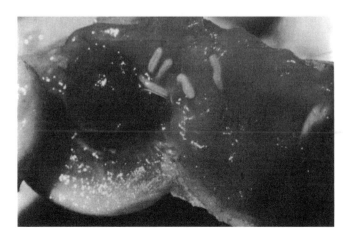

地中海果蝇的幼体是大肆破坏果园的罪魁祸首。这张照片展示了一个刚侵入加利福尼亚杏的幼体（S. 怀特利）

果蝇并不以水果为食。它们被受损或发酵水果的气味吸引，在其中产卵。幼体以在暴露的水果组织上生长的酵母菌为食。果蝇在家庭和野餐中可能很惹人厌，但它们并不会对水果种植者构成威胁。小型（长2~4毫米）的果蝇可帮助我们获得遗传学的知识。实验室培育的果蝇达到百万量级，每对繁殖的果蝇都被分别放置在一个瓶子中，其中有嫁接了酵母菌的无菌食物。图中这对繁殖果蝇中，左边这只是雌性（R. 布克斯鲍姆）

蚊子将其长长的刺吸式口器插入人的皮肤。蚊子是对人类的健康和历史影响最大的无脊椎动物，蚊子也是被研究得最多的节肢动物，据说它们造成了希腊的衰亡，引发了很多战争，甚至导致巴拿马运河建设工期的严重延迟。人类历史上有一半的死亡可归因于由蚊子传播的疾病——疟疾和黄热病。在热带地区由蚊子传播的其他重要疾病有：由线虫引起的象皮病和由病毒引起的登革热。只有雌性蚊子吸血，而雄性蚊子以花蜜和其他甜的植物汁液为食。图中的雌性环跗库蚊以麻雀和其他可携带美国西部马脑炎病毒的小型鸟类的血为食，在吸食马和人的血液时会传播病毒。美国常见的家蚊也属于库蚊属，但被它们叮咬并不危险（E. S. 罗斯）

库蚊的发育过程一直在水里进行。图中的三簇卵漂浮在水面上。两只正在休息的细长幼体头朝下，后端的呼吸管伸出水面。在第四次蜕皮后幼体变成蛹，头部和胸部较大，腹部细长柔韧，两根呼吸管从前胸处凸出。蛹用腹部尖端的两个叶状附肢游泳，但不摄食。几天之内，有翅成虫破茧而出，把蛹的表皮当作筏子，等到翅膀干燥后它就可以飞去陆地上生活了（E. S. 罗斯）

虎蛾是一种典型的鳞翅目昆虫。鳞翅目10万个物种中的大多数都是夜间飞行的蛾，但该目也包括白天飞行的蝴蝶和弄蝶。鳞翅目昆虫的基本结构和习惯都非常相似，都有4只覆盖着小扁平鳞片的膜质翅膀和一个用来吸食花蜜的长吻。毛虫幼体虽然颜色多样，形态古怪，但它们用咀嚼式口器摄食陆生植物的各个部分。许多鳞翅目昆虫幼体可蚕食树木、田间作物和储存的食物（L. W. 布劳内尔）

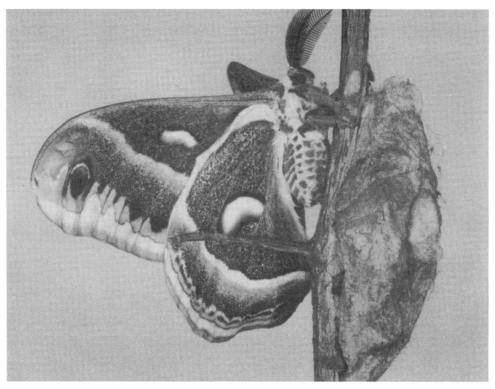

天蚕蛾的翅展可以达到15厘米。图中这只
天蚕蛾的翅膀完全伸展开，停靠在一根细枝
上，上面有丝质茧。蛾从茧里孵出来，等待
翅膀硬化，然后飞行。毛虫呈绿色，长度可
达10厘米。同种的一些大型亚洲成员可以产
出具有商业价值的丝（R. 布克斯鲍姆）

一个打开的茧中的天蚕蛾的蛹。透过蛹的外
层可以看到天蚕蛾的羽状触角和折叠翅膀的
轮廓（L. 凯宁斯伯格）

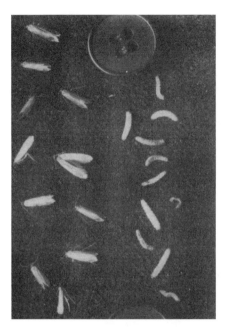

衣蛾的翅展仅为15毫米左右。然而，这些土褐色的无害小型成虫却让人十分惊恐，因为这种衣蛾的存在传递出一个信号：在房子的某个地方，衣蛾幼体即将或者已经在毛衣或毛毯上咬出洞来（美国昆虫学局）

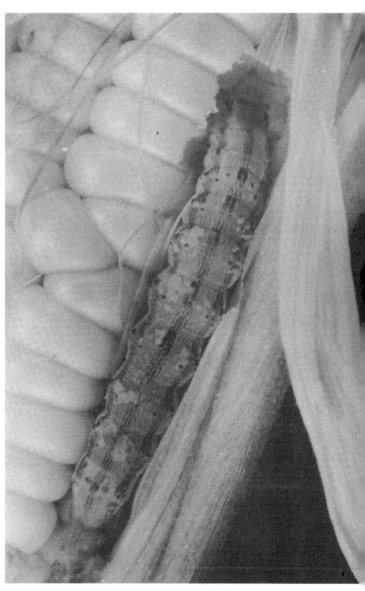

棉铃虫会对玉米、番茄和棉花作物造成损害。它们在玉米穗中产卵，孵化出的毛虫向下进入玉米穗的尖端，吃掉幼嫩的芯，露出表面，上面再长出霉菌。发育完成的幼体会离开玉米穗并在地上化蛹（P. S. 泰斯）

毛虫以桑叶为食，直到它们吐丝织茧化蛹

蚕蛾已被彻底驯化。它原产于中国，现在在多个温暖的国家养殖，主要是中国、日本、印度和地中海地区

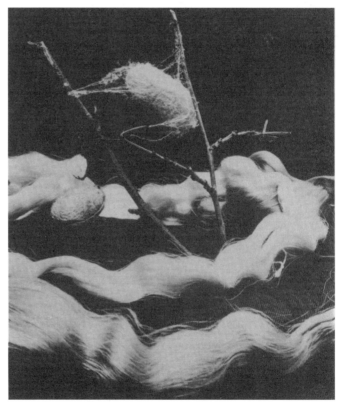

两只毛虫在几卷生丝旁边，一个茧的蚕丝长度可达1 200米（C. 克拉克）

当蝴蝶吸食植物的汁液时，它的长吻完全伸展开来。蝴蝶与大多数蛾很容易区分开来，可以依据它们的白天飞行习惯、棒状的触角、纤细的身体，以及休息时两对翅膀合在一起并保持垂直等判断。蝴蝶翅膀的独特颜色和图案有助于吸引异性，而有毒或令人讨厌的蝴蝶能够驱逐经验丰富的捕食者（K. B. 桑韦德）

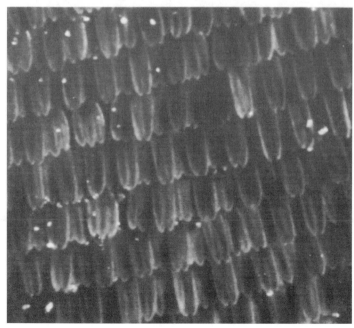

蝴蝶翅膀的鳞片像屋顶上的瓦片一样交叠在一起，松散地附着在翅膀上，当遇到麻烦时这些鳞片就会像粉末一样脱落。飞进蜘蛛网的鳞翅目昆虫通常会在网上丢弃一些鳞片后逃脱。翅膀的鳞片及身体和附肢上的毛发都是改良版的刚毛（P. S. 泰斯）

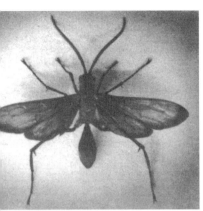

黄蜂有两对膜质翅膀，但翅脉很少。每个小后翅的前缘有一排小钩，与较大的前翅后缘的凹槽相匹配。翅膀的这种特征为所有膜翅目昆虫共有。此外，黄蜂、蚂蚁、蜜蜂和大多数其他膜翅目昆虫（叶蜂除外）都长着"黄蜂腰"，腹部前部明显收缩（L. 帕斯莫尔）

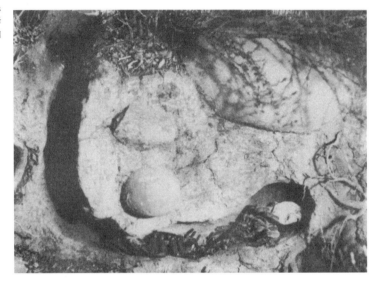

沙漠蛛蜂属于蛛蜂属，是许多以花蜜为食的黄蜂中的一种，但它们可以利用蜘蛛筑巢。作为一只巨大的黄蜂（长达5厘米），它可以捕捉大型蜘蛛。上图：一只雌性沙漠蛛蜂正在征服一只狼蛛，狼蛛被注射强劲的毒液后无法动弹。有时黄蜂会在这样的斗争中失败，并被狼蛛吃掉。下图：一个洞穴里有两只被麻痹但仍然活着的狼蛛。雌蜂将在每只狼蛛体内产下一颗卵，然后将其放入洞穴。夜间狩猎的雌蜂可能会在一个繁殖季节里产下20颗卵。幼体孵化后以狼蛛为食，迅速生长并在洞穴中化蛹。新生的成虫必须挖出一条路才能出去（L. 帕斯莫尔）

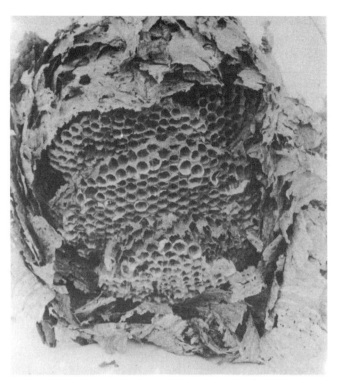

马蜂窝由一些风化或腐烂的木头混合唾液筑成，悬挂在树枝或建筑物的屋檐上。图中这个巢是由白脸大黄蜂——一种大型社会性黄蜂建造的，它们的身体呈黑色，带有白色斑纹。被切开的马蜂窝中可见许多层的六角形巢室，其中的幼虫由不育的雌性工蜂养育。交配完的蜂后产下所有的卵。繁殖季节的后期将产生新的蜂后和雄蜂，它们再进行交配。在温带气候条件下，除了蜂后之外，所有的蜂群成员都会死去，蜂后将蛰伏并在春天建立新的蜂群。与之有紧密亲缘关系的小黄蜂也是社会性昆虫，但它们通常在地洞或中空原木中建造巢壁更薄的蜂巢。马蜂和小黄蜂吸食花朵或水果的汁液，但用嚼碎的昆虫和蜘蛛喂养它们的幼体。除非蜂巢受到威胁，一般来说马蜂是不会蜇人的。相比之下，小黄蜂更容易被激怒（C. 克拉克）

橡树上的虫瘿是由不太常见的小型棕色黄蜂导致的。春天，黄蜂将卵插入橡树的组织中，橡树隔绝了瘿内的寄生虫，发育中的幼体以过度生长的橡树组织为食，并受到良好的庇护。到了秋天，绿色和红色的虫瘿变成棕褐色，外皮很薄，如图所示。幼体在没有结茧的情况下在里面化蛹。当成虫离开时，成虫会在虫瘿上开一个洞（L. W. 布劳内尔）

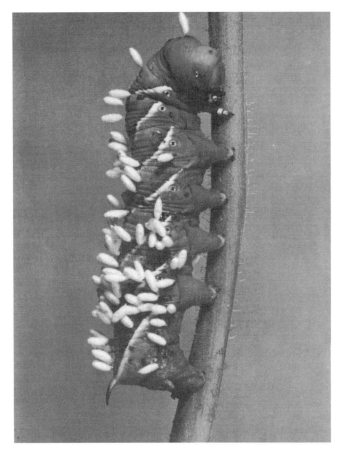

天蛾毛虫的身体上长有很多茧蜂的茧。茧蜂利用长长的产卵器在毛虫的皮肤下产卵。茧蜂幼体以天蛾毛虫的组织为食，然后不停啃咬毛虫的体壁，建造外部丝质茧。当灯尽油枯的毛虫慢慢死去时，茧蜂成虫就会长成并飞走（R. 布克斯鲍姆）

一只蚂蚁无法告诉我们为什么蚂蚁家族比其他昆虫的个体数量更多、分布更广泛。但我们可以从蚂蚁的行为和社会组织的研究中找到答案，因为除了少数寄生性蚂蚁之外，所有蚂蚁都生活在有等级的群体中，而这些等级在结构和行为方面表现出显著的不同。图中这只来自巴拿马森林地面的猛蚁与最大的工蚁的个头差不多，它长约25毫米，有大而坚实的上颚，特别喜欢捕食白蚁。而大多数蚂蚁个头较小，以植物或动植物的腐殖质为生（R. 布克斯鲍姆）

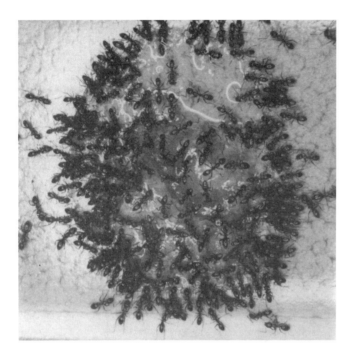

大约一个世纪前从南美洲引入的阿根廷蚁现已成为骚扰美国温暖地区民宅的常见昆虫。图中的这些工蚁正在摄食加州一户厨房里的一滴蜂蜜,体长不到2毫米,呈深褐色。长长的触角弯曲成锐角,是蚂蚁的典型特征(R. 布克斯鲍姆)

木蚁在露置的腐朽木头上筑巢,比如风化的木柱、电线杆和老房子的外部窗台或门廊。它们挖掘出腔室,用于抚育后代,但它们不吃木头。木蚁觅食时偏爱甜的植物汁和动物残体。摄于宾夕法尼亚州(R. 布克斯鲍姆)

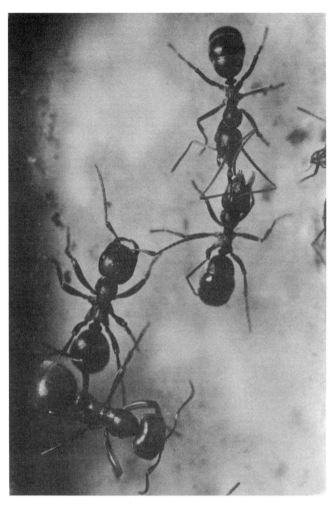

悍蚁不能自己摄食，它们突袭了另一群蚂蚁的蚁穴并带走了蛹。再次出现时，被掳走的奴隶蚂蚁成为悍蚁群中的工蚁。摄于伊利诺伊州（R. 布克斯鲍姆）

切叶蚁从植物上切下叶子，并将它们带到大型地下蚁穴中。在蚁穴中，切叶蚁将叶子嚼碎并形成潮湿的球，球上长出真菌，切叶蚁就以这些真菌为食。切叶蚁群可以在一天内切下一棵5米高的树的全部叶子。从蚁穴出发，切叶蚁向四面八方行进。图中展示的是其中一条路径，工蚁可搬运5倍于自身重量的叶子，两只大头兵蚁负责站岗。切叶蚁在美国较为温暖的地区很常见，但在美国的热带地区最广为人知。摄于巴拿马（R. 布克斯鲍姆）

行军蚁常见于美国南部地区，但只有在热带地区才会形成个体数量多达几百万的蚁群。它们在森林的地面上寻找猎物，尤其是其他昆虫，或者爬上树去袭击黄蜂的蜂巢，而黄蜂却在旁边束手无策。当一支庞大的行军蚁军队在某幢房子里横行时，人类居民就只能先行出去，等到蚁群离开后，再回到已被彻底清除了动物害虫的房屋内。行军蚁好比游牧民族，会间歇性地从一个地方移动到另一个地方，而且每次都会用自己的身体重建临时性的但结构非凡的蚁穴。行军蚁的蚁穴或营地通常建在一根悬垂的原木之下，里面有完整的通往育幼室的道路。当整个行军蚁群准备离开并继续前进时，工蚁们将负责搬运幼虫。摄于巴拿马（R. 布克斯鲍姆）

蜜蜂是所有膜翅目昆虫中最受欢迎的一种，这不仅是因为它们可以生产蜂蜜和蜡，更因为它们在为果树和其他作物的花朵授粉方面发挥着必不可少的作用。图中是意大利蜜蜂的工蜂，有些工蜂在往蜂巢中的六角形巢室中放置花粉。这种欧洲蜜蜂已被引入美国和其他许多国家（R. 布克斯鲍姆）

从蜂巢中收集蜂蜜和蜂蜡是需要技巧的。大多数养蜂人在打开蜂房之前，会向房里喷烟雾让蜜蜂安静下来。养蜂人还得穿上防护服，尤其要戴上帽子和面纱。工蜂的尾刺是一种改良版的产卵器。大黄蜂和无刺蜂也会存储蜂蜜，但只有蜜蜂属的某些物种能存储数量可观的蜂蜜，并在人类提供的蜂房中筑巢（D. 斯通）

蜜蜂工蜂是不育的雌蜂。在膜翅目昆虫中，与白蚁不同，工蜂都是雌性，由受精卵孵化而来。雄性则由未受精的卵孵化而来，不在蜂群中工作。图中这个刚死不久的蜜蜂标本的身体和足上仍带有花粉粒。当在不同的花朵上采集花蜜和花粉时，蜜蜂在不经意间完成了为花朵授粉的过程（C. 克拉克）

大黄蜂的舌头比蜜蜂更长，可以从蜜蜂无法为其授粉的重要作物中采集花蜜，同时完成授粉工作。大黄蜂身上覆盖着长而密集的刚毛，既可以保持体温，也能帮助这些大而重的蜜蜂在凉爽的清晨传播花粉（R. 布克斯鲍姆）

蜈蚣和马陆

多足昆虫与六足昆虫有亲缘关系，虽然它们的祖先可能不同。多足昆虫主要是陆生节肢动物。除了足的数量非常多以外，多足昆虫更像无翅昆虫，两者都有不分枝的附肢和类似的内部解剖结构，包括用于呼吸交换的气管。但是，与无处不在、绚丽夺目的昆虫不同，多足昆虫是安静的地面栖息者，主要生活在原木和岩石下的湿润庇护所中，或者在土壤中挖洞，很少插手人类事务。只有少数多足昆虫会给人类造成伤害或经济损失。多足昆虫的身体包含一个独特的头部，后面是由许多相似体节组成并有许多足的长躯干。

蜈蚣可归为唇足纲，这一类动物都是捕食者，以任何能捕获的小型动物为食，比如蜗牛、蛞蝓、蚯蚓和柔软的昆虫。大型热带蜈蚣甚至可以征服小型蜥蜴、蛇、鸟类和老鼠。第一体节上的附肢已变为一对毒爪，它们抓住猎物并通过穿孔的尖端向猎物体内注入毒液。蜈蚣有一对敏感的触角，在黑暗中主要通过触觉来捕猎。它们的单眼几乎不起作用，对强光的负反应也几乎与单眼无关。即使眼睛

蜈蚣躯干的每个体节上都有一对粗壮的短足。图中这只蜈蚣有21对足。摄于澳大利亚（O. 韦布）

蜈蚣的毒爪不是上颚，而是第一体节上的附肢。图中这只来自百慕大的蜈蚣长15厘米，一些热带蜈蚣体长超过30厘米。即使是小型蜈蚣，也应该小心应对，因为一旦被它们咬伤就会很痛苦，成年人可能需要住院治疗，儿童甚至会有生命危险（P. S. 泰斯）

被不透明的油漆完全遮住，蜈蚣依然会对强光产生负反应。蜈蚣头部的附肢包括一对上颚和两对下颚。

　　除了第一体节和最后两个体节之外，蜈蚣躯干的每个体节上都有一对步足，其实叫跑足更恰当，因为蜈蚣移动得非常快。蚰蜒的移动速度为42厘米/秒。足的数量从15对到177对不等，况且这么多足快速移动时保持协调，这本身就是一个大工程。此外，蜈蚣在丢失足部后会积极做出弥补，不会有任何明显的跛行，并在下一次蜕皮时再生出新的步足。

　　虽然是陆生昆虫，但蜈蚣从未解决失水的问题。石蜈蚣虽然可以浸没在水中数个小时不死，但若在干燥的土壤中，几个小时就会没命。它们的角质层非常透气，气管没有关闭机制，排泄物也不利于保存水分。但是，蜈蚣多足

蚰蜒与其他蜈蚣的不同之处在于其长而纤细的足和复眼。蚰蜒住在屋内潮湿的地方，通常是地下室和浴室。被它们咬伤并不危险，而且它们应该受到人类的欢迎，因为它们以蟑螂、银衣鱼和其他家庭害虫为食（R. 布克斯鲍姆）

的结构使其适合在陆地上生存。蜈蚣会对光产生很强的负反应，但它们对接触的正反应更强，这使它们倾向于待在潮湿的环境中。被放在玻璃培养皿中的石蜈蚣会不停地跑动，但如果将一些狭窄、透明的玻璃管放入玻璃培养皿中，蜈蚣很快就会安静起来，因为这样可以使接触面积最大。

蜈蚣在土壤中产卵，有些蜈蚣会和卵待在一起，方便保护卵。卵内含有丰富的卵黄，可为幼虫的几次蜕皮提供营养，直到它们能自行捕食。

马陆也叫千足虫，这个名字虽然不意味着它们真的长了千只足，但是它们的确有许多只足。最高纪录是752对足，100对足左右更常见，还有些马陆只有几十对足。这么多足并不会使马陆移动得更快（事实上，它们走得相当慢），但却为马陆在土壤中挖洞提供了巨大的动力。每对足都对应躯干的一个体节，但在发育期间，体节成对地融合，使得成虫躯干上的每个窄体环上有两对足。这也是倍足纲名称的含义。体节的融合和狭窄的环使身体缩短，在挖洞时不易弯折。

与食肉性蜈蚣相反，大多数马陆都是食草动物，它们主要以腐烂的植被为食，对土壤形成起到了重要作用。只有当吃掉幼苗的活根时，它们才会成为花园和农业害虫。马陆的口器包括一对上颚和一对下颚，后者融合后形成了下唇，它们没有第二对下颚。马陆不会咬人，人们能安全地应对大多数马陆。当被拿起时，马陆的第一反应通常是卷曲成一个紧密的螺旋或球，许多马陆都可以通过身体上的孔分泌有毒或令人讨厌的物质，包括氢氰酸。

来自东非的巨型马陆长20厘米，但在其他温带林地和花园中，小型马陆更常见。图中这只马陆的光滑身体的横截面为圆形，这是在土壤中挖洞的马陆的典型特征（R. 布克斯鲍姆）

下图：美国东部的林地马陆的身体呈扁平状，这是在缝隙中移动的马陆的典型特征（R. 布克斯鲍姆）

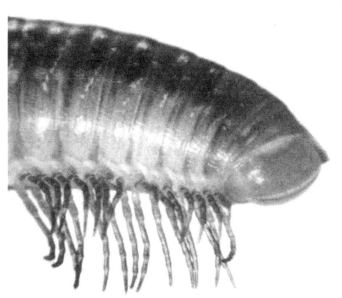

马陆（446页上图）的头部有一对触角，有时每个触角的基部附近长着一簇单眼。在挖洞的过程中，它将头部缩在下面，用头部后面的硬化角质板推动土壤。从马陆的后端（左图）可见肛门和许多典型的体环，每个体环上有两对足（P. S. 泰斯）

马陆的卵产在由泥土建成的巢中，由母体守护（R. 布克斯鲍姆）

第 20 章 其他原口动物

在世界各国中，超级大国最常登上头条新闻，获得最多的关注，而面积不大的邻国虽然也有其有趣且迷人的地方，却经常被忽视。在动物界中，情况亦如此，本书也略去了一些次要的动物。然而，本章将简要介绍4个小的动物门，它们似乎是环节动物和节肢动物的盟友，可能会对这两个超级大"门"的进化关系产生一些影响。

栉蚕

有爪动物门可以说是最接近环节动物门和节肢动物门之间"缺失的链条"的小型动物门。该门的名称虽然意味着长着爪子的动物，但有爪动物与蠕虫样的环节动物和有足的节肢动物的共同特征可以概括为"行走的蠕虫"。然而在实践中，有爪动物门通常指栉蚕，它是有爪动物门中第一个被描述的属。这些稀有动物生活在马来半岛、新几内亚、澳大利亚、新西兰、加勒比海、中南美洲和非洲的热带或南温带森林的原木和落叶下的潮湿处。它们的分布非常广泛，这表明它们过去曾分布于更广泛的地域。我们在研究了它们周围的环境和其他现存的动物后，发现它们不可能是现在任何一门动物的祖先。但毫无疑问，它们是与原始环节动物—节肢动物种群有亲缘关系的分支的后代。

栉蚕看起来很像毛虫，通常长5~10厘米，长着柔软的天鹅绒般的皮肤和许多对足。与典型的环节动物和节肢动物不同，栉蚕没有外部分节，虽然它的每个内部体节都有一对足。栉蚕足端有爪，表面上看起来像昆虫的爪，但与节肢动物的足不同，栉蚕的足柔软、丰满且不分节。

有爪动物的身体外覆盖着一层薄而柔韧的几丁质角质层，和节肢动物类似。它经常蜕皮，并不断长大。角质层呈峭状，有微小的突起，具有天鹅绒般的质地，使身体不容易被打湿。在分泌角质层的表皮下方是连续的肌肉层，这一点与环节动物相似，但与节肢动物的肌肉束则形成了鲜明对比。

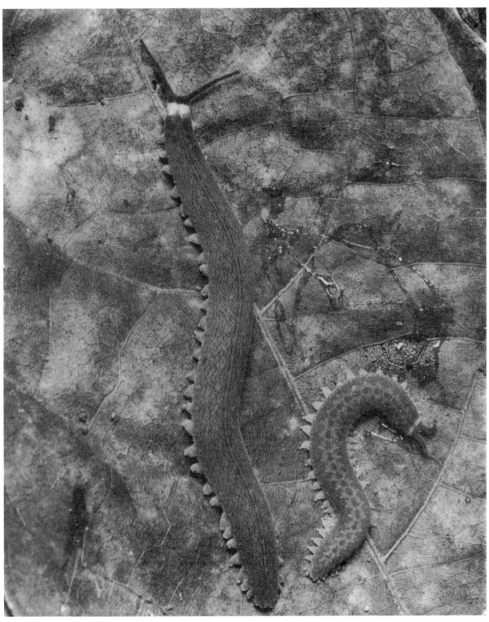

栉蚕是人们谈论很多但很少见的一类动物。即使人们知道这些动物的栖息地，在热带雨林中遍寻每一根腐烂的原木或每一堆叶子，也未必能找到它们的踪影。这些动物喜欢僻静的环境，只在晚上出来捕食小型猎物。当我们用手指戳它们时，母虫和幼虫都会射出黏糊糊的防御性分泌物。图中这只大型雌性栉蚕（长约 12 厘米）产下了两只幼虫，但其中一只把另一只吃掉了。摄于巴拿马（R. 布克斯鲍姆）

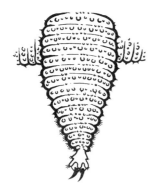

栉蚕的足柔软、丰满，与节肢动物完全不同，但栉蚕的爪与昆虫的爪类似

栉蚕属动物的气管内衬有几丁质角质层，这与节肢动物相像，但栉蚕属动物气管的独特排列方式表明它们是独立进化的（K.C.沙伊德尔）

栉蚕通常在夜间出现并通过头部的两根感觉触角探路。它们还有一双小眼睛，与环节动物和节肢动物的眼睛相似。受到攻击时，栉蚕会从头部附肢上黏液乳突的一对腺体中喷出黏糊糊的防御性分泌物。栉蚕以小型动物为食，比如昆虫利用一对几丁质上颚切碎猎物。分泌到猎物身上的消化液将其组织液化，然后被栉蚕吸食。栉蚕头部有三对附肢（触角、黏液乳突和上颚），与躯干上的附肢不同。

栉蚕的内部解剖结构兼具环节动物和节肢动物的内部结构特征。它的消化管像节肢动物的消化管一样简单和不起眼，两端都衬有角质层。栉蚕的循环系统是开放的，这一点也与节肢动物一样。一根长长的可收缩的背侧血管——心脏——贯穿栉蚕的全身，血液从心脏出发，流入组织中的大血窦，最终聚集在心脏周围的空腔中。血液是通过心脏壁上的开口进出的，几乎每个体节上都有一对开口。栉蚕的呼吸系统与节肢动物最为相似，与外表面相通的气管遍布全身，将空气直接泵送到组织。除了陆地节肢动物具备这样的结构外，其他动物都没有，这表明栉蚕与具备这种呼吸系统的几种陆地节肢动物都是独立进化的，这并不能成为栉蚕与这些陆地节肢动物之间存在亲缘关系的证据。

栉蚕的气管与大多数节肢动物的气管存在几点显著的不同。节肢动物体壁的开口相对少，通常具有闭合机制。开口与大的气管相通，这些气管不断分叉，支气管越来越细，遍布全身。在栉蚕动物体内，一大束不分叉的气管直接从每个体表开口处延伸到身体组织中。体表开口数目众多，散布全身，每个体表开口都没有闭合机制。

暴露的气管系统导致水分流失相当严重。在同等条件下对水分流失情况的测试表明，栉蚕的水分流失速度与蚯蚓一样快，是马陆的20倍，是皮肤光滑的毛虫的40倍，是蟑螂的80倍。尽管栉蚕的薄角质层透水性较好，但水分

主要是通过气管系统损失的。栉蚕通过饮水、汲取猎物的
体液来补充水分；液体会穿透薄壁囊的表面，薄壁囊翻转
并压在潮湿的基质上可方便栉蚕吸收水分。

　　栉蚕的神经系统比环节动物和节肢动物更加分散。从
脑延伸出两根分开的腹神经索，由许多精细的交叉链连接
在一起，只在体节上有些微的增厚。

　　栉蚕与环节动物最相似的结构特征是排泄系统。它包
括分节排布的成对螺旋管，通过足基部的外部孔与外界相

注意，在这三个动物门的代表性昆虫中，许多附肢都非常相似，运动方式呈波浪状（R.布克斯鲍姆）

环节动物门（多毛纲）　　　有爪动物门　　　节肢动物门（马陆）

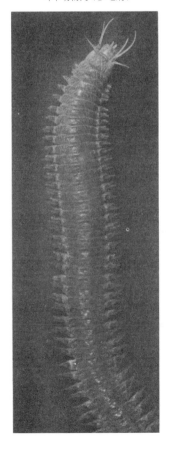

通。每个管的内部与一个小的体腔囊相连，通过摆动纤毛，将囊中的液体扫入管中并使之沿管流动，这和环节动物的排泄系统一样。如上所述，节肢动物的排泄系统内（一些精子除外）没有运动纤毛。然而，栉蚕主要的氮排泄模式与大多数陆地节肢动物类似；中肠内衬排出尿酸，尿酸随粪便排出体外。

栉蚕的生殖系统也在体腔内，并带有纤毛。它们是雌雄异体动物，卵子在雌性体内受精。其中一些物种会产卵，但大多数物种的胚胎都在雌性体内发育，通过储存在卵内的食物或与胎盘样连接物来获得养分。幼虫出生的时候，就已经发育好了。由于卵子的内部受精和发育是为了适应陆地生活，而且许多陆生动物已各自进化出这样的生殖方式，因此这些动物与栉蚕之间没有特别的进化关系。

在动物界的每个分类层级中，总有一些动物兼具两个不同群体动物的身体结构。这种情况源于众所周知的进化过程的连续性。但这也给动物分类制造了困难。有爪动物尤其争议颇多，它们之前曾被归入环节动物门，但今天它们更有可能被归入节肢动物门。无论采取哪种分类方式，门的定义都不可避免地被冲淡了。因此，我们还是把这种动物单独归为一门比较好。

缓步动物门

为了理解缓步动物门的名称，你只需要观察短小丰满的"熊虫"在植物残骸上缓慢爬行的样子即可，它们的4对短粗的足与有爪动物门的足非常相似。缓步动物门和有爪动物门在其他方面也很相似，只是尺寸不同。缓步动物几乎都是微型动物，最大的体长不超过一毫米。这些微小的动物存在于海洋沉积物以及湖泊和池塘中，但大多数生活在陆地的潮湿处，比如苔藓、地衣、屋顶排水沟和墓地瓷

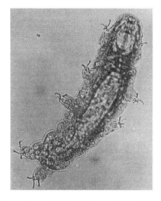

缓步动物门的熊虫被从苔藓中冲入附近的淡水池塘，体长约为0.7毫米（R. 布克斯鲍姆）

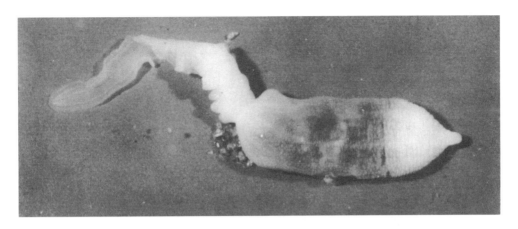

中。它们能很好地适应和忍耐干燥的环境长达数年，但只
要被水润湿，几个小时内就能再次变得活跃。缓步动物主
要以植物的汁液为食，从植物细胞中吸食汁液，它们用两
个尖锐的口针刺穿植物细胞，与线虫的摄食方式十分类似。

蟥虫长着一个带状吻，与其丰满的身体一样长。有些蟥虫的吻比其身体的其余部分还要长许多倍，而其他蟥虫的吻则很短。摄于佛罗里达西北部（R. 布克斯鲍姆）

蟥虫动物门

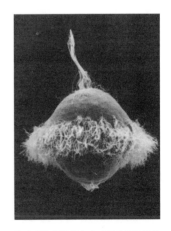

　　蟥虫动物门中的丰满的海洋蠕虫，在它们藏身的沙洞、
泥洞或缝隙之外很少能见到，因为这些柔软的动物基本不
具备防御能力。它们以收集的有机颗粒和微生物为食，要
么捕捉挂在黏液网上的食物颗粒，要么把食物颗粒扫进勺
状纤毛吻中，它们也因此有了"匙虫"这个俗名。口在吻
的基部，肛门在身体后端。蟥虫的体壁肌肉发达，体壁内
部有一个大型充满液体的体腔、一根腹神经索、一个简单
的闭合循环系统以及通过纤毛漏斗与体腔相连的排泄器官。
因此，蟥虫动物的结构与环节动物非常相似，只有身体不
分节这个特征与环节动物迥然不同。我们很容易收集到某
些蟥虫动物的卵子和精子，并对它们的发育做许多实验室
研究。它们的发育过程类似于环节动物，幼虫是会游泳的
担轮幼体。

蟥虫的担轮幼体与多毛纲的担轮幼体类似。在这张扫描电子显微照片中，顶毛丛的纤毛和纤毛带的纤毛看起来像白色的皮毛。在它定居下来之前，担轮幼体将伸长为蟥虫状。它的直径约为 0.1 毫米（C. B. 卡洛威和 R. M. 伍拉科特）

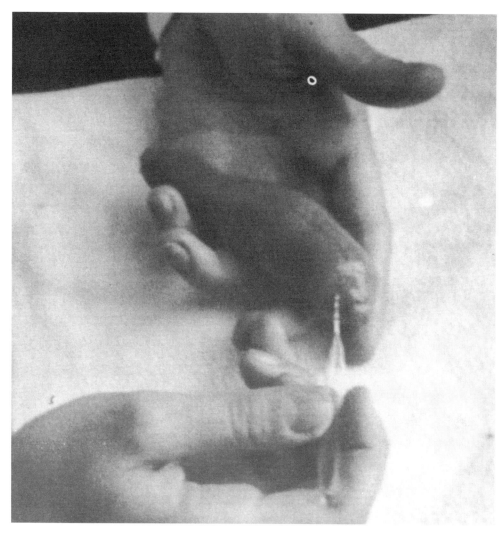

从生活在美国西海岸的沙质或者泥质海底的螠虫中提取配子。将玻璃移液管插入螠虫前端附近的两个生殖孔中的一个，就可以轻松地获取卵子或精子。对螠虫进行研究，可以揭示该门动物的早期发育过程。摄于太平洋丛林霍普金斯海洋站（R. 布克斯鲍姆）

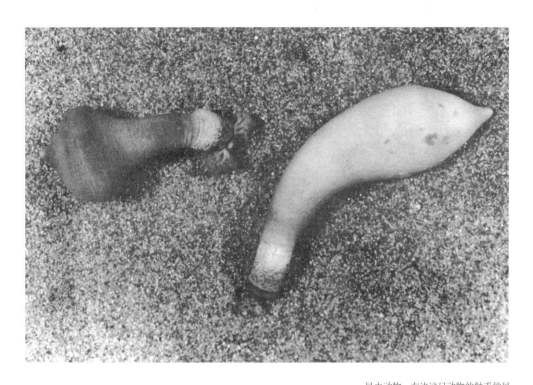

星虫动物。左边这只动物的触手伸展开来，右边的那只则缩回。这些动物生活在凿穴蛤凿好的洞中。摄于俄勒冈州（R. 布克斯鲍姆）

星虫动物门

　　星虫动物俗称花生蠕虫。这类动物可以将身体的狭窄前部缩入更胖的后部，这种凸起的形态很像花生。花生蠕虫的前端用于挖洞，上面的触手可以收集有机食物颗粒。一些星虫动物可吞下大量的沉积物并消化其中的有机质，蚯蚓亦如此。星虫动物前端有口，肠道向后旋转，肛门在背侧靠近前端附近的位置。除此之外，未分节、肌肉发达的星虫动物在许多方面都类似于螠虫（和环节动物）。

第 21 章　棘皮动物

　　了解完节肢动物后，我们似乎已经到达了无脊椎动物进化的顶峰，本书也该结束了。但生物的进化从来就不遵循戏剧的叙事规则，也不会在引入一个宏大的主题并达到高潮后就结束了。相反，生物进化为我们提供了许多材料去构建不同的故事，每个故事都以自己独特的进化结果和生命设计而完美收尾。各门动物之间的差异有助于我们将本书划分为不同的章节，按照复杂程度而非亲疏关系的顺序来编排。前面各章分别介绍了软体动物、环节动物和节肢动物，而本章要描述的这个门似乎是朝着进化的另一个方向发展的。成年的棘皮动物的结构与其他门的动物截然不同。棘皮动物与其他动物群体之间关系的最佳线索在于它们的幼体与囊舌虫的幼体较为相似。这一点着实让人惊讶，因为囊舌虫关联着人类和其他脊椎动物。我们将在下一章更具体地探讨这个问题。

　　棘皮动物的成员全都是海洋动物，可分为6个纲：著名的海星纲、海蛇尾纲、海百合纲、海胆纲和海参纲，以及新发现的海菊纲。人们（包括那些从未去过海边的人）最熟悉的棘皮动物是海星。

　　海星有近2 000种，但大多数看起来都非常相似，生活方式也类似。几乎所有海星都是以各种动物为食的食肉动物或食腐动物，它们一边沿海岸或海底缓慢移动，一边寻找这些猎物。

　　海星的身体由一个中央盘以及从基盘辐射出的许多腕构成。海星通常有5条腕，但有些海星有更多条腕。口部位于盘的下表面中心处。海星没有头部，它们可以朝着任何一条腕的方向移动。成年海星的辐射对称表面类似于刺胞动物，刺胞动物的触角从中央盘向外辐射。然而，我们将在后文看到海星幼体呈两侧对称，而成年海星则呈辐射对称，所以几乎可以肯定的是，辐射对称是从基本的两侧对称衍生而来的。

　　海星的显著特点是，在某些情况下，海星的身体会异常僵硬，而在其他情况下，它们的身体又极其柔韧灵活。比如当好奇的采集者想把海星从岩石上扯下来时，它们就会变得非常僵硬，而当翻转的海星想翻正身体时，它们就会灵活地弯曲或扭转身体。这种双重性

十腕海星不像典型的五腕海星那么常见。在一些物种中，正常腕数为6；在其他物种中，腕数为25或更多。图中这个物种的通常腕数是9或10，但腕数范围为7~13。摄于缅因州沙漠山岛（R. 布克斯鲍姆）

大多数海星都生活在岩石海岸上，坚硬的基质为它们猎捕的动物提供了附着的地方，海星可以有效地利用它们的管足悬挂在基质上。退潮以后，我们可能会看到海星暂时搁浅在浅潮池中或者附着在岩壁上（R. 布克斯鲍姆）

一个海星通过弯曲它的腕和用管足拉动身体让自己翻正。摄于加利福尼亚（R. 布克斯鲍姆）

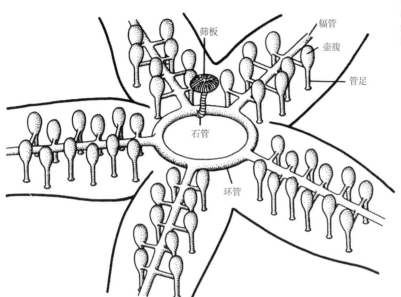

海星的水管系的基本特征。环管可能包含一组或多组功能未知的囊泡，图中略去了囊泡

筛板

辐管

壶腹

管足

石管

环管

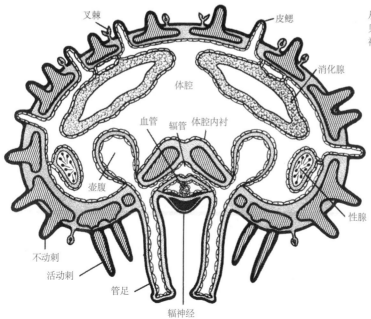

从海星的一条腕的横切面可见较大的体腔和辐管，里面衬有中胚层表皮

叉棘

皮鳃

消化腺

体腔

血管

辐管

体腔内衬

壶腹

性腺

不动刺

活动刺

管足

辐神经

从这只海星的中心口部辐射出成排的管足，这和其他棘皮动物一样。管足通过液压伸展，通过肌肉收缩缩回（R. 布克斯鲍姆）

是由钙质板的骨骼系统实现的，钙质板牢固地结合在一起（但仍然各自独立），嵌入纤维化的结缔组织中，使身体可以变硬或变软。这些板上有许多钙质突起或刺，其中一些还可以移动。骨骼板和刺形成可嵌入身体的内骨骼，不同于节肢动物的外骨骼和软体动物通常位于体外的壳。

海星通过水管系的液压机制运动，水管系是棘皮动物特有的结构。水管系通过海星上表面的钙质筛板中的小孔与周围的水体相通。石管（因为其管壁被钙质环硬化而得名）从筛板向下延伸，与环绕口部的环管相连。从环管延伸出辐管，每条腕对应一根辐管。沿着每条腕，辐管通过短的侧枝与许多管足（中空、薄壁的柱形触手）相连。触手从身体延伸出来，每个触手末端通常都有吸盘。每个管

砂海星生活在沙质海底，它们捕食动物，并在沙子里挖洞。在挖洞过程中，它们尖尖的管足用力地插入沙子。不过，砂海星没有大多数海星都具备的用来附着在岩石上的吸盘。上图：沙面上的砂海星。下图：过了一会儿，砂海星几乎将自己完全埋在沙中。摄于佛罗里达州西北部万药城（R. 布克斯鲍姆）

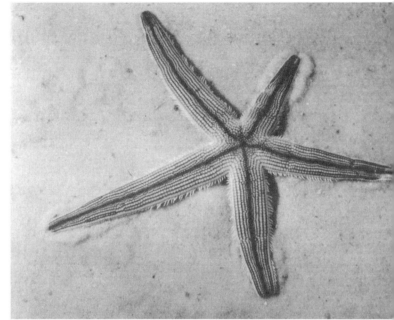

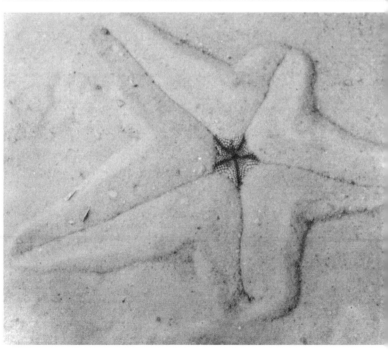

足都有一个环肌囊——壶腹。当壶腹收缩时，瓣膜会阻止水流回辐管，而将水挤入管足。这样一来，用黏液和吸盘附着在基质上的管足得以伸展。然后，管足的纵肌收缩，管足缩短，迫使水回到壶腹，并拉动海星前进。一个管足的力量十分薄弱，但海星有数百只管足，它们的共同努力能使海星不停地移动，有时速度也很快，因为许多管足合起来相当于一连串的步足。

海星的辐管和管足沿着每条腕的下表面延伸，在两排钙质板外面形成一个V形凹槽，通常称为步带槽。壶腹从钙质板间延伸到中央体腔，管足从步带槽中伸出。步带槽的两侧是一排排的活动刺，它们可以合在一起盖住步带槽，这些刺能保护管足和负责协调水管系的神经。

与所有棘皮动物一样，海星的神经系统很简单。海星没有脑，也没有可以协调活动的神经节。神经环环绕在口部周围，与5根辐神经连接，辐神经位于水管系的辐管下方，沿着腕延展。神经环在辐神经之间传递脉冲，使海星的其中一条腕引导海星前进，其他腕跟随。在海星的整个

许多海星物种的腕可再生，这种现象很常见。通常，有一条或多条再生腕的海星仍可以正常摄食和翻转身体。缅因州的沙盘车（R.布克斯鲍姆）

表面上有一个丰富的神经网，既是感觉器官，还能协调海星体表和刺的局部运动。每条腕的尖端都长着纤细的感官触手（对食物和其他化学刺激敏感）和带色素的眼点（对光和阴影敏感）。

　　海星的移动速度相当缓慢，但它们可以毫不费力地追捕猎物，因为大多数海星都以缓慢移动或固着的动物为食，比如蜗牛、蛤、贻贝和牡蛎。如果你曾经尝试过徒手打开活的蛤或牡蛎，你可能会好奇海星是如何对付并吃掉比它小不了多少的蛤的。原来，海星会爬上蛤的隆起部位，将两只管足附着在蛤的两片壳瓣上，然后使劲儿拉扯。在这种情况下，蛤会紧闭它的壳。但是，海星会使用它的多个管足，轮流拉动蛤壳，直到蛤放弃抵抗。当蛤壳稍微打开时，海星会将自己胃的下半部向外翻转并从口部伸出，然后通过蛤的两个壳瓣之间的小缝隙伸入蛤中。一旦海星的胃进入蛤中，就会倒入消化酶，使蛤在不被海星吞掉的情况下被消化掉。消化后的物质沿纤毛管被运输到海星的胃中，然后进入5对消化腺，每条腕都有一对消化腺，与胃的上半部相连。这种摄食方式无法摄取未经消化的物质，大

海星正在吃蛤。左图：海星趴在潮池中的一个蛤身上，将它的管足附着在蛤的两个壳瓣上并将它们拉开，海星的胃伸入蛤中。右图：把海星从水中拾起，我们看到它薄薄的胃外翻进入蛤中，在里面消化蛤的软组织（R. 布克斯鲍姆）

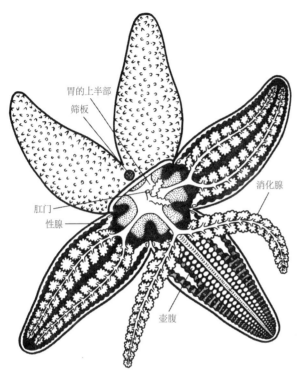

胃的上半部
筛板
肛门
性腺
消化腺
壶腹

切开海星的三条腕和大部分基盘，可以看到其消化系统。在右下方的腕中，消化腺的两个分支分开，可见成排的壶腹和两个性腺。胃的上半部用空白表示，下部用点标记

棘冠海星以热带太平洋和印度洋的珊瑚为食。若这种海星数量过多，它们可能会摧毁整片珊瑚礁。摄于斐济（R. 布克斯鲍姆）

部分摄入的养分都由消化腺吸收并储存起来。海星实际上没有肠道，肛门位于上表面，通过肛门排出的物质很少。小型蛤或蜗牛可被全部摄取到胃中，壳或其他小的未消化的残渣则通常由口部排出。有些海星根本没有肛门。

水管系和腕中的辐神经之间有血管运行，其中的液体由位于筛板下方的搏动的心形囊驱动。但物质主要分布在大型体腔里，体腔内充满了几乎与海水相同的液体，浸润着大部分内脏。体腔表皮的纤毛使液体保持稳定的流动。来自体腔内的消化管的养分被迅速输送到其他器官，比如性腺。此外，氧气通过管足和壶腹扩散到体腔液中，被内部器官和组织快速消耗。许多小巧的薄壁皮鳃（指状突起）穿过钙质板，从表面向外延伸；氧气可以由此进入体腔，二氧化碳则由此扩散出去。

许多海星的表面长着诸多叉棘。这些小的钳状结构单独或成簇出现在刺的基部，可以阻止固着的小型动物在其表面上生长。此外，海星可以用叉棘捕获和弄碎沿其表面蠕动的小型动物，从而为表皮细胞提供养分。

海星没有专门的排泄系统。氨、二氧化碳和其他可溶性代谢废物通过管足和皮鳃被冲走。不溶性废物，包括分解的细胞碎片，被体腔液中的变形细胞吞噬，然后这些细胞通过皮鳃壁离开海星的身体。

大多数海星都是雌雄异体，它们要么是雄性，要么是雌性。海星的每条腕上都有两个卵巢或精巢，直接通向体外。与其他许多海洋动物一样，海星的卵子和精子直接排到海水中，在海里完成受精。

对于体外受精或者产卵的动物来说，它们的卵子和精子在进入海水后都会面临一个问题：卵子和精子是单细胞，不能在海水中长时间存活，如果它们不能在短时间内完成受精，就都会死亡。因此，这些动物具备同步的生殖机制。例如，许多动物对同物种的其他成员在产卵期间释放的液体敏感，当它们探测到水中有与卵子和精子相关的物质时就会产卵。这种因为响应水温的轻微变化或一些其他刺激物而产卵的行为，会引发同一区域内其他个体"传染性产卵"的连锁反应。

然而，为了使同步的生殖机制起作用，同物种的所有个体内必须充满卵子或精子，随时准备产下。许多海星都有一个内部生物钟，可以控制它们产卵子和精子的时间。实验表明，海星可通过检测昼长的季节变化来设定生物钟。所以，只要研究人员将它们置于正确的昼长时间上，就可以"欺骗"它们产下卵子和精子。

左图：海星的部分表面，小巧的皮鳃占据着大圆刺之间的空间。微小的钳状叉棘长在刺的基部周围和皮鳃之间。右图：由肌肉控制开合的叉棘（L. 屈埃诺）

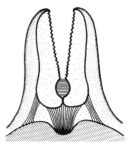

相比大多数动物，从成熟的海星和海胆那里获得卵子和精子更容易，因此生物学家大量使用这两种动物的卵子和精子来研究受精和早期发育机制。多个精子环绕着一个卵子，当第一个精子进入卵子（迅速进入，鞭毛留在外面）后，卵子表面将形成受精膜，阻止其他精子进入。精子和卵核融合在一起，完成受精。细胞核会将亲本的遗传信息传给新个体。

受精卵分裂成两个相同的细胞，这两个细胞再分裂成4个、8个、16个或更多细胞，直到形成一个带有纤毛的空心囊胚，并从受精膜中孵化出来。第一天结束时，一端的细胞内折，自由游动的囊胚转变成具有外胚层和内胚层的双层原肠胚。这种内折将大部分的旧囊胚腔挤出去并产生初级肠腔，初级肠腔后来又变成消化管腔。这个新腔的开口被称为胚孔。在原肠胚阶段，大多数动物的发育过程基本相似，但发育速度、卵黄量、细胞的分裂方式和原肠胚变为两层的方式不同。随着发育的继续进行，不同动物之间的差异越来越多。

棘皮动物的两个小的外囊在靠近原始肠腔的顶部位置被从内胚层上夹断，新产生的囊最终变成体腔及其衍生物，包括水管系。原始肠腔的其余部分则形成食道、胃和肠道，胚孔成为幼体的肛门。食道向腹侧弯曲，与内突生长的外胚层相遇，突破后形成幼体的口部。体表的纤毛集中在口部周围的一条带上，一只自由游动的呈两侧对称的幼体由

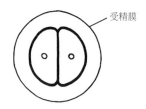

受精膜

1. 两细胞阶段

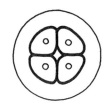

2. 四细胞阶段

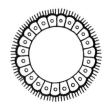

3. 纤毛囊胚

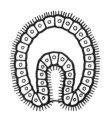

4. 早期原肠胚

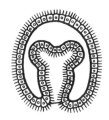

5. 体腔囊开始从原始内胚层中挤出

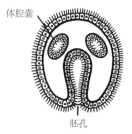

体腔囊

胚孔

6. 体腔囊被夹断

海星的早期发育过程（德拉赫和埃鲁阿尔）

此形成。海星的纤毛带伸长并分成两条，其幼体被称为羽腕幼体，会游泳，并摄食浮游生物。

在水流中漂流和摄食的数周至数月内，海星幼体缓慢地发生变化，为变态做准备。体腔囊的后部围绕着胃，将形成成体的一般性体腔。体腔囊的左前部围绕着形成食道，生出 5 个叶，形成水管系的辐管原基，再伸出一根管至体表，形成石管。当准备好变态时，大多数幼体暂时附着在一些固体上，并快速发生变化。幼体的口部和肛门关闭，一个新的口部在幼体左侧形成，同时一个新肛门在右侧打开，产生了与幼体体轴成直角的成体体轴。从辐管原基上长出的管足附着在基质上，小海星迈出了第一步后就爬走了。

成年海星的对称性被称为次生性辐射对称，因为它是从两侧对称的幼体二次发育而来的。目前已知最早的棘皮动物化石不呈辐射对称，也不呈两侧对称。相反，它们具有独特的不对称形状。其中一些似乎是两侧动物，但它们的右侧固着在基质上，并用左侧的触手摄食。许多后来的

1. 早期幼体
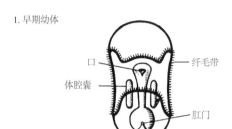

口
体腔囊
纤毛带
肛门

2. 羽腕幼体
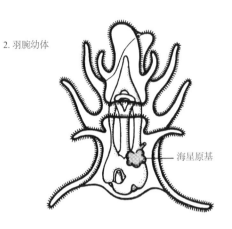

海星原基

3. 变态
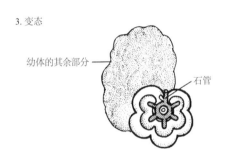

幼体的其余部分
石管

4. 幼年海星爬走了
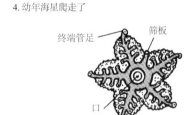

筛板
终端管足
口

海星的后期发育过程（S. 赫斯塔迪乌斯）

化石形态是完全固着的，呈辐射对称。正如我们在上文中描述的那样，两侧对称最适合于快速移动的动物，辐射对称似乎最适合于固着动物。许多生物学家认为，棘皮动物的祖先可能是两侧对称动物，当它们采取了固着和摄食悬浮物的生活方式后，就变成了辐射对称，像海星这样自由生活的现代棘皮动物就是从这些固着的祖先进化而来的，成体依然保留着辐射对称性。

海胆与海星的区别似乎很大，但它们的基本结构相同。海胆长着会动的长长的刺，尖的活动刺具有保护作用，并能帮助管足运动和摄食。海胆有较大的钙质板，它们紧密地组合在一起形成围住身体柔软部分的球形骨骼（硬壳），不像海星那样有许多嵌入结缔组织的小钙质板。口部在硬壳的下表面中心处，肛门位于硬壳的上表面。从口部到肛门向上辐射出5排小孔，从中伸出多只管足。这5排小孔对应于海星5条腕的下表面。如果我们想象一只海星的腕向上弯曲汇合，其中间的空用增高但尺寸缩小的中央盘来填充，从而使筛板靠近各排管足的末端，五腕海星就变得与球形海胆相似了。

　　海胆与海星的水管系是同类型的，但海胆的管足更纤细，并且比刺更长。大的叉棘有三个上颚而不是两个，通常长在长柄上。海胆的消化管比海星的消化管长，因为海胆主要以植物为食，这些植物在海胆的肠道中被消化，那里没有消化腺。海胆的口部周围是5颗小巧的牙齿，呈放射状排列，由一组复杂的肌肉和钙质板（亚氏提灯，即海胆咀嚼器）控制，可将食物切成小块。海胆的其他系统也非常类似于海星。性腺通过肛门附近的5个孔与外界相通，卵子和精子落入海中，在海里完成受精、胚胎发育和幼体发育。海胆从两侧对称、自由游动、自主摄食的长腕幼体变成一个小型球状海胆，这与海星的变态过程也相似。

海胆这种棘皮动物主要生活在岩石海岸上，以固着和漂流的海藻为食。它们的吸吮管足长而纤细，伸展的长度超出了刺尖，既可用于运动，也可用于摄食。口中的5颗牙齿可将食物咬成小块（R. 布克斯鲍姆）

海胆的刺用于运动，它们是在刺尖上"行走"的动物；刺也为海胆提供保护，吓退捕食者。有些海胆的刺短而粗壮，能让它们钻入坚硬的岩石，比如左图中的海胆正待在它的洞中。有些海胆的刺长而易碎，但非常锋利，比如右图中的长刺海胆正在开放的空间中移动。摄于澳大利亚大堡礁（O. 韦布）

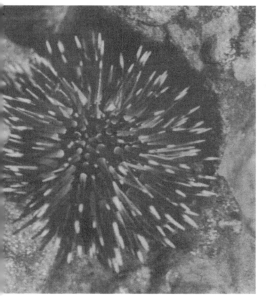

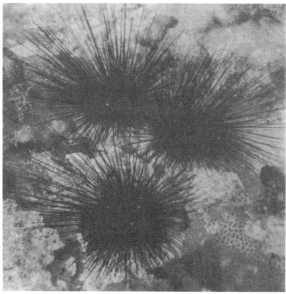

石笔海胆长着非常粗的刺，用于将动物困在珊瑚岩内的洞中，使其无法移动。摄于澳大利亚大堡礁（O. 韦布）

海胆的硬壳（骨骼）是球形的，由紧密结合的钙质板组成。硬壳中有5组双排孔，外管足通过这些孔与内部的壶腹和辐管相连。圆形突起和刺（图中被移除）像插座和插头一样契合。在活体海胆中，刺和硬壳被活体组织覆盖。摄于加利福尼亚蒙特利湾（R. 布克斯鲍姆）

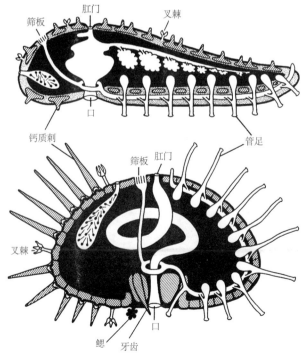

海胆的基本构造与海星十分相似。上图：海星的一条腕的剖面图。下图：海胆的剖面图

海胆的性腺几乎充满了它们的硬壳。它们在世界上许多地方都是美味佳肴。摄于智利蒙特港（R. 布克斯鲍姆）

海胆的早期发育过程与大多数动物一样。随着胚胎的分裂，细胞逐渐变小，直到囊胚阶段，当从卵膜中孵化出来时，在光学显微镜下几乎无法区分单个细胞。未受精的卵的实际直径约为0.1毫米（D. P. 威尔逊）

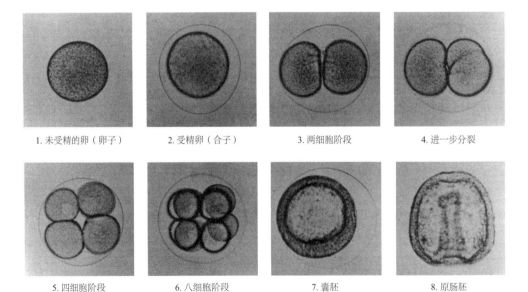

1. 未受精的卵（卵子）   2. 受精卵（合子）   3. 两细胞阶段   4. 进一步分裂

5. 四细胞阶段   6. 八细胞阶段   7. 囊胚   8. 原肠胚

沙钱与海胆相似，不过它们的身体呈扁平状，覆盖着短而细的刺，它们就靠着这些刺移动和在沙里挖洞。大而扁平的管足从上表面的5组双排孔中伸出，起到鳃的作用。硬壳两面较小的、由黏液覆盖的管足负责收集小的有机颗粒，并将它们传递到纤毛沟中，再将它们扫入口中吃掉。上图：活体沙钱。下图：两个沙钱的干燥硬壳。左边为沙钱的上表面，右边为沙钱的下表面，口在中心，肛门靠近边缘。摄于加利福尼亚蒙特利湾（R.布克斯鲍姆）

其他棘皮动物——海蛇尾、筐蛇尾、海参、海百合、海羽星和海菊——与海星的差别跟与海胆的差别差不多。它们具有典型的多刺或皮革状皮肤、钙质内部板、宽大的体腔、水管系、基于五角形的次生性辐射对称形态，以及经历着显著变态发育过程的幼体。下面这些图片展示了这些动物及其特征。

海蛇尾长着长而灵活的腕，经常断裂然后再生。海蛇尾的腕上有小管足，用于捕捉有机颗粒和小型动物。如果将多只海蛇尾放置在有限的空间中，它们的腕就会彼此缠绕在一起。摄于缅因州（R. 布克斯鲍姆）

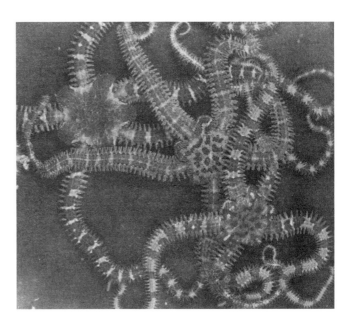

海蛇尾在海底爬行时，其敏捷的腕会做蛇形运动。这组照片显示了该动物快速连续移动的情景。摄于加利福尼亚州蒙特利湾（R. 布克斯鲍姆）

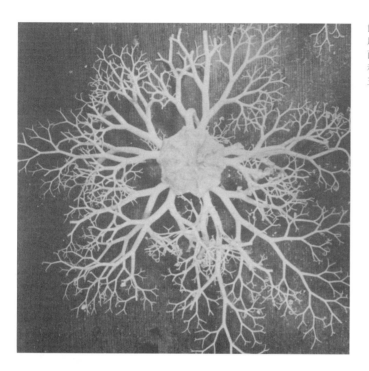

筐蛇尾是一种长有分枝型腕的海蛇尾动物。它可以蜷成小球或将腕大面积地摊开，靠捕获小型浮游生物和有机颗粒为食。摄于华盛顿星期五港（R. 布克斯鲍姆）

海蛇尾动物的发育阶段。左图：两侧对称的长腕幼体，它们用长腕在充满浮游生物的水中游泳和摄食。中图：在变态过程中，幼体的腕缩短，微小的幼年海蛇尾从幼体侧面出现。右图：呈次生性辐射对称的幼虫过上了底栖生活。摄于英国普利茅斯（D. P. 威尔逊）

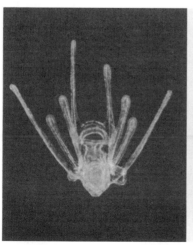

海参是一种肉质棘皮动物，没有硬壳或刺。体壁含有毒素，用于吓退捕食者。一些海参在受到干扰时也会抛出它们的内脏或排泄特殊的黏液线。然而，干海参的体壁和肌肉可作为东方汤菜中的珍贵成分。海参的口部位于细长身体的一端，肛门位于另一端。口部周围有摄食触手，它们实际上是增大的管足。5排较小的管足通常沿海参的身体纵向排列。海参是食底泥动物，触手将泥沙送入口中，其中的少量有机质被消化。在海参产量丰富的地区，大部分的表层泥沙每年都要经过海参的肠道多次。摄于英国普利茅斯（R.布克斯鲍姆）

以悬浮物为食的海参的触手大且有分枝。当海参呈直立状进入水流时，它们会收集细小的食物颗粒并递到口中。海参身体上的小管足有固定作用。不摄食或未受到压力时，海参会缩回纤细的摄食触手。左图：收回触手。右图：伸出触手。摄于佛罗里达西北部万药城（R.布克斯鲍姆）

蠕虫状的海参——蛇锚参常见于热带浅水水域。这种动物的体壁上没有小管足，用它的触手慢慢拉动长长的身体前行，同时从底部收集有机颗粒。摄于夏威夷瓦胡岛（A.里德）

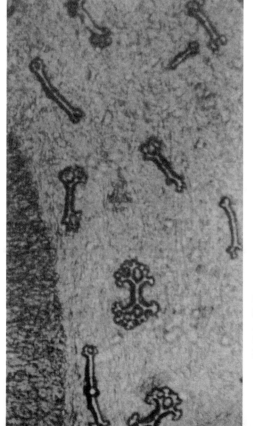

海参的柔软体壁中嵌入小骨，而非大板和刺。当用显微镜观察海参的组织薄片时，我们可以看到小骨。几乎所有棘皮动物的骨骼成分，甚至是海胆的刺都以跟这些小骨一样的方式排列，即孔和碳酸钙支柱高度有序地排列（R. 布克斯鲍姆）

挖泥船从深水中挖上来的有柄海百合。图中仅展示了附着在岩石上的一小部分柄。当未受到干扰时,海百合会充分地伸展开它的分枝型腕。黏液覆盖的小管足可从水中捕获有机颗粒,并将其送到纤毛沟中,然后扫入位于中心的口(A. H. 克拉克)

海羽星是一种无柄海百合纲,它们沿着海底移动,甚至可以通过上下挥动腕在水中短距离游动。海羽星的幼虫有柄,像海百合一样附着在底部,但它们很快就会挣脱。它们通常栖息在岩石露头上,以与海百合相同的方式摄食。摄于法国地中海沿岸巴纽尔斯(R.布克斯鲍姆)

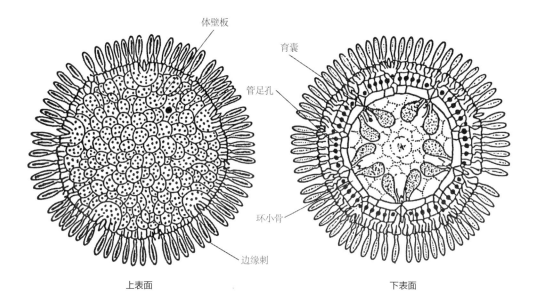

体壁板

育囊

管足孔

环小骨

边缘刺

上表面   下表面

海菊是1986年新发现的棘皮动物。这种圆盘状动物的直径小于1厘米，长在深海的沉木上。海菊看起来像水母，但它们呈五辐射对称，有钙质刺和内板以及水管系。海菊的管足围绕圆盘的边缘呈环形排布，它们没有口或内部肠道。海菊显然是通过覆盖下表面的薄膜吸收养分的。5对育囊内的胚胎直接发育成类似于成体的幼虫。图中显示出海菊的骨骼系统。第一个海菊是在新西兰海岸1 000多米深的水域中收集的，第二个海菊发现于巴哈马群岛（贝克、罗和克拉克）

第 22 章　脊索动物

　　我们尚未涉及的一大重要动物群体是包括人类在内的脊索动物门，它几乎包含了所有有脊椎的动物，因此不在本书探讨的范围内。然而，少数脊索动物是没有脊椎的。这些没有脊椎的脊索动物——文昌鱼和被囊动物——大多不太显眼，很少见或不常被人注意到。但在中国的海边，文昌鱼产量丰富，在一年的某些月份中人们会成吨地捕捞它们食用。世界上的其他地方会食用其他被囊动物，但这些动物因为会弄脏船只和码头，所以更可能被视为一种麻烦。没有脊椎的脊索动物没有什么经济价值，我们之所以在这里对它们进行详细介绍，主要是因为它们与脊椎动物具有某些共同的特征，这些独有的特征是其他动物不具备的，研究它们有助于我们把脊椎动物与无脊椎动物联系起来。

文昌鱼

　　文昌鱼属于脊索动物门的头索动物亚门。这些小型、两侧扁平的半透明动物生活在世界各地热带和温带海水的浅沙底中。文昌鱼通过身体的鱼样起伏四处游动，但大部分时间都埋在沙子里，只有前端在水中露出。它们通过将稳定的水流吸入口中，并过滤出悬浮的微生物来摄食。

　　脊索动物的第一个特征是有脊索，它是一种贯穿整个身体的棒形骨针。脊索作为一个坚固而柔韧的轴，使整个身体可以强有力地左右波动，驱动动物在水中以扁虫和环节动物等无法达到的速度行进。

　　水生脊索动物通过柔韧的内部骨骼轴来实现强有力且迅速的游动，这可能是该动物群体早期成功的重要因素。除了肌肉发达之外，脊索动物的特征还包括：身体超出肛门的部分构成了尾部，该区域除了骨骼轴、神经和肌肉之外几乎没有其他结构。水生脊索动物的尾部专用于游泳，陆生脊索动物的尾部则专用于其他类型的运动。

文昌鱼白天静静地埋藏在沙子里,只露出头部。它将大部分身体隐藏起来,避开食肉性鱼类。日落之后它可能会从沙子里出来并四处游动。摄于佛罗里达(R.布克斯鲍姆)

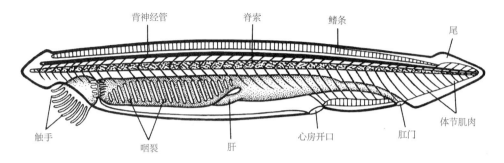

文昌鱼示意图

脊索从主肠道的顶部开始生长，存在于包括人类在内的所有脊索动物的胚胎中。在某些原始鱼类（例如七鳃鳗和鲟鱼）的成体中，它充当功能性的骨骼轴。脊索仅是脊柱的开始，在脊索的两侧还有一系列软骨。所有其他脊椎动物在发育期间，脊索周围都会形成由一系列单独的软骨或椎骨组成的脊柱。在成年动物中，脊柱大部分或完全取代脊索成为身体的机械轴，脊索的一些部分可能保留在椎间盘中。

脊索动物的第二个特征是背神经管。在已描述的所有其他无脊椎动物中，神经索都位于腹侧或身侧，但文昌鱼和其他脊索动物的神经索位于脊索和背侧体壁之间，并且是中空的。一对神经从神经索延伸到分节排列的每个肌肉束中。

脊索动物的第三个重要特征在于咽的结构，上面有多对裂缝样开口。鱼类的咽裂主要用于呼吸，而文昌鱼的咽裂主要用于从水中过滤出食物。咽内衬有纤毛，随着纤毛的稳定摆动，其产生的水流进入口中并通过咽裂流出，留下筛出的颗粒。文昌鱼的咽裂不像鱼类的咽裂那样直接通往体外，而是连接着心房，心房环绕着咽部，通过在肛门前部的孔与外界相通。心房内衬有外胚层，在胚胎中由皮肤的两个褶皱外突形成，每侧一个，最终在中线处融合。咽壁因从顶部到底部有咽裂而呈穿孔状，由咽壁上固定咽裂的多根棒形骨针支撑。

　　成年文昌鱼有大约 180 对咽裂，原始的文昌鱼可能
也是这样。现代鱼类的咽裂数量小而确定，比如，鲨鱼通
常有 6 对咽裂。用肺部呼吸的陆地脊椎动物在成年阶段没
有咽裂，但它们在胚胎期有咽囊，在胚胎发育的过程中咽
裂曾短暂地出现。有些动物在幼体阶段可能存在功能性咽
裂，比如蝌蚪。在人类胚胎的咽囊中，出现咽裂的情况极
少，可在婴儿出生后立即通过手术封闭。

　　与文昌鱼的摄食机制相关的许多结构都是它们特有的，
但不一定是原始脊索动物的特征。文昌鱼的前端有一个漏
斗状垂兜，其边缘有一排硬化的触手，可以像筛子一样将

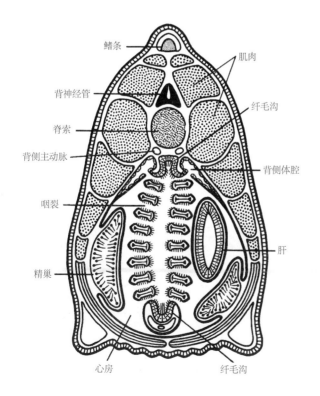

文昌鱼的横切面。咽裂沿着咽部斜向
排布，因此图中可以看到几个咽裂。
同样，V 形分节肌肉互相重叠，图中
可以看到几个肌肉块（标记为点状）

大颗粒过滤出去。口位于垂兜后部，周围有一圈小触手，可进一步筛选水流中的颗粒。在摄食期间，咽底部的纤毛沟会连续分泌黏液，纤毛沿两侧的咽壁向上涂抹一层黏液。随水流进入咽部的悬浮生物和颗粒会被这层黏液粘住。载有食物的黏液汇集在咽顶部的另一个纤毛沟中，并向后移动到肠道。研究人员在某些原始鱼类的幼体中也发现了一种类似于文昌鱼的过滤式摄食方式，即用腹侧纤毛沟分泌黏液层来摄食，这也成为没有脊椎的脊索动物祖先和脊椎动物祖先之间有关联的部分证据。这些鱼类的纤毛沟后来进化成甲状腺。

在肠道中，食物和黏液被消化，并且几乎完全被吸收。肠的前端有一个中空的消化盲囊（肝），沿着咽的右侧向前延伸。由于它的产生方式与脊椎动物的肝脏的形成方式相同，都是通过消化管的外突形成，所以两个器官被视为同源。此外，离开文昌鱼的肠毛细血管的血液在通过肝毛细血管之前不会回到体循环中。这种血液循环的路径是脊椎动物独有的，这进一步证明文昌鱼和脊椎动物是从相同的祖先进化而来的。

文昌鱼的循环系统是封闭的，没有心脏，血液由伸缩性血管泵送，包括一根大的腹侧血管。值得注意的是，在所有脊椎动物的胚胎中，血液先由一根简单的脉动管泵送，之后脉动管变弯，并收缩形成心脏。当血液流过咽裂间组

这只文昌鱼清楚地展示了两排性腺和V形肌肉，体长5厘米（R. 布克斯鲍姆）

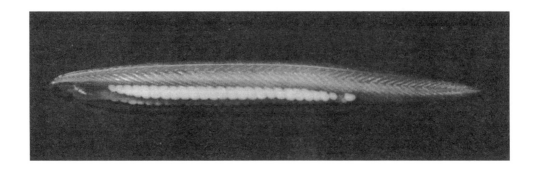

织中的血管时，咽裂与流过咽部的稳定水流密切接触，氧气进入血液。血液在通过咽部血管后，流入两条背侧主动脉，这两根血管在咽部后面合并成一根血管，向肠道输送血液。咽背侧壁上的排泄器官负责提取废物，每对排泄器官对应一对咽裂。尽管这些排泄器官表面上看与环节动物及其他几个动物门的排泄器官相似，但它们更像脊椎动物肾脏中的某些细胞。由于心房的扩张，文昌鱼的体腔被部分挤出，在咽部区域，体腔仅表现为许多错综相连的小腔。文昌鱼是雌雄异体动物，生殖器官成对存在，分节的多个囊位于身体两侧并且向内推动心房壁。从横截面可以看到生殖器官位于心房内。性成熟时，文昌鱼的性腺会冲破心房壁，配子被释放到心房中并通过心房开口排到体外。

虽然在神经索的前端有一个大的色素斑，沿神经索下缘还有一排较小的色素斑，但文昌鱼没有成对的眼睛或其他发育良好的感觉器官。文昌鱼的神经索没有在前端扩张进入脑，而是逐渐缩小为一个点。文昌鱼的感觉器官和中枢神经系统非常简单，但原始的文昌鱼可能并非如此，很可能是在进化的过程中文昌鱼的头部区域逐渐退化，这与它们的固着习性有关。

尽管文昌鱼的特定生活方式使其经历了各种退化和特化，但它们可能是帮助我们弄清楚原始脊索动物如何进化成脊椎动物的唯一现存动物了。

被囊动物

被囊动物之所以如此命名，是因为它们被一种坚韧的半透明被囊覆盖，被囊由蛋白质、碳水化合物和海水（占绝大部分）构成。纤维素是常见成分之一，我们常会将其与植物联系起来，但它也存在于人类和其他哺乳动物的结缔组织中，尤其是上了年纪的个体。一些被囊动物是浮游生物，但大多数都是固着生物，一直附着在岩石或海藻上生长。最简单的一种被囊动物看上去就像一个有两个开口的竖直囊；一个开口在顶部，一个开口在偏底部的位置上。当这种动物受到干扰时，它们的体壁会突然收缩，体内的水从两个开口喷出，并因此得名为"海鞘"。

被囊动物体内的大部分空间都被一个大型囊状咽占据，咽上有许多排咽裂。咽裂边缘的纤毛可以制造水流，通过咽裂将水吸入身体顶部的口中，然后进入咽部周围的体腔——心房。纤毛沟沿咽部腹侧壁分泌的黏液层将食物颗粒捕获，水从心房流出体外，这些都与文昌鱼类似。

因为肛门和雌雄性腺（被囊动物是雌雄同体）都通向心房，所以被囊动物的心房开口

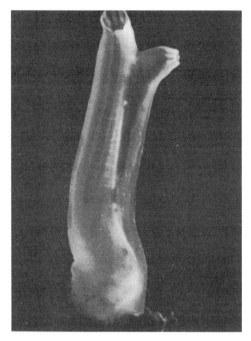

被囊动物有半透明的被囊,通过被囊能直接看到体壁的肌肉。水进入被囊动物上部开口(口)并通过下部开口(心房)流出。摄于英国普利茅斯(D. P. 威尔逊)

被囊动物集群由不同的个体挨在一起生长而构成。图中这种红色的小型被囊动物在低水位线附近的岩石上生长成浆果状的集群。摄于英国普利茅斯(D. P. 威尔逊)

海鞘是被囊动物的俗称,这几个海鞘解释了这个俗称的来源。它们因被人类捕获而不安,于是从口和心房向外喷水。摄于佛罗里达西北部万药城(R. 布克斯鲍姆)

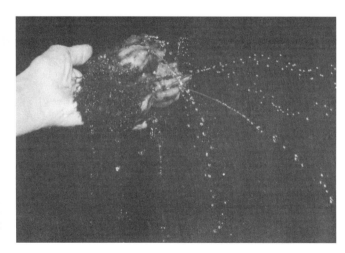

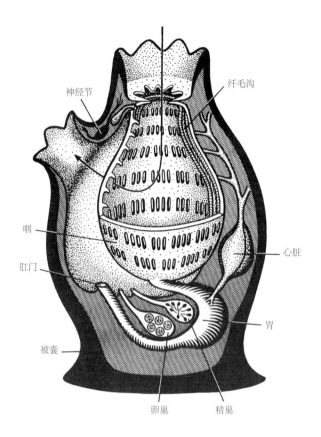

被囊动物。箭头表示水流方向：从口
进入，经过咽裂，从心房开口流出
（基于多种文献来源）

神经节

纤毛沟

咽

肛门

心脏

被囊

胃

卵巢　　精巢

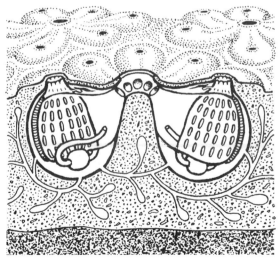

被囊动物群体的两个成员。它们嵌在
一个普通的被囊中并共用一个出水
口，但它们的口是分开的

也能用作粪便和配子的出口。循环系统由无内衬的血管和血窦组成，它们为被囊和所有内脏供应血液。被囊动物的心脏不同寻常，因为它在几分钟内先朝一个方向驱动血液再朝相反方向驱动血液。

许多被囊动物都进行出芽生殖。芽体以群体的方式待在一起，有时会嵌入一个共同的被囊中。固着被囊动物群体在岩石、贝壳或海藻的表面上结成壳。它们可能以小群的形式聚集在一起，每个集群看起来像一朵花，花瓣的尖端是各个成员的口，集群的中心是它们共同的出水口。浮游的被囊动物群落有时非常繁茂，在海洋生态中发挥着重要作用。

被囊动物群体——史氏菊海鞘。每个星形图案代表一组（包括几个群体成员）海鞘，它们的口位于星形周围的点上，星形的中心是它们共同的出水口。摄于北海黑尔戈兰岛（R. 布克斯鲍姆）

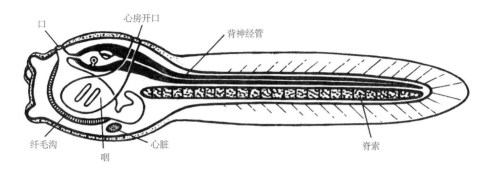

口　　心房开口　　　　　背神经管

纤毛沟　　　　心脏　　　　　　　　　　脊索
　　　咽

被囊动物自由游动的幼体展示了脊索动物的特征（综合多种文献）

　　除了咽裂之外，几乎找不到其他理由能让我们把这种反应十分迟钝的底栖被囊动物与鱼类或哺乳动物归入同一个动物门。但是，被囊动物的发育告诉了我们另一件事。被囊动物的幼体可以自由游动，这让人想起了蝌蚪。幼体长着一个大尾巴，尾巴除了有肌肉之外，还有发育良好的脊索，这个特点将这类动物明确地置于脊索动物门的尾索动物亚门中。背神经管和咽裂也属于脊索动物的特征。当幼体最终在岩石上定居下来时，它会把尾巴、脊索和大部分神经系统消解掉，将整个结构重组为固着的成体形态。成体没有脊索，中枢神经系统仅表现为身体背侧区域的一个神经节。尽管不同动物成体形态不是很像，但通过研究幼体阶段可以揭示它们之间的关系。下面我们来讲述另一个引人注目的例子。

囊舌虫

　　囊舌虫属于半索动物，这种柔软细长的动物会在海岸的沙或泥中挖洞。身体的前端有一个肌肉发达的吻，经由一个窄柄与一个短而宽的领相连，之后是长长的躯干。吻和领用于挖洞和摄食。囊舌虫将吻插入沙中，领跟随进入。膨胀的领将囊舌虫的前端牢牢固定住，靠躯干内肌肉的收缩拉动身体前进。

囊舌虫的口部位于腹侧面中间，在吻的基部，被领的边缘遮盖住。当囊舌虫挖洞时，沙或泥会进入它们的口中，经过消化管，从后端的肛门排出。沙或泥中的有机质被消化。囊舌虫也可以通过收集吻上黏液里的有机颗粒来摄食。纤毛将载有食物的黏液从吻表面扫入口中。吸入的水经过咽裂，从位于躯干前部的背侧壁上的开口排出。咽裂是囊舌虫与脊索动物的一个共同特征。

囊舌虫的神经系统几乎从各个方面看都是所有具有器官系统的动物中最简单和集中化程度最低的。囊舌虫的神经系统分布在整个外胚层下，在躯干区域沿身体的中背线

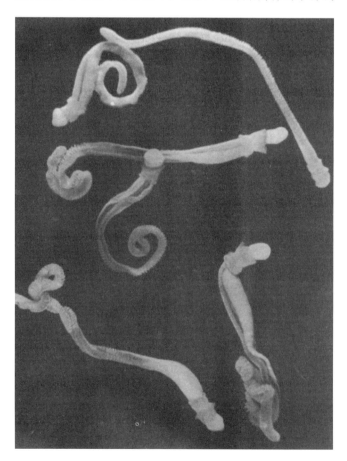

在浅海水域的沙质或泥质底部，囊舌虫是行动迟缓的穴居动物。与肌肉发达的脊索动物不同，囊舌虫柔软的身体很脆弱，捕捞过程中往往会碎裂。为获得图中这些完整的囊舌虫，需要潜入6米深的沙质底部并用手将其轻轻捧起来。摄于百慕大（R.布克斯鲍姆）

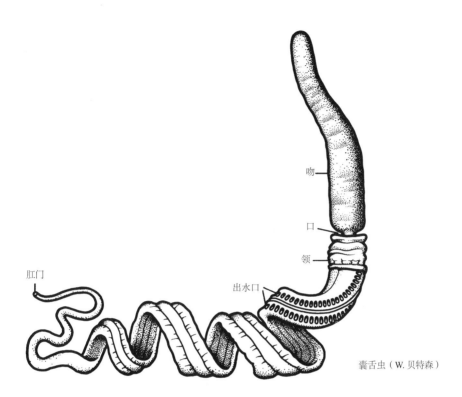

吻

口

领

出水口

肛门

囊舌虫（W. 贝特森）

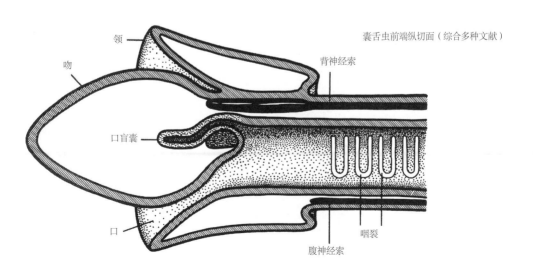

囊舌虫前端纵切面（综合多种文献）

领

吻

背神经索

口盲囊

口

腹神经索

咽裂

和中腹线汇聚成两根神经索。只有背神经索延伸到领部，这里的背神经索特别厚，而且某些囊舌虫的背神经索是中空的，这与脊索动物的背神经管相似。

消化管前端的口盲囊伸入吻的基部，它由空泡细胞组成，这些细胞与文昌鱼和被囊动物幼体脊索中的空泡细胞类似，但囊舌虫的口盲囊不太可能对应于脊索动物的脊索。

囊舌虫作为一种动物是有研究价值的，它们似乎是从一些前脊索动物原种进化来的。通过研究囊舌虫幼体，我们还找到了连接脊索动物与其他动物门的线索之一。囊舌虫的早期幼体看起来非常像某些棘皮动物的幼体，以至于有人可能会把它们混淆起来。此外，这两个门的幼体发育的很多特征也是相似的，比如体腔的形成方式。然而，这两个门的幼体的后期发育过程迥然不同，成体也没有共同之处。

脊索动物在其生活史的某个时间通常会有脊索、背神经管、咽裂和尾巴。但通常来讲，它们可以分为三个动物群体：脊椎动物、文昌鱼和被囊动物。三者差异非常大，

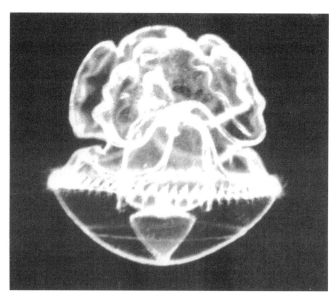

囊舌虫的自由游动的幼体。摄于英国普利茅斯（D. P. 威尔逊）

每个群体都独立成为一个亚门。文昌鱼在成年阶段显示出脊索动物的所有特征。被囊动物和大多数脊椎动物在早期阶段会失去一个或多个脊索动物的特征。囊舌虫属于半索动物门，只有咽裂和背神经管。正是这些相似之处（和未详述的其他相似之处）将半索动物、无脊椎脊索动物与脊椎动物（包括人类）联系在一起。早期无脊椎动物原种也一定具备这些特征，并因此进化产生包含我们人类在内的背索动物门。

第 23 章　无脊椎动物的过去

虽然动物没有留下出生证、结婚证、墓碑铭文或书面文件等人类史专业的学生非常倚重的东西，但过去的无脊椎动物也留下了丰富的记录，不仅仅是关于过去几千年的历史，还有大约6亿年前甚至更早的历史。

地球表面的岩石材料或遗迹能够帮助人们了解过去的动植物的大小、形状、整体或者部分结构，我们把这些东西叫作化石。石油是过去生活的标志，但它不能被视为化石，因为它本身并不能表明形成石油的那些生物的特征。当我们在花园里四处挖掘时，也不会将从土里露出来的蜗牛壳归类为化石，因为尽管壳体能显示出生物的些许特征，但它未能显示出随时间发生的变化。动物残骸变成化石是没有精确的年代的，但大多数（尽管不是全部）都是现在已经灭绝的物种。

化石能以多种方式形成。在生物死亡之后，大多数化石都经历了相当多的变化。像节肢动物的几丁质外骨骼之类的角质覆盖物，会在沉积岩层间留下薄薄的碳膜。钙质壳和其他骨骼结构可以被地面渗入的水缓慢溶解，并逐渐被方解石、二氧化硅或硫化铁等矿物质取代。壳也可能被完全溶解，仅剩下空腔，腔壁成为壳的外表面印模。空腔后来可能被其他某种岩石材料填充，形成初始化石的铸型。

琥珀中的化石既稀有又美丽，它们由针叶树树脂构成。在欧洲波罗的海地区发现了很多琥珀，这一地区在第三纪中期（大约3 800万年前）曾被茂密的针叶林覆盖。从树上滴下来的黏性树脂滴，将在森林地面上爬行的蜘蛛、螨或者飞行的昆虫困住。通过化石化作用，黏稠的树脂变成坚硬的琥珀；里面的节肢动物留下了精致的铸型，纤薄的碳膜为其勾勒出轮廓。在特殊情况下，动物的部分遗骸会被树脂渗透，其内部结构得以保存在琥珀内，你甚至可以识别出动物体内的一些寄生虫。

正如我们预期的那样，绝大多数化石都来自动物身体的硬质部分：钙质或硅质的壳和骨针，几丁质覆盖物和上颚。但即使像水母这样的软体动物，也可能会在软泥上留下印痕化石，如果它们很快被一层细沉积物覆盖，当泥硬化成岩石时就能被保存下来。以类似的

化石是对无脊椎动物过去的有形记录。这些海百合（棘皮动物）化石来自早石炭世，当时海百合的多样性和数量都达到了顶峰，成为地球上的优势种群。它们的现代后代较少，在海洋经济中发挥的作用很小。摄于印第安纳州（R. 布克斯鲍姆）

古生物学是一门根据化石遗骸了解过去地质时期的生命的研究。左上图：一个无脊椎动物学班的学生正在对马里兰科学家悬崖上的一处古生物学地点进行勘探。左下图：一部分悬崖的特写，大部分蛤壳化石碎片来自第三纪（R. 布克斯鲍姆）

右下图：科罗拉多第三纪岩石中的蚂蚁化石留下的碳膜。注意，这只蚂蚁长着大型复眼（F. M. 卡彭特）

方式，动物的活动也可以形成遗迹化石，它们是动物存在的间接证据。在泥质或沙质底部留下的足迹或移迹有时能揭示留下这些记录的动物附肢的种类，尤其是当你将这些化石遗迹与活体动物留下的足迹做比较时，更是如此。通过与洞中的动物壳体化石做对比或与活体生物留下的洞或孔做对比，你可以辨识出泥或沙中的洞穴及岩石或木材中的孔是谁留下的。某些不规则的带状或丸状化石可能是化石粪便，因为它们与活体动物的粪便相似。在某些情况下，这些化石粪便揭示了灭绝的动物吃过什么东西。

　　动物通常需要在死亡那一刻或死后不久就被埋葬，才有可能变成化石，否则它们的身体可能会被食腐动物吃掉或被细菌、真菌分解。在陆地上形成的化石很稀少，即使陆地动物的尸体被风刮来的土或沙覆盖，或者沉入浅池塘

琥珀是针叶树树脂的化石。这块琥珀中有两只生活在第三纪中期（大约 3 800 万年前）的白蚁，看上去它们好像是昨天才死去的一样。摄于波罗的海（P. S. 泰斯）

的泥底之中，这些动物遗骸也通常会因侵蚀作用而不复存在。在特殊情况下，比如当动物被埋在厚厚的火山灰层或洪水期间形成的泥浆下时，就会形成化石，并为我们今天绘制古代陆地生活的图景提供了大部分化石记录。然而，海洋无脊椎动物化石的数量很多，不断变化的海洋沉积物迅速将许多海洋动物的尸体埋起来。后来积累的沉积物进一步将化石埋藏，有时会达到数米的深度，在那里这些动物化石可以安全地保留数百万年。当地质作用过程最终将海洋沉积物抬升到海平面以上，使其被溪流的侵蚀作用或断层作用切割开时，清晰的记录就会呈现出来，最早的动物化石保存在最下层，最新的动物化石保存在最上层。在大多数地方，我们只能勘探那些靠近地表岩石中的化石，而无法获得被封存在下层岩石中的化石。然而，幸运的是，抬升作用和进一步的侵蚀作用使许多古老的岩石暴露出来。

未来的化石？这只大型水母（直径为20厘米）在岸上搁浅并风干，图中清楚地显示出它的放射状消化循环管。虽然它有可能化石化，但它也很有可能被下一个潮汐冲走。很少有软体动物能满足化石化的所有必要条件。摄于加利福尼亚湾（R.布克斯鲍姆）

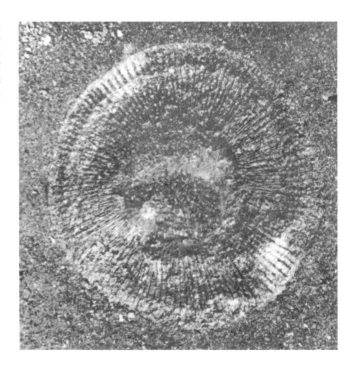

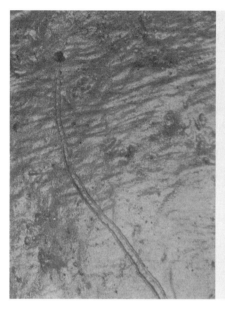

例如，科罗拉多大峡谷（由科罗拉多河强烈的侵蚀作用在地壳一英里深的地方切割而成）的岩壁为我们提供了数亿年前的化石记录。

遗迹化石是动物过去活动的间接证据。比较活蜗牛的足迹（左图）与寒武纪岩石上的化石蜗牛足迹（右图）（M. 芬顿）

　　对连续岩层中的化石的系统研究，不仅揭示了动物在地球上已至少存在6亿年，也告诉我们随着我们探索的岩层越来越深，我们对发现的化石就会越来越不熟悉。一百万年前的动物化石与现在的动物非常相似，几百万年前的动物化石与现代物种差异很大，而那些更古老的化石所属的目、纲和门可能已经灭绝了。换言之，化石记录为我们提供了动物过去和现在不一样的直接证据。大多数现代的动物形态在化石中都不存在，因此现代动物肯定是从我们能在岩石中找到的古老动物进化而来的。有时候，化石记录非常完整，足以让我们按照岩层的顺序去追溯动物形态的变化或进化。

　　十分奇怪的是，古生物学不是由生物学家创立的，而是由地质学家发展起来的。生物学家一直忙于研究现存生物，而地质学家发现不同年代的岩石包含不同的植物和动物化石。有些化石分布在世界范围内，并属于特定的地质时期，它们可以作为标志化石，用于识别岩石和测定地质年代。

地质时期被划分为若干个宙和代，每个时期的结束都以某个重大地质事件的发生为标志，比如沉积岩、冰川作用、大陆分裂和大陆碰撞等方面的变化。深入地表以下的变化，尤其是化石遗骸显示的变化，构成了将代划分为若干个纪的基础，纪又进一步被细分。下面的表格总结了这些主要的时间单位、估计的时期和持续时间，以及它们特有的无脊椎动物群体。

第一宙——冥古宙标志着地球的起源，频繁的火山活动和熔化的火成岩的挤出作用造成了地核和地幔的分化；没有生命存在。这一宙持续了7.5亿年；当地表冷却到足以使水积聚时，沉积物开始形成，冥古宙也就结束了。当第一批沉积岩形成时，广泛的火山活动延续至第二宙——太古宙。在此期间，化学演化产生了最初的生命形式，一些沉积岩中含有微小的细菌样生物的微体化石，其中一些微体化石大量积累，形成了叠层石。在接下来的古植宙，出现了第一批植物和多种细菌样细胞。这个时期岩石中出现的氧化沉积物带表明有些细胞已经进化出通过光合作用产生氧的能力。到了元古宙，光合蓝细菌（蓝绿藻）的厚藻垫覆盖在浅海底上，形成了大量的叠层石。这一时期也出现了具有明显细胞核的大型藻样细胞，并很有可能发展出减数分裂、受精或有性重组的能力。蓝细菌和藻类继续产生氧气，在水和大气中累积，直到自由氧足以支持动物的生命。

第一批动物化石出现在大约6.5亿年前的显生宙。显生宙分为三个代，每个代又被分成几个纪。第一代——古生代始于埃迪卡拉纪。这一纪的岩石中含有外观类似于水母、海鳃、各种蠕虫和节肢动物的动物化石，但这些动物不能被确切地归入任何已知的动物门。5.7亿年前，随着寒武纪的到来，我们发现了现存的大多数动物门的代表性物种（一些我们没有预料到的化石物种除外）。为什么在寒武纪会突然出现这么多不同的动物群体，这个谜题我们至今还没有完全解开，但它们的出现似乎与大气中氧气的缓慢积累和大规模冰川作用的结束有关。在确立之后，许多群体开始变得多样化。到奥陶纪（古生代的第三纪）末期，许多无脊椎动物群已经处于巅峰期，脊椎动物也出现了。在接下来的2亿年间，植物和动物迁移到陆地上，陆地和海洋生物的多样性呈波动状态。在二叠纪末期，大多数动物群体灭绝，这一事件标志着古生代的结束，三叶虫也随之消失了。这个时期的大灭绝事件是史上最大的一次，它似乎与大多数大陆板块的碰撞和融合、浅海岸线面积的减少及数百万年来的全球降温和冰川作用有关。

地质时期表

宙	代	纪（持续时间）	无脊椎动物经历的主要进化事件
显生宙	新生代 6 400万年前	第四纪 200万年	出现现代物种，昆虫和腹足动物是陆地和海洋中数量最多的物种
		第三纪 6 200万年	白垩纪大灭绝后大多数动物群体得到恢复，确立了现代动物的大多数属和科
	中生代 2.25亿年前	白垩纪 7 100万年	持续发展，然后许多动物群体逐渐衰落，菊石动物和许多其他动物群体突然灭绝，这可能是巨型陨石撞击的结果
		侏罗纪 5 700万年	菊石动物繁盛；现代动物的大多数目得以确立，并繁荣生长
		三叠纪 3 300万年	二叠纪大灭绝后幸存下来的群体恢复缓慢且不稳定
	古生代 6.5亿年前	二叠纪 5 500万年	大多数动物群体衰落，三叶虫灭绝，可能是因为冰川期到来；蜻蜓、甲虫和蜉出现
		石炭纪 6 500万年	海百合和海蕾达到巅峰并开始缓慢衰落，有翅昆虫（蜉蝣、蝗虫和蟑螂）出现
		泥盆纪 5 000万年	陆地和海洋动物继续发展，腕足动物和广翅鲎达到巅峰；陆地上出现蛛形纲动物和无翅昆虫
		志留纪 3 500万年	大片珊瑚礁广泛存在，笔石和三叶虫开始衰落，马陆在陆地上出现
		奥陶纪 7 000万年	大多数主要动物都已出现，三叶虫、棘皮动物、笔石和鹦鹉螺接近巅峰
		寒武纪 7 000万年	有硬质骨骼的动物首次出现，大多数的动物门均已出现，古杯动物、三叶虫和腕足动物众多
		埃迪卡拉纪 8 000万年	出现第一批动物化石，虽不像现代动物门的成员那样可清楚识别，但类似于刺胞动物、蠕虫和节肢动物
元古宙 20亿年前		13.5亿年	没有动物化石，但海床上覆盖着藻垫（叠层石）；含有氧气的大气开始形成；出现最早的进行减数分裂的有核细胞
古植宙 26亿年前		6亿年	细菌样生物开始形成，一些呈丝状，可进行光合作用；自由氧首次出现
太古宙 37.5亿年前		11.5亿年	最早的沉积岩形成，有些含有细菌样细胞的微体化石，生命可能就是在这个时候出现的
冥古宙 45亿年前		7.5亿年	地球形成，岩石分化；放射性鉴年法的起始时间

寒武纪海底景象的重构。不同大小的三叶虫四处游动和爬行，这种节肢动物已经灭绝。你还可以看到管状海绵和分枝型柳珊瑚（刺胞动物），但化石证据表明大多数动物门那时已存在。以加拿大英属哥伦比亚的伯吉斯页岩为原型

在二叠纪大灭绝中幸存下来的许多动物群体在随后的中生代得以恢复，某些大型的有壳头足纲动物的多样性和数量在此期间都达到了高峰。螃蟹、食肉性蜗牛、骨质鱼类和大型食肉性爬行动物在海洋中变得多样化，而昆虫和各种爬行动物（包括恐龙）在陆地上繁衍生息。在中生代的白垩纪，许多动物群体（包括菊石和恐龙）突然灭绝，这一时期物种的多样性逐渐下降。这也许是因为在6 400万年前，有一颗巨大的陨石撞击了地球。在白垩纪大灭绝中幸存下来的动物群体在新生代早期得以恢复，并发展成今天生活在地球上的现代动物群体。

以上对过去45亿年发生事件的描述，都只是依据化石记录做出的概括性介绍。在每个时期，甚至是每个时期的不同部分，我们都可以针对不同物种的出现和灭绝做更加

志留纪景象，微咸水或淡水环境中有一只大广翅鲎和几只小广翅鲎，这种螯肢动物已经灭绝

泥盆纪景象，有几种鱼类，左边是一只大型鹦鹉螺，以及一个多样化的海洋无脊椎动物群落。右下方是硅质海绵，上面布满了突起

石炭纪景象，在中央和右边的两个鹦鹉螺（头足纲动物）之间是几只腕足动物，一个是大型多刺物种，其他几个是较小的蛤样物种。左侧前景处是大型圆柱形珊瑚，后景是高大的叶状海绵（宾夕法尼亚州匹兹堡卡内基博物馆，照片由R.布克斯鲍姆提供）

详细的描述。然而，我们的关注点并不是这些时期，而是本书主要讨论的无脊椎动物群体的化石历史，并简要介绍一些已灭绝的生命形式。

原生动物的化石很难找到，因为大多数原生动物都小而纤弱。然而，有几种原生动物，包括鞭毛虫、变形虫和纤毛虫，能产生独特的骨骼，可在岩石中变为微体化石。有关古代原生动物的最佳化石记录是由一些变形虫提供的，尤其是有硅质骨骼的放射虫和有钙质壳的有孔虫。这两种动物的优质化石最先在寒武纪岩石中被发现，它们的物种数目和个体数量随着时间的推移而有所波动。由于有孔虫的小型钙质壳易于保存并具有独特的形状和标记，而且在同地质时期的不同时间段有孔虫的不同物种均分布广泛且

有孔虫壳的直径约为15~20毫米，在第三纪早期的海底繁茂生长，形成了巨大的石灰岩矿床。埃及的吉萨金字塔就是用货币虫灰岩建成的（R. 布克斯鲍姆）

数量众多，因此它们作为标志化石极具价值。我们也可以对世界不同地区的小块岩石做比较，看看它们是否属于从地表以下钻取的岩石。出于这个原因，专门研究有孔虫的古生物学家经常为石油公司工作，帮助寻找含有有孔虫化石的岩层，因为这些化石与石油有关。

海绵的化石记录不太多，但在寒武纪岩石中发现了钙质和硅质骨针，这些都是柔软的海绵丝的印痕化石，甚至还有与现存海绵相似的完整海绵的印痕化石。过去的玻璃海绵就像现在的海绵一样，生活在深水环境中。与所有现代海绵不同，某些海绵是古生代和中生代浅海域的重要的珊瑚礁建造者。只是到了近代的海域中，海绵在建造珊瑚礁方面的工作才被现代珊瑚虫替代。

发现于澳大利亚的埃迪卡拉山和世界其他地区的化石已有近7亿年的历史，它们提供了一些已知最早动物的记录。其中有些化石似乎是由与刺胞动物相似的动物（水母

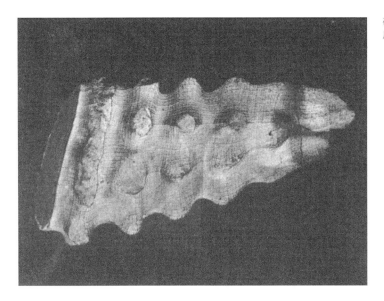

硅质海绵生活在泥盆纪的海底，长度约为15厘米（R. 布克斯鲍姆）

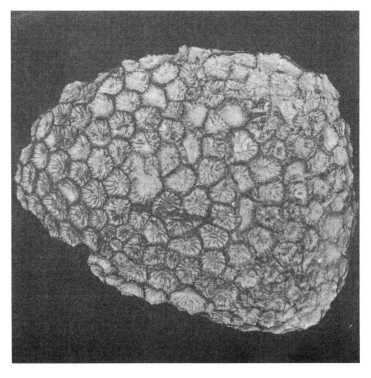

古生代珊瑚来自奥陶纪，这个珊瑚群宽7厘米左右。由于它们的骨骼隔壁的数量是4的倍数，所以被称为四射珊瑚。这些刺胞动物在古生代末期灭绝，并被现代石珊瑚取代，后者的骨骼隔壁数目是6的倍数（R. 布克斯鲍姆）

和海鳃）在浅海的沙中形成的。但它们是否与后来的刺胞
动物有关，或者两者如何相关，仍然没有定论。水母和其
他缺乏硬质骨骼的刺胞动物化石在后来的岩石中非常少见。

长着巨大钙质骨骼的珊瑚留下了无可争议的化石记录，
这些记录可以回溯到奥陶纪。现在已经灭绝的四射珊瑚和
横板珊瑚在古生代形成了大规模的珊瑚礁。一些四射珊瑚
化石显示出与现代珊瑚骨骼相似的生长线。珊瑚年轮的数
量就像树木年轮的数量一样，可以表明该珊瑚个体存活了
100 多年。此外，从珊瑚的年轮中似乎也可以看出月和天
的信息，我们可以据此对珊瑚的寿命做出更加精准的估计。
在泥盆纪，每年显然有 13 个阴历月，大约 400 天，这与天
文计算的结论一致，即地球在很久以前比现在的自转速度

埃迪卡拉动物群化石的外部印模（左图）和乳胶铸型（右图）。它具有明显的体节，类似于现代的多毛纲动物镖毛鳞虫（中图）。然而，化石顶部的头盾与任何一种多毛纲动物的头部都不相同，反而让人联想到节肢动物的头部。6 亿多年前的埃迪卡拉动物群化石是已知最古老的后生动物化石。图中展示的化石长约 4 厘米，不到多毛纲动物体长的一半（M. F. 格莱斯纳）

很多个腕足动物的壳可以形成坚固的石灰岩矿床，被称为灯罩介壳灰岩。上图：一块含有德姆贝贝壳的奥陶纪介壳灰岩（M. 芬顿）。下图：一种常见的翼状腕足动物的贝壳化石（R. 布克斯鲍姆）

快。现在能在热带浅水域中形成如此大规模珊瑚礁的石珊瑚直到中生代早期才出现，并取代了早期的珊瑚。

大多数蠕虫状的无脊椎动物留下的化石记录都不太理想，大多是轨迹、足迹、管和洞穴的记录，通常无法确定到底是哪种动物留下的遗迹化石。扁虫没有留下任何可识别的化石遗骸，但有人在德国的侏罗纪岩石中发现了一块纽虫化石，在古生代蝎子足化石中发现了寄生性蛔虫的化石，在昆虫和脊椎动物的新生代化石中发现了其他蛔虫化石。

其他蠕虫有非常古老的化石记录。箭虫、星虫和其他一些小型门的蠕虫都在寒武纪岩石中留下了化石。在埃迪卡拉纪岩石中发现了几块类似于环节动物的化石，在寒武纪岩石中又发现了几类刚毛发育良好的多毛纲环节动物。多毛纲动物的齿状上颚形成了特别精细的化石，存在于奥陶纪及之后的许多岩石中。

苔藓动物最先出现在奥陶纪，从那时到现在一直数量众多。已知的苔藓动物有近2万个物种，其中有15 000多个已经灭绝。因为苔藓动物身上通常有凹坑和刺，所以它们留下的化石也十分独特。古生物学家用苔藓动物化石来比较不同地区的岩石。大多数古生代的苔藓动物群体都在二叠纪末期消失了，而大多数现代苔藓动物群体直到侏罗纪才出现。

我们习惯于认定腕足动物属于一个不重要的小型动物门，本书也将它们和苔藓动物归为次要的动物。但如果从过去和现在的角度看动物界，腕足动物占据了显著的位置，它们拥有保存得最完美的化石记录。曾有30 000多种腕足动物存在，今天尚存活的只有大约260种。腕足动物不仅有易于保存的硬壳，而且它们生活在浅海中，变成化石的可能性很大。此外，它们通常聚集在一起生活，残骸数量众多，成为栖息地岩石的重要组成部分。该类动物在寒武纪之初就已存在，到奥陶纪大多数物种都数量众多。舌形贝自寒武纪之后就在地球上一直存在着，它们变化不大，在几次大灭绝中都幸存下来。而其他许多动物群体则没那么幸运。在二叠纪大灭绝期间，许多腕足动物群体的大多数物种都消失了，虽然少数物种存活下来，在中生代依然数量众多，但到现在一直衰落。中生代腕足动物的衰落与穴居双壳类动物数量的急剧增加有关，它们可能已经取代了长期以来至高无上的腕足动物。

与腕足动物类似，软体动物也有外壳，可提供从寒武

嵌在马里兰科学家悬崖岩石中的扇贝壳化石。双壳类软体动物和其他有钙质壳或骨骼的生物留下了比软体生物更完整的化石记录（R. 布克斯鲍姆）

纪到现在的不间断的化石记录。现存的大多数软体动物，以至少一个已灭绝的纲，早在寒武纪就已存在。腹足动物从那时起，物种和个体数量就一直在增加，现在可能接近它们发展的高峰期，在现存的110 000种软体动物中有90 000种都是腹足动物。双壳纲动物发育出用来挖洞的足和虹吸后，其多样性和丰度也有所增加，特别是在中生代和新生代，现在也已接近其发展的高峰期。相比之下，头足动物已过了中生代的高峰期，昔日的辉煌已不在。大多数的现代头足纲动物，比如章鱼和鱿鱼，只有小的内壳，或者根本没有壳。同样，第一批头足纲动物可能也没有壳。我们只能通过寒武纪早期的牙齿化石来了解它们。但是，大多数已知的头足纲动物化石都有强壮的外壳，就像现存的少数鹦鹉螺物种一样。寒武纪的早期鹦鹉螺有略微弯曲的帽状小壳。奥陶纪的鹦鹉螺壳尺寸不一，形状多样；长度达到5米，有直的，有弯曲的，也有的像现代鹦鹉螺的壳一样紧紧地盘卷着。壳的各种形状可能反映了鹦鹉螺的不同习性，卷壳为主动游泳者提供了最好的浮力控制。鹦鹉螺在古生代中期达到发展的高峰期，之后因为被另一个有壳的头足纲动物

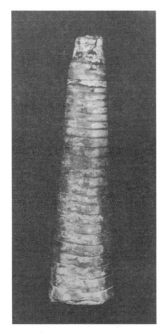

有壳头足纲动物。左上图：直角石的直壳，呈锥形（长约18厘米），一些直壳的长度接近6米。左下图：菊石的曲壳（长约18厘米）。右下图：腔菊石的卷壳（宽约6厘米）。白垩纪的某些菊石的卷壳直径达到2米左右，是有史以来最大的有壳无脊椎动物（R. 布克斯鲍姆）

群体（菊石）取代而衰落。

菊石腔室之间精致的缝合线加固了它们薄薄的卷壳，在衰落之前它们是中生代海洋中的一种主要动物，在白垩纪末期灭绝。至少在某种程度上，它们的衰落与能压碎贝壳的螃蟹、硬骨鱼类和游泳爬行动物的崛起有关，这些捕食者可以捕食菊石，而菊石本身也曾是所向披靡的主要海洋捕食者。像鹦鹉螺一样，一些菊石有卷壳、直壳，甚至

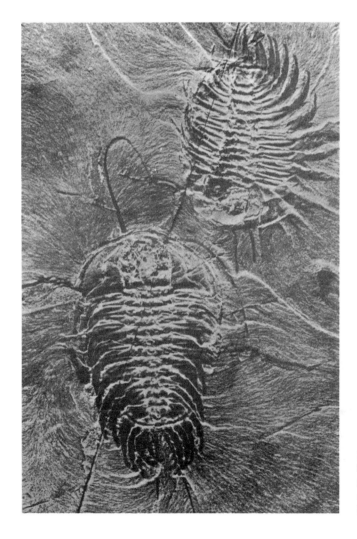

三叶虫是一种已灭绝的水生节肢动物。图中这两个保存完好的来自寒武纪中期岩石的三叶虫化石清楚地显示出三叶虫的身体。加拿大英属哥伦比亚伯吉斯页岩（C. E. 雷塞尔）

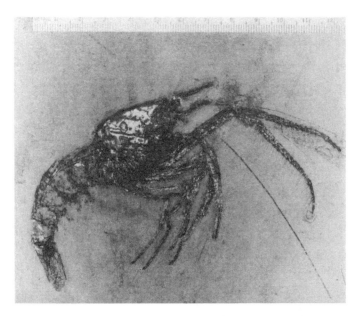

甲壳动物化石。图中这个细节保存完好的对虾化石具有相当现代的结构，可被归到现代属中。摄于德国西部（R. 布克斯鲍姆）

古代的肢口动物属于海洋螯肢动物亚门，现代鲎和少数相关物种是这类动物仅存的后代。图中这块化石来自石炭纪晚期，长度约为5厘米，包括尾刺（R. 布克斯鲍姆）

是扭壳，这些壳可能是为了适应被动的漂浮生活或海底固着生活而特化的结果。已经灭绝的第三大类头足纲动物是箭石，它们的内腔壳充满气体，有点儿像现代乌贼，是能与现代鱿鱼相提并论的敏捷的捕食者。它们也在中生代达到发展高峰期，然后在新生代中期灭绝。

节肢动物的几丁质和钙质外骨骼非常适合留下化石化印模、碳膜和印痕化石，由此产生的化石记录证明了整个动物生命史中节肢动物的重要性和丰富性。埃迪卡拉纪岩石中最早的动物化石包含的生命形式可能就是节肢动物，节肢动物的4个主要亚门中的三个，以及海洋有爪动物，在寒武纪就已经确立。

早期节肢动物中数量最多的是三叶虫，占所有已知寒武纪化石的一半以上。三叶虫名字中的三叶指身体的背侧面被两个纵向齿沟分成了三个叶片，身体也被横向分成三个区域：头部、胸部和腹部。头部有一对复眼。一些三叶虫眼睛的精致方解石晶状体是在所有现存或灭绝动物中发现的最完美的晶状体。然而，三叶虫的眼睛如何工作，它们看到了什么样的古代世界，这些都是未解之谜。三叶虫头上还有一对触角和4对分节的双枝型附肢。外部的附肢是扁平的，后缘有一排刚毛，可能是用于呼吸和游泳。内部的附肢显然可用于行走和采集食物，每个附肢基部的内指向牙齿可以将食物浸软，这与现代鲎、蜘蛛纲动物和甲壳动物的一些附肢的功能类似。与几乎所有其他节肢动物的多样化附肢不同，三叶虫身体的所有体节上都有类似的附肢，这些附肢显然具有各种功能。大多数三叶虫的体长为1~5厘米，但有些三叶虫的体长超过50厘米。它们都生活在海里，可能摄食各种海藻、固着动物和有机碎片。大多数早期的三叶虫在寒武纪结束时均已灭绝，但幸存者在奥陶纪得到了繁荣发展，并实现了多样化，而后进入了漫长的衰落期，在二叠纪已灭绝。三叶虫的衰落可能与奥陶纪头足纲动物和泥盆纪鱼类的崛起有关，两者可能都以三叶虫为食。

除了三叶虫之外，甲壳动物也栖息在寒武纪海域。自寒武纪开始，与现存形态类似的小型介形类动物的化石记录较为丰富，对古生物学家来说，它们对于比较不同地区的岩石颇具研究价值。有可能进化出大多数现代甲壳动物的虾样动物也出现于寒武纪，但我们熟悉的龙虾和螃蟹，以及桡足纲动物和大多数藤壶，直到中生代才出现。

螯肢动物也出现于寒武纪。其中包括类似现代鲎的肢口动物，鲎是存活至今的古代海域物种。其他水生螯肢动物还包括巨大的广翅鲎，其中一些身长超过2米，是所有已知节肢动物中尺寸最大的一种。它们可能在半咸水河口和淡水溪流的底部游泳，因为它们的化石很少与已知海洋动物的化石一起被发现。广翅鲎出现于奥陶纪，在泥盆纪繁荣发展，然

广翅鲎是一种已灭绝的水生螯肢动物。从这块来自志留纪的广翅鲎化石上可见一些小的附肢和两个大附肢。腹部长而分节，没有附肢，身体末端有刺，长约15厘米（R.布克斯鲍姆）

后逐渐衰落，最终在二叠纪灭绝。其他主要的螯肢动物群体——蛛形纲动物，最先以水生蝎子的形式在志留纪出现，而陆生蛛形纲动物的化石，包括与现存物种类似的蜘蛛和螨，是在古生代末期的岩石中发现的。

尽管陆地上的化石化概率很小，但大多数的多足纲动物和昆虫群体都有相当多的化石记录。马陆出现于志留纪，可能以第一批陆地植物为食。蜈蚣和弹尾虫出现于泥盆纪，蝗虫和蟑螂出现在石炭纪，而二叠纪出现了蜻蜓、蜉和甲虫。古生物学家在中生代岩石中发现了其他类似于昆虫群体的化石，比如蠼螋、白蚁、苍蝇、蜜蜂和蚂蚁，但直到新生代才有蝴蝶的化石记录，它们是在开花植物产生之后才出现的。

有史以来最大的昆虫的翅展约为70厘米。它们属于一个在三叠纪末期已经灭绝的群体，该群体可能是现代蜻蜓的祖先。该图是基于在堪萨斯州发现的二叠纪标本所做的情景再现（菲尔德自然史博物馆）

　　棘皮动物的标志性钙质小骨、板和刺，为我们提供了丰富而复杂的化石记录。在古生代海洋中存在20多个属于棘皮动物的纲，而今天只有6个纲幸存下来；许多已灭绝的纲和我们熟悉的纲几乎没有共同之处。在最早的棘皮动物中有一些小型球状动物，被称为海旋板纲，身体上覆盖着小骨，呈螺旋状排列，它们可能在软的沉积物中挖洞。其他形状怪异的不对称动物，比如海扁果亚门，躺在软沉积物上层，其管足伸入水中收集食物颗粒，在某些情况下管足会攀在单只腕上。海座星纲的5排管足从其圆柱形身体上表面的口部向外辐射，下表面附着在岩石和三叶虫等其他动物的身体上。始海百合扁平化为球形动物，通过长柄附着在海底，并沿着许多排小骨（被称为腕）向上延伸它们的摄食管足。在奥陶纪，大多数其他棘皮动物，包括现存的棘皮动物，都出现了。它们大多数都是固着动物，通过

侏罗纪的蜻蜓化石。这个特殊的标本展示了蜻蜓翅膀的翅脉细节。摄于联邦德国（R. 布克斯鲍姆）

长柄附着在底部；海林檎和海蕾的管足在5组腕上，就像早期的始海百合一样，始海百合的管足也在5组分枝型腕上。这些固着棘皮动物是古生代浅海域的主要成员，它们形成了壮观的"森林"，在水流中轻轻摇曳。它们的丰度和多样性在石炭纪都达到了顶峰，然后进入了漫长的衰落期，最终在二叠纪与大多数棘皮动物一起灭绝了。

只有一个海百合群体在二叠纪大灭绝中幸存下来，它们的现存形式是海百合和海羽星。现存的其他棘皮动物——海星、海蛇尾、海胆和海参——留下的化石记录并不多。然而，它们都出现于奥陶纪，在二叠纪大灭绝后它们的多样性和丰度有所增加，因此它们成为今天海洋的主要成员。

棘皮动物的化石记录揭示了许多我们今天对其一无所知的动物。我们只是通过它们特有的钙质骨骼才认为它们是棘皮动物。其他一些已灭绝的动物化石与今天的所有生

海旋板纲是早期的棘皮动物，现在已经灭绝，与现代物种完全不同。长约17毫米（R. 布克斯鲍姆）

奥陶纪的海林檎，注意这种固着棘皮动物的两条腕的断裂基部和用于附着的长柄。海林檎在古生代末期灭绝，体长约为3厘米（R. 布克斯鲍姆）

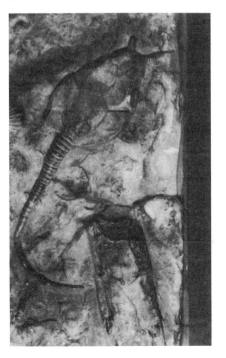

海座星纲是一种已灭绝的小型五腕棘皮动物，它们附着在三叶虫身上。这类化石表明不同种类动物之间的互动特别有趣（R. 布克斯鲍姆）

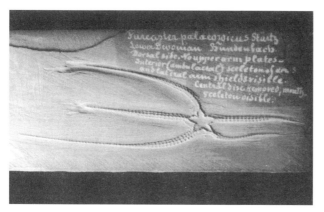

来自泥盆纪的海蛇尾化石。最长的腕约为9厘米（R. 布克斯鲍姆）

侏罗纪一个没有刺的硬壳的海胆，宽约5厘米（R. 布克斯鲍姆）

奥陶纪的海星化石。每条腕的长度约为4厘米（R. 布克斯鲍姆）

物都不同，所以我们只能认为它们属于已灭绝的门。比如，古杯动物在寒武纪岩石中留下了许多小型杯状化石。有时这种动物数量众多，以至于形成了广泛的珊瑚礁，但在寒武纪之后，它们显然未能存活下来。笔石类动物存活的时间更长，并在古生代上半叶留下了广泛的化石记录。它们显然是群居动物，类似于现存的群居动物水螅、苔藓动物和半翅目动物。它们形成了长长的几排有齿杯腔，每个杯腔里可能都有一个摄食的亚个体。许多笔石类动物附着在小型浮体上，漂流在古生代的海面上，就像今天的管水母一样。还有许多其他化石，数目众多，但通常很少见，都是我们今天不了解的动物。其中最引人注目的是塔利怪物（以业余化石收藏家弗朗西斯·塔利的名字命名），它是塔利1958年在芝加哥附近地区的数千块铁质结石中发现的。这些化石是纤弱的蠕虫样动物的印痕化石，体长约为10厘米，身体分节，长着桨状尾巴。一个横管穿过塔利怪物身体的前半部分，两端各有一只眼睛，它还长着一个长而柔韧的吻，吻的前端是一个可怕的爪，并带有锋利的牙齿。这些动物大概是开阔海洋中的捕食者（就像今天的箭虫一样），在石炭纪海洋中数目众多，但很少来到近岸环境，在那里

笔石是由已经灭绝的群居动物留下的碳化化石。它来自奥陶纪，有茎，每根茎上都有双排小型杯腔，其中可能居住着群体成员。横截面大约有10厘米（R. 布克斯鲍姆）

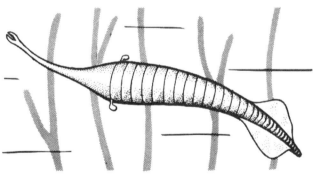

塔利怪物可能在地球上存在过，图中为基于许多化石所做的情景再现（E. S. 理查森）

它们的身体才有可能化石化。这块化石的发现不禁让人产生疑问：在远古时代，究竟有多少生物生活在地球上，却未能留下任何化石证据？

第 24 章 无脊椎动物之间的关系

每个人都喜欢揭示美好的秘密，但如果一直按图索骥，却在即将揭开真相时发现另一半地图残缺不全，这种经历就会让人不太开心了。当我们试图将不同的动物门有序地联系在一起时，就遇到了这种极其令人失望的情况。任何人都能一眼看出蜜蜂很像大黄蜂，蜜蜂更像苍蝇而不太像蜘蛛，蜘蛛更像龙虾而不太像蛤。当我们试图将各个门的动物联系起来时，虽然根据定义，它们具有完全不同的结构，但我们几乎无法确定它们之间的联系。不同的节肢动物群体显然是同一类动物，与环节动物也有关系。但节肢动物如何相互关联，它们与海星或脊椎动物等完全不同的动物是否有关联，这些问题仍然是未解之谜。

化石记录也许能帮我们解开谜团，它提供了许多物种之间显然存在进化关系的例子，但却不能把不同的门关联起来。于是，我们继续深入研究，期望找到连接不同门的中间形式，却发现这些动物化石很容易被归入现存的门，而几乎找不到中间形态。在我们发现的包含完好动物化石的最早期（寒武纪）的岩石中，几乎所有重要动物门的代表性动物都赫然在列。更古老的岩石里很少有动物化石，而且其中大部分甚至很难归到寒武纪的动物化石所代表的门中。因此，虽然化石记录可以告诉我们大多数门的早期形态，以及动物的种、属、科、目出现的顺序，但却不能告诉我们不同动物门之间是否有关联。众所周知，好的侦探可以通过精细地重建犯罪现场来分析案情，即使没有证人也能破案。同样，生物学家也找到了一些明确的线索，我们据此可以推测5亿多年前发生的事情。

其中，最重要的是基于比较形态学的证据。比较形态学是研究现存的各种动物群体的结构和形态的学科。我们认为由共同的祖先结构形成的相似结构是同源的。两个动物群体共有的同源结构的数量越多，它们之间的关系就被视为越近。有时候，两个相关群体中的一个或两个同源结构不同于它们的原始功能，而且许多属性都发生了变化，比如，蜗牛的足与蛤或鱿鱼的足相比，就存在很大的差异。而有时候，两个不相关动物群体的结构却非常相似，因为它们是为了满足类似功能的需求。比如，鱿鱼的眼睛与鱼类的眼睛被视为同功结构。当然，生物学家面临的挑战是：将包含祖先关系信息的同源结构与包含类似功能

鱿鱼和鱼类的眼睛、鳍和流线型体型
都是同功结构，是趋同进化的结果
（R. 布克斯鲍姆）

信息的同功结构区分开来。

　　为适应不同的生活方式，一些相关动物群体的成体结构发生了大幅度的改变，以至于很难识别出它们是同源结构。比如藤壶和螃蟹，以及海鞘和鱼类都属于这种情况。然而，这些动物在早期胚胎阶段几乎是相同的，表明这些动物群体是相关的。发育的早期阶段往往比晚期阶段更保守，并且经常保留着成年后会失去的相似性证据。因此，动物的比较胚胎学研究常能揭示出它们彼此之间不易被人察觉的关系。然而，我们必须谨慎解释来自比较胚胎学的证据，就像我们对待来自比较解剖学的证据一样。在相似的条件下，胚胎能采取的结构可能是有限的，胚胎主要是球形的，漂浮在海面上的幼体会保持这种形状一段时间，

作者总结出的反映主要动物门的相互关联的系统发育树。两个主要分枝为环节动物–节肢动物和棘皮动物–脊索动物，它们可被视为具有独立起源的谱系

通过体表纤毛带来的摆动游泳或者摄食。对这些幼体进行仔细研究，才有可能发现哪些动物群体紧密相关，而哪些不相关。相反，有些结构几乎相同的物种，在发育至成体的过程中却会经历截然不同的过程。比如，许多海洋蜗牛的幼体在附着在岩石上并变态为幼年蜗牛之前一直在海中游泳和摄食。而与其形态几乎相同的其他物种却没有这样的幼体，它们的幼虫是从卵囊中孵化并爬出来的。

比较动物群体之间的其他特征，也有可能揭示出它们彼此之间的关系。利用比较生物化学和分子生物学，我们可以基于复杂分子或代谢途径的相似性（或缺乏相似性）来推断动物群体之间的关系。然而，区分同源的生化特征和同功的生化特征，可能比区分结构或发育途径更难。

许多生化特征似乎很容易改变，但突变较少，因此更有可能是趋同进化或趋异进化，这取决于自然选择的层次。然而，同源蛋白质或核酸中核苷酸序列之间的具体相似点，可能对于揭示动物群体之间的关系特别有价值，尤其是在比较几个已知相关物种时更是如此。但是，当比较亲缘关系较远的门时，生物化学或分子比较的结果会特别不确定。

基于比较解剖学、比较胚胎学和比较分子生物学的详细研究以及化石记录，生物学家构建出了系统发育树，展示不同群体之间的关系，特别是进化关系。考虑到大部分证据的不确定性，很显然，任何特定的系统发育树只能被视为一种高度猜测。然而，随着积累和分析的信息越来越多，我们可以不断修改和改进系统发育树，从而对很久以前发生的事做出越来越准确的假设。

基于我们现在掌握的大部分信息，本章开头展示了本书作者总结的关于主要动物门之间关系的系统发育树。毫无疑问，随着我们获取的信息越来越多，它还会得到进一步的修订。无论如何，它可以作为我们对主要动物门的进化做出合理说明的一个框架。

多细胞动物很有可能源于一种或多种单细胞祖先形态，类似于现代的一些原生动物。这到底是如何发生的，我们现在无法确定，但我们可以做出一些相当合理的猜测。许多原生动物和单细胞藻类的细胞在分裂后仍保持在一起，形成了细胞集落。比如，群居性领鞭毛虫的所有细胞都是相似的，但彼此相对独立；而团藻群体的细胞具有不同的功能，一些细胞只能成为配子。用这些群体作为模型，我们就可以提出一种观点：过去类似群体的进一步分化促进了简单的多细胞动物的形成。例如，如果除了配子之外，其他细胞还特化形成了保护性表皮、摄食表面和骨骼元素，那么这个群体将被视为一种简单的多细胞动物。

在许多方面，今天的海绵似乎最接近上述这种动物。它们有许多不同类型的细胞，但这些细胞几乎不会发育成组织，所以它们可被视为有细胞组织层级的集落。它们独特的结构（没有口或消化管，但有类似于领鞭毛虫的摄食领细胞）使其区别于其他门的动物，并表明它们是从某种类型的群居性原生动物独立进化而来。虽然海绵可能不是任何其他门的祖先，但它们提供了群居性原生动物如何进化成多细胞动物的模型。

大多数其他多细胞动物都有明确的消化腔，以及能摄取食物的口。这种组织至少包括一个覆盖身体的外上皮层和一个能形成肠道的内上皮层。这种动物可能是从形状像细胞球的群居性原生动物进化来的，比如团藻。如果该群体的一部分特化成有游泳和保护功能的纤毛，而另一部分特化出摄食的功能，那么它将开始分化成一个多细胞生物。今天，大多数动物先形成单层细胞球——囊胚，然后通过各种手段形成双层原肠胚，最终在胚胎发育阶段形成双层组织。由于这种发育过程在不同门中非常普遍，人们通常认为它是反映早期动物进化过程的基本特征。此外，原肠胚阶段是肠道发育的一个必要的中间体。原肠胚以许多不同的方式发育，因此它们的广泛存在并不一定意味着大多数或所有有肠道的门都是从一个原肠胚样的祖先进化来的，原肠胚的形成可能是趋同进化的结果。

在现存的门中，刺胞动物是两胚层动物中最突出的群体。它们有专用于运动、保护和感觉的外部纤毛上皮和专用于消化的内部上皮。外部上皮和内部上皮之间的中胶层含有较少的细胞。刺胞动物呈辐射对称，使用特有的刺细胞来捕获猎物。我们不能轻易地把它们与其他动物门联系起来。也许，刺胞动物可以像海绵一样自成一门，或者我们可以把它们视为最早出现的多细胞动物的一个早期分支。

除了海绵、刺胞动物和少数其他小型门之外，大多数动物都呈两侧对称。即使是那些看起来呈辐射对称的动物，比如海星，很明显也是从两侧对称的祖先进化来的。此外，许多早期的化石都呈两侧对称，因此我们尚不清楚这些动物是源自呈辐射对称的祖先形态（类似于某种刺胞动物），还是源自原本呈两侧对称的祖先形态。刺胞动物的浮浪幼体在形态和行为上与一些小型扁虫类似，一端朝前游动。一些生物学家提出，浮浪幼体可能是呈辐射对称的刺胞动物和呈两侧对称的动物（比如扁虫）之间的桥梁。此外，一些原生动物，包括多核鞭毛虫和纤毛虫，都是蠕虫状的，一端朝前游动。这种原生动物的祖先形态可能会直接产生两侧对称动物。

除刺胞动物之外的大多数动物都有发育良好的器官系统，其中至少有一部分源自外胚层和内胚层之间的中胚层。中胚层通常是在胚胎发育过程中形成的，方式有两种。其一，在扁虫、纽虫、软体动物、环节动物和节肢动物中，中胚层通常源自少量细胞，即原始中胚层细胞，在早期发育阶段甚至是囊胚形成之前，这些细胞尚被放置一边。其二，在棘

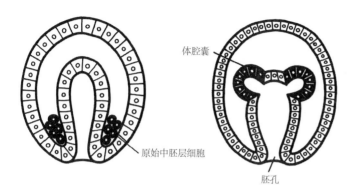

体腔囊

原始中胚层细胞

胚孔

环节动物–节肢动物谱系和棘皮动物–脊索动物谱系的中胚层起源。左图：软体动物的原肠胚，展示出在早期发育阶段被置放一边的原始中胚层细胞。右图：棘皮动物的原肠胚，从图中可见原始内胚层的两侧长出两个囊，后发育成中胚层

皮动物、半索动物和脊索动物中，中胚层的发育要晚得多，是从原肠胚的内胚层上外突形成的。这两个动物群体之间在发育方面还存在其他差异。在扁虫、纽虫、软体动物、环节动物和节肢动物中，大多数的早期卵裂呈明显的螺旋模式。原肠胚中的原始开口形成了口，中胚层的裂缝形成了体腔。在棘皮动物、半索动物和脊索动物中，大多数动物的早期卵裂遵循辐射模式，口不是由原肠胚内的原始开口形成，而是在之后的发育过程中由新的开口形成，体腔源自肠道的中胚层外突。基于以上原因，两个主要的动物进化谱系得到了公认：环节动物–节肢动物谱系和棘皮动物–脊索动物谱系。这也是本章开头的系统发育树中的两个主要分枝。然而，我们目前尚不清楚它们是从不同的原生动物祖先独立进化来的，还是在祖先动物出现后不久开始形成的。

　　在环节动物–节肢动物谱系中，扁虫似乎相对简单，并被视为与其祖先形态最相似的动物。扁形动物充分利用其中胚层作为器官系统，但除了消化腔之外，它们没有内部体腔，也没有肛门。纽形动物类似于扁虫，但它们有消化管、口、肛门和简单的循环系统。软体动物的组织更加复杂，有发育良好的完整的器官系统。尽管成年软体动物和环节动物的结构迥然不同（环节动物有体节，软体动物没

早期胚胎的卵裂模式通常呈辐射状或螺旋状。左图：环节动物的螺旋卵裂，上层细胞较下层细胞扭转了45度。右图：棘皮动物的辐射卵裂，一层细胞位于另一层细胞正上方

环节动物的螺旋卵裂　　　　　　棘皮动物的辐射卵裂

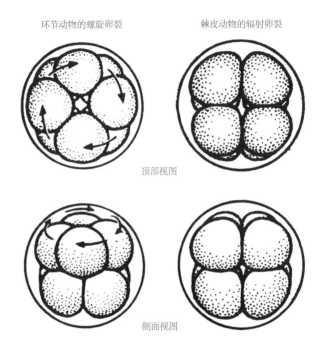

顶部视图

侧面视图

有体节），但它们的胚胎学特征表明这两类动物确实有关。许多海洋软体动物和环节动物的早期胚胎几乎是相同的，它们会孵化出可自由游动的担轮幼体。担轮幼体有独特的用于摄食和游泳的双纤毛带和顶毛丛（感觉器官），这种幼体不仅在许多软体动物和环节动物中存在，在一些其他门中也存在，因此担轮幼体可以把环节动物–节肢动物谱系中的许多群体联系在一起。

所有节肢动物都没有担轮幼体，但许多节肢动物的早期发育过程与环节动物相似。此外，各种节肢动物的成体结构在很多方面都与环节动物的成体结构相似，它们无疑具有共同的有体节的祖先。于是，环节动物和节肢动物因其具有类似的成体结构而关联在一起，而环节动物及软体动物与该谱系中的其他群体则因为有类似的早期发育阶段和幼体类型而关联在一起。

乍一看，像海星、海胆这样的棘皮动物似乎与鱼类、

人类等脊索动物几乎没有共同之处。这两类动物是通过棘皮动物–脊索动物谱系中的另一个动物群体——半索动物或者囊舌虫关联在一起的。棘皮动物和半索动物的早期发育过程和幼体非常相似，以至于当人们初次从浮游生物中采集到半索动物幼体时，它们被描述为棘皮动物幼体。因为这些幼体都生活在海洋的表层水域中，以微生物为食，它们的相似性可以归因于趋同进化。软体动物和环节动物的幼体也生活在相同的水域中，也以相同的微生物为食。不过，它们根本不像棘皮动物或半索动物的幼体。因此，棘皮动物和半索动物在幼体和发育方面的惊人相似性，就像软体动物和环节动物在幼体和发育方面的相似性一样，其最可能的原因是它们拥有共同的祖先。而且，跟软体动物和环节动物一样，棘皮动物和半索动物主要是通过胚胎发育和幼体的相似性关联在一起的。

脊索动物没有像棘皮动物或半索动物那样的浮游幼体，但在早期发育阶段的许多方面，包括卵裂模式和口、中胚层、体腔的形成，这三种动物却很相似，并且与环节动物–节肢动物谱系的情况不同。此外，囊舌虫的许多成体特征与脊索动物的成体特征相似。特别是，囊舌虫的咽鳃裂与文昌鱼的咽裂几乎一样，并且与被囊动物和水生脊椎动物的咽裂明显同源（甚至与人类等陆地脊椎动物在胚胎发育期间形成的鳃囊一样）。半索动物的其他成体特征，包括背神经管，进一步将半索动物与脊索动物联系起来。棘皮动物和脊索动物之间的关系，就像软体动物和节肢动物之间的关系一样，看起来相当迂回：棘皮动物和脊索动物主要通过它们与半索动物的共同联系关联在一起，而软体动物和节肢动物主要通过它们与环节动物的共同联系关联在一起。

19世纪关于动物进化的较早理论认为，动物的进化路线是呈垂直阶梯状的，从变形虫一直进化到人类，其他动

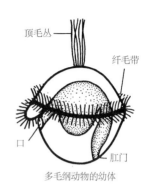

多毛纲动物的幼体

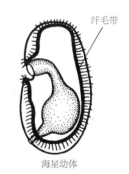

海星幼体

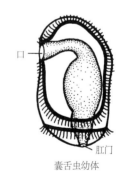

囊舌虫幼体

早期幼体阶段可能揭示出成体看似无关的动物群体之间的关系。多毛动物和软体动物的担轮幼体非常相似，但与棘皮动物的耳状幼体和囊舌虫的幼体显然不同

图中展示了结构的广泛差异，这是环节动物–节肢动物谱系和棘皮动物–脊索动物谱系的典型特征。环节动物的神经索位于腹侧，收缩背侧血管向前驱动血液，肛门通常位于身体后端。脊索动物的神经索在背侧，收缩腹侧血管或心脏向前驱动血液，尾部通常延伸到肛门之外。虽然两种动物都有分节特征，但它们在发育方式和最终形态上都不同

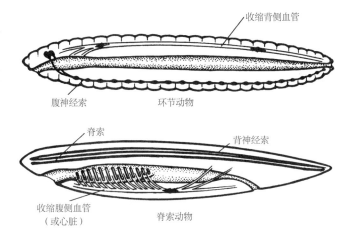

收缩背侧血管

腹神经索　　　　　环节动物

脊索　　　　　　　背神经索

收缩腹侧血管
（或心脏）　　　脊索动物

物根据复杂程度排列在中间的梯级上。然而，随着人类不断了解动物群体之间的差异和联系，我们认识到它们并不是按照从最简单到最复杂的顺序连续排列的。所有群体都各自拥有悠久的进化史。化石记录显示，几乎所有动物群体在地球上都已存在了5亿多年。本章开头的分枝型系统发育树，或者由多棵系统发育树构成的森林，比阶梯进化理论更贴近事实，许多枝杈也反映出无脊椎动物的精细分类和无穷无尽的多样性。

第25章 知识延伸

对于那些想要细究本书前面章节展示的内容，并且想阅读更多关于无脊椎动物书籍的读者，这一章内容是专门为你们写作的。

如何发现新事实，谁来进行观察和实验，此类工作在哪里开展，如何让那些对此类问题感兴趣的人及时获取最新信息，这些问题不可能在一本入门读物中得到全面的解答。在这里，我们简单地提出这些问题，以提纲挈领的方式为读者以后自学提供一个指南。

本书中展现的大多数事实、原则和问题都建立在动物学家和生物学家的工作的基础之上，他们的研究涉及原生动物或动物。但是，每个现代动物学家都是有限的研究领域内的专家，人们通常根据他们研究问题的性质来给他们"贴上标签"。生态学家关注生物与其环境之间的关系，必然会考虑特定的栖息地中的所有不同的动植物物种。一些生态学家专注于人口或社区生态领域，探究生物的相互作用或环境变化对生物群体的影响。还有一些生态学家专注于生理生态，探究物理或化学环境如何影响个体生物的功能。生理生态学家也可以被视为生理学家，他们关注动物如何进行生命活动，比如消化、呼吸、排泄、繁殖等。生理学家必须始终专注于一个或多个有限的领域，但往往会同时从多个层级去研究一个生物。比如，神经生理学家可能会探查个体神经细胞的生物化学和电位变化，并尝试将这些变化与整个动物的行为联系起来。行为生物学家可能会试图把动物的行为与其生态环境或在发育过程中面临的不断变化的问题联系起来。发育生物学家研究再生动物胚胎的生长及形态发生的调节过程。细胞和分子生物学家致力于在细胞、亚细胞或分子水平上阐明生物的结构和功能。遗传学家主要研究遗传机制，大多数现代遗传学家与上述某个领域融合，成为一名种群遗传学家、发育遗传学家或分子遗传学家。

其他动物学家的研究兴趣集中在特定的原生动物或动物群体上，而不是某一类问题上。研究某一个动物群体的专家被称为原生动物学家、软体动物学家、昆虫学家等。分类学家主要负责描述、命名动物，以及给它们分类。由于动物数量非常庞大，分类学家只能成为一个或少数几个小型动物群体方面的专家。但是，现代分类学家需要掌握许多不同的

我们对无脊椎动物的认识，通常是从了解无脊椎动物学中关于某个问题的已知信息开始的。然后，人们可以写信或当面与生物学家交流，了解更多关于动物栖息地的知识和研究方法。下一步通常是确定动物是否还存在，并想办法找到它们。在这些来自华盛顿普吉湾的照片中，可见挖泥船甲板上的海洋动物。人们从中选择一些动物拿到实验室进行研究，研究结果将进一步增加关于无脊椎动物的认识（R. 布克斯鲍姆）

除了正文中提到的那些生物学家之外，另一种对生物学家进行分类的方法是按照他们研究的生物栖息地进行分类。图中的海洋生物学家正在加利福尼亚中部海岸的岩石潮间带上工作，他们用一平方米的金属网对动植物进行定量记录。海洋生物学家通过水肺潜水研究潮下带浅水区或开放大洋的栖息地。他们拖曳渔网采集深水中的动物，用挖泥船挖掘或设置陷阱从深海海底采集动物。一些海洋生物学家利用加压潜水器下潜到海下很深的地方，去观察和采集生物（T. 奥利里）

技术，从电子显微术到生物化学到复杂的遗传和统计分析。形态学家致力于描述动物的结构，通常只研究一种生物，或者对整个动物界的某一种特定结构做比较研究。许多形态学家为了解生物材料和结构的形式及功能，会去深入研究物理学和工程学。古生物学家研究化石，进化生物学家则具备古生物学、比较形态学和发育及遗传学等学科背景。在各个研究领域中，最新的领域往往更具描述性，尽管它们可能涉及复杂的实验室技术；而积累了良好的描述性背景的较老领域可能实验性更强。但对于重要的生物学问题，需要同时使用描述性和实验性这两种方法。

各种类型的无脊椎动物学家分布于各大高校等学术机构中，他们致力于教学和各自专业领域的基础研究，这可能需要特殊的实验室或场地设施。私人或政府研究机构的动物学家大多关注有经济或健康价值的实验室或现场问题。一些动物学家在动物园或水族馆工作。博物馆的动物学家负责描述和给动物分类等基本工作，一些博物馆会派遣动物学家去实地收集和研究世界各地的动物。动物学家的另一个就业领域是私营咨询公司，这些公司与政府或企业签订合同，帮他们

高潮痕和低潮痕之间是潮间带，那些愿意起早贪黑、躲避海浪的海洋生物学家都可以在低潮时找到海洋无脊椎动物。潮差通常在几米左右，但在有些地方，潮汐之间水位的升降可达18米。这些照片展示了法国罗斯科夫海岸的高潮和低潮景象，巴黎大学的生物站为海洋生物学家提供了实验室（R. 布克斯鲍姆）

淡水生物学家在比海洋栖息地更加多变而且季节变化也更大的淡水栖息地工作，他们主要研究各种动物如何应对淡水环境的特殊生态问题和生理问题。左图：一位甲壳动物生物学家利用渔网在伊利湖岸边的一个沼泽地筛滤表层水中的小型动物。右图：湖泊生物学家打算把一个小型挖泥机放入湖中，从湖底采集泥浆样本（R. 布克斯鲍姆）

陆地生物学家在研究节肢动物（主要是昆虫）、软体动物、土壤线虫、环节动物、有脊椎脊索动物等。上图：学生们在密歇根州的田野里用网采集飞虫。之后，他们将在灌木丛和树木的枝条间、草里、原木和石头下、腐烂的木材里、地面废弃物和土壤中寻找各种各样的陆地无脊椎动物。下图：一位生物学家在巴拿马巴罗科罗拉多岛生物实验室工作（R. 布克斯鲍姆）

评估公共或商业项目的环境后果，比如建筑或石油钻探等。

　　为了研究当地无法采集到的动物，动物学家经常请其他地方的同行帮忙安排运送，或者从采集者及各种生物供应商那里购买，以此获得研究对象。此外，世界各地都设有专门的工作站，为科学调查人员提供实验室设施，以便能随时获取丰富多样的动物群。其中一些工作站还为学生提供课程，让他们有机会看到各种各样的无脊椎动物。

　　我们有多种方式可获得科学调查的结果。各种科学团

英国普利茅斯的英国海洋生物学协会实验室（R. 布克斯鲍姆）

美国马萨诸塞科德角的伍兹霍尔海洋生物学实验室（海洋生物实验室）

华盛顿大学的星期五港口实验室。世界各地的海岸都设有海洋站（内有实验室和图书馆设施），为学生提供学习的机会，为调查人员提供研究的场所。有些海洋站还有向公众开放的水族馆（R. 布克斯鲍姆）

体每年都会举行会议，参会人员通过简短的演说展示他们的原创性研究成果，还会讨论彼此的研究进展，与开展同类或者相关问题研究的其他科学家交流想法。但到目前为止，科学家之间最重要的交流媒介是在科学期刊上发表论文。仅生物学领域就有数百种学术期刊，其中大多数都有关于无脊椎动物生物学的论文。

动物学家会经常阅读，尽可能多地了解相关领域的知识，以避免做无用功。他们主要阅读科学期刊上的论文，因为做原创性研究的研究者发表的报告是最完整和最可靠的信息来源。大多数科学论文都是关于原创性调查的报告，但它们一般会先总结关于该问题的已有研究成果。科学论文构成了科学文献的主要基础。若没有一定的专业背景，就很难理解绝大多数的现代科学论文。

科学文献指关于原创性科学研究的全部已发表作品，其数量之庞大、增速之快，让科学家发现总览所有期刊以找到相关论文，或者全部读完某一个生物学领域的所有论文是一件十分困难的事。为了方便他们开展研究工作，生物学家一致支持编写一份专门的期刊《生物学摘要》，该期刊包含当前已发表论文的简短概述或摘要，所有论文都根据主题分类并附有作者和主题索引。

科学工作者在了解自己研究领域以外的前沿生物学知识时，最有效的辅助办法就是不断阅读评论，这些综述性文章综合并批判性地评估了关于某些问题的证据。由各个领域的权威学者撰写的此类评论，压缩处理了关于某个问题的大量且通常难以处理的文献（有时超过1 000篇论文）。一些期刊完全由评论文章组成。在某些领域，每年都会出版一个评论特刊。由于大多数评论都记录了作者观点的科学文献来源，并且有大量的生物学方面的参考书目，因此这些书目可以作为读者阅读的一个良好起点，读者可从中找到自己感兴趣的生物学领域。

还有一些关于无脊椎动物的有用出版物是关于单一主题或动物群体的书籍或专著。由一个或多个专家写作的论著通常包含多册，从内容的广度和深度上都能满足读者的需要。

最后，还有高级和初级教科书。许多教科书都提供了科学文献的来源和参考书目，读者可以对照这些参考文献对主题进行详细研究。高级教科书通常不如专著那么详细，但组织方式相同，对无脊椎动物有兴趣的学生可从中找到许多问题的答案。

初级教科书中不会包含无脊椎动物学家可能涉猎的所有主题，针对动物群体的描述也不够全面系统。

有志于对特定问题进行研究的读者应先阅读百科全书、高级教科书或论文。如果阅读这些材料后效果不理想，就应该看看这些出版物后所列的参考书目。每个相关的参考文献都能引导读者去寻找文献的其他来源。

斯坦福大学霍普金斯海洋站（R. 布克斯鲍姆）

加州大学圣克鲁兹分校海洋实验室
（R. 麦克塔维什）